빌딩 설비의 운전·관리

建築設備硏究會 編

金 夏 龍 譯

성안당

日本 옴사 · 성안당 공동 출간

빌딩 설비의 운전·관리

Original Japanese edition
BIRUSETSUBI NO UNTEN · KANRI BUKKU
edited by Kenchiku setsubi kenkyuukai
Copyright ⓒ 1997 by Ohmsha, Ltd.
Published by Ohmsha, Ltd.

This Korean language edition co-published by Ohmsha, Ltd. and SEONG AN DANG
Publishing Co.
Copyright ⓒ 1998
All rights reserved.

차   례

「빌딩 설비의 운전 · 관리」
총론

최근의 고도 정보화 사회에서는 OA화의 진전에 의해 정보의 수집·처리 업무가 중요한 위치를 차지하고 있다. 건물에 있어서, 업무자가 창조적 능력을 충분히 발휘하고 생산성을 높일 수 있는 쾌적한 집무 환경의 확립이 점점 중요하게 되고 있다. 그와 같은 이유에서 사무소 건축물의 최대의 목적은 효율적인 업무 환경의 제공이라 할 수 있다.

그 역할을 수행하고 있는 밑받침이 되는 것은 대부분 건물의 설비이다. 건축 설비는 여러 가지 시스템으로 이루어져 있으며, 건물 속에서 하나가 되어 중요한 작용을 하고 있다.

각종 설비 시스템이 작용하기 위해서는 많은 에너지가 필요하고, 건물에서의 소비량은 정보 처리의 증대나 환경 정비의 요망 등에 의해서 점점 증가해 가고 있다(**그림 1**).

그 의미에서 볼 때 건축 설비의 기능은 건물 내 환경의 정비와 건물 내에 출입하는 에너지의 적절한 컨트롤이라고 할 수 있다.

말할 것도 없이 에너지를 절약하는 것은 여러 가지 관점에서 중요하다. 좁은 의미로는 건물의 경제성을 높이는 대책의 하나로서, 그리고 넓은 의미로는 최근의 지구 환경 보전의 입장에서 자원 절감·에너지 절감 대책은 오늘날 가장 우선되어야 할 사회적 요청 중 하나이다.

일본에서는 1973년의 제1차 석유 위기에 의한 오일 쇼크를 계기로 건물에도 에너지 절감의 사고 방식이 도입되기 시작했다.

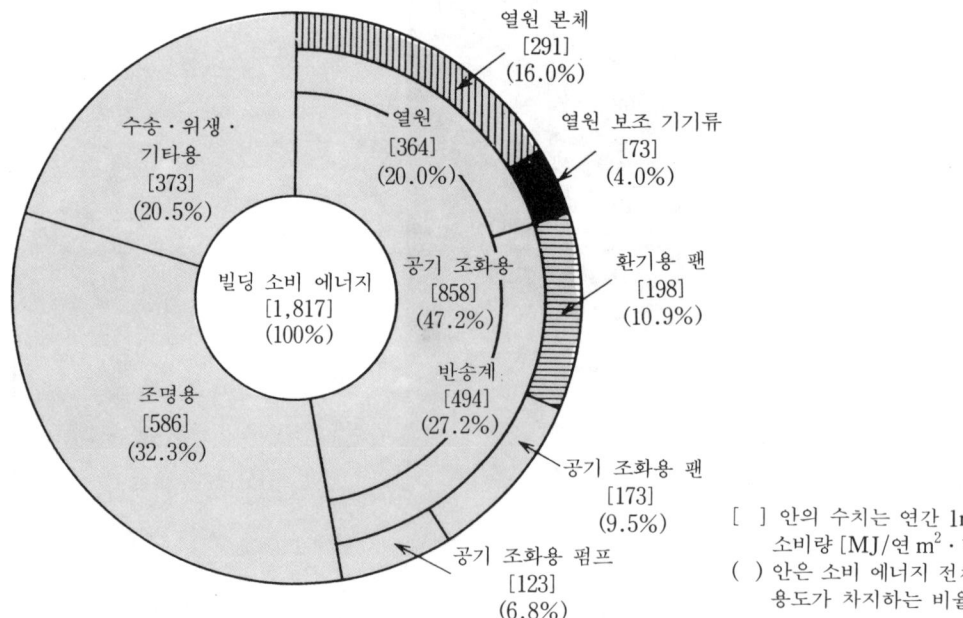

그림 1 사무소 빌딩의 1차 에너지 소비량

**표 1 각종 건물의 에너지 절감법 채용 순위
실태**

단위는 채용률 [%]

(a) 사무소 빌딩

● 복도·홀의 소등·전등 수 줄이기	47.5
● 조명 스위치의 ON−OFF 엄수	29.6
● 자동 제어에 의한 과냉, 과열 방지	28.7
● 블라인드 개폐	27.8
● 에너지 절감 PR	26.1
● 공기 조화시의 외기 도입량 감소	25.3
● 엘리베이터·에스컬레이터 운행 횟수 줄이기	23.7
● 조명등의 수 줄이기(사무실)	22.1
● 수동에 의한 과냉, 과열 방지	20.6

(b) 호 텔

● 비사용실의 공조 정지	63.6
● 조명 스위치의 ON−OFF 엄수	52.9
● 복도·홀의 소등·전등 수 줄이기	49.5
● 자동 제어에 의한 과냉, 과열 방지	47.6
● 조명등의 수 줄이기(사무실)	43.2
● 열원 설정 온도·압력 등의 조절	42.7
● 공기 조화시의 외기 도입량 감소	40.8
● 수동에 의한 과냉, 과열 방지	37.4
● 엘리베이터·에스컬레이터의 운행 횟수 줄이기	29.6

(c) 병 원

● 비사용실의 공조 정지	44.8
● 복도·홀의 소등·전등 수 줄이기	40.0
● 열원 설정 온도·압력 등의 조절	37.6
● 조명 스위치의 ON−OFF 엄수	36.2
● 공기 조화 운전 시간 단축, 잔업시 정지	33.8
● 자동 제어에 의한 과냉, 과열 방지	31.0
● 조명등의 수 줄이기(사무실)	30.5
● 외기 스케줄의 도입	25.2
● 수동에 의한 과냉, 과열 방지	22.4
● 공시 조화기 코일·필터 청소	22.4

(d) 백화점

● 조명 기구 개별 스위치의 설치	64.6
● 복도·홀의 소등·전등 수 줄이기	52.8
● 조명등의 수 줄이기(사무실)	52.2
● 엘리베이터·에스컬레이터의 운행 횟수 줄이기	51.1
● 조명 스위치의 ON−OFF 엄격 실행	48.9
● 자동 제어에 의한 과냉, 과열 방지	47.2
● 업무 시작 전 점등의 단축·제한	47.2
● 창문 주변 소등	45.5
● 수동에 의한 과냉, 과열 방지	41.6

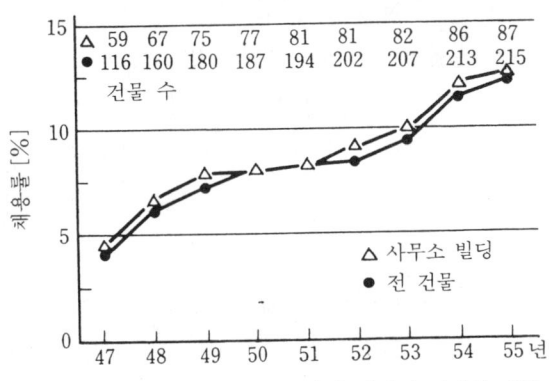

(a) 전 건물 및 사무소 빌딩의 에너지 절감법 채용
의 경년 변화

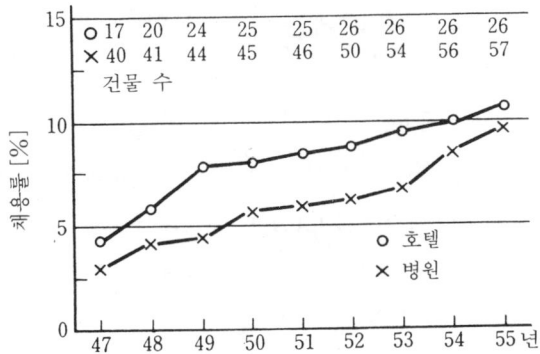

(b) 호텔 및 병원의 에너지 절감법 채용의 경년 변
화

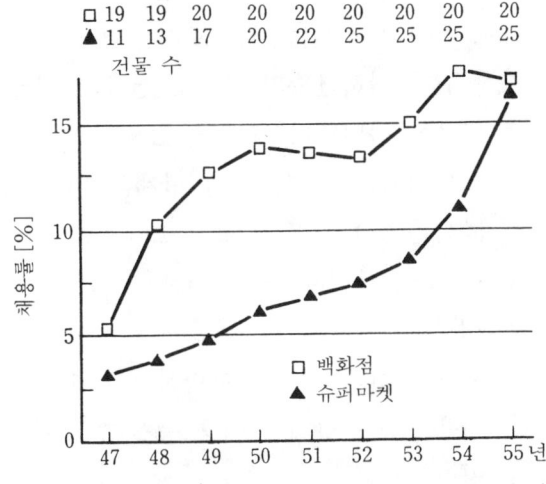

(c) 백화점 및 슈퍼마켓의 에너지 절감법 채용의 경
년 변화

그림 2 에너지 절감법의 채용률 실태

법제상으로는 1979년 「에너지 사용의 합리화에 관한 법률」의 제정·시행 이후이고, 1993년 8월 개정된 신에너지 절감 기준의 실시에 맞추어 사무소, 물품 판매 점포, 호텔, 여관 이외에 병원, 학교 용도의 건물이 새로이 추가되었다. 또한 에너지 절감 대상 설비도 공조 설비 이외에 환기 설비·조명 설비·급탕 설비·엘리베이터 설비가 추가됨으로써 일반 건축물에서 에너지를 사용하는 거의 모든 설비가 대상에 포함되었다(**그림 2, 표 1**).

건물 내의 설비에 에너지 절감을 실시하는 의의를 대별하면 다음과 같다.

① 필요 최소한의 에너지 소비를 고려하여 이용 효율을 향상시킨다.

② 대체 에너지 이용을 포함한 자원의 유효 이용에 이바지한다.

③ 지극히 적당한 환경 범위 내에서 최적 상태의 창출을 최소 에너지로 달성할 수 있다.

④ 하기(夏期)에는 가스, 동기(冬期)에는 전력이라는, 도시 에너지의 효과적 이용에 연결된다.

⑤ 지구(주로 대기) 환경 오염 방지에 공헌한다.

건물에서 사용하는 에너지를 「최소화 하는 것」이 얼마나 중요한가 하는 것은 라이프 사이클 코스트(LCC)로 본 코스트의 비교로 이해할 수 있다. 일반적으로 건물의 건설에 드는 비용은 잘 인식되고 있으나, 건물의 사용 단계에서 드는 비용은 의외로 의식되어 있지 않은 경우가 많다.

건물이나 설비 시스템의 건설에서 폐기에 이르기까지의 기간을 「라이프 사이클」이라 하고, 그 라이프 사이클 사이에 필요한 모든 비용을 가리켜 「라이프 사이클 코스트」라고 한다. 이것은 사용 연수 전체의 경제성을 검토하는 방법으로 사용된다.

또 하나의 시산(試算)으로서, 건물 규모가 연면적 약 6,500 m^{2}인 철근 콘크리트조, 지상 5층, 지하 1층의 사무소 건물의 내용 연수를 60년으로 했을 때의 LCC 산정 결과를 다음에 나타낸다(**그림 3, 표 2**).

시산 결과로 보면, 건설 단계의 비용(17.5%)에 비해서 건물 사용 과정에서 필요한 비용(82.5%)이 압도적으로 크다. 그 중에서도 운전 관리에 관한 운용 단계의 비용이 보전, 수선 단계의 비용과 맞먹고 있음을 알 수 있다. 결국 「일반적으로 건물의 코스트를 생각하는 경우, 그 건설비만을 대상으로 평가하기 쉬우나 건설비는 전체 코스트에서 보면 빙산의 일각에 해당하므로 수면 밑에 숨어 있는 운영 단계의 비용, 보전 단계의 비용, 수선 단계의 비용 등을 동시에 검토해야 한다」는 것이 반드시 필요하다고 할 수 있다.

이상에서 보듯이, 건물은 이미 정적인 대상물이 아니라, 에너지를 소비해서 지적인 생산성을 높이기 위한 환경을 조성하는 큰 그릇이라고 생각할 수 있다.

표 2 각 단계에서의 비용과 백분율

단 계 명	코스트 [억엔]	비 율 [%]	비 고
기 획 단 계 의 비 용	0.6	0.7	빙산의 일각 (17.5%) (15.2억)
건 설 단 계 의 비 용	14.2	16.3	
폐기처분 단계의 비용	0.4	0.5	
운 영 단 계 의 비 용 (광열수)	26.8	30.8	수면 밑 (82.5%) (71.8억)
보 전 단 계 의 비 용	28.0	32.1	
수 선 단 계 의 비 용	13.5	15.6	
일 반 관 리 등 의 비 용	3.5	4.0	
주 : 앞으로 60년 동안 자본 금리와 물가 변동률이 동률이라고 가정하 여, 여러 가지 비용을 현재 가치로 해서 적산. 코스트는 1982년 단가.	87.0	100.0	

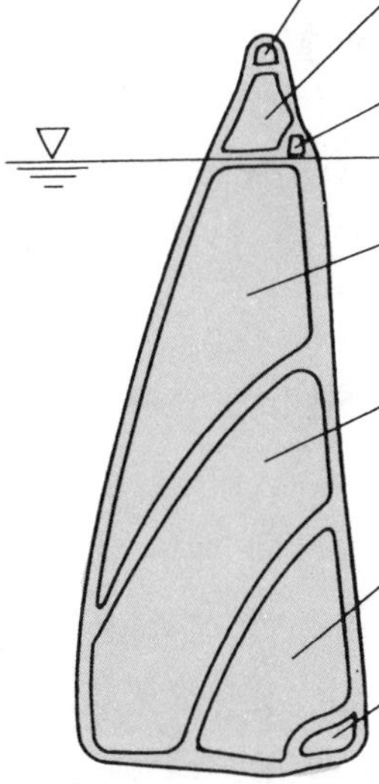

그림 3 건물의 라이프 사이클 비용
(LCC)을 빙산에 비유한 그림

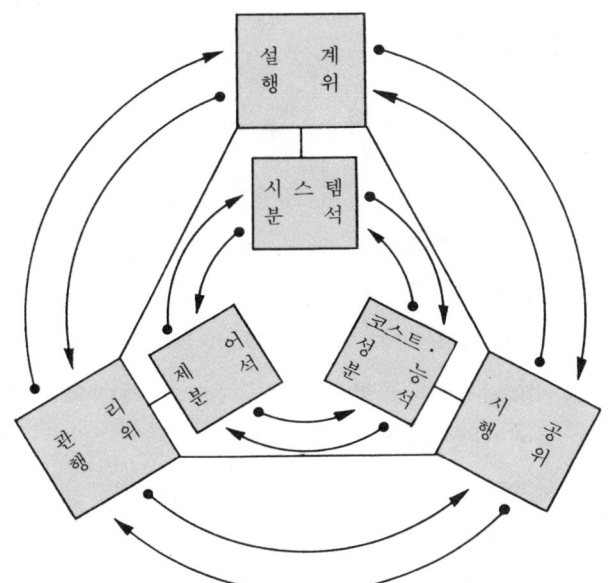

(흑점과 화살표에는 각각
우선 순위가 있다)

그림 4 설계·시공·관리의 연결 고리

이와 같은 시점에서 건물을 볼 때, **그림 4**에 표시한 것과 같이 건물을 계획 · 설계해서 시공하고 운전 · 관리해 나가는 일련의 흐름 속에서 건축 설비를 받아들이는 철학이 필요하게 되는 것은 아닐까. 그리고 건물의 에너지 소비 측면에서 보면, LCC의 시산에서도 알 수 있듯이 건물의 관리자 및 사용자의 역할은 계획 · 설계자 및 메이커의 입장과 동등하거나 그 이상의 중요성을 갖고 있다고 생각할 수 있다.

건물에는 우선 근무자가 창조적 능력을 발휘하기 위한 쾌적한 환경 조성이 요구된다. 그 환경을 조성하기 위해서는 적합하고 확실하게 작동하는 설비 장치가 필요하다. 그리고 그 장치는 큰 에너지를 소비하면서 쾌적한 환경을 조성하고 있다. 그 과정에서 그 장치의 운전 · 관리는 계획 · 설계된 주된 뜻에 맞게 바르게 이루어지고 또 경제적이고 합리적인 것이어야 한다. 현재로는 당연히 이 일련의 흐름 속에서 받아들일 수 있는 건물의 설비 시스템의 구축 및 그 시스템을 잘 관리하는 방법의 확립이 요구되고 있다고 말할 수 있다.

이상에서 보면, 건물 설비상의 에너지 절감 실현의 방법은 설계에 대한 것과 운전 · 관리(제어)에 대한 것으로 대별할 수 있다. 설계 단계에서의 시스템 계획이나 기기 용량의 산정 등의 작업은, 에너지 절감 방법의 특성을 일의적이고 정량적으로 규정하는 것으로 생각할 수 있다. 그 때문에 그들의 작업 중에는 운전 · 관리(제어)에 의한 에너지 절감 효과의 예측도 당연히 포함되어 있지 않으면 안 된다. 그러기 위해서는 설계의 주된 뜻이 운전 · 관리 시점에서의 성능 · 효과와 어느 정도의 정합성을 유지하기 위한 여러 가지 검토가 필요하다. 그리고 그 단계에서는 여러 가지 관점에서 행하는 비교 검토 작업이나 정밀도 높은 시뮬레이션 작업 등이 불가결하다. 또한, 운전 · 관리에 대해서는 관리자의 사고 방식이나 노하우 및 사용자의 협력을 포함한 체제 본연의 상태에 대한 지식도 필요하다.

다음에 에너지 절감법의 검토에 필요한 사항이나 내용에 대해서 열거한다.

① 설비 시스템을 구성하는 대부분은 기기이기 때문에, 그 용량은 성능 등도 포함해서 충분히 이치에 맞는 것이 아니면 안 된다. 그를 위해서는, 주요한 설비 기기의 산정 방법에 대해서는 산정하기 위한 근거나 그것의 기초 이론 등에 대한 충분한 이해가 필요하다. 그리고 설비 내용을 규정하는 법규는 그 시대의 사회적 제약을 표시하고 있으므로 주요한 것에 대한 지식이 필요하다(**표 3**).

② 「에너지 절감 시스템 중에서 에너지 절감 효과가 큰 것에 대한 설계 방법에 어떤 것이 있는가」 하는 지식을, 그 효과 요인도 포함해서, 정리해 둘 필요가 있다.

③ 에너지 절감 시스템의 효과량 산정은 특히 공기 조화용 기기 · 시스템의 에너지 소비에 대한 평가를 하는 것이다.

표 3 일본 법규의 구성

법 률	국회 의결에 의해서 제정되는 법
법 규	국가가 정하는 법률이나 명령, 지방 공공 단체가 정하는 조령 · 세칙의 총칭
명 령	국가의 행정 기관에 의해서 제정되는 법 형식의 총칭(정령이나 성령)
조 령	도(都) · 도(道) · 부(府) · 현(縣) · 시(市) · 정(町) · 촌(村) 등의 의회의 의결에 의해서 규정된 것
세 칙	지방 공공 단체장의 권한의 사무에 대해서 규정
고 시	각 성 · 청 등의 법령 등의 보충 사항을 표시한 것

그 평가법에는 여러 가지 방법이 있고, 그들 평가는 직접 기기의 효율 등의 양부에 연결되는 것이다. 그리고 건물의 에너지 소비량의 일반적인 실태로서 "어떤 건물이 어느 정도의 에너지를 소비하고 있는가"의 지식도 필요하다(**그림** 5, 6).

④ 에너지 절감 시스템의 경제적 평가는 에너지 절감 효과와 경제성의 균형을 유지하기 위한 작업이다. 특히 열원 시스템 등을 포함한 주요한 시스템의 에너지 절감법에 대해서는, 그들의 효과가 경제적으로 균형잡혀 있는가의 검토가 필요하고 그 평가 방법이나 적용 방법에 대한 지식이 필요하다.

⑤ 설비 시스템의 에너지 관리는 라이프 사이클 코스트 속에서 차지하는 비율이 가장 큰 부분의 코스트에 관계하고 있으며, 그것들은 주로 시스템 속에 있어서의 자동 제어의 작용으로 달성된다. 그런 의미로 건물 전체에서의 자동 제어 시스템에 대한 산 지식은 반드시 필요하다. 특히 건물의 에너지 절감 관리뿐만 아니라 정기적 보수나 예방 보전 · 방범 · 방재 관리 등을 포함한 관리 · 제어 시스템(이것을 BEMS 또는 BMS 등으로 부르고 있다)은 다양화되는 건물의 설비 시스템의 전체적 관리에 필요 불가결하다.

⑥ 설비 시스템의 운전 · 관리를 매뉴얼화 하는 것은 설비 기기를 조작면에서 받아들인 것이며 시스템을 구성하는 기기의 성능 등을 올바르게 유지하는 것을 주안으로 한 것이다. 그렇기 때문에 그것은 기기의 고장을 미연에 방지하고, 경제적 손실을 최소화하기 위한 정기 보수나 예방 보전의 기준이 되기도 하는 중요한 자료가 된다.

⑦ 빌딩 관리자 · 사용자의 에너지 절감에 대한 역할은 의외로 과소 평가되어 온 감이 있다. 기계로는 할 수 없는 섬세한 대응은 주로 인력 절감화(생력화)의 면에서도 효과가 있다. 이제부터는 계획자, 설계자, 메이커뿐만 아니라 사용자를 포함한 에너지 절감 대책이 요구된다. 그리고 빌딩 관리자측의 관리 기술 교육은 건물의 시스템 전체를 통합한다는 관점에서 실시할 필요가 있다.

이 책은 건물에 설비상의 에너지 절감방법을 적용할 경우, 상기한 바와 같은 검토 항목이나 내용을 보다 실무적으로 정리한 것이다. 학문적으로 체계화된 학술 도서와는 달리 여러 가지 설비 시스템에 에너지 절감법을 검토·채용할 경우, 여러 가지 항목·내용·자료를 조금이라도 실제 작업에 도움이 되도록 편집한 것이다.

그러므로, 각각의 분야에 정통한 실무 기술자가 정리한 이 책은 에너지 절감법의 적용 방법을 원활하게 검토할 수 있도록 도와주는 안내서가 될 것이다.

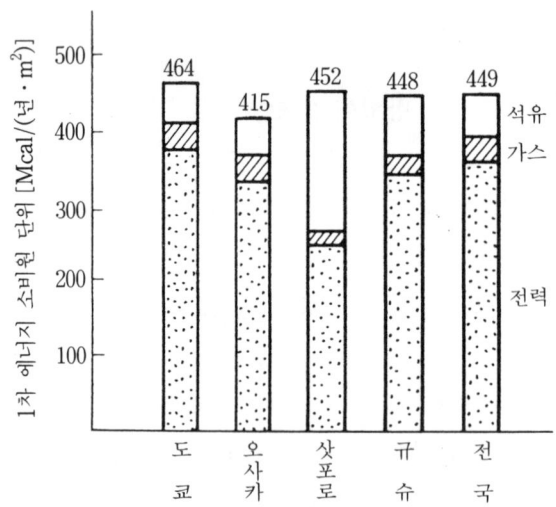

그림 5 전국의 사무소 빌딩의 에너지 소비량 실태

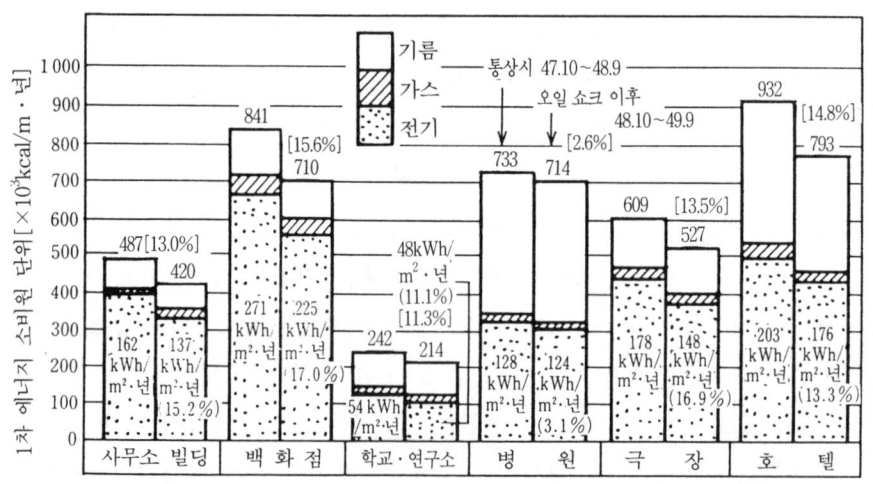

(주) 1. 칼로리 환산값, 전기 2,450 kcal/kWh, 가스 5,400 kcal/m², 기름 9,600 kcal/*l*
  2. [ ]은 에너지 절약량,
    ( )은 절전율
  3. 막대그래프 중에서 좌측은 평상시를, 우측은 오일 쇼크 이후를 나타낸다.

그림 6 업종별 에너지 사용량

제 1 장
관리자에게 필요한
설계 지식

1-1 공기 조화 설비의 기기 용량 산정

1 냉난방 부하 계산의 개요

(1) 부하 계산의 종류

건축물을 설계할 경우에 실시하는 냉난방 부하 계산에는,

① 특정한 달이나 시각에 대해서만 계산하여 공기 조화(이하 공조) 설비에 필요한 용량을 결정하기 위한 최대 부하를 구하는 것

② 한 해 동안의 전체 시각의 부하를 계산해서 연간 냉난방에 필요한 에너지를 산출하는 것 의 두 종류가 있다.

여기에서는 ①의 계산법에 따라 부하 계산의 사고 방식과 흐름에 대해서 기술하고, 상세한 부하 계산 방법은 다른 문헌 등을 참고하기로 하고 생략하였다.

(2) 부하의 형태

「부하」에는 여러 가지 형태가 있다.

a) 열취득과 열손실

실내를 일정 온습도로 유지하고 있을 때, 실외에서 유입되는 열과 실내에서 발생하는 열을 열취득이라 하고, 실외로 유출되는 열을 열손실이라고 한다.

b) 열부하

실내를 소정의 온습도로 유지하기 위해서 제거해야 할 열량 또는 공급해야 할 열량을 열부하라고 한다. 열취득 중 대류에 의한 것은 즉시 열부하가 되지만 방사에 의한 것은 실내의 물체나 건축 구조체에 일부 흡수되고 어느 정도 시간이 경과한 후에 열부하가 된다. 그렇기 때문에 실내 온도를 일정하게 유지하기 위해서 제거해야 하거나 공급해야 할 열량인 열부하는 열취득과 다르다.

c) 제거 열량

연속 공기 조화로 실온이 일정하게 유지되고 있을 때는 열부하가 제거해야 할 열량이지만 간헐 공기 조화로 장치가 정지해서 실온이 변화된 후에 기동할 때는 예열 부하나 예냉 부하가 별도로 가해진다. 이와 같이 열부하 외에 실온을 변화시키기 위해 특별히 가해진 부하를 제거 열량이라고 한다.

d) 냉난방 부하

실내측에서 생기는 부하 이외에 밖에서 들어온 외부 공기를 실내 온습도 상태로 유지

하기 위해 필요한 열량, 송풍기의 동력열, 덕트에서의 침입열이나 누설 손실 등을 더한 것이 공기 조화기에 걸리는 부하이다. 일반적으로 냉방 부하, 난방 부하라고 하는 것은 여기까지 계산한 것을 말한다.

e) 공기 조화기 부하, 장치 부하

단독의 방인 경우에는 그 냉난방 부하가 그대로 공조기 부하로 되지만, 여러 개의 방을 하나의 공조기로 담당하는 경우는 각각의 방의 부하를 합한 것과는 약간 다르다. 이것은 장치 부하로 별도 계산하며, 기기 용량을 결정하기 위해서 사용한다.

f) 열원 부하

건물 전체의 부하는 각 계통의 장치 부하의 합계와는 다른데, 이에 의해서 얻어지는 냉동기나 보일러 등의 열원 기기의 부하를 열원 부하라고 한다.

g) 기간 냉난방 부하, 연간 부하

냉난방 부하를 어느 기간 또는 연간에 걸쳐서 합계한 것을 기간 냉난방 부하 또는 연간 부하라고 한다. 이들 부하의 형태와 연관성을 **그림** 1.1에 표시한다.

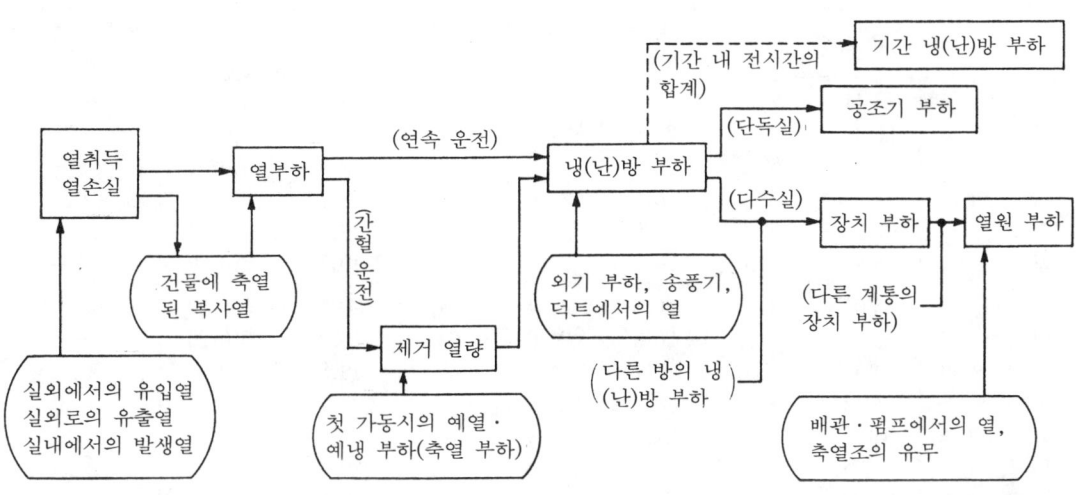

그림 1.1 부하의 형태 · 관련도

② 설계 조건

(1) 계산 조건

① 열부하 계산은, 지정된 옥외 기상 조건하에서 대상 실내 또는 공간을 지정된 옥내 조건으로 유지하기 위해 필요한 열량을 계산한다.

② 열부하 계산은 용도, 조건이 다른 방 또는 공간마다 계산한다.

(2) 설계 실내 조건

① 일반 건물의 설계 실내 조건의 예를 **표 1.1**에 표시한다.

표 1.1 설계용 옥내 조건

	하 기	동 기
건 구 온 도 [℃]	26	22
습 구 온 도 [℃]	18.7	13.9
노 점 온 도 [℃]	14.8	7.8
상 대 습 도 [%]	50	40
비 엔 탈 피 [kcal/kg']	12.6	9.3
절 대 습 도 [kg/kg']	0.0105	0.0066

주) 1. 동기 직접 난방으로 방사 효과를 기대할 수 있는 경우는 건구 온도 20℃로 해도 좋다.
2. 대합실 겸용의 현관 홀, 환기가 통하지 않는 엘리베이터 홀 등에는 공조를 고려하여 이 표의 조건을 준용한다.

표 1.2 설계용 외기 조건 (하기)

지 명	위 도	DB [℃]	WB [℃]	DP [℃]	RH [%]	i [kcal/kg']	x [kg/kg']	8월 낮 최고 평균 온도 t_s [℃]
초 시	35°44'	29.6	25.8	24.6	74	19.1	0.0196	27.8
지 바	35°36'	32.5	26.3	24.2	62	19.5	0.0191	—
가 쓰 우 라	35°09'	30.1	26.3	25.0	74	19.5	0.0201	—
다 데 야 마	34°59'	32.0	26.5	24.6	65	19.7	0.0196	—
요 코 하 마	35°26'	32.6	26.5	24.4	62	19.7	0.0194	30.3
도 쿄	35°41'	33.6	26.5	24.0	57	19.7	0.0189	30.8
미 시 마	35°07'	32.6	26.8	24.9	64	20.1	0.0200	—
아 시 로	35°03'	32.5	26.6	24.6	63	19.8	0.0196	—
시 즈 오 카	34°58'	33.3	26.7	24.4	60	19.8	0.0194	30.5
하 마 마 쓰	34°42'	32.3	26.8	25.1	66	20.2	0.0202	30.3
오 마 에 자 키	34°36'	30.6	27.3	26.2	78	20.6	0.0217	—
이 로 우 자 키	34°36'	29.8	26.9	25.9	80	20.2	0.0213	—
다 카 야 마	36°09'	31.4	24.5	21.8	57	17.6	0.0165	29.6
기 후	35°24'	34.2	27.2	24.8	58	20.4	0.0199	32.0
나 고 야	35°10'	33.9	26.9	24.6	59	20.2	0.0196	32.2
이 라 코	34°37'	32.3	27.3	25.7	68	20.6	0.0210	—
욧 카 이 치	34°56'	33.2	27.3	25.4	64	20.6	0.0206	—
쓰	34°42'	33.5	27.5	25.6	64	20.8	0.0209	30.7
우 에 노	34°46'	33.2	26.4	24.0	59	19.6	0.0190	—
오 와 세	34°04'	32.1	26.9	25.2	67	20.1	0.0204	29.9

주) 1. 건구 온도(DB) 및 노점 온도(DP)는 과거 10년(1971~1980)의 기상 관측 온도 중에서, 8월 한 달 동안의 시각별 위험률 5%의 TAC 온도를 기준으로 산출한 값이다.
2. 습구 온도(WB), 상대 습도(RH), 엔탈피(i) 및 절대 습도(x)는 습공기 선도($i-x$)에서 구한 값이다.
3. 8월 낮 최고 평균 온도(t_s)는 과거 30년(1951~1980)의 평균 온도이다.

이 값은 설계용의 최대 부하를 구할 때의 실내 목표 조건 예로서, 실제로 운전을 할 때의 값이나 연간 부하 계산용은 아니다.

② 하기 이외의 중간기나 동기에 냉난방 부하 계산을 할 경우나, 공장, 수술실, 각종 실험실 등은 각각 특유의 설계용 실내 조건이 필요하다.

(3) 설계 외기 조건

① 하기의 설계 외기 조건의 예를 **표 1.2**에 표시한다. 이 값은 8월 한 달 동안의 시각별 위험률 5%의 TAC 온도를 기초로 산출한 값이다.

② 동기의 설계 외기 조건의 예를 **표 1.3**에 표시한다. 이 값은 1월 한 달 동안의 시각별 위험률 5%의 TAC 온도를 기준으로 산출한 값이다.

표 1.3 설계용 외기 조건 (동기)

지 명	위 도	DB [℃]	WB [℃]	DP [℃]	PH [%]	i [kcal/kg']	x [kg/kg']	최다 풍향 1위	풍 속 [m/s]	1월 낮 최저 평균 온도 t_w[℃]
초 시	35°44'	2.9	−1.4	− 8.4	39	1.8	0.0018	14	9	1.7
지 바	35°36'	1.3	−2.7	−10.3	37	1.3	0.0016	−	−	−
가 쓰 우 라	35°09'	2.8	−1.8	−10.0	34	1.7	0.0016	−	−	−
다 데 야 마	34°59'	3.6	−1.2	− 9.1	36	1.9	0.0017	−	−	−
요 코 하 마	35°26'	1.5	−2.6	−10.0	38	1.3	0.0016	16	−	0.6
도 쿄	35°41'	1.5	−2.8	−11.3	34	1.3	0.0014	15	6	0.5
미 시 마	35°07'	1.8	−1.6	− 7.1	48	1.7	0.0021	−	−	−
아 시 로	35°03'	3.1	−1.5	− 9.0	37	1.8	0.0017	−	−	−
시 즈 오 카	34°58'	3.9	−1.0	− 9.3	34	2.0	0.0017	12	7	1.0
하 마 마 쓰	34°42'	2.7	−1.4	− 7.9	42	1.8	0.0019	13	−	1.8
오마에자키	34°36'	2.9	−1.4	− 8.7	38	1.8	0.0018	−	−	−
이로우자키	34°36'	4.3	0.3	− 5.5	45	2.5	0.0023	−	−	−
다 카 야 마	36°09'	−7.6	−8.4	− 9.9	82	−0.9	0.0016	14	3	−6.9
기 후	35°24'	0.4	−2.3	− 6.5	56	1.4	0.0022	14	6	−0.3
나 고 야	35°10'	0.6	−2.3	− 7.4	50	1.4	0.0020	14	7	−0.4
이 라 코	34°37'	2.5	−0.9	− 5.9	51	2.0	0.0023	−	−	−
욧 카 이 치	34°56'	1.1	−1.8	− 6.6	53	1.6	0.0022	−	−	−
쓰	34°42'	2.1	−1.3	− 6.4	50	1.8	0.0022	13	8	0.6
우 에 노	34°46'	−0.5	−3.0	− 6.7	58	1.1	0.0021	−	−	−
오 와 세	34°04'	4.0	−0.7	− 8.1	38	2.1	0.0019	12	−	0.8

주) 1. 건구 온도(DB) 및 노점 온도(DP)는 과거 10년(1971~1980)의 기상 관측값 중에서, 1월 한 달 동안의 시각별 위험률 5%의 TAC 온도를 기준으로 산출한 값이다.
2. 습구 온도(WB), 상대 습도(RH), 엔탈피(i) 및 절대 습도(x)는 습공기 선도 ($i-x$)에서 구한 값이다.
3. 1월 낮 최저 평균 온도(t_w)는 과거 30년(1951~1980)의 평균 온도이다.
4. 풍향란의 표시는 오른쪽 그림과 같다.

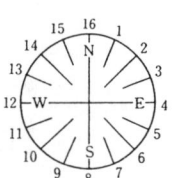

(4) 도입 외기량

① 외기량은 법으로 정해진 수치(V)를 밑돌아서는 안 된다.

$$V = \frac{20A_f}{N}$$

$\quad V$: 유효 환기량 $[\mathrm{m^3/h}]$

$\quad A_f$: 거실의 바닥 면적 $[\mathrm{m^2}]$

$\quad N$: 실황에 맞는 1인당 점유 면적(10을 넘을 때는 10으로 한다) $[\mathrm{m^2}]$

② 외기량은 재실 인원에 시간당 평균 외래자 수를 더한 인원 수를 기준으로 해서 결정하는데, 재실 인원 및 외래자 수가 미확정일 경우에는 인원 밀도 등을 기초로 결정한다.

(5) 열통과율

a) 벽체의 열통과율

① 일반 구조체의 열통과율 $K\,[\mathrm{kcal/(m^2 \cdot h \cdot ℃)}]$

$$K = \frac{1}{\dfrac{1}{\alpha_i} + \Sigma \dfrac{l}{\lambda} + \Sigma \gamma_a + \dfrac{1}{\alpha_o}}$$

② 토양에 접하는 구조체의 열통과율 $K_e\,[\mathrm{kcal/(m^2 \cdot h \cdot ℃)}]$

$$K_e = \frac{1}{\dfrac{1}{\alpha_i} + \Sigma \dfrac{l}{\lambda} + \dfrac{l_e}{\lambda_e}}$$

여기서, λ : 구조체 구성 재료의 열전도율 $[\mathrm{kcal/(m \cdot h \cdot ℃)}]$

$\quad\quad l$: 구조체 구성 재료의 두께 $[\mathrm{m}]$

$\quad\quad \gamma_a$: 중간 공기층의 열저항 $[\mathrm{m^2 \cdot h \cdot ℃/kcal}]$

$\quad\quad \lambda_e$: 토양의 열전도율 $[\mathrm{kcal/(m \cdot h \cdot ℃)}]$

$\quad\quad l_e$: 토양의 두께($l_e = 1\mathrm{m}$로 한다) $[\mathrm{m}]$

$\quad\quad \alpha_o$: 외벽 외표면 열전달률 $[\mathrm{kcal/(m^2 \cdot h \cdot ℃)}]$

$\quad\quad \alpha_i$: 실내 표면 열전달률 $[\mathrm{kcal/(m^2 \cdot h \cdot ℃)}]$

표 1.4 벽체 표면의 열전달률

	외표면 α_o	내표면 α_i
벽체 표면의 열전달률 $[\mathrm{kcal/(m^2 \cdot h \cdot ℃)}]$	20	8

b) 벽체 표면의 열전달률, 공기층의 열저항 및 재료의 열정수(熱定數)의 예를 **표** 1.4
~1.5에 표시한다.

표 1.5 재료의 열정수표

재 료 명	열전도율 λ [kcal/(m·h·℃)]	용적비열 $C\rho$ [kcal/(m³·℃)]	재 료 명	열전도율 λ [kcal/(m·h·℃)]	용적비열 $C\rho$ [kcal/(m³·℃)]
강	38.7	865	아스팔트류	0.095	220
알루미늄	180.6	567	방습지류	0.18	217
동	332	824	다다미	0.13	69
암석(중량)	2.7	571	합성 다다미	0.06	62
암석(경량)	1.2	399	카펫류	0.069	76
토양(점토질)	1.3	744	목재(중량)	0.16	186
토양(모래질)	0.8	468	목재(중량)	0.15	155
토양(롬질)	0.9	798	목재(경량)	0.12	124
토양(화산재질)	0.4	428	합판	0.16	171
자갈	0.53	370	연질 섬유판	0.048	78
PC 콘크리트	1.3	456	시징 보드	0.052	93
보통 콘크리트	1.2	462	반경질 섬유판	0.12	234
경량 콘크리트	0.67	384	경질 섬유판	0.19	326
기포 콘크리트(ALC)	0.15	156	파티클 보드	0.15	171
콘크리트 블록(중량)	0.95	430	목모(목모) 시멘트판	0.16	226
콘크리트 블록(경량)	0.46	375	셀룰로스 파이버	0.038	9.3
모르타르	1.3	380	글라스 울(24K)	0.036	4.8
플라스터	0.68	390	글라스 울(32K)	0.034	6.4
석고판·라스 보드	0.15	246	록 울 보온재	0.036	20
회반죽	0.64	330	록 울 분사	0.044	240
흙벽	0.59	269	록 울 흡음판	0.055	60
유리	0.67	457	폴리스티렌 폼(비즈)	0.040	5.4
타일	1.1	480	폴리스티렌 폼(압출)	0.032	8.4
벽돌벽	0.55	332	경질 우레탄 발포판	0.024	11.3
기와	0.86	360	연질 우레탄 발포판	0.043	9
합성수지·리놀륨	0.163	350	폴리에틸렌 발포판	0.038	15
FRP	0.224	448	경질 염화비닐 발포판	0.031	(12)

(비고) 밀폐 중공(中空)층 $\gamma_a = 0.18$ [m²·h·℃/kcal]
　　　비밀폐 중공(中空)층 $\gamma_a = 0.08$ [m²·h·℃/kcal]

③ 냉방 부하 계산

(1) 계산 요령

냉방 부하는 다음 것에 대해서 계산한다.

① 구성체 부하

② 유리면 부하

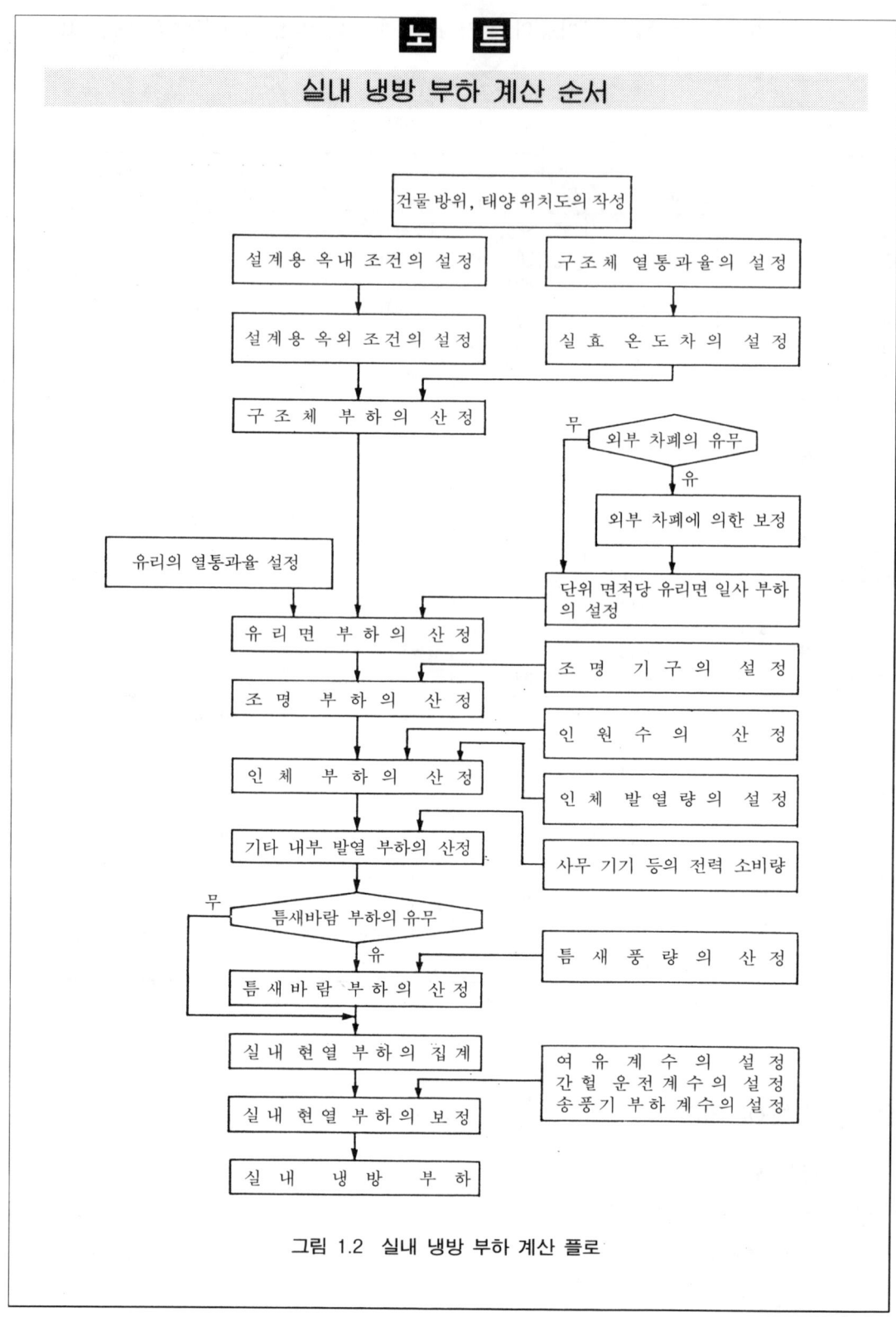

그림 1.2 실내 냉방 부하 계산 플로

③ 조명 부하

④ 인체 부하

⑤ 실내 기구 등의 발열 부하

⑥ 틈새바람 부하

⑦ 도입 외기 부하

⑧ 덕트 및 배관 표면에서의 부하, 공기 누설에 의한 부하, 송풍기 및 펌프 운전에 의한 부하, 간헐 공기 조화에 의한 축열 부하, 실내 냉방 부하 계산의 순서를 **그림 1.2**에 나타낸다.

(2) 실내 냉방 부하

① 실내 냉방 부하는 보정한 실내 현열 부하에 틈새바람 부하의 잠열 부하 및 인체 부하의 잠열 부하를 더한 것으로 한다.

② 실내 현열 부하는 구조체 부하, 유리면 부하, 조명 부하, 실내 기구 등의 발열 부하, 인체 부하의 현열 부하 및 틈새바람 부하의 현열 부하를 누계한 것으로 하고, 덕트 표면에서의 부하, 공기 누설에 의한 부하, 송풍기 운전에 의한 부하 등을 고려하여 여유 계수를 곱해서 보정한다. 그리고 간헐 공기 조화 운전을 하는 경우에는 아침의 예냉 부하를 고려해서 최초의 부하 계산 시각(예 : 9시)만 간헐 운전 계수를 곱해서 보정한다.

(3) 외기 부하

외기 부하는 외기량에 외기와 실내 공기의 비(比)엔탈피 차를 곱해서 산출한다.

(4) 냉방 부하와 기기 용량

냉방 부하와 각 기기 용량과의 관계를 **표 1.6**와 표시한다.

④ 난방 부하 계산

(1) 계산 요령

난방 부하는 다음 것에 대해서 계산한다.

① 구조체 부하

② 유리면 부하

③ 틈새바람 부하

표 1.6 열부하와 각 기기 용량의 관계

열 부 하 의 종 류				냉 방	난 방
구 조 체 부 하				○	○
유 리 면 부 하				○	○
실내 발생 부하	조 명 부 하	실내 부하	공조기 부하	○	
	인 체 부 하			○	
	기 타 내 부 발 열 부 하			○	
틈 새 바 람 부 하			열원 부하	△	△
간 헐 공 기 조 화 에 의 한 축 열 부 하				○	○
송 풍 기 에 의 한 부 하				○	
덕 트 의 부 하 등				○	○
재 열 부 하				○	
외 기 부 하				○	○
펌 프 에 의 한 부 하				○	
배 관 의 부 하				○	○
장 치 축 열 부 하				○	○

(비고) ○ : 고려한다.
　　　△ : 무시하는 경우가 많으나 경우에 따라서는 고려한다.

④ 도입 외기 부하

⑤ 덕트 및 배관 표면의 부하, 공기 누설에 의한 부하, 배관의 부하, 간헐 공기 조화에 의한 축열 부하

실내 난방 부하의 계산 순서를 **그림 1.3**에 표시한다.

(2) 실내 난방 부하

① 실내 난방 부하는 보정한 실내 현열 부하에 틈새바람 부하의 잠열 부하를 더한 것으로 한다.

② 실내 현열 부하는 구조체 부하, 유리면 부하 및 틈새바람 부하의 현열 부하를 누계한 것으로 하고 덕트 표면에서의 부하, 공기 누설에 의한 부하 등을 고려하여 여유 계수를 곱해서 보정한다. 그리고 간헐 공기 조화 운전을 하는 경우에는 아침의 예열 부하를 고려하여 간헐 운전 계수를 곱해서 보정한다.

(3) 외기 부하

냉방 부하 계산 (3)외기 부하를 참고한다.

(4) 가습량

가습량은 도입 외기량에 외기와 실내 공기의 절대 습도차를 곱해서 산출한다.

(5) 난방 부하와 기기 용량

난방 부하와 각 기기 용량과의 관계는 표 1.6에 의한다.

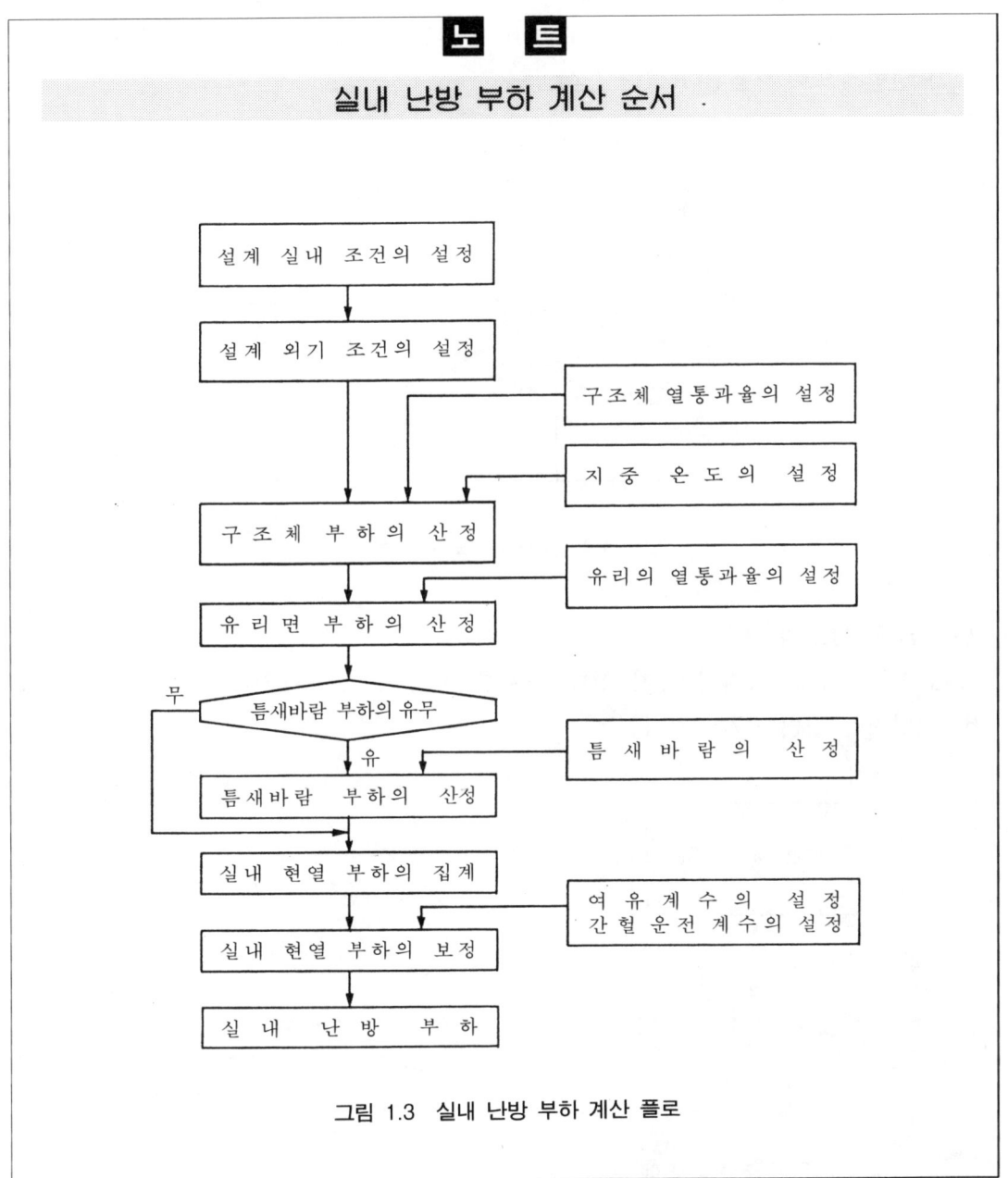

그림 1.3 실내 난방 부하 계산 플로

5 공기 조화기

(1) 공기 선도

습한 공기의 상태는 전(全) 압력이 일정하면 건구 온도, 습구 온도, 절대 습도, 상대 습도, 노점 온도, 비(比)엔탈피 및 비(比)용적 등 중에서 어느 두 가지가 정해지면 다른 상태값을 구할 수 있다. 이 관계를 표시한 것을 습공기 선도라고 한다(간단히 공기 선도라고도 한다). 그리고, 공기 선도로는 비엔탈피와 절대 온도를 좌표로 사용한 $i-x$ 선도가 일반적으로 사용된다(그림 1.4).

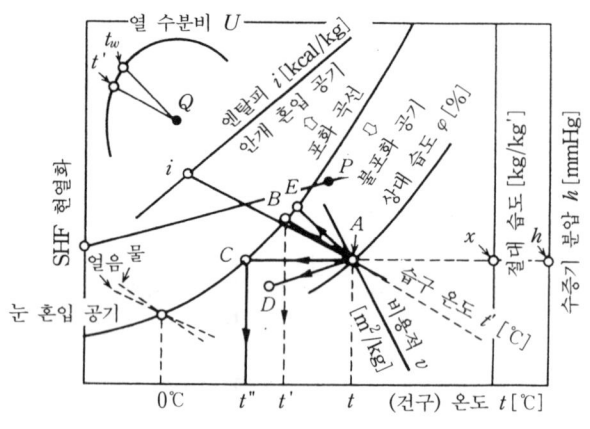

그림 1.4 습공기 선도($i-x$ 선도)

(2) 공기 선도의 표시

그림 1.5와 같은 장치의 공기 상태 변화를 공기 선도로 예시하면, 냉방시는 **그림 1.6**, 난방시는 **그림 1.7**과 같다.

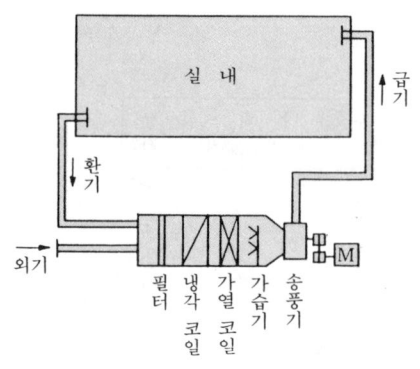

그림 1.5 공기 조화 장치 예

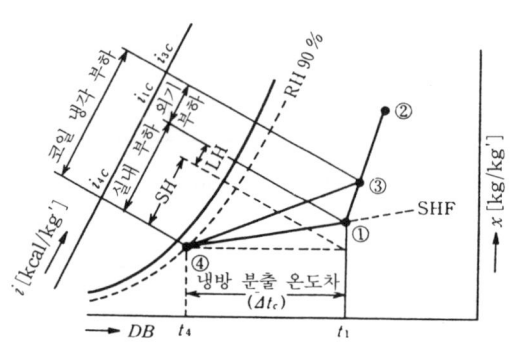

그림 1.6 공기 선도의 예 (냉방시)

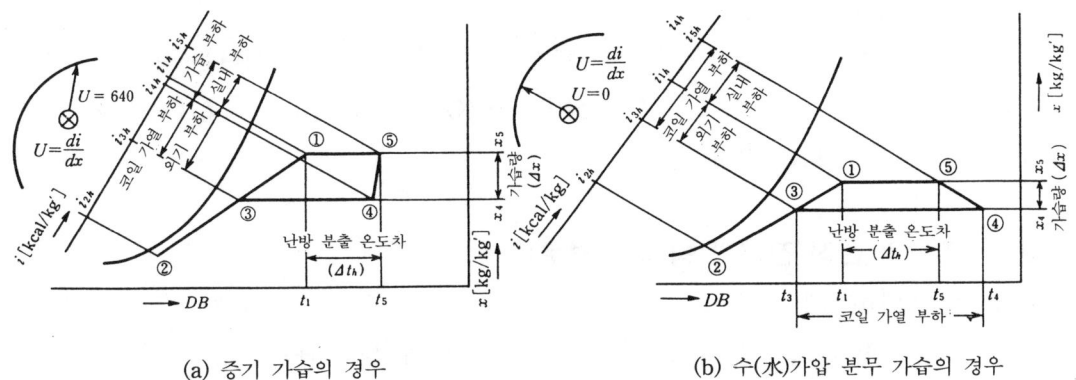

(a) 증기 가습의 경우   (b) 수(水)가압 분무 가습의 경우

그림 1.7 공기 선도의 예 (난방시)

a) 냉방시

점 ①은 실내 공기, 점 ②는 외기, 점 ④는 코일 출구 공기의 상태점을 나타낸다.

점 ④는 점 ①과 SHF(현열비) 및 분출 온도차 Δt_c에서 구할 수 있다. 그리고 점 ④는 상대 습도 90% 정도로 잡는 것이 통상적이다.

점 ③은 외기와 환기(還氣)의 혼합점을 나타내며, 이것은

$$\frac{외기량\ Q_D}{송풍량\ Q_S} = \frac{\overline{①③}}{\overline{①②}}$$

로 구할 수 있다.

b) 난방시

점 ①은 실내 공기, 점 ②는 외기, 점 ④는 코일 출구 공기, 점 ⑤는 분출 공기의 상태점을 나타낸다.

점 ⑤는 점 ①을 지나는 등 절대 습도 선상에서 점 ①의 온도 t_1에 난방 분출 온도 차 Δt_h를 더한 점 t_5로 한다. 이 때의 분출 온도차 Δt_h는 얼마라도 크게 잡을 수는 있으나 크게 잡으면 송풍량이 작아져 실내 환경이 나빠지기 때문에, 10℃ 정도 이하의 값이 사용된다. 그리고, 일반적인 경우 Δt_h는 냉방에서 정해진 풍량과 난방 부하에 의해서

$$\Delta t_h = q / (0.29 \times Q_s)$$

로 산출한다.

여기서, q : 난방 현열 부하 [kcal/h]

$\qquad Q_s$: 송풍량 [m³/h]

점 ③은 외기와 환기의 혼합점을 나타내며, 이것은

$$\frac{외기량\ Q_D}{송풍량\ Q_S} = \frac{\overline{①③}}{\overline{①②}}$$

에서 구할 수 있다.

점 ④는 점 ⑤에서 열수분비 U에 의거해서 그은 선과 점 ③을 지나는 등절대 습도선과의 교점이다. 증기 가습의 경우 $U \fallingdotseq 640$, 수(水) 가습의 경우 $U = t_w$(수온)이 되고, 그 선상의 변화로 된다(그림 1.7).

(3) 공조기의 산정(전공기 방식의 경우)

a) 송풍량 $Q_s [\text{m}^3/\text{h}]$

공조기의 송풍량 Q_s는 각 실 송풍량 Q_r를 누계하여 산출한다.

$$Q_s = \Sigma Q_r$$

$$Q_r = q_{rs}/(C_p \cdot \rho \cdot \Delta t_c) \fallingdotseq q_{rs}/(0.29 \cdot \Delta t_c)$$

여기서, Q_r : 각 실의 송풍량 $[\text{m}^3/\text{h}]$

q_{rs} : 각 실의 시각별 실내 냉방 현열 부하의 최대값 $[\text{kcal/h}]$

C_p : 공기의 정압 비열 $[\text{kcal/kg} \cdot \text{℃}] \fallingdotseq 0.24$

ρ : 공기의 밀도 $[\text{kg/m}^3] \fallingdotseq 1.2$

Δt_c : 냉방 분출 온도차 $[\text{℃}]$

b) 코일 능력

냉각 능력 $H_c [\text{kcal/h}]$

가열 능력 $H_h [\text{kcal/h}]$

$$H_c = (h_c + h_{oc}) \cdot K_1$$

$$H_h = (h_h + h_{oh}) \cdot K_1$$

여기서, h_c : 시각별 실내 냉방 부하 집계의 최대값 $[\text{kcal/h}]$

h_h : 난방 부하의 집계값 $[\text{kcal/h}]$

h_{oc} : 냉방 외기 부하 $[\text{kcal/h}]$

h_{oh} : 난방 외기 부하 $[\text{kcal/h}]$

K_1 : 경년 계수

c) 가습량 $G_s [\text{kg/h}]$, 분무량 $G_T [\text{kg/h}]$

가습량 $G_s = 1.2 Q_D (x_1 - x_2)$

분무량 $G_T = \dfrac{G_s}{\eta}$

여기서, Q_D : 외기량 $[\text{m}^3/\text{h}]$

x_1 : 실내 공기의 절대 습도 $[\text{kg/kg}']$

x_2 : 설계용 외기의 절대 습도 $[\text{kg/kg}']$

η : 가습 효율(=1.0 증기 가습, =0.4 수(水)가압 분무 가습)

그리고, 증기 가습의 경우에 가습 열량 H_s [kcal/h]는 다음에 의한다.

$$H_s = \kappa \cdot G_s$$

여기서, κ : 가습 정수 [kcal/kg] ($\fallingdotseq$640)

d) 냉온수량 L_{cw} [l/min]

$$L_{cw} = \frac{H_c}{60 \cdot \Delta t_{wc}}$$

여기서, H_c : 냉각 능력 [kcal/h]

Δt_{wc} : 냉수 출입구 온도차 [℃] ($\fallingdotseq$5)

6 냉 동 기

(1) 냉동기의 냉동 사이클

a) 증기 압축식 냉동기

증기 압축식 냉동기는 압축기, 응축기, 팽창 밸브 또는 캐필러리 튜브 및 증발기 등 4개의 주요 부품으로 구성되어 있다.

냉매 가스는 압축기에서 압축되어 고압, 고온의 가스가 되고 응축기에서 냉각되어 액화된다. 이 액은 팽창 밸브에서 감압되고 증발기에 들어 가서 주위의 열을 빼앗아 증발한다. 증발된 저압의 냉매 가스는 다시 압축기로 되돌아 간다.

이와 같이 냉동기는 증발기에서 열을 빼앗아서 냉동 작용을 하는 한편, 응축기에서 열을 외부에 방출하고 있다.

이 냉동 사이클의 수치적 표시에는 압력 P [kgf/cm^2]을 종축으로 하고, 비엔탈피 i [kcal/kg]를 횡축으로 한 몰리에르 선도가 많이 사용된다(**그림 1.8**).

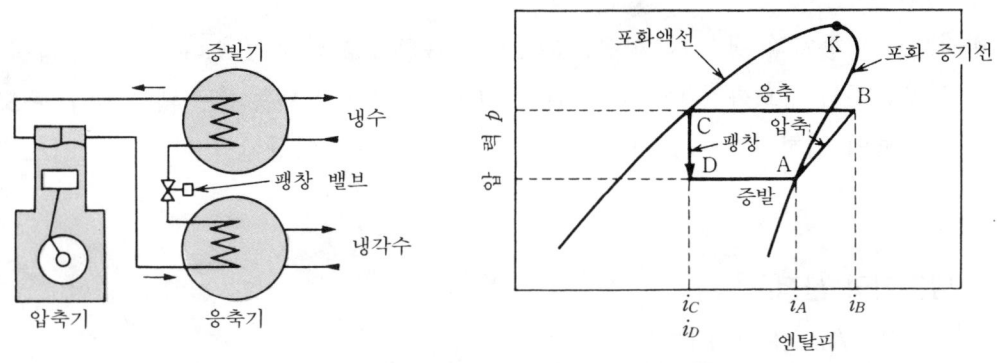

그림 1.8 압축식 냉동기의 냉동 사이클

b) 흡수식 냉동기

흡수식 냉동기는 재생기, 증발기, 흡수기, 응축기 등 4개의 주요 부분으로 구성되어 있다. 흡수액은 흡수기와 재생기 사이를 순환하며 냉매는 재생기, 응축기, 증발기 및 흡수기를 순환한다. 증발기 내에서 냉매(물)를 증발시켜 냉동 작용을 해서, 증발된 냉매를 흡수기에서 흡수액으로 흡수시킨다. 수증기를 흡수해서 희용액이 된 흡수액은 펌프에 의해서 열교환기를 거쳐서 재생기에 보내져 증기 등으로 가열된다.

재생기에서 비등(沸騰)한 흡수액은 수증기를 방출하고, 농용액이 되어 열교환기를 거쳐서 흡수기로 되돌아 간다. 재생기에서 발생한 수증기는 응축기에 들어가 냉각되고 액화되어 증발기로 보내진다.

흡수기에서는 수증기가 흡수액에 흡수될 때 생기는 응축 잠열과 용해열을 방출하고, 응축기에서는 수증기의 응축 잠열을 방출한다. 그리고, 냉각수는 흡수기를 통해서 응축기에 보내져서 흡수기 및 응축기에서의 방열을 흡수한다(**그림 1.9**).

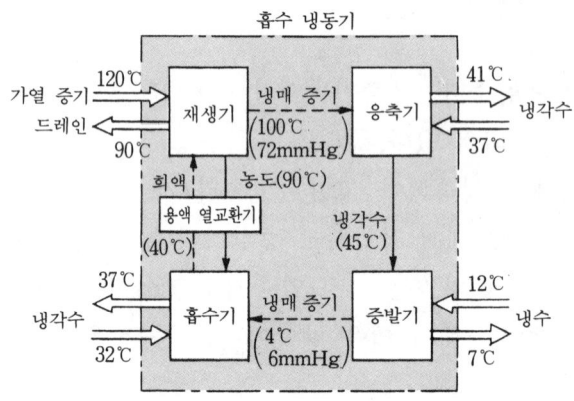

그림 1.9 흡수식 냉동기의 냉동 사이클

(2) 냉수 온도

일반적으로 냉동기의 냉수 출구 온도는 7℃를 표준으로 하고 있으나, 증기 압축식 냉동기의 경우는 5℃ 정도까지 내릴 수 있다. 그리고, 흡수식 냉동기는 냉수 출구 온도가 낮을수록 효율이 저하되기 때문에 일반적으로는 7℃ 정도 이상에서 이용하는 시스템에 적합하다.

(3) 냉동기의 산정

a) 냉동 능력 H_{RC} [kcal/h]

$$H_{RC} = K_1 \cdot q_m$$

여기서, q_m : 건물의 시각별 냉방 부하 집계 최대값 [kcal/h]

K_1 : 여유 계수 등

b) 가열 능력 H_{Rh} [kcal/h]

$$H_{Rh}=K_1 \cdot K_2 \cdot q_h$$

여기서, q_h : 건물의 난방 부하 집계값 [kcal/h]

K_1 : 여유 계수 등

K_2 : 배관 손실 계수

c) 냉수량 L_C [l/min]

$$L_C=H_{RC}/60(t_{wc1}-t_{wc2})=H_{RC}/60 \cdot \varDelta t_{wc}$$

여기서, t_{wc1} : 냉수 입구 온도 [℃] (=12)

t_{wc2} : 냉수 출구 온도 [℃] (=7)

$\varDelta t_{wc}$: 냉수 출입구 온도차 [℃] (=5)

d) 온수량 L_w [l/min]

$$L_w=H_{Rh}/60(t_{wh2}-t_{wh1})=H_{Rh}/60 \cdot \varDelta t_{wh}$$

여기서, t_{wh1} : 온수 입구 온도 [℃]

t_{wh2} : 온수 출구 온도 [℃]

$\varDelta t_{wh}$: 온수 출입구 온도차 [℃]

7 냉각탑

(1) 용 어

a) 어프로치

냉각탑에 의해서 냉각할 수 있는 수온은 냉각이 주로 물의 증발에 의해서 이루어지기 때문에 입구 공기의 습구 온도까지밖에 내릴 수 없다. 냉각탑 출구 수온과 입구 공기 습구 온도의 차를 어프로치라고 부르며, 일반적으로 5℃ 전후로 하고 있다.

b) 레인지

냉각수의 출입구 온도차를 레인지라고 한다. 일반적으로 5~8℃ 정도로 하고 있으나 냉동기의 종류, 냉각수량에 따라 다르다.

c) 냉각 계수

냉동기의 냉각 능력과 응집기에서의 발열량, 즉 냉각탑의 요구 능력의 비는 냉동기의 종류에 따라 달라진다. 이 값을 냉각 계수라고 한다.

압축식 냉동기의 경우 : 1.3

흡수식 냉동기의 경우

일중 효용 : 2.71

이중 효용 : 1.84

(2) 냉각탑의 산정

a) 냉각 능력 H_{ct} [kcal/h]

$$H_{ct} = K_1 \cdot H_{RC}$$

여기서, H_{RC} : 냉동기의 냉동 능력 [kcal/h]

K_1 : 냉각 계수

b) 냉각 수량 L_{ct} [l/min]

$$L_{ct} = H_{ct}/60 \cdot \varDelta t_c$$

여기서, $\varDelta t_c$: 냉각수 출입구 온도차 [℃]

8 보 일 러

(1) 용 어

a) 정격 출력

보일러의 용량은 정격 출력, 즉 최대 연속 부하에서의 시간당 출력으로 표시되고, 증기 보일러의 경우는 환산 증발량 [kg/h] 또는 실제 증발량으로, 온수 보일러의 경우는 열 출력 [kcal/h]으로 표시하는 것이 보통이다. 환산 증발량은 대기압에 있어서 100℃의 포화수를 100℃의 건조 포화 증기로 증발시키는 것을 기준으로 해서, 보일러의 실제 증발량을 기준 조건에서의 증발량으로 환산한 것을 말한다.

$$환산\ 증발량 = \frac{실제\ 증발량\ [kg/h] \times (i_2 - i_1)}{538.8}$$

여기서, i_1 : 급수의 비엔탈피 [kcal/kg]

i_2 : 발생 증기의 비엔탈피 [kcal/h]

열 출입구는 실제로 온수에 주어진 열량으로 표시한다.

$$열\ 출력 = 온수\ 순환량\ [kg/h] \times (i_2 - i_1)$$

여기서, i_1 : 귀환 온수의 비엔탈피 [kcal/kg]

i_2 : 송출 온수의 비엔탈피 [kcal/kg]

b) 보일러 증발률

보일러의 전열 면적당 평균 증발량을 증발률이라고 한다. 전열 면적이란, 한쪽 면이 연소 가스에 닿고 그 이면이 물에 닿는 부분의 면을 연소 가스 측에서 잰 면적의 총화로, 「보일러 및 압력 용기 안전 규칙」의 규정에 따라 계산한다.

(2) 보일러의 산정

a) 보일러 정격 출력 H[kcal/h]

① 열교환기를 설치하지 않는 경우

$$H = K_1 \cdot K_2 (q_1 + q_2)$$

여기서, q_1 : 난방 부하의 집계값 [kcal/h]

q_2 : 급탕 등의 부하 [kcal/h]

K_1 : 여유 계수 등

K_2 : 배관 손실 계수

② 환산 증발량 G[kg/h]

$$G = \frac{H}{540}$$

b) 표준 연소량 C[l/h], [Nm^3/h]

$$C = \frac{H}{\eta_B \cdot H_l \cdot \gamma_o}$$

여기서, H : 보일러 정격 출력 [kcal/h]

η_B : 보일러 효율(주철제≒0.86)

H_l : 연료의 저위 발열량 [kcal/kg], [kcal/Nm^3]

γ_o : 연료의 비중 [kg/l] (가스의 경우는 불필요)

9 에어 필터

(1) 성능의 표시

에어 필터의 성능은 정격 풍량에서의 다음 항목에 대해서 표시된다.

a) 압력 손실

공기가 에어 필터를 통과할 때의 저항을 나타내며, 에어 필터의 상류측과 하류측의 전체 압력차 [mmH$_2$O, mmAq]로 표시된다.

보통은 에어 필터의 상류측과 하류측의 단면적이 같기 때문에 풍속이 같다. 따라서 운동 에너지(동압)도 같으므로 정압차로 표시할 수 있다. 에어 필터는 분진을 포집함으로써 압력 손실이 커지기 때문에 세정이나 교환의 기준이 된다.

표 1.7 에어 필터의 종류

에어 필터의 성능별 분류	에어 필터 형상	적응 분진 입경	적응 분진 농도[1]	압력 손실 [mmAq]	분진 포집률 [%][5]			분진 유지 용량 [g/m²]	비 고
					중량법	비색법	DOP법		
거친 분진용 에어 필터	• 자동 갱신형 롤 필터 (건식 여과재) • 멀티 패널형 필터 (자동 청정)[4] • 정기 세정형 패널 필터 (건식 여과재) • 여과재 교환형 패널 필터 (건식 여과재) • 정기 세정형 패널 필터[4]	$5\,\mu$m 이상	중~대	3~20	70~90	15~40	5~10	500~ 2,000	고성능 에어 필터, 정전기식 공기 청정 장치 등의 프리 필터 로 사용된다.
중 성 능 에 어 필 터	• 여과재 접어넣기형 필터 • 디프 베드형 필터 • 스트리머(streamer)형 필터	$1\,\mu$m 이상	중	8~25	90~96	50~80	15~50	300~ 800	여과재 접어넣기형 의 중성능 필터의 여 과재 면적은 필터 페 이스 면적의 10~20 배의 것이 많다.
고 성 능 에 어 필 터	• 여과재 접어넣기형 필터 • 디프 베드형 필터 • 스트리머(streamer)형 필터	$1\,\mu$m 이하	소	15~35	99 이상	80~95	50~90	70~ 250	여과재 접어넣기형 의 고성능 필터의 여 과재 면적은 필터 페 이스 면적의 20~40 배의 것이 많다.
초 고 성 능 에 어 필 터	• 여과재 접어넣기형 필터	$1\,\mu$m 이하	소	25~50	–	–	95~ 99.99 (99.97 이상[3])	50~ 70	여과재 접어넣기형 의 초고성능 필터의 여과재 면적은 필터 페이스 면적의 50~ 60배이다.
정 전 기 식 공 기 청 정 장 치	• 2단 하전식 정기청정형 • 2단 하전식 여과재 집진형 • 1단 하전식 여과재 유전형	$1\,\mu$m 이하	소	8~10 }10~20	99 이상	80~95 }70~20	60~75	}60~ 1,400[2]	

주) 1. 분진 농도=대 : 0.4~7.0 mg/m³, 중 : 0.1~0.6 mg/m³, 소 : 0.3 mg/m³ 이하
2. 여과재부의 집진 유지 용량 [g/m³]
3. HEPA 필터의 경우
4. 충돌 점착식 필터
5. 중량법 : AFI 중량법에 의한다. 비색법(比色法) : NBS 테스트에 의한다.

b) 오염 제거율

에어 필터의 상류측과 하류측의 분진 농도 측정 방법에 따라서 3종류의 표시 방법이 있다.

① 중량법(에어 필터에 포집된 분진량과 백업 필터에 포집된 분진량으로 분진 포집률을 구하는 방법)

② 변색도법(에어 필터의 상류측과 하류측의 공기를 분진 포집률 측정용 여과지를 통

해서 흡인하고, 여과지 위에 포집된 분진에 의한 빛 투과율의 변화에 의해서 포집률을 구하는 방법)

③ DOP법(시험용 에어로졸로 DOP를 사용하는 방법으로, DOP 에어로졸의 농도는 빛 산란 상대 농도계로 측정한다)

c) 오염 제거 용량

에어 필터가 사용 한계에 달할 때까지 유지할 수 있는 오염 물질의 질량을 나타내며, 단위당 질량([kg/m³] 또는 [kg/개])으로 표시된다. 분진의 경우는 분진 유지 용량, 유해 가스의 경우는 가스 제거 용량이라고 한다.

오염 제거 용량은 에어 필터의 세정이나 교환의 기준이 된다.

(2) 에어 필터의 종류

에어 필터에는 **표 1.7**에 제시한 것과 같은 종류가 있다.

10 펌 프

(1) 일반 사항

a) 토출량

펌프의 수량(水量)은 펌프를 설치한 배관계에 접속되어 있는 기기의 필요 수량의 합 계값에 따라서 결정하지만, 냉동기, 보일러 등의 열원 계통에 접속되어 있는 경우는 열원 기기에서 산정한 수량으로 결정한다.

b) 양 정

그림 1.10에 나타낸 것처럼 펌프의 흡입 수위에서 토출 수위까지의 높이를 실양정 (實揚程)(H_a)이라고 한다.

$$실양정(H_a) = 흡입 실양정(H_s) + 토출 실양정(H_d)$$

배관계에는 유체 마찰 손실, 곡관의 손실, 확대관의 손실 등의 손실 수두(H_f)가 있다. 이 손실 수두와 실양정의 합을 전양정(全揚程)(H)이라고 한다.

$$전양정(H) = 실양정(H_a) + 손실 수두(H_f)$$

그리고, 손실 수두는 흡입측 손실 수두(H_{fs})와 토출측 손실 수두(H_{fd})로 구분할 수 있다. 펌프의 흡입측 진공계(眞空計)와 토출측의 압력계(壓力計)의 지시값을 각각 h_s 및 h_d로 하면

$$진공계의 지시값(h_s) = 흡입 실양정(H_s) + 흡입측 손실 수두(H_{fs})$$
$$+ 흡입 속도 수두(H_{ps})$$

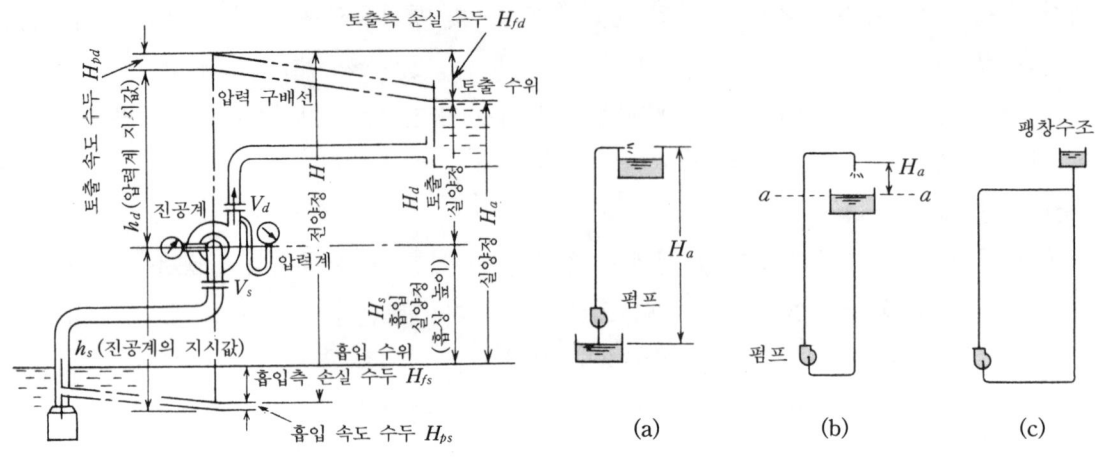

그림 1.10 펌프의 양정   그림 1.11 펌프의 정수두(靜水頭)

$$\text{압력계의 지시값}(h_d) = \text{토출 실양정}(H_d) + \text{토출측 손실 수두}(H_{fd})$$
$$- \text{토출 속도 수두}(H_{pd})$$

로 된다.

따라서, 흡입관과 토출관의 지름이 같을 경우는 흡입 속도 수두와 토출 속도 수두가 같게 되기 때문에, 전양정은 펌프 중심선 위치의 진공계와 압력계 지시값의 합계로 된다.

(2) 펌프의 산정

a) 양 정

그림 1.11 (a)는 개방식의 예로, 하부의 수조에서 상부의 수조에 양수하는 경우를 나타낸 것이다. 이 때 펌프의 필요한 전양정 H 는

$$H = K(H_1 + H_4)$$

로 된다.

여기서 H_4 는 실양정 H_a 와 상부 수조에서의 토출 수두를 가산한 값이다.

그림 1.11 (b)에 나타낸 개방식의 예로는 냉각수계를 생각할 수 있다. 이 경우는 수조면 수위 a 와 배관계 내의 높이 a 까지는 펌프를 운전하지 않아도 물을 충만시킬 수 있으므로 펌프의 필요한 전양정 H 는,

$$H = K(H_1 + H_2 + H_3)$$

이 된다.

여기서 H_3 는 냉각탑 내에 있어서의 정수두(靜水頭)(H_a), 냉각탑 내 배관 저항 및 토출 수두를 가산한 값이다.

그림 1.11 (c)는 밀폐식의 예로, 배관계의 가장 높은 곳에 설치한 팽창 수조에서 계

내에 급수하면 펌프를 운전하지 않아도 계 전체에 물을 충만시킬 수 있기 때문에, 펌프의 필요한 전양정 H는

$$H = K(H_1 + H_2 + H_3 + H_4)$$

로 된다. 여기서 H_4는 공조기 등의 기기 손실 수두이다.

여기서, H_1 : 배관 저항 [mH$_2$O]

H_2 : 열원기 내의 손실 수두 [mH$_2$O]

H_3 : 냉각탑 내의 손실 수두 [mH$_2$O]

H_4 : 그 외의 저항 [mH$_2$O]

K : 여유 계수

11 송 풍 기

(1) 일반 사항

a) 송풍기 크기의 번호

다익(多翼) 송풍기의 크기를 나타내는 번호와 날개차 지름과의 관계식을 표시한다.

$$다익 \ 송풍기의 \ 크기 \ 번호 \ [\#] = \frac{날개차 \ 지름 \ [mm]}{150 \ [mm]}$$

b) 송풍기의 종류

송풍기의 종류와 특성을 **표 1.8**에 표시한다.

(2) 다익 송풍기의 산정

풍량과 정압에서 송풍기의 형번(型番)을 결정한다.

$$정압 \ [mmH_2O] = 덕트 \ 저항 \ 전압 \ [mmH_2O] - 송풍기 \ 동압 \ [mmH_2O]$$

12 물 탱크

(1) 일반 사항

a) 수수 탱크

음료수 탱크의 설치에 관해서는 건축 기준법 시행령 및 건설성 고시에 의해 규정되고 있다.

그림 1.12에 음료수 탱크의 내부 구조 및 배관 접속시의 유의점을, **그림** 1.13에 음료수 탱크를 건물 내에 설치할 경우의 요건을 제시했다.

수수(受水) 탱크의 내진 강도는 수평 진도 2/3G 이상을 확보하지 않으면 안 된다.

표 1.8 송풍기의 종류와 특성

종류	원심 송풍기				사류 송풍기	축류 송풍기			횡류 송풍기
	다익 송풍기	후방 송풍기	익형 송풍기	튜브형 원심 송풍기		프로펠러	튜브	베인	
날개차와 케이싱									
특성									
풍량 [m³/min]	10~2,000	30~2,500	30~2,500	20~50	10~300	20~500	500~5,000	40~2,000	3~20
정압 [mmAq]	10~125	125~250	125~250	10~60	10~60	0~10	5~15	10~80	0~8
효율 [%]	35~70	65~85	75~80	40~50	65~80	10~50	55~65	75~85	40~50
비소음 [dB]	40	40	35	45	35	40	45	45	30
특성상의 특징	풍압의 변화에 따른 풍량과 동력의 변화가 비교적 크다. 동력은 풍량의 변화와 함께 축동력이 증가한다.	풍압의 변화에 따른 풍량의 변화는 비교적 크다. 동력은 풍량이 어느 이상이 되면 증가하지 않는 리밋 로드 특성이 있다.	후방 송풍기와 같음	압력 상승이 크다. 압력의 변화에는 풍구역이 오므로 흡구역 실이 크고 효율이 나쁘다.	축류 송풍기와 유사하나, 압력 구성의 풍구역은 적다. 동력 구성은 전체로 평탄.	최고 효율점은 자유 토출에 가까운 구성의 풍구역에 있다. 압력 변화에는 풍구역이 없다.	토출 공기는 환상으로 회전성분을 갖는다.	안내깃에 의해 토출 공기의 회전 성분이 회복성분으로 있으며 그 과속 불가, 토출 공기의 회전 성분은 적다.	날개차의 지름이 작아도 효율이 저하하는 적다.
용도	저속 덕트 공조용, 각종 공조용, 급배기용	고속 덕트 공조용	좌 동	옥상 환기 팬	국소 통풍	환기 팬, 소형 냉각탑, 유닛 히터, 저압·대풍량	국소 통풍, 대형 냉각탑, 중압·대풍량	국소 통풍, 터널 환기, 일반 공조(특배), 고압·저풍량	팬 코일 유닛, 에어 커튼

주) 1. 이 일람표는 한쪽 흡입형을 기준으로 하고 있다.
2. 각각의 값은 대체적인 기준이다.
3. 비소음이란, 풍압 1 [mmAq]에서 풍량 1 [m³/s]를 송풍기의 소음값으로 환산한 것

b) 고위치(高位置) 탱크

고위치 탱크의 구조 및 설치 방법은 수수 탱크에 준한다. 그리고, 내진 강도는 수평 진도 1.0G 또는 1.5G를 확보하지 않으면 안 된다.

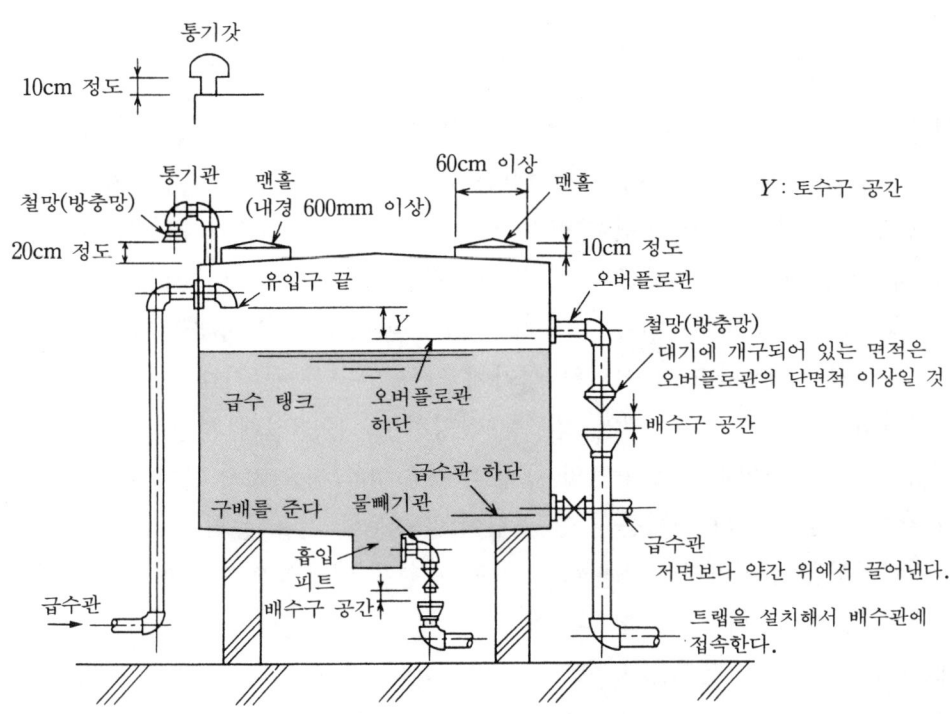

그림 1.12 음료수 탱크의 내부 구조 및 배관 접속시의 유의점

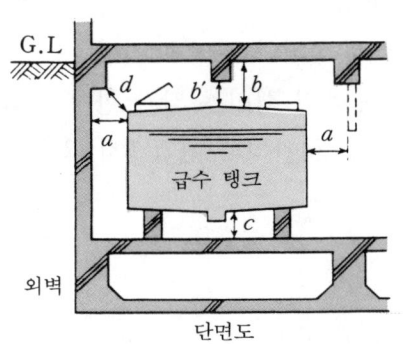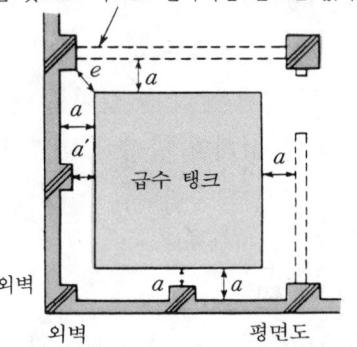

a, b, c의 어느 것이나 보수, 점검을 용이하게 할 수 있는 거리로 한다(표준적으로는 a, $c \geqq 60\text{cm}$, $b \geqq 100\text{cm}$). 그리고 보, 기둥 등은 맨홀의 출입에 지장이 되는 위치가 되어서는 안 되고 a', b', d, e는 보수, 점검에 지장이 없는 거리로 한다.

그림 1.13 음료수용 탱크를 건물 내에 설치할 경우의 요건

1-2 전기 설비의 기기 용량 산정

1 조 명

(1) 조명의 필요성

인간은 빛이 없는 세계에서는 생활할 수 없다. 유사 이래로, 인간의 활동은 어떤 빛에 의해 유지되어 왔다. 그것이 바로 태양의 자연광과 불이었다. 인공적인 빛인 불에 의해서 문명은 발달되었다. 인간이 불을 사용하는 유일한 동물이라고 할 수 있는 근거가 여기에 있다. 19세기 후반까지 인공광의 광원으로는 땔나무, 각종 기름 램프, 양초, 가스등 등이 사용되어 왔다. 19세기 후기에 패러데이, 지멘스, 말테렌 등에 의해서 전기 에너지가 개발되면서 서서히 전기에 의한 인공 광원 시대로 접어들게 되었다.

그리고 1879년에 에디슨이 백열 전구를 발명하고, 1938년에 형광등이 발명되자마자 야간 활동이 더욱 활발해지고 인간의 생활 환경은 비약적으로 발전되어 왔다.

이와 같이 조명 설비의 목적은 자연 채광이 불충분한 건물 등의 장소나 야간 시설 등에 전기 에너지를 광에너지로 변환하는 인공 광원을 사용함으로써 인간의 시환경(視環境)을 확보하는 데 있다.

근래의 조명 설비는 건축물의 고도화, 다양화에 따라 기술의 향상, 개발이 현저하다. 시환경, 작업 환경, 생활 환경 등의 관점에서 시인성(視認性), 쾌적성, 안전성, 효율성, 고연색성(高演色性) 등의 질적인 요소가 강해지고 있다. 그리고, 그 조명 효과와 함께 시설의 경제성은 중요한 요소이다. 따라서 장기적인 시야에 입각하여 이니셜 코스트와 러닝 코스트를 비교 검토하는 등 경제적인 설비로 하는 것도 요망되고 있다.

조명 설비를 필요로 하는 시설은 건물 내의 옥내 조명 설비와 스포츠 시설, 공원, 도로 등과 같은 옥외 조명 설비로 분류된다. 옥내 설비와 옥외 설비는 각각 환경 등의 조건이나 조명 설계의 방법이 다르기 때문에, 여기서는 빌딩 관리의 관점에서 옥내 조명 설비에 대해서 기술한다.

(2) 광 원

옥내 조명 설비에 이용되는 광원(램프)은 그 사용의 용이성, 광질, 효율, 수명 등에서 형광등 및 백열등이 일반적이다. **표 1.9**에 광원으로 사용되는 각종 램프의 특징을 나타냈다. 형광등 및 백열등은 모두 각각의 형상, 용량 수(와트 수), 꼭지쇠의 차이 등에 따라 품종이 다종 다양하다.

최근에 개발된 것으로는 백열등에서는 적외선 반사막 부착 할로겐 램프, 형광등으로는 3파장역 발광형 형광관, 콤팩트형 램프, 전구형 형광(꼭지쇠) 램프 등이 있고, 또 전극이 없는 무전극형 램프도 있다.

표 1.9 광원(램프)의 특징

항 목	백열 전구	형광 램프	고압 수은 램프	메탈핼라이드 램프	나트륨 램프
용 량	수 W ~ 수 kW	4~220W	40W~2 kW	100W~2 kW	35W~1 kW
종 류	유리 형상, 내외면 처리, 반사막 부착 방식, 필라멘트 구조 등이 풍부.	직관 이외에 환(丸) 및 기타의 변형, 또는 반사형, 색이 든 것 등이 있다.	투명형, 내면에 형광 도료를 도포한 것, 필터 유리를 사용한 것, 반사경을 설비한 것이 있다.	종류에 따라서 램프 각도의 제약이 있다.	고압 35W~1 kW 저압 70W~1 kW
기 구	디자인의 융통성이 크다. 점멸 조광이 용이, 일반적으로 램프의 종류와 크기의 교환 용이.	램프 용량에 따라서 기기 전용으로 되고 램프 형상, 안정기 등에 의해서 디자인상 약간 제약을 받는다. 백열 전구만큼 간단하지 않으나 조광도 비교적 용이.	램프 용량에 따라서 기구 전용(셀프 밸러스트의 것은 제외)으로 되고등구(燈具)는 고가인데다 디자인상 제약이 많다. 일반적으로 빈번한 점멸에는 적합하지 않다.	기구는 전용으로 되고 등구는 고가인데다 디자인상 제약이 많다.	기구는 전용으로서 디자인상 제약을 받는다.
점등 부속 장치	불필요.	안정기 등의 부속 장치가 필요.	셀프 밸러스트형을 제외하고 안정기가 필요.	안정기가 필요.	안정기 등의 부속 장치가 필요.
광 질	일반적으로 휘도가 높다. 열방사가 많고, 광색에 붉은 기가 풍부, 배광 제어가 용이.	저 휘도이다. 광색은 비교적 잘 조절할 수 있고, 좋은 것을 얻을 수 있다. 열방사는 적다.	고 휘도, 배광 제어는 용이, 광색은 특이성이 있으나 형광 수은 램프, 전구 병용 등에 의해서 좋은 것을 얻을 수 있게 되었다. 그러나 역으로 특이성의 이용 가치도 높다.	고 휘도, 배광 제어는 용이, 연속 스펙트럼으로 자연색과 거의 같은 광색.	저압은 전광속의 60% 이상이 파장 589~589.6mm(D선)에 있다. 주황색의 단일 광이다. 고압은 2,200°K의 황백색.
효 율	7~22 [lm/W]	48~80 [lm/W]	50~60 [lm/W]	80~88 [lm/W]	고압 130~160 [lm/W] 저압 135~180 [lm/W]
수 명	1,000~2,000시간	3,000~10,000시간	6,000~12,000시간	6,000~9,000시간	9,000~12,000시간
용 도	비교적 좁은 장소에서의 전반 조명, 악센트적 국부 조명, 기분을 주로 한 효과를 얻기 쉽다. 대형의 것은 높은 천장, 각종의 투사 조명.	실내, 옥외, 전반 조명, 국부 조명, 보는 것을 주로 한 양질 조명을 경제적으로 얻을 수 있다. 그리고 간접 조명 등으로 해서 무드 조명에도 효과를 발휘한다.	1등당 큰 광속을 얻을 수 있고 또 수명이 길기 때문에 높은 천장, 투광 조명, 도로 조명에 적합하다.	1등당 큰 광속을 얻을 수 있고, 긴 수명, 연색성이 좋기 때문에 연색성이 문제시 되는 높은 천장, 옥외 조명에 적합하다.	광질의 특질을 이용해서 도로 조명, 터널 조명 등에 이용.

(3) 조명 기구 · 조명 방식

옥내 조명 설비에 사용되는 조명 기구는 형상, 치수 등에 따라 천차 만별이지만, 대별하면 매입(埋込)형 및 직접 부착형으로 분류되며, 각각 램프가 개방된 것, 메타크릴(아크릴) 수지판 등으로 덮어 씌운 것, 그리고 금속 등의 루버가 걸린 것 등이 있다(**표 1.10**).

조명 기구는 단독으로 사용되는 경우, 기구 자체를 조합해서 사용되는 경우, 시스템 천장으로 사용되는 경우, 건축화 조명으로서 사용되는 경우 등으로 이용되고 있다.

실내 공간을 조명하는 조명 방식은 그 조명 범위에 따라 전반 조명 방식, 국부 조명 방식, 국부적 전반 조명 방식, 태스크 · 앰비언트 조명 방식 등으로 분류할 수 있다. 이 중에서, 전반 조명 방식은 조명하려고 하는 실내 전체를 똑같이 조명하는 방식으로 가장 대표적인 것이다.

그렇기 때문에 조명 기구는 업무 내용 및 집무 환경에 알맞고, 배광, 휘도, 글레어, 연색성 등을 배려한 양질의 쾌적한 것으로 선정하는 것이 중요하다.

표 1.10 조명 기구의 배광에 의한 분류

	국제 분류	직접 조명형			반직접 조명형	전반확산 조명형	반간접 조명형	간접 조명형	
배	상반구 광속	0			10	40	60	90	100
	하반구 광속	100			90	60	40	10	0
광	배광 곡선								
조명 기구의 예		다운라이트 / 금속제 반사갓 / 매입 기구 / 루버붙이 기구			식탁용 펜던트 / 확산판			코브 조명기구 / 천장 / 불투명 반사 접시 / 램프 / 반사판	
특 징		1. 조명률이 크다. 2. 실내면 반사율의 영향이 적다. 3. 공장 조명에 적합하다.			1. 방 전체가 밝다. 2. 글레어가 비교적 적다. 3. 사무실, 학교 등에 적합하다.			1. 실내면 반사율의 영향이 크다. 2. 그림자가 적고 글레어가 적은 조명을 할 수 있다. 3. 분위기를 중요시하는 조명에 적합하다.	

노 트

색 온도와 연색성

램프의 광색은 색 온도로 표시된다. 색 온도는 표준 흑체를 가열하면 온도가 높아짐에 따라서, 흑색에서 진한 적색 → 분홍색 → 백 → 청백 → 청으로 그 광색이 변화한다.

어느 램프의 광색과 흑체를 가열해 갔을 때의 광색이 그 램프와 같게 되었을 때의 흑체의 온도를 그 램프의 색 온도라고 한다.

태양은 6,500 K (켈빈), 흐린 하늘은 7,000 K, 백열 전구는 2,800 K, 형광 램프(백색)은 4,200 K 정도이다.

연색성이란 기준 광원에 의한 물체의 색이 보이는 방식과, 어느 광원에 의한 물체의 색이 보이는 방식을 비교해서 수치로 표시한 광원의 성질을 말한다.

백열 전구는 100, 형광 램프(일반형) 65 정도, 형광 램프(고연색형) 85 정도, 수은 램프 45 정도, 고압 나트륨 램프 25 정도이다.

(4) 조명 계산

사무실과 같은 장소에서의 바람직한 조도는 각종의 실험으로 보면 약 2,000 [lx]로 되어 있지만 설비나 운전 경비 등의 면에서 현실적이지는 않다.

현재 JIS에는 조도 기준의 권장값이 있으며, 그리고 조명 학회에도 조도 기준이 있다. **표 1.11**에 일반적인 표준 조도를 나타냈다.

조명 기구의 배치는 기둥·보의 위치, 천장의 형상, 분출구·스피커·방재 기기 등의 배치 등을 고려하여 가능한 한 빛이 일정하도록 배치한다. 램프 등 수의 산정은 다음의 계산식에 따른다.

$$N = \frac{EA}{FUM}$$

여기서, N : 램프의 등 수 [개]

E : 소요 평균 조도 [lx]

A : 피조면 면적 [m²]

F : 램프 광속 [lm]

U : 조명률(기구의 형식 등에 의함)

M : 보수율(기구의 형식, 환경 등에 의함, **표 1.12**)

표 1.11 표준 조도

구 분	실 내	수평면 조도 [lx]	글레어를 고려하는 경우
집 무 에 어 리 어	설계실, 제도실	700~1,500	V2, V3, G0, G1
	일반 사무실	400~750	
	VDT 사용실, 중계대실, 중앙감시실, 전산기실	400~750	V1, V2
	주방	350~550	G1, G2
상 급 실 에 어 리 어	상급실, 회의실	350~750	V2, V3, G0, G1
	응접실	350~550	G0, G1
커뮤니케이션 에어리어	회의실, 응접실	350~750	G1, G2
	대회의실, 강당		G0, G1, G2
	현관 홀, 대합실	250~350	G1, G2
리 프 레 시 에 어 리 어	식당, 다방	350~550	G1
	리프레시룸, 휴양실		G0, G1
유 틸 리 티 에 어 리 어	화장실, 세면소, 숙직실	100~300	G0, G1
	복도, 계단, 전기실, 기계실, 서고		G2, G3
	엘리베이터 홀	250~500	G1
	탈의실, 창고, 차고	80~150	G2, G3

(비고) 1. 조도는 작업면(일반 사무실에서는 바닥 위 85cm, 좌업(座業)시에는 바닥 위 40cm, 복도 등은 바닥면)에서의 평균 조도를 말한다.
2. VDT 사용실은 워드프로세서, 퍼스널컴퓨터, CAD, 단말 등 VDT 기기의 사용을 주목적으로 한 방을 말한다.
3. 글레어를 고려하는 경우의 기호는 V1, V2, V3는 V 분류, G0, G1, G2, G3는 G 분류에 의한 기호를 표시한다.

(5) 제어 방식

조명 기구의 제어는 일반적으로는 텀블러 스위치 또는 리모콘 스위치에 의해서 실시되고 있으나 에너지 절감, 경제성 등을 더욱 고려하여 필요에 따라 다음과 같은 방식이 고려되고 있다.

① 스위치에 의한 점멸을 가급적 작은 그룹으로 분할한다.

② 에너지 절감을 고려하여, 주광 이용에 의한 조명 기구를 조광한다.

③ 스케줄 제어, 패턴 제어, 무선 제어, 방범 기기, 인감 센서 등과의 연동 제어 등의 복합적인 제어 방식.

표 1.12 보수율

조명 기구 형식 / 광원 환경		형광 램프			백열 전구			수은 램프			메탈핼라이드 램프			고압 나트륨 램프		
		좋다	보통	나쁘다	좋다	보통	나쁘다	좋다	보통	나쁘다	좋다	보통	나쁘다	좋다	보통	나쁘다
노출형		–	–	–	0.91	0.88	0.84	0.81	0.78	0.74	0.72	0.69	0.66	0.86	0.83	0.79
		0.74	0.70	0.62	–	–	–	–	–	–	–	–	–	–	–	–
하면 개방형		0.74	0.70	0.62	0.84	0.79	0.70	0.74	0.70	0.62	0.66	0.62	0.55	0.79	0.75	0.66
O. A 루버형		0.70	0.66	0.62	–	–	–	–	–	–	–	–	–	–	–	–
간이 밀폐형	(하면 커버 부착)	0.70	0.66	0.62	0.79	0.74	0.70	0.70	0.66	0.62	0.62	0.58	0.55	0.75	0.70	0.66

(비고) 주로 사단법인 조명학회 기술 기준 JIEG−001에 의거함

(6) 보수성

앞의 표 1.12에서도 알 수 있듯이, 조도는 환경, 경년 등에 따라 기구나 램프의 더러워짐을 미리 보정해서 쓰이고 있다.

따라서 기구나 램프의 보수(청소)가 충분히 되어 있으면, 조도가 비교적 저하되지 않고 양호한 시환경이 유지된다.

그리고 높은 천장에 설치하는 기구는 램프의 교환, 점검 등을 용이하게 할 수 있도록 전동 승강 장치 등의 설치를 고려해야 한다.

2 콘센트

콘센트는 전기 스탠드, OA 기기 등과 같은 사무 능률의 향상용과 청소기 등을 위한 업무 지원용이 있다.

표 1.13에 용도에 따른 각 방의 콘센트 설치 개수 및 형식을 나타냈다.

3 분전반

분전반의 목적은 간선(幹線)으로 보내온 전기의 부하에 대한 공급과 전로(분전반의 부하측)를 보호하는 것이다. 분전반은 원칙적으로 각 층에 설치되며, 다음 각 항목에 유의해서 설계한다.

표 1.13 콘센트의 설치 개수 및 형식

구분	사용 장소 또는 사용 기기	설 치 구 분	콘센트의 형식		비 고
			정격 전류 [A]	구수	
일반용	일반 사무실	15m²당 1개	15	2	OA기기용은 접지극붙이 또는 접지단자붙이로 한다 [1]
	OA화를 고려한 사무실	8m²당 1개	15	2	〃
	상급실, 숙직실	2개 이상	15	2	
	회의실	25m²당 1개	15	2	
	식당	30m²당 1개	15	2	
	복도, 현관 홀, 엘리베이터 홀	보행거리 20m당 1개	15	1	
	창고	필요에 따라 설치	15	1	
	온수 공급실	1개	15	2	
	차고, 전기실, 배선실, 기계실, 서고	1개 이상	15	1	
전용	복사기 등 대형 사무기용	사무실내 50~100m²당 1개	15	1	접지단자붙이
	의료용 기기용	기기수, 용량에 따라 설치한다	15 20 30	2 1 1	접지극붙이 〃 〃
	주방 기기용	〃	15 20	1 1	접지극붙이 방수형
	이용 기기용	이발 의자의 앞면 벽에 설치	15 20	2 1	접지단자붙이
	냉장고용	필요에 따라 설치	15	1	〃
	냉수기용, 세탁기용	〃	15	1	〃
	팬 코일용	〃	15	1	접지극붙이 걸기형
	확성증폭기용, 버튼 전화 주장치, 환기 팬용, 방범 장치용	〃	15	1	빠짐방지형
	공중전화기용	〃	15	1	빠짐방지형, 접지단자붙이
	타임레코더용	〃	15	1	빠짐방지형
	자동판매기용	식당, 매점 부근 및 자판기 코너에 1개 이상	15	2	빠짐방지형, 접지단자붙이
	X-레이 차용	건물 출입구 부근	주[2]	1	접지단자별치
	사진 기기용	규모에 따라 1개 이상	15 20	1 1	접지단자붙이 접지단자별치

주) 1. 플로어 콘센트를 접지극붙이로 하는 경우에는 한 개로 한다.
2. X-레이 차용 콘센트는 내진하는 X-레이 차의 전원의 종류(상선식, 전압, 전류)를 협의한 후 형식을 선정한다.

노 트

글레어

글레어란 눈부심이라는 뜻이다. 시야 내에 극단적으로 휘도가 높거나 강한 휘도 대비가 있으면 눈부심(글레어)을 느낀다. 글레어에는 야간에 차를 운전할 때 맞은편 차선의 자동차 라이트가 눈부시게 느껴지는 것처럼 시선 가까이에 고 휘도의 광원이 있으면 물건이 보이지 않게 되는 것을 말하는 감능(減能) 글레어와, 심리적인 불쾌감을 말하는 불쾌 글레어가 있다.

① 분전반은 부하의 중심에 설치해야 하며, 하나의 분전반에서 공급되는 면적은 800 m^2 정도로 하고, 반지름 20~30 m 정도를 기준으로 한다.

② 분전반은 측정, 증설, 개수 공사, 사고시의 대응 등을 고려하여 점검하기 쉬운 공용부의 EPS(전기 샤프트)에 설치한다.

③ 분전반 설치 장소의 조건으로 물, 열, 습기, 먼지, 충해 등의 염려가 없는 장소를 선정한다.

분전반의 분기 회로에 설치하는 과전류 차단기는 기술 기준에 의해서 각 극에 설치하지 않으면 안 된다. 분전반의 결선도 예와 외관도 예를 **그림 1.14**에 표시한다.

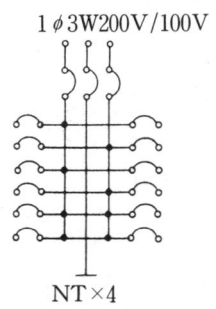

4 동력 설비

(1) 동력 설비란

빌딩에 있어서 동력 설비는 **그림 1.15**에 표시한 것과 같이, 전기 에너지를 기계적 에너지로 변환하는 전동기 및 그 부속 기기, 장치(제어 장치, 보호 장치, 배선 등)를 말한다.

(2) 빌딩의 동력 설비 종류

동력 설비는 실로 많은 형태로 이용되고 있다. 구체적으로는 쾌적한 집무 환경 확보를 위한 공기 조화 설비, 수도나 그 배수를 처리하기 위한 급배수 위생 설비, 각 층의 이동을 위한

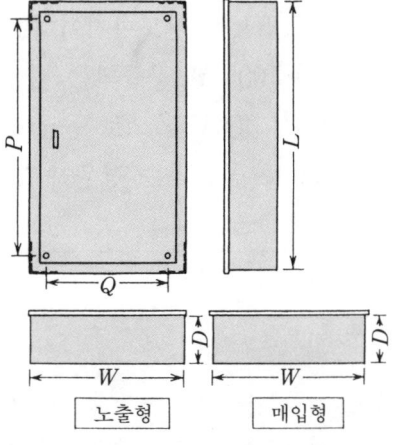

그림 1.14 분전반의 결선도 예와 외관도 예

엘리베이터 등의 승강기 설비, 그리고 방재 설비를 위한 각 기기 등이 있다.

공기 조화 설비의 부하로서는 냉동기, 보일러, 냉각수 펌프, 냉온수 펌프류, 냉각탑 (쿨링 타워), 공조기, 급배기 팬 등이 있다.

급배수 위생 설비의 부하로는 양수 펌프, 잡배수 펌프, 오수 펌프, 전자 밸브 등이 있다.

승강기 설비의 부하로는 엘리베이터, 에스컬레이터, 덤 웨이터, 카 리프트 등이 있다.

이들의 여러 가지 부하를 시스템적으로 효율적이고 안전하게 제어하지 않으면 안 된다. 이 목적을 위해서 제어반이 그 기능을 발휘한다.

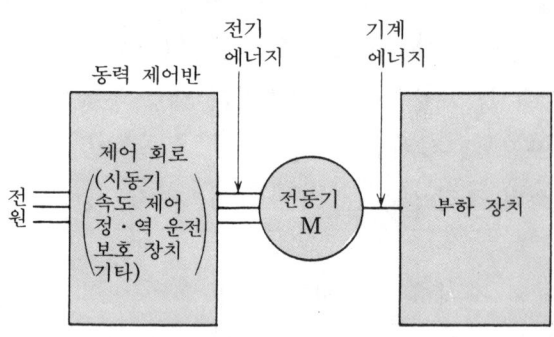

그림 1.15 동력 설비의 개략도

(3) 전동기

일반 부하에 사용되는 전동기로는 구조가 간단, 견고하며 가격이 싸고 보수 점검이 용이하다는 등의 이유로 유도 전동기가 사용되고 있다.

공급되는 전기 방식(전압 등)은 일반적으로는 3상 3선식 200V이고, 전동기의 크기 (용량)는 45 kW 정도까지이다. 0.2 kW 정도까지의 비교적 소용량의 전동기에서는 단상 2선식 100V로 공급되는 경우가 있다. 대규모의 시설에서는 200 kW 정도까지 저압 (3상 3선식 400V급)으로 공급되는 경우가 있으며, 100 kW 정도에서 고압(3상 3선식 6 kV급)으로 공급되는 경우가 있다.

노 트
기술 기준

전기 사업법의 흐름을 받아들인 「전기 설비에 관한 기술 기준을 정하는 성령」(통칭, 전기(電技))을 말한다. 전기 설비의 설계, 시공, 유지 관리와 가장 관련이 깊다.

(4) 제어반

전동기는 기동하기 시작한 순간에는 정격 전류를 훨씬 넘는 큰 전류(5~7배)가 수 초에서 수십 초 동안 흐르는 특징이 있다. 이것을 시동 전류라고 한다. 이 시동 전류를 억제하기 위해서 11 kW를 넘는 전동기에는 시동 장치를 사용하고 있다. 시동 장치에는 스타델타 시동기, 리액터 시동기 등이 있다.

최근에는 전동기의 회전수를 제어하기 위해서 인버터를 사용한 회로가 증가되고 있다.

전동기의 또 하나의 특징은, 회전 기기이기 때문에 과전류 현상이 나타날 때가 있다. 그 원인으로서는 과부하, 구속, 단락, 결상, 반상(역상) 등을 생각할 수 있다. 제어반은 이들 전동기의 시동에서 정지까지의 각 상황에 있어서 안전하게 전동기 등을 보호하지 않으면 안 된다.

제어반은 배선용 차단기, 전자 개폐기, 제어 계전기 등으로 구성되어 있다. **그림 1.16**에 제어반의 구성 예를 나타냈다.

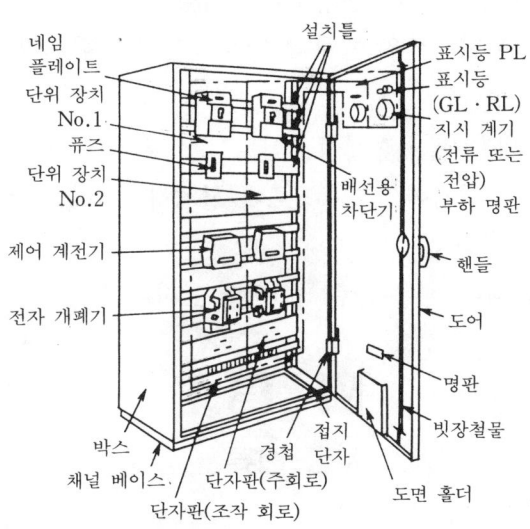

그림 1.16 제어반의 구성 예

5 옥내 간선

(1) 간 선

간선이란 수변전 설비에서 분전반이나 제어반에 이르는 전력의 통행로인 메인 루트를 말한다.

건축 전기 설비에 있어서 조명 기구, 사무 기기, 공조기, 펌프 등의 부하에 전기를 공급하는 전력 간선과, 통신이나 정보 등을 전송하는 통신 간선이 있다.

간선은 사용 목적, 사용 전압(전기 방식) 및 배선 방법에 따라 분류할 수 있다.

a) 사용 목적에 의한 분류

냉동기, 보일러, 공조기, 급배기 팬, 배수 펌프, 엘리베이터 등의 기기에 전력을 공급하는 동력 간선과 조명 기구, 콘센트 등에 전력을 공급하는 전등 간선, 그리고 전산기용 및 의료용 등에 전력을 공급하는 특수 간선이 있다.

b) 사용 전압(전기 방식)에 의한 분류

저압 간선에는 전등 간선에 사용되는 단상 3선식 200/100V, 동력 간선에 사용되는 3상 3선식 200V, 전등·동력 공용으로 사용되는 3상 4선식 415/240V, 비상용 조명 등에 사용되는 전류 2(3)선식 100V 등이 있다.

이밖에, 고압 전력의 고압 간선이나 특별 고압 전력의 특별 고압 간선 등이 있다.

c) 배선 방식에 의한 분류

간선에 사용되는 배선 재료에 따라 분류된다. 비닐 전선(IV)을 사용한 금속관 방식, 금속 덕트 방식, 케이블(CV)을 사용한 케이블 래크 방식, 현수(懸垂) 방식, 버스 덕트를 사용한 버스 덕트 방식 등이 있다.

배선 방법은 시설 장소의 상황, 경제성, 신뢰성 등을 고려해서 결정하지 않으면 안 된다. 그리고 간선은 보수·점검이 쉬운 경로에 설치하고, 세로 계통으로 간결하게 정리할 필요가 있다.

빌딩 내의 전력 설비의 계통 예를 **그림** 1.17에 표시한다.

노 트

시동 전류

시동 전류란, 본문에도 있는 것과 같이, 전동기를 기동하기 시작한 순간에 정격 전류를 훨씬 넘는 큰 전류(5~7배)가 수 초에서 수십 초간 흐르는 것을 말한다. 이 전류를 억제해야 하는 이유는 무엇일까? 이 전류로 전동기 자체가 소손되는 경우는 거의 없지만 전동기 회로에는 다른 부하도 많이 연접하고 있는 것이 일반적이다.

이 시동 전류를 억제하지 않으면 시동 전류에 의한 전압 강하 때문에 그 계통의 전압이 저하되고 만다.

이 때문에 다른 부하의 동작이 불안정하게 되므로 적합치 않다. 이 시동 전류를 적절히 억제하지 않으면 안 될 이유가 여기에 있다. 전선은 이리 저리 쭉 연결되어 있다.

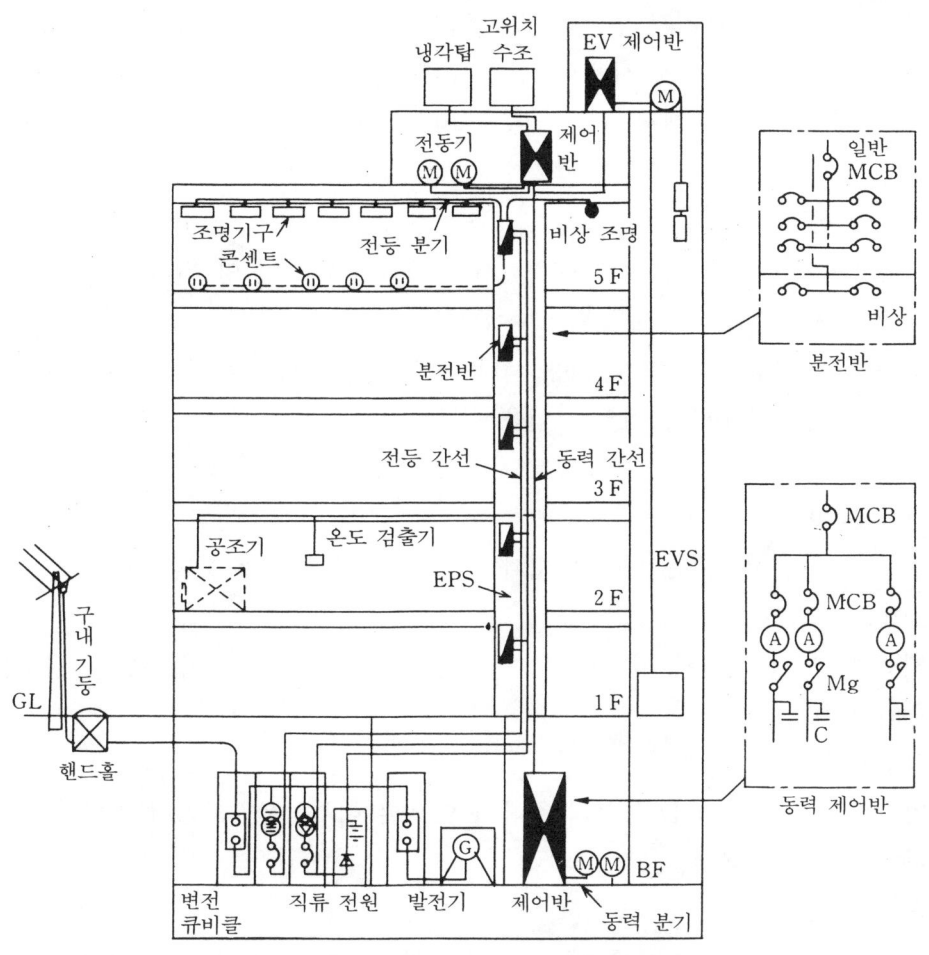

그림 1.17 빌딩 내 전력 설비의 계통 예

(2) 전등 간선

이상의 것을 근거로 하여, 전등 간선에서는 다음의 각 항목에 대해서 고려할 필요가
있다.

① 과부하 및 단락에 대해서 안전하게 보호되도록 한다.

② 간선의 전선 굵기는 동시 사용 부하 합계 용량, 허용 전압 강하, 허용 전류 및 간선 분기 등의 각 사항에 대해서 충분한 것을 사용한다.

(3) 동력 간선

동력 간선에서는 다음의 각 점에 유의해서 설계하지 않으면 안 된다.

① 단락에 대해서 안전하게 보호되도록 한다.

② 간선은 동시 사용 부하 합계 용량, 허용 전압 강하, 허용 전류 및 간선 분기의 각각의 사항에 대해서 충분한 굵기의 전선을 사용한다.

(4) 배선 방식

배선 공사에 많이 사용되는 배선 방법과 그 주된 특징은 다음과 같다.

a) 금속관 공사

후강 전선관, 박강 전선관 및 나사없는 전선관의 3종류가 있으며, 충격이나 압축에 강하고 불연성이다.

b) 합성수지관 공사

경질 비닐관, PF관 및 CD관 등의 종류가 있으며 내부식성, 전기적 절연성, 비자성에 뛰어나며 시공성이 좋다.

c) 금속 덕트 공사

금속제 덕트에 절연 전선을 수납하는 방식으로, 통선 용량이 크고 시공의 모양이 좋다.

d) 케이블 공사

절연 전선의 강도, 절연성 등을 향상시킨 케이블을 사용한 방법으로 시공성이 매우 뛰어나다.

노 트

PF관과 CD관

합성수지관을 사용한 전선관 공사로는 PF관과 CD관이 있는데 외견상으로는 같은 형상을 하고 있다.

PF관은 자소성(自消性)이 있는 난연성의 재질로 되어 있고 CD관은 이것이 없다. 따라서 CD관은 직접 콘크리트 속에 박아 넣어 시설하는 경우를 제외하고는 사용에 제한이 있다.

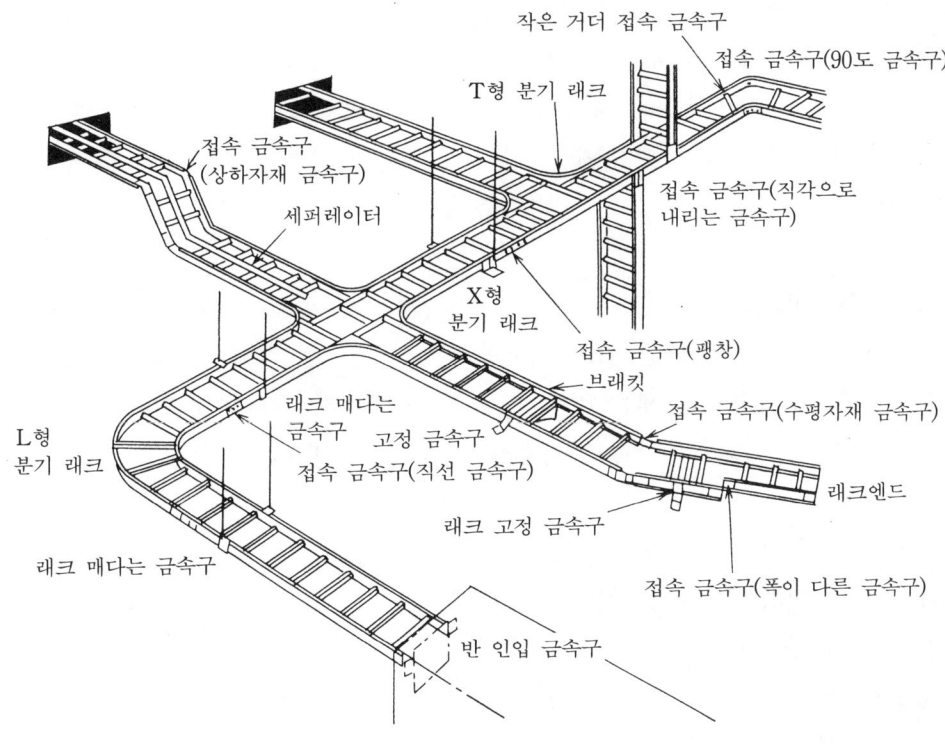

작은 거더 접속 금속구

접속 금속구(90도 금속구)

T형 분기 래크

접속 금속구
(상하자재 금속구)

접속 금속구(직각으로
내리는 금속구)

세퍼레이터

X형
분기 래크

접속 금속구(팽창)

브래킷

접속 금속구(수평자재 금속구)

래크 매다는
금속구

고정 금속구

L형
분기 래크

접속 금속구(직선 금속구)

래크엔드

래크 고정 금속구

래크 매다는 금속구

접속 금속구(폭이 다른 금속구)

반 인입 금속구

그림 1.18 케이블 래크의 형상 예

케이블을 지지하는 방법은 케이블 래크를 사용하는 방법, 피트에 부설하는 방법, 케이블을 직접 조영재에 지지하는 방법 등 다양하다.

케이블 래크는 **그림** 1.18과 같은 사다리 형상의 금속제이며, 케이블 공사에 있어서 케이블을 다수 부설하는 경우의 지지용으로 사용된다.

e) 기 타

기타의 배선 방식에는 버스 덕트 공사, 평형 보호층 공사(언더 카펫 공사), 라이팅 덕트 공사, 애자 공사 등이 있다.

6 수변전 설비

전력 회사로부터 전기를 사서 수전 받는 것만으로 그 전기를 사용할 수 있는 것이 아니다. 즉 전력 회사로부터 전기를 수전하고 부하측의 요구 전압(전기 방식)에 맞는 전기 방식으로 변환할 필요가 있다. 수전점에서 변압기 1차측까지의 기기 구성을 수전 설비라 하고, 변압기에서 부하 설비에 배전하기 위한 배전반까지의 기기 구성을 변전 설비라 한다. 이것들을 총칭해서 일반적으로 수변전 설비라고 한다.

일반적인 저압 수전 이외의 수요가의 수변전 설비는 전기 사업법에 있어서 자가용 수변전 설비로서 규정되고 있다.

수변전 설비는 시설·장소에 따라서 옥내형과 옥외형으로 분류된다. 그리고 배전반의 구조에 따라서 큐비클식 고압 수전 설비와 폐쇄 배전반으로 대별할 수 있다.

여기에서는 일반적인 고압 수전의 경우를 설명하기로 한다.

(1) 수변전 설비용 기기

수변전 설비용으로 사용되는 기기에는 안정성, 신뢰성, 경제성, 에너지 절감성 등이 특히 요구된다. 주요한 기기에는 변압기, 진상용 콘덴서, 차단기, 단로기, 전력 퓨즈, 고압 부하 개폐기, 피뢰기, 각종 계기용 변성기 등이 있다.

a) 변압기(Tr)

수전 전압을 저압의 200/100V, 또는 420V로 변성하는 것을 말한다. 냉각·절연 방식에 따라 유입 변압기와 몰드 변압기 등이 있다.

b) 진상 콘덴서(SC)

진상(進相) 무효 전력을 만들고 수변전 설비 전체의 역률을 개선하는 장치를 말한다.

c) 차단기(CB)

고압 차단기는 정상 상태에서의 고압 전로의 개폐 이외에, 보호 계전기와 조합해서 사고의 검출 및 자동 차단하는 기기를 말한다. 차단기에는 진공 차단기, 가스 차단기, 기름 차단기, 공기 차단기, 자기 차단기 등이 있다.

d) 단로기(DS)

단로기는 고압 전로의 개폐를 위해 사용되지만 부하 전류를 개폐할 수 없다.

e) 전력 퓨즈(PF)

전력 퓨즈는 고압 회로 및 기기의 단락 보호용 퓨즈를 말한다.

f) 고압 부하 개폐기(LBS)

노 트
수요율과 부하율

$$수요율 = \frac{최대 \ 수요 \ 전력}{부하 \ 설비 \ 용량} \times 100 \ [\%]$$

$$부하율 = \frac{어느 \ 기간중의 \ 부하의 \ 평균 \ 전력}{같은 \ 기간중의 \ 부하의 \ 최대 \ 전력} \times 100 \ [\%]$$

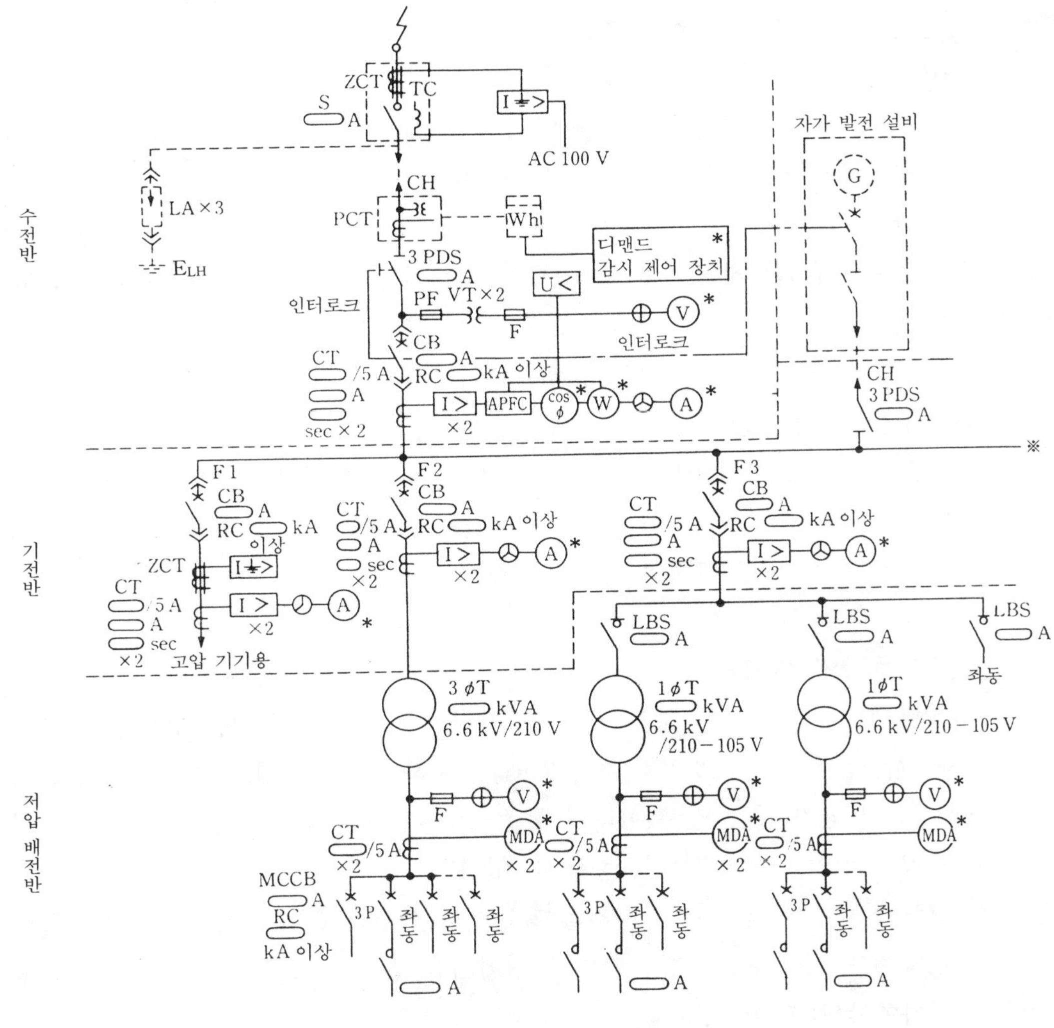

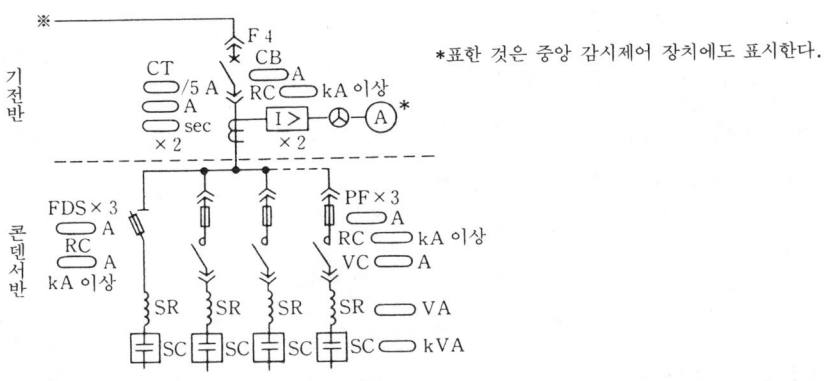

그림 1.19 CB형의 결선도 예

고압 부하 개폐기는 고압 전로에 사용되어 통상 상태에서 소정의 전류를 개폐 및 통전할 수 있는 것이다. 부하 전류, 여자(勵磁) 전류 및 충전 전류를 개폐할 수 있다.

g) 피뢰기(LA)

피뢰기는 인입구 부근에 설치되어 천둥 및 전로의 개폐에 의한 이상 전압이 진입했을 때 대지에 방전시켜 기기의 절연을 보호하는 것이다.

h) 각종 계기용 변성기

각종 계기용 변성기에는 계기용 변압기(PT), 변류기(CT), 영상(零相) 변류기(ZCT) 등이 있다.

(2) 회로 구성과 단선 결선도

수변전 설비의 주보호 장치 및 회로 구성은 보호 방식에 따라 CB형, PF·CB형, PF·S형의 세 형태로 분류할 수 있다. 단선 결선도는 수변전 설비의 구성을 기호화하여 단선으로 표시한 것이다. **그림 1.19**에 CB형의 결선도 예를 들었다.

(3) 변압기 용량의 산정

변압기의 용량은 부하를 전등 부하, 콘센트 부하, 공조 동력 부하, 위생 동력 부하 등으로 나누어서 각각 집계하고 각각의 수요율 및 부하율에 따라서 산출한다.

부하가 확정되어 있지 않는 경우는 과거 동종 건물 용도의 실적에서 부하 밀도를 계산하면 어느 정도 변압기의 용량을 산출할 수 있다.

근래 각 전력 회사는 계약 전력의 산정을 용량제로 실행하고 있으므로 변압기의 용량을 축소한다는 것은 의미가 없다. 그보다도 변압기를 손실이 낮은 동작점에서 사용하는 것을 고려하여야 할 것이다.

(4) 보호 협조

전기 회로에서 발생되는 이상 현상으로는 과전류, 단락, 지락, 과전압, 부족 전압 등이 있다. 이들 현상에 대해서 보호 장치를 적절히 선정해서 확실히 보호하지 않으면 안 된다. 보호 협조의 종류는 과전류 보호, 지락 보호 협조 및 절연 협조가 있다.

7 자가 발전 설비

(1) 자가 발전 설비의 필요성

빌딩이나 공장이 그 기능을 다하기 위해서는 전원이 확보되어 있지 않으면 안 된다.

최근 전력 회사는 공급 신뢰성을 극히 높이고 있으나, 정전은 낙뢰 등의 사고 또는 공사 때문에 가끔 일어난다.

어떠한 사태가 발생해도 기능이 정지하지 않는 설비, 시설에 있어서는 예비 전원이 필요하게 된다. 이와 같은 관점에서 자가 발전 설비의 설치가 고려되고 있다.

(2) 자가 발전 설비가 필요한 부하

자가 발전 설비가 필요한 설비는 건축물이나 공장의 용도, 규모, 구조 등에 따라 기능 정지시의 불편, 관계자의 심리적 불안, 혼란의 정도, 2차 재해 방지, 영업상의 불이익 등을 고려해서 정해진다. 이것들은 보안용 전원이라고 할 수 있다.

무순단(無瞬斷; 일순이라도 전원이 끊어지지 않음)의 전원이 필요한 경우는 교류 무정전 전원 설비와 조합해서 사용하게 된다. 법적으로 필요한 부하의 한 예를 들면, 건축 기준법에서는 비상용의 조명 설비, 배연 설비, 비상용 엘리베이터 등이고, 소방법에서는 옥내 소화전 설비, 스프링클러 설비, 포말 소화 설비, 비상 콘센트 설비 등이 있다.

(3) 장치의 구성

자가 발전 설비는 교류 발전기, 원동기, 보기반이라고 불리는 발전기반, 시동용 공기조, 시동용 축전지, 연료 탱크, 냉각 수조, 소음기 등으로 구성되어 있다.

(4) 발전기·원동기 출력의 산정

방재용 동력, 보안용 동력, 방재용 조명, 보안용 조명 등의 부하를 확정한 후에 발전기 출력 계수를 RG1, RG2, RG3, RG4에서 결정하고, 원동기 출력 계수를 RE1, RE2, RE3에서 확정해 둔다. 각각의 계수에서 발전기 및 원동기의 출력을 산정할 수 있다. 상세한 것은 건설성의 「건축 설비 설계 기준」에 따른다.

(5) 발전기의 종류

자가 발전 설비로 사용되는 교류 발전기는 일반적으로 동기 발전기가 사용되고 있다.

(6) 원동기의 종류

자가 발전 설비에서 발전기와 조합해서 사용되고 있는 원동기의 종류에는 디젤 엔진, 가스 엔진, 가스 터빈 등이 있으며 연료도 여러 종류이므로 공급 체제, 운전 시간, 매연에 관한 규정 등을 고려하여 냉각 방식과 같이 그 시설에 가장 적합한 시스템을 구축해야 한다.

1-3 공기 조화 설비 관련 법규

1 보일러 관계

(1) 보일러·압력 용기의 정의

보일러·압력 용기의 정의 「노동 안전 위생법·동 시행령」에 의해 정해져 있다.

a) 보일러

　　노동 안전 위생법 시행령

b) 소형 보일러

　　노동 안전 위생법 시행령

c) 제 1 종 압력 용기

　　노동 안전 위생법 시행령

d) 제 2 종 압력 용기

　　노동 안전 위생법 시행령

e) 소형 압력 용기

　　노동 안전 위생법 시행령

보일러·소형 보일러는 증기 보일러·온수 보일러·관류 보일러로 분류되며, 게이지 압력·전열 면적·본체 드럼(胴)의 내경 및 길이에 따라 구분되고 있다.

압력 용기는 용도·게이지 압력·내용적·드럼의 내경 및 길이에 따라 구분되고 있다.

(2) 보일러·압력 용기의 구조

보일러의 구조는 강제 보일러·주철제 보일러·소형 보일러·간이 보일러로 분류되며 각각 구조 규격에 의해서 정해져 있다.

a) 강제 보일러

　　보일러 구조 규격

b) 주철제 보일러

　　보일러 구조 규격

c) 소형 보일러

　　소형 보일러 및 소형 압력 용기 구조 규격

d) 간이 보일러

간이 보일러 등 구조 규격

e) 압력 용기

압력 용기 구조 규격

구조 규격중에서 구조는 물론, 수압 시험·안전 밸브·릴리프 밸브, 보일러가 구비 하여야 할 기능·안전 성능에 대해서 상세하게 규정하고 있다.

(3) 보일러실

보일러는 「보일러 및 압력 용기 안전 규칙」에 의해서 보일러실의 설치 조건이 정해져 있다.

① 전열 면적이 $3 m^2$ 이상의 보일러는 전용 보일러실에 설치한다.

② 보일러실에는 2개소 이상의 출입구를 만든다.

③ 보일러 측면에서 벽까지는 0.45 m 이상 거리를 둔다(드럼 내경<500, 길이< 1,000의 보일러는 0.3 m 거리를 둔다).

④ 연도 외면에서 0.15 m 이내에 있는 가연성 물질은 금속 이외의 불연성 재료로 피복한다(굴뚝 또는 연도가 100 mm 이상 불연성 재료로 피복되어 있는 경우는 제외).

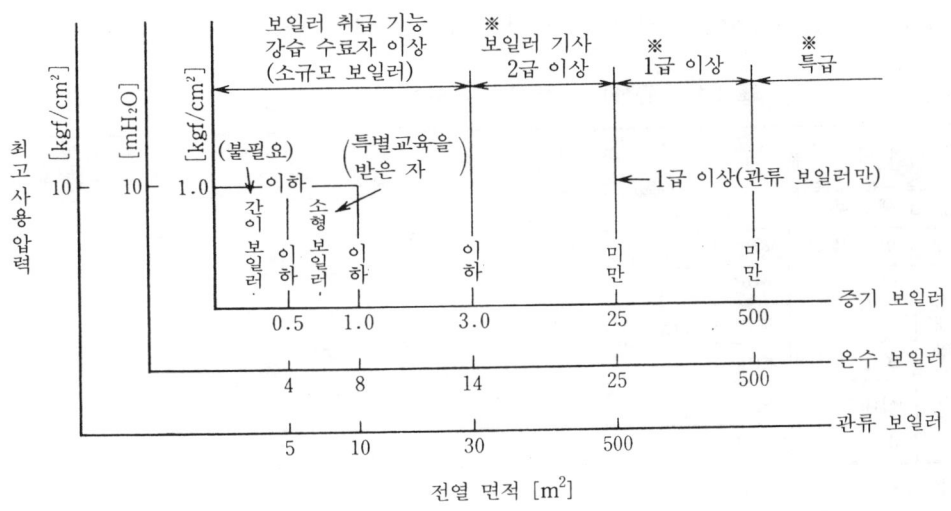

주) 1. *표의 보일러를 여러 대 취급할 경우의 자격은, 취급 보일러의 전열 면적을 합계한 것으로 한다.
2. 소규모 보일러는 법령에는 명칭이 없으나, 보일러 규칙에 게시하는 보일러를 나타낸다.

그림 1.20 보일러 취급 자격자의 구분(보일러 규칙에 의함)

(4) 보일러 취급 자격자의 구분

보일러 취급 자격자는 「보일러 및 압력 용기 안전 규칙」에 의해 정해져 있다(그림 1.20).

2 중앙 관리 방식의 공기 조화 설비의 구조 지정

중앙 관리 방식의 공기 조화 설비 구조는 건축 기준법 시행령의 규정에 따라 지정되어 있다. 지정의 개요는 다음과 같다.

① 유효 환기량에 대한 규정

② 급기기 또는 배기기의 능력에 대한 규정

③ 풍도(덕트)의 재료에 대한 규정

④ 공기 청정 장치에 대한 규정

⑤ 공조 설비와 다른 용도의 덕트를 연결하지 않는 것으로 하고 있는 규정

⑥ 거실의 온도를 외기보다 낮게 할 때의 온도차에 대한 규정(대략 섭씨 7도 이하로 한다)

⑦ 공조 설비의 부하에 대한 규정

표 1.14 및 표 1.15에 부하와 기기 용량의 관계에 대해서 나타낸다.

표 1.14 규정에 의한 냉방 부하와 각 기기 용량의 관계

부 하 의 종 류			부하의 기 호	송풍량의 결정에 관계되는 부하	공기 조화기 코일 용량의 결정에 관계되는 부하	냉동기 용량의 결정에 관계되는 부하
실내 부하		구조체 부하 현열	q_K	○	△	◇
		유리면 부하 현열	q_G	○	△	◇
	실내 발생 부하	인체 부하 현열	q_{HS}	○	△	◇
		인체 부하 잠열	q_{HL}		△	◇
		조명 부하 현열	q_E	○	△	◇
		실내 기구 부하 현열	q_M	○	△	◇
		실내 기구 부하 잠열	q_F		△	◇
	틈 새 바 람 부 하	현열	q_{IS}	○	△	◇
		잠열	q_{IL}		△	◇
	덕 트 부 하	현열	q_D	○	△	◇
외 기 부 하		현열	q_{OS}		△	◇
		잠열	q_{OL}		△	◇
재 열 부 하		현열	q_R		△	◇
배 관 부 하		현열	q_P			◇
				○표 부하의 합계값	△표 부하의 합계값	◇표 부하의 합계값

표 1.15 규정에 의한 난방 부하와 각 기기 용량의 관계

부 하 의 종 류			부하의 기 호	송풍량의 결정에 관계 되는 부하	공기 조화기 코일 용량의 결정에 관계되는 부하	보일러 용량의 결정에 관계되는 부하
실 내 부 하	구 조 체 부 하	현열	q_K	○	△	◇
	틈 새 바 람 부 하	현열	q_{IS}	○	△	◇
		잠열	q_{IL}		△	◇
	덕 트 부 하	현열	q_D	○	△	◇
외 기 부 하		현열	q_{OS}		△	◇
		잠열	q_{OL}		△	◇
배 관 부 하		현열	q_P			◇
예 열 부 하		현열	q_W			◇
				○표 부하의 합계값	△표 부하의 합계값	◇표 부하의 합계값

3 방화 댐퍼 관계

방화 댐퍼는 건축 기준법 시행령에 의해서 「덕트가 내화 구조 등의 방화 구역을 관통하는 부분 또는 이것에 근접한 부분에 대해서 정해진 구조의 댐퍼를 설치하지 않으면 안 된다」라고 되어 있다.

(1) 방화 댐퍼의 종류

방화 댐퍼는 목적에 따라 다음과 같이 분류할 수 있다.

a) 온도 퓨즈식(FD)

이것은 화재가 덕트를 통해서 다른 방에 연소하는 것을 막는 목적으로 사용되며, 덕트 내의 온도 상승에 의해서 퓨즈가 녹아서 자동적으로 날개가 닫히는 기구로 되어 있다.

b) 연기 감지기 연동식(SD)

이것은 화재시에 연기가 덕트를 통해서 다른 방으로 옮기는 것을 막기 위해 사용되며 연기 감지기의 신호로 댐퍼를 전기식 또는 공기식으로 닫는 기구로 되어 있다.

그 밖에도 SFD라고 불리는 온도 퓨즈식의 기능을 겸비한 것도 있다.

c) 열 감지기 연동식(HFD)

이것은 화재가 덕트를 통해서 다른 방으로 연소하는 것을 막기 의해 사용되며 열감지기의 신호로 댐퍼를 전기식 또는 공기식으로 닫는 기구로 되어 있다.

d) 기타의 댐퍼

상기의 댐퍼는 건축 기준법에 의해서 규정되고 있는 방화 댐퍼이지만, 소방법에 의해서 규정되고 있는 방재용 댐퍼도 있다.

●가스압 작동 댐퍼(PD)

이것은 가스 소화를 하는 방에서 소화시에 덕트를 통해 소화용 가스가 누출되어 소화 작용이 저하되는 것을 막을 목적으로 사용된다.

감지기 연동 원격 조작 또는 소화용 가스 봄베를 개방함으로써, 그 가스 압력으로 댐퍼를 폐쇄한다.

(2) 방화 댐퍼의 설치 기준

방화 댐퍼의 설치 기준에 대해서는 건설성 고시 및 통지에 나타나 있다.

a) 건설성 고시 관계

① 방화 댐퍼의 목적 분류

② 방화 댐퍼의 설치 방법

③ 방화 댐퍼의 점검구 및 검사구

④ 연기 감지기 및 열 감지기의 설치 위치

b) 건설성 통지 관계

① 방화 댐퍼의 목적 분류

② 연소 기기 등에 직결하는 배기통에 대한 안전 대책에 대해서

4 위험물 관계

(1) 위험물의 정의

위험물의 정의에는 소방법에 「별표의 품목란에 나타낸 물품으로, 그 성질란에 나타낸 성상(性狀)을 표시한 것을 말한다」(표 1.17)로 정하고 있다(권말 부록 참고).

또한, 위험물의 판정에 대해서는 **표 1.16**에 제시한 시험에 있어서 자치성령으로 정하는 성상의 것으로 한다.

표 1.16 위험물 판정 시험 방법

분 류	시 험 방 법
제 1 류 위험물	산화물의 잠재 위험성 및 충격에 대한 민감성을 판단하기 위한 시험
제 2 류 위험물	화재에 의한 착화의 위험성을 판단하기 위한 시험
제 3 류 위험물	공기 중에서의 발화 위험성 및 물과 접촉해서 발화하며, 또는 가연성 가스를 발생하는 위험성을 판단하기 위한 시험
제 4 류 위험물	인화성을 갖고 있는 것을 판단하기 위한 시험
제 5 류 위험물	폭발의 위험성 및 가열 분해의 격렬함을 판단하기 위한 시험
제 6 류 위험물	산화력의 잠재 위험성을 판단하기 위한 시험

표 1.17 소방법에서 정하는 별표

분류	성질	품명	분류	성질	품명
제1류	산화성 고체	1. 염소산 염류 2. 과염소산 염류 3. 무기 과산화물 4. 아염소산 염류 5. 취소산 염류 6. 초산 염류 7. 옥소산 염류 8. 과망간산 염류 9. 중크롬산 염류 10. 그 밖에 정령으로 정해진 것 11. 앞의 각 호에 게시한 것 중 어느 것인가를 함유한 것	제4류	인화성 액체	1. 특수 인화물 2. 제1 석유류 3. 알코올류 4. 제2 석유류 5. 제3 석유류 6. 제4 석유류 7. 동식물유류
제2류	가연성 고체	1. 황화 린 2. 적 린 3. 유황 4. 철분 5. 금속분 6. 마그네슘 7. 그 밖에 정령으로 정해진 것 8. 앞의 각 호에 게시한 것 중 어느 것인가를 함유한 것 9. 인화성 고체	제5류	자기 반응성 물질	1. 유기 과산화물 2. 초산 에스텔류 3. 니트로 화합물 4. 니트로소 화합물 5. 아조 화합물 6. 디아조 화합물 7. 히드라진의 유도체 8. 그 밖에 정령으로 정해진 것 9. 앞의 각 호에 게시한 것 중 어느 것인가를 함유한 것
제3류	자연 발화성 물질 및 금수성 물질	1. 칼륨 2. 나트륨 3. 알킬 알루미늄 4. 알킬 리튬 5. 황린 6. 알칼리 금속(칼륨 및 나트륨을 제외) 및 알칼리 토류 금속 7. 유기 금속 화합물(알킬 알루미늄 및 알킬 리튬 제외) 8. 금속의 수소화물 9. 금속의 인화물(燐化物) 10. 칼슘 또는 알루미늄의 탄화물 11. 그 밖에 정령으로 정해진 것 12. 앞의 각 호에 게시한 것 중 어느 것인가를 함유한 것	제6류	산화성 액체	1. 과염소산 2. 과산화수소 3. 초산 4. 그 밖에 정령으로 정해진 것 5. 앞의 각 호에 게시한 것 중 어느 것인가를 함유한 것

(2) 위험물의 규제 관계

위험물의 규제 관계에 있어서는 「위험물의 규제에 관한 정령」에 의해 정해져 있다.

건축 설비와는 공기 조화용 또는 자가 발전용으로 중유 또는 등유 등의 연료를 사용하는 경우 취급량에 따라서 관계된다(**표 1.18**).

표 1.18 위험물의 지정 수량 (발췌)

분류 (정의)	품 명	세 목	지정 수량
제 4 류 (인화성 액체)	● 특 수 인 화 물	에테르 및 이황화탄소 외에 착화 온도가 100℃ 이하인 것 또는 인화점이 −20℃ 이하에서 비점이 40℃ 이하의 것	50*l*
	● 제 1 석 유 류	가솔린 외에 인화점이 21℃ 미만의 것(특수 인화물을 제외)	200*l*
	● 제 2 석 유 류	등유 및 경유 외에 인화점이 21℃ 이상 70℃ 미만의 것(도료류 등 가연성 액체와 비가연성 물질을 혼합한 것에 있어서는 다음 조건을 만족시키는 것 이외의 것) 가연성 액체량 : 40% 이하 인 화 점 : 40℃ 이상 연 소 점 : 60℃ 이상	1,000*l*
	● 제 3 석 유 류	중유 및 크레오소트유 외에 인화점이 70℃ 이상 200℃ 미만의 것(도료류등 가연성 액체와 비가연성 물질을 혼합한 것에 있어서 가연성 액체량이 40%를 넘는 것)	2,000*l*
	● 제 4 석 유 류	기어유 및 실린더유 외에 인화점이 200℃ 이상의 것(도료류 등 가연성 액체와 비가연성 물질을 혼합한 것에 있어서는 가연성 액체량이 40%를 넘는 것)	6,000*l*
	● 동 식 물 유 류		10,000*l*
	● 상기 중에서 수용성 액체 (특수인화물 제외)		상기 양의 2배의 양

5 급 · 배수 설비 기술 기준

급 · 배수 설비 기술 기준이란, 건축 기준법 시행령의 규정에 따라「건축물에 설치하는 음료수 및 배수의 배관 설비를 안전상 및 위생상 지장이 없는 구조로 하기 위한 기준」으로 정해진 기준을 말한다.

이 기준의 개요는 다음과 같다.

(1) 음료수 및 배수의 배관 설비인 관의 구조에 대해서

① 건축물을 관통하는 배관에 대해서는, 배관 슬리브 등에 의해 관이 손상되는 것을 방지하기 위해 유효한 조치를 취할 것을 규정하고 있다.

② 배관의 신축 등 기타의 변형으로 해당 배관이 손상되지 않도록 신축 이음 또는 가요(可撓) 이음 등에 의해서 유효한 조치를 취할 것을 규정하고 있다.

③ 배관의 지지 또는 고정에 대해서 진동 및 충격의 완화에 유효한 조치를 취할 것을 규정하고 있다.

(2) 음료수 배관 설비의 구조는 (1)에 의한 기준 외에 다음에 의한다

a) 급수관

① 급수관은 워터 해머가 생길 염려가 있을 경우에는 그 방지를 위해서 조치를 취할 것을 규정하고 있다.

② 급수 수직관에서의 각 관에 대한 주요 분기관에는 분기점에 가깝고 조작이 용이한 장소에 스톱 밸브를 설치하도록 되어 있다.

b) 급수 탱크 및 저수 탱크

가) 건축물의 내부, 옥상 또는 최하층의 마루 밑에 설치하는 경우는 다음에 의한다.

　① 급수 탱크 등의 천장·바닥 또는 주벽(周壁)의 보수 점검이 용이하고 또 안전하게 할 수 있도록 규정되어 있다(소위 「탱크의 6면 점검」을 할 수 있도록 규정하고 있다).

　② 급수 탱크 등의 천장·바닥 또는 주벽은 건축물과 겸용하지 않도록 규정되어 있다.

　③ 내부에는 다른 설비 배관을 하지 않는다.

　④ 내부 점검을 위한 맨홀을 설치할 것과 크기에 대해서 규정하고 있다.

　⑤ 내부 보수 점검을 쉽게 할 수 있는 구조로 꾸미도록 되어 있다.

　⑥ 위생상 유해한 물질이 들어가지 않는 구조의 오버 플로관을 유효하게 설치하도록 되어 있다.

　⑦ 위생상 유해한 물질이 들어 가지 않는 구조를 가진 통기를 위한 장치를 설치하도록 규정하고 있다(유효 용량 $2\,\mathrm{m}^3$ 이상의 경우).

　⑧ 급수 탱크 등의 상부에 설비 기기를 설치하는 경우는 위생상 필요한 조치를 취하도록 하고 있다.

나) 가항 이외의 장소에 설치할 경우에 대해서 위생상 유해한 물질의 저류(貯溜) 또는 처리하는 시설까지의 수평 거리가 $5\,\mathrm{m}$ 미만인 경우 및 그 이외의 경우에 대해서 규정하고 있다.

(3) 배수를 위한 설비에 대해

a) 배수관에 대해서

① 배수관은 청소구 등을 설치해서 보수 점검을 쉽게 할 수 있는 구조로 하도록 규정하고 있다.

② 위생상 지장이 있는 기기와 배수관을 직접 연결하지 않도록 규정하고 있다.

- 냉장고, 식기 세척기, 음료수 용기, 세탁기 등
- 멸균기, 소독기 등
- 급수 펌프, 공조기 등의 드레인관 등
- 급수 탱크 등의 물빼기관 및 오버 플로관

③ 빗물 배수 수직관과 오수 배수관·통기관을 겸용하거나 연결하지 않도록 하고 있다.

b) 배수 탱크에 대해서

① 통기 장치 이외에서 악취가 새지 않는 구조로 설치할 것을 규정하고 있다.

② 내부 점검을 용이하고 안전하게 할 수 있는 위치에 맨홀을 설치하도록 되어 있다.

③ 배수 탱크의 바닥에 흡입 피트를 설치하도록 되어 있다.

④ 배수 탱크의 바닥에 피트를 향해서 구배를 잡고 보수 점검을 용이하고 안전하게 할 수 있도록 규정하고 있다.

⑤ 통기 장치를 설치하여 직접 외기에 위생상 유효하게 개방하도록 되어 있다.

c) 배수 트랩에 대해서

① 우수(雨水) 배수관(수직관을 제외)을 배수관과 연결하는 경우는 배수 트랩을 설치하도록 되어 있다.

그 밖에 트랩 구조에 대해서는 기능면·보수성 등에 대해서 규정하고 있다.

d) 조집기(阻集器)에 대해서

오수로부터 유지·가솔린·토사 등이 배관 설비 기능을 방해하지 않도록 유효한 위치에 조집기를 설치하는 동시에, 그 보수 점검을 쉽게 할 수 있는 구조로 하도록 규정되어 있다.

e) 통기관에 대해서

배수 트랩의 봉수가 터지거나 오수가 통기를 방해하지 않도록 하는 동시에, 직접 외기에 위생상 유효하게 개방하도록 되어 있다.

6 엘리베이터 관계

엘리베이터 관계는 건축 기준법 시행령에 규정되어 있다.

(1) 엘리베이터 등의 정의

엘리베이터 등의 정의는 건축 기준법 시행령에 규정되어 있다. 또한, 전동 덤 웨이터에서 칸의 바닥 면적(안 치수)이 $1.0\,m^2$를 넘고 또는 천장의 높이가 $1.2\,m$를 넘는 것은 엘리베이터로 취급된다.

(2) 엘리베이터의 승강로 구조

엘리베이터의 승강로 구조에 대해서는 건축 기준법 시행령에 규정되어 있다.

여기서는 승강로와 칸 문짝과의 거리, 정상부의 틈, 피트의 깊이 등에 대해서 규정하고 있다.

(3) 엘리베이터 기계실

엘리베이터 기계실에 대해서 건축 기준법 시행령에 규정되어 있다.

여기서는 기계실의 바닥 면적 · 바닥면과 천장의 수직 거리 및 출입구 등에 대해서 규정하고 있다. 또한, 유효한 환기 설비를 설치하도록 되어 있다.

(4) 비상용 엘리베이터

비상용 엘리베이터의 설치에 대해서는 건축 기준법에 규정되어 있고 높이 31 m를 넘는 건축물에 대해서 설치하는 것으로 되어 있다.

또한, 구조 기준, 승강 로비, 설치 대수, 적용 제외 건축물 등은 건축 기준법에 규정되어 있다.

또한, 지방 조례에 의해서 추가 기준이 있는 경우도 있기 때문에 주의가 필요하게 된다.

7 소방법 관계

소방법은 화재를 예방 · 경계 및 진압하고 국민의 생명 · 신체 및 재산을 화재로부터 보호하는 동시에, 재해에 의한 피해를 경감하고 사회 질서 및 복지의 증진을 목적으로 하고 있다.

건축물에 대한 소화 설비의 설치는 소방 시행령 및 소방법 시행 규칙에 규정되어 있다(표 1.19, 표 1.20).

8 에너지 절감법 관계

일본의 에너지 절감법은 「에너지 사용의 합리화에 관한 법률」로, 1979년에 공포되었다. 이 법의 목적은 연료 자원의 유효 이용과 에너지 사용의 합리화에 관한 조치 및 에너지 사용의 합리화를 종합적으로 진행하기 위해 필요한 조치를 통해서, 국민 경제의 건전한 발전에 기여하기 위한 것이다.

표 1.19 소화 설비의 종류와 설치 대상

소방 설비 등의 종별		소방용수	⊙ 부지 면적 20,000 m² 이상인 것 ㉥ 내화 건축물 15,000 m² 이상 ⓛ 준 내화 건축물 10,000 m² 이상 ㉤ 기타 5,000 m² 이상
		연결송수관	① 지하층을 제외한 층수가 7 이상인 것 ② 지하층을 제외한 층수가 5 이상이고 연면적이 6,000 m² 이상인 것
		연결살수설비	지하층의 바닥면적의 합계가 700 m² 이상
		연소방지설비	① 1층 또는 1층 및 2층 부분의 바닥면적이 ㉥ 내화 건축물 9,000 m² 이상 ⓛ 준 내화 건축물 6,000 m² 이상 ㉤ 기타 건축물 3,000 m² 이상인 것

소화 설비의 종류와 설치 대상 표의 주요 내용 (회전된 표):

옥내 소화전 설비

방화 대상물의 구분	준하 화물 등	보기지하층·무창층 4층 이상 (바닥 면적)	일반 (연면적)
	별표2 수량의 750배 이상의 준하화물(1류·2류·5류) 별표3 수량의 750배 이상의 특수 가연물	100 m² 이상 (200) [300]	500 m² 이상 (1,000) [1,500]
(1)가 극장, 영화관, 연예장			
(1)나 공회당, 집회장		150 (300) [450]	700 (1,400) [2,100]
(2)가 카바레, 카페, 나이트클럽			
(2)나 오락장, 댄스홀		150 (300) [450]	700 (1,400) [2,100]
(3)가 요정, 요리점류			
(3)나 음식점		150 (300) [450]	700 (1,400) [2,100]
(4) 백화점, 마켓, 그 외의 물품 판매업을 경영하는 점포 또는 전시장		150 (300) [450]	700 (1,400) [2,100]
(5)가 여관, 호텔, 숙박소			1,000
(5)나 기숙사, 하숙, 공동 주택		150 (300) [450]	700 (1,400) [2,100]
(6)가 병원 / 진료소, 조산소			
(6)나 노인 복지 시설, 유료 노인홈, 구 특정시설 (주1) 호 시설, 갱생 시설, 아동 복지 시설, 신체 장애자...생 원호 시설, 비특정시설 (주2) 정신 박약자 원호 시설		150 (300) [450]	700 (1,400) [2,100]
(6)다 유치원, 맹인학교, 농아학교, 양호학교			
(7) 초등학교, 중학교, 고등학교, 전문대학, 대학, 각종 학교, 기타 이들에 준하는 것			
(8) 도서관, 박물관, 미술관, 기타 이에 준하는 것			

스프링클러 설비

별표2 수량의 1,000배 이상의 준하화물(1류·2류·5류) 별표3 수량의 1,000배 이상의 특수 가연물

방화 대상물의 구분	11층 이상의 층	의 층수가 11 제외한 지하층을 방화 대상물의 방화 대상물	10 4층 이하 (바닥 면적)	지층·무창층 (바닥 면적 1,000 m²)	일반
			1,500 m²	1,000 m²	지하층, 무창층, 4층 이상 300 m² 이상, 기타 500 m² 이상
(1)가	전	전	1,000	1,000	무 대 부
(1)나			1,000	1,000	단층 건물 이외에서 바닥 면적의 합계 6,000 m²
(2)가			1,500	1,000	
(2)나			1,000	1,000	
(3)가			1,500	1,000	
(3)나	무	부			
(4)					
(5)가		전			3,000
(5)나					6,000
(6)가			1,000	1,000	1,000
(6)나	부	부			
(6)다					6,000
(7)					
(8)					

(주 1), (주 2) 특정시설, 비특정시설

② 높이가 31m를 넘고 지하층을 제외한 연면적이 25,000m² 이상

② 동일 부지내에 있는 둘 이상의 건축물(방화 건축물 및 간이 내화 건축물을 제외)에서 상호 외벽간의 중심선까지 거리가 1층에 있어서는 3m 이하 2층에 있어서는 5m 이하인 부분을 갖는 것은 하나의 건축물로 산주한다

		용도				연면적 700m² 이상	연면적 1,000 m² 이상	전부
(9)	가	증기 목욕탕, 기타 이에 준하는 것		6,000		700 (1,400) [2,100]	150 (300) [450]	
	나	(1)가항의 공중 목욕탕 이외의 공중 목욕탕			전부	700 (1,400) [2,100]	150 (300) [450]	
(10)		차량의 주차장, 선박 또는 항공기의 발착장				1,000 (2,000) [3,000]	200 (400) [600]	
(11)		신사, 사원, 교회류				700 (1,400) [2,100]	150 (300) [450]	
(12)	가	공장, 작업장				700 (1,400) [2,100]	150 (300) [450]	
	나	영화 스튜디오, 텔레비전 스튜디오						
(13)	가	자동차 차고, 주차장				700 (1,400) [2,100]	150 (300) [450]	
	나	비행기 또는 회전 날개 항공기의 격납고				1,000 (2,000) [3,000]	200 (400) [600]	
(14)		창고	케 높이 10m 이상 이고 또 700m² 이상					
(15)		앞의 각 항에 해당하지 않는 사업장		1,000	1,500			
(16)	가	복합 용도 방화 대상물 중에서 그 일부가 (1)~(4),(5)항 가,(6),(9)항 (6)가에 열거한 방화 대상물의 용도에 이용되고 있는 것	특정 부분의 연면적 3,000m² 이상이고 해당 부분이 준지하하는 층	100	1,500 ※1,000			
	나	(6)가에 열거한 복합 용도 방화 대상물 이외의 복합 용도 방화 대상물			전부		150 (300) [450]	
(16-2)		지하가 상가	연면적 1,000m² 이상					
(16-3)		준지하 상가 전축물의 지층에서 연속해서 지하도를 합쳐 설 치된 것과 해당 지하도를 합친 것으로 특정 용도에 이용되고 있는 것	연면적 1,000m² 이상이고 또 특정 용도에 이용되는 부분의 바닥 면적의 합계 500m² 이상					
(17)		중요 문화제, 중요 민속 자료, 사적, 중요 미술 품 등의 구조물						
(18)		연장 50m 이상의 아케이드						전부
(19)		시·동장이 지정하는 산림						
(20)		자치성령으로 정하는 배와 차						

표 1.20 적용 소화 설비

적용 장소 \ 소화 설비		스프링클러	물분무	포말	이산화탄소	할로겐화물	분말
비행기 또는 회전 날개 항공기의 격납고				○			○
옥상 부분에서 회전 날개 항공기, 수직 이착륙 항공기의 발착장				○			○
자동차의 수리 또는 정비에 이용되는 부분	지층, 2층 이상　200 m²			○	○	○	○
	1 층　500 m²			○	○	○	○
주차용에 이용되는 부분	지층 또는 2층 이상　200 m²		○	○	○	○	○
	1 층　500 m²		○	○	○	○	○
	옥상 부분　300 m²		○	○	○	○	○
	입체 주차장 수용 대수　10 이상		○	○	○	○	○
발전기, 변압기 등의 전기 설비실　200 m²			○		○	○	○
단조장, 보일러실, 건조실 등 다량의 화기 사용 부분　200 m²					○	○	○
통신 기기실　500 m²					○	○	○
「준위험물」·「특수 가연물」을 저장하고 취급하는 부분	제1류, 제2류 [준위험물]	○	○	○			○
	제　4　류 [준위험물]		○	○	○	○	○
	제　5　류 [준위험물]	○	○				
	면화류, 목모(木毛), 대팻밥, 휴지조각, 실류, 짚류, 고무류	○	○	○	○		
	석탄, 목탄	○	○	○			
	목재 가공품, 나무 부스러기	○	○	○		○	
	합성수지	○	○	○	○	○	○
	상기 이외의 특수 가연물		○	○	○	○	

(1) 법의 개요

① 이 법률은 건축주의 노력에 대해서 규정하고 있고 건축물의 외벽 등에서의 열손실 방지 및 건축 설비에 관련되는 에너지의 효율적 이용을 위한 조치를 취하도록 규정하고 있다.

② 이 법은 또 특정 건축물에 관련되는 지시 등에 대해서 규정하고 있으며, 바닥 면적의 합계가 $2,000\,m^2$ 이상의 건축물(특정 건축물)에 대해서는 에너지의 효율적 이용을 위한 조치가 법으로 규정하는 판단 기준에 맞지 않을 때는 필요한 지시를 할 수 있다고 되어 있다.

③ 건축주의 판단 기준은 법의 규정에 따라 「건축물에 관련되는 에너지의 사용 합리

화에 관한 건축주의 판단 기준」으로 고시되어 있다.

(2) 에너지 절감 기준에 의한 계산식

가) 연간 열부하 계수(PAL)

$$PAL = \frac{\text{페리미터 존의 연간 열부하 [Mcal/년]}}{\text{페리미터 존의 바닥 면적 [m}^2\text{]}}$$

나) 설비 시스템 에너지 소비 계수(CEC)

① 공조 에너지 소비 계수(CEC/AC)

$$CEC/AC = \frac{\text{연간 공조 소비 에너지량 [Mcal/년]}}{\text{연간 가상 공조 부하 [Mcal/년]}}$$

② 환기 에너지 소비 계수(CEC/V)

$$CEC/V = \frac{\text{연간 환기 소비 에너지량 [Mcal/년]}}{\text{연간 가상 환기 소비 에너지량 [Mcal/년]}}$$

③ 조명 에너지 소비 계수(CEC/L)

$$CEC/L = \frac{\text{연간 조명 소비 에너지량 [Mcal/년]}}{\text{연간 가상 조명 소비 에너지량 [Mcal/년]}}$$

④ 급탕 에너지 소비 계수(CEC/HW)

$$CEC/HW = \frac{\text{연간 급탕 소비 에너지량 [Mcal/년]}}{\text{연간 가상 급탕 소비 에너지량 [Mcal/년]}}$$

⑤ 엘리베이터 에너지 소비 계수(CEC/EV)

$$CEC/EV = \frac{\text{연간 엘리베이터 소비 에너지량 [Mcal/년]}}{\text{연간 가상 엘리베이터 소비 에너지량 [Mcal/년]}}$$

1-4 전기 설비 관련 법규

빌딩의 건설에 수반되는 전기 설비의 설계 등을 실시할 경우에도 여러 가지 법규에 의해 규제를 받게 된다.

여기서는 그 대표적인 법령으로서 전기 사업법, 기술 기준, 전기용품 단속법, 전기 통신 사업법, 건축 기준법, 소방법에 대한 개요를 소개한다.

1 전기 사업법

(1) 목 적

「이 법률은 전기 사업의 운영을 적성 및 합리적으로 순응시킴으로써, 전기 사용자의 이익을 보호하고 또 전기 사업의 건전한 발전을 도모하는 동시에 전기 공작물의 공사, 유지 및 운영을 규제하여, 공공의 안전을 확보하고 아울러 공해 방지를 도모하는 것을 목적으로 한다」(법 제 1 조)로 규정되어 있다.

전기를 공급하는 사업은 지역 독점적 성격을 갖는 사업이기 때문에 공익을 위해서 사업을 규제할 필요가 있다. 그리고 전기 공작물은 감전이나 전파 장해 등 위험과 공해를 발생시킬 우려가 있으므로 이 방면에서도 규제를 가할 필요가 있다.

(2) 전기 사업법의 구성

전체의 구성은 다음과 같이 되어 있다.

제 1 장 총칙

제 2 장 전기 사업

　제 1 절 사업 허가

　제 2 절 업무

　제 3 절 회계 및 재무

제 3 장 전기 공작물

　제 1 절 정의

　제 2 절 사업용 전기 공작물

　　제 1 관(款) 기술 기준에 대한 적합

　　제 2 관 자주적인 보안

　　제 3 관 공사 계획 및 검사

(3) 공사 계획과 절차

공사 계획은 주요한 전기 공작물에 대해서 주로 보안상의 관점에서 구체적인 설계에 따라 이루어지는 것이지만 이들은 인가를 요하는 것과 사전 신고를 요하는 것으로 구분된다.

(4) 전기 공작물의 사용과 검사

a) 사용 개시

자가용 전기 공작물을 설치하는 자는 그 자가용 전기 공작물의 사용 개시 후, 지체없이 그 취지를 관계 부처 장관에게 신고하도록 되어 있다. 그러나, 상기 (3)의 인가 또는 신고에 관한 자가용 전기 공작물을 사용할 경우 및 보안성 문제가 적은 경우에는 제외된다.

b) 사용전 검사

상기 (3)의 공사 계획의 인가를 받아서 설치 또는 공사 계획 신고를 해서 설치한 전기 공작물(그러나, 일부 이 대상이 되지 않는 것이 있다)은 그 공사에 대해서 공사의 공정마다 검사를 받아 합격한 후에만 사용해야 한다. 그러나 수력 발전소, 기력 발전소, 가스 터빈 발전소 및 원자력 발전소의 공사에 관한 공사 이외의 공사에서는 공정마다의 검사는 필요 없고, 그 공사의 계획에 관한 모든 공사가 완료되었을 때에 검사를 받으면 된다.

c) 정기 검사

전기 사업자는 전기 사업용으로 이용되는 발전용 증기 터빈, 보일러 등은 일정한 시기마다 검사를 받지 않으면 안 된다.

(5) 주임 기술자

사업용 전기 공작물을 설치하는 자는 전기 공작물의 공사·유지 및 운영에 관한 보안 감독을 시키기 위해서, 주임 기술자의 선임 및 신고 의무가 부과되고 있다.

전기 사업법으로 정해진 주임 기술자에는 전기 주임 기술자, 댐 수로 주임 기술자, 보일러·터빈 주임 기술자 등이 있는데, 여기서는 주로 전기 주임 기술자에 대해서 설명한다.

표 1.21 주임 기술자 면허와 전기 공작물 감독의 범위

주임 기술자 면허장의 종류	보안 감독을 할 수 있는 범위
1. 제 1 종 전기 주임 기술자 면허	사업용 전기 공작물의 공사, 유지 및 운영(4 또는 6에 언급한 것을 제외)
2. 제 2 종 전기 주임 기술자 면허	구내에 설치하는 전압 17만V 미만의 사업용 전기 공작물 및 구내 이외의 장소에 설치하는 전압 10만V 미만의 사업용 전기 공작물의 공사, 유지 및 운영(4 또는 6에 언급한 것은 제외)
3. 제 3 종 전기 주임 기술자 면허	구내에 설치하는 전압 5만V 미만의 사업용 전기 공작물 및 구내 이외의 장소에 설치하는 전압 2만 5천V 미만의 사업용 전기 공작물(출력 5,000 kW 이상의 발전소 제외)의 공사, 유지 및 운영(4 또는 6에 언급한 것은 제외)
4. 제 4 종 댐 수로 주임 기술자 면허	수력 설비의 공사, 유지 및 운영(전기적 설비에 관한 것을 제외)
5. 제 2 종 댐 수로 주임 기술자 면허	수력 설비(댐, 도수로, 서지 탱크 및 방수로를 제외), 높이 70 m 미만의 댐 및 압력 588 kPa 미만의 도수로, 서지 탱크 및 방수로 공사, 유지 및 운영(전기적 설비에 관한 것은 제외)
6. 제 1 종 보일러·터빈 주임 기술자 면허	화력 설비(내연력을 원동력으로 하는 것을 제외), 원자력 설비 및 연료 전지 설비(개질기의 최고 사용 압력이 98 kPa 이상의 것에 한한다)의 공사, 유지 및 운영(전기적 설비에 관한 것을 제외)
7. 제 2 종 보일러·터빈 주임 기술자 면허	화력 설비(기력을 원동력으로 하는 것으로 압력 5,880 kPa 이상의 것 및 내연력을 원동력으로 하는 것은 제외), 압력 5,880 kPa 미만의 원자력 설비 및 연료 전지 설비(개질기의 최고 사용 압력이 98 kPa 이상의 것에 한한다)의 공사, 유지 및 운영(전기적 설비에 관한 것을 제외)

a) 전기 주임 기술자의 자격과 감독 범위

전기 주임 기술자 면허의 교부를 받은 자가 보안에 대해서 감독을 할 수 있는 전기 공작물의 공사, 유지 및 운영의 범위는 주임 기술자 면허의 종류에 따라서 **표 1.21**에 표시한 것과 같다.

b) 전기 주임 기술자의 선임 의무

① 자가용 전기 공작물을 설치하는 자는 자가용 전기 공작물의 공사, 유지 및 운영에 관한 보안의 감독을 시키기 위해서, 사업장 또는 설비마다 주임 기술자 면허의 종류를 정하고 그 중에서 선임하는 것으로 하고 있다. 그러나 최대 전력 1,000 kW 미만의 수요 설비의 경우, 또는 따로 정한 요건으로 위탁 계약을 체결하고 있는 경우는 선임 의무가 면제된다.

② 자가용 전기 공작물을 설치하는 자는 상기의 규정에 관계없이 관계 부처 장관의 허가를 받아서 주임 기술자 면허를 교부받고 있지 않은 자를 주임 기술자로 선임할 수 있게 되어 있다.

③ 자가용 전기 공작물을 설치하는 자는 전기 주임 기술자를 선임했을 때 지체없이 그 취지를 관계 부처 장관에게 제출해야 하며, 해임했을 때도 마찬가지다.

② 전기 설비에 관한 기술 기준을 정하는 규정

(1) 근거 조문 등

전기는 현대 사회에 불가결한 것이지만 잘못 이용하게 되면 인축에 위해를 미치게 되고 누전 화재의 원인이 되며 다른 통신 설비에 유도 장해, 전파 장해 등을 일으키는 원인이 되기도 한다.

이와 같은 위험성을 내포하고 있는 것 등을 생각하면 전기의 보편성과 더불어 전기 시설의 보안에 관한 규제는 공공의 안전 확보에도 매우 중요하다고 할 수 있다.

전기 사업법에 따른 기술 기준은 모든 전기 공작물이 항상 유지하고 있지 않으면 안 될 기술 기준이며, 전기 공작물의 유지 기준은 사업용 전기 공작물과 일반용 전기 공작물에 대하여 각각 조문으로 규정되어 있다.

(2) 전기 설비 기술 기준의 구성

전체의 구성은 다음과 같이 되어 있다.

제1장 총칙

제2장 발전소 및 변전소, 개폐소 및 이에 준하는 장소의 시설

제3장 전선로

제4장 전력 보안 통신 설비

제5장 전기 사용 장소의 시설

제6장 전기 철도

(3) 규제 사항

사업용 전기 공작물 등의 기술 기준으로 규제하여야 할 것은 전기 사업법에 다음과 같이 정해져 있다.

1. 전기 공작물은 인체에 위해를 미치지 않고 물건에 손상을 주지 않도록 할 것

2. 전기 공작물은 다른 전기적 설비 및 물건의 기능에 전기적 또는 전자적인 장해를

주지 않도록 할 것

3. 전기 공작물의 파괴에 의해서 전기 공급에 심한 지장을 미치지 않도록 할 것

(4) 접지 공사의 종류

본 기준을 발췌한 것으로 접지 공사의 종류에 대해서 게재해 둔다.

접지 공사의 종류는 **표 1.22**에 제시한 4종이며 각 접지 공사에 있어서의 접지 저항 값은 같은표 오른쪽 난과 같이 정해져 있다.

표 1.22 접지 공사의 종류

접지 공사의 종류	접 지 저 항 값
제 1 종 접 지 공 사	10Ω
제 2 종 접 지 공 사	변압기의 고압측 또는 특별 고압측 전로의 1선 지락 전류의 암페어 수로 150(변압기의 고압측 전로 또는 사용 전압이 35,000V 이하인 특별 고압측 전로와 저압측 전로와의 혼촉에 의해서 저압 전로의 대지 전압이 150V를 넘는 경우에, 1초를 넘어 2초 이내에 자동적으로 고압 전로 또는 사용 전압이 35,000V 이하의 특별 고압 전로를 차단하는 장치를 설치할 때는 300, 1초 이내에 자동적으로 고압 전로 또는 사용 전압이 35,000V 이하의 특별 고압 전로를 차단하는 장치를 설치할 때는 600)을 나눈 값과 같은 옴 수
제 3 종 접 지 공 사	100Ω(저압 전로에 있어서 해당 전로에 지기가 생긴 경우 0.5초 이내에 자동적으로 전로를 차단하는 장치를 시설할 때는 500Ω)
특별 제 3 종 접지 공사	10Ω(저압 전로에 있어서 해당 전로에 지기가 생긴 경우 0.5초 이내에 자동적으로 전로를 차단하는 장치를 시설할 때는 500Ω)

③ 전기 용품 단속법

(1) 목 적

「이 법률은 전기 용품의 제조, 판매 등을 규제함으로써 조악한 전기 용품에 의한 위험 및 장해 발생을 방지하는 것을 목적으로 한다」(법 제 1 조).

이 법률에서는 전기 용품을 「갑종 전기 용품」과 「을종 전기 용품」으로 구분해서 규제하고 있다.

(2) 전기 용품 단속법의 구성

전체 구성은 다음과 같다.

제 1 장 총칙

제 2 장 갑종 전기 용품 제조 사업자의 등록

제3장 갑종 전기 용품의 형식 등

제3장의 2 을종 전기 용품 제조 사업자의 신고 등

제4장 판매 등의 제한

제5장 지정 시험 기관

제6장 잡칙

제7장 벌칙

(3) 전기 용품

이 법률에서 「전기 용품」이란,

① 일반용 전기 공작물의 일부분 또는 이것에 접속해서 사용되는 기계, 기구 또는 재료로 지정된 것

② 휴대용 발전기로서 정격 전압이 30V 이상 300V 이하의 것이며 갑종 전기 용품과 을종 전기 용품으로 구분된다.

「갑종 전기 용품」이란 구조 또는 사용 방법 및 기타의 사용 상황에서 볼 때 특히 위험하고 장해 발생 염려가 많은 전기 용품을 말하고, 「을종 전기 용품」이란 갑종 전기 용품 이외의 전기 용품을 말한다.

(4) 전기 용품의 표시

a) 갑종 전기 용품의 표시

통상 산업 성령으로 정하는 형식의 구분에 따라 통상 산업 장관의 인가를 받은 등록 제조 사업자 또는 갑종 전기 용품 수입 사업자는 해당 인가에 관한 형식의 갑종 전기 용품을 판매할 때까지 지정된 표시를 붙이지 않으면 안 된다. 이 표시는 전기 용품이 타인의 손에 넘어갈 때까지 붙일 필요가 있다.

b) 을종 전기 용품의 표시

을종 전기 용품 제조 사업자 또는 을종 전기 용품 수입 사업자는 을종 전기 용품을 판매할 때까지는 지정된 표시를 붙이지 않으면 안 된다.

상기 a), b)에 의한 경우를 제외하고 이것들과 혼동하기 쉬운 표시를 붙이는 것은 금지되어 있다.

(5) 사용 제한

상기의 표시가 붙어 있는 전기 용품이 아니면 전기 사업자, 자가용 전기 공작물 설치자, 전기 공사자, 특수 전기 공사 자격자 또는 인정 전기 공사 종사자는 전기 용품을

전기 사업법으로 규정하고 있는 전기 공작물의 설치 또는 변경의 공사에 사용해서는 안 되도록 되어 있다.

4 전기 통신 사업법

(1) 목 적

「이 법률은 전기 통신 사업의 공공성에 비추어 그 운영을 적성 또는 합리적인 것으로 함으로써, 전기 통신 역할의 원활한 제공을 확보하는 동시에 그 이용자의 이익을 보호 하고 또 전기 통신의 건전한 발달 및 국민의 이익 확보를 도모하여 공공의 복지를 증진 하는 것을 목적으로 하고 있다」(법 제 1 조).

(2) 전기 통신 사업법의 구성

전체의 구성은 다음과 같다.
제 1 장 총칙
제 2 장 전기 통신 사업
제 3 장 토지의 사용
제 4 장 잡칙
제 5 장 벌칙

(3) 전기 통신 사업의 종류

전기 통신 사업의 종류는 다음과 같다.
① 제 1 종 전기 통신 사업
② 제 2 종 전기 통신 사업
  ● 일반 제 2 종 전기 통신 사업
  ● 특별 제 2 종 전기 통신 사업

5 단말 기기의 기술 기준 적합 인정에 관한 규칙

(1) 기술 기준 적합 인정

전기 통신 사업법에서는 제 1 종 사업자의 검사에 대신하는 것으로 기술 기준 적합 인 정이 실시되고, 해당 단말 기기를 접속하는 경우, 원칙적으로 공사 담임자의 공사·감 독하에서 시공되는 경우에 있어서는 제 1 종 사업자의 검사는 불필요하게 되어 있다.

(2) 단말 인정 규칙

사업법에 의해 「단말 기기의 기술 기준 적합 인정에 관한 규칙」이 정해져 있다. 이 규칙에는 기술 기준 적합 인정의 대상 단말, 인정 방법 등 및 표시 등에 대해서 규정되어 있다.

표시에 사용되는 기기의 종류 식별 코드를 **표 1.23**에 나타낸다.

표 1.23 기기의 종류 식별 코드

단말 기기의 종류	기 호
전 화 기	P
구 내 교 환 설 비	Q
버 튼 전 화 장 치	R
기 타 의 기 기	S

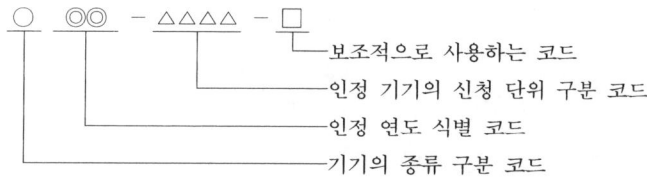

보조적으로 사용하는 코드
인정 기기의 신청 단위 구분 코드
인정 연도 식별 코드
기기의 종류 구분 코드

6 건축 기준법

(1) 목 적

「이 법률은 건물의 부지, 구조, 설비 및 용도에 관한 최저 기준을 정해서 국민의 생명, 건강 및 재산 보호를 도모하고, 따라서 공공의 복지 증진에 이바지하는 것을 목적으로 한다」(법 제 1 조).

(2) 건축 기준법의 구성

이 법은 내용적으로 **표 1.24**와 같은 구성으로 되어 있다.

(3) 비상용 조명 장치

비상용 조명 장치의 설치 의무를 **표 1.25**에 나타낸다.

또한, 조도는 비상용 조명 기구를 설치하여야 할 방 및 복도, 계단 등의 모든 바닥면에 있어서 조명 기구의 광원으로 백열등을 사용할 경우에는 1 [lx] 이상(지하 상가의 지하도에 있어서는 10 [lx] 이상)으로 하고, 형광등을 사용할 경우는 2 [lx] 이상이 필요하다고 규정되어 있다.

표 1.24 건축 기준법의 구성

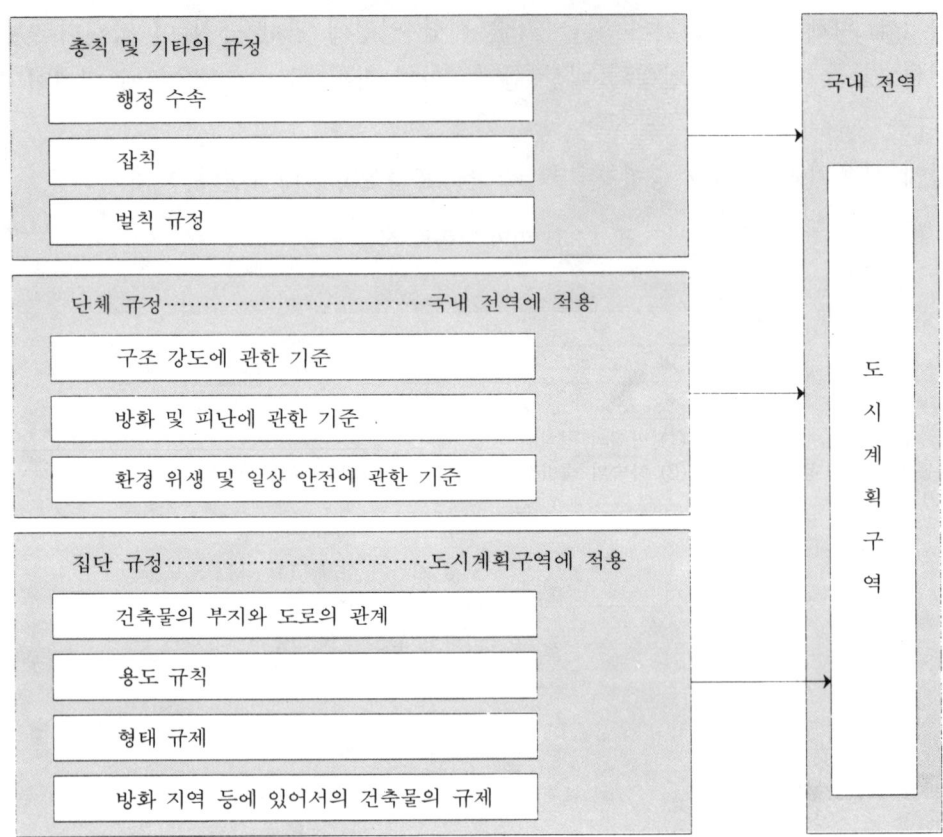

(4) 중앙 관리실

중앙 관리실은 보통 「방재 센터」라고 불리는 것으로, 높이 31 m를 넘는 건축물에서 비상용 엘리베이터의 설치가 의무화되고 있는 건축물 또는 각 구조의 바닥 면적의 합계가 1,000 m²를 넘는 지하 상가에 설치가 의무화되어 있다. 이 중앙 관리실은 건축물 내에 설치되어 있는 방재 관계의 설비 기구에서 화재 및 재해 발생 정보를 신속하게 받는 동시에 그들의 제어 및 작동 상태를 감시하는 외에, 방재상 필요한 공조 설비의 정지, 방화문의 개폐 명령 등을 실행하는 역할을 한다.

(5) 피뢰 설비

낙뢰에 의한 인명 피해, 건축물 및 건물 손상을 방지하기 위해서 높이가 20 m를 넘는 건축물에는 피뢰 설비를 설치하지 않으면 안된다. 피뢰 설비에 관해서는 펜트하우스도 건축물의 높이에 넣고, 굴뚝, 광고탑, 기념탑 등의 공작물에 대해서도 높이가 20

m를 넘으면 피뢰 설비를 갖추도록 되어 있다.

피뢰 설비는 건축물의 높이가 20 m를 넘는 부분을 뇌격으로부터 유효하게 보호하도록 설치하고, 또 피뢰침에 대해서는 JIS A 4201[건축물 등의 피뢰 설비(피뢰침)]에 정해진 구조로 하도록 되어 있다.

표 1.25 비상용 조명 장치의 설치 의무

설치 의무가 있는 건축물	설치 의무가 있는 부분	비고 : 소방법에 의한 설치 의무	
		피난구 유도등 및 통로 유도등	객석 유도등
1. (특수 건축물) (1) 극장, 영화관, 연예장, 관람장, 공회당, 집회장 (2) 병원, 호텔, 여관, 하숙, 공동 주택, 기숙사, 양로원 「아동 복지 시설 등」 아동 복지 시설, 조산소, 신체 장해자 갱생 원호 시설, 정신 장해자 사회 복귀 시설, 보호 시설, 부인 보호 시설, 정신 박약자 원호 시설, 노인 복지 시설, 유료노인 홈, 모자 보건 시설) (3) 박물관, 미술관, 도서관(학교 등은 대상 외) (4) 백화점, 마켓, 전시장, 카바레, 카페, 나이트 클럽, 바, 무도장, 유기장, 공중 목욕탕, 요정, 요리점, 음식점, 점포(>10 m²)	① 거실 [주 : 자력 행동을 기대할 수 없는 것, 또는 특정의 소수인이 계속 사용하는 것. 즉, (1) 병원의 병실 (2) 하숙의 숙박실 (3) 기숙사의 침실 (4) 이들의 유사실을 제외 ② 모든 거실에서 지상으로 도달하는 피난로가 되는 복도, 계단, 기타의 통로 [주 : 한 쪽이 외기에 개방된 복도나 옥외 계단 등을 제외 ③ ① 또는 ②에 준하는 부분, 예컨대 복도에 접하는 로비, 빠져 나가는 피난에 사용되는 장소, 기타 조명 설비가 필요한 부분 [예외] 공동 주택 각각의 가구 내에는 거실 및 기타 부분을 포함해서 면제	(1) 극장, 영화관, 연예장, 관람장, 공회당, 집회장	좌동
		(2) 병원, 진료소, 여관, 호텔, 숙박소	
		(2) 기숙사, 하숙, 공동 주택	
		(2) 조산소, 노인 복지 시설, 유로 노인 홈, 구호 시설, 갱생 시설, 아동 복지 시설, 신체 장해자 갱생 시설, 정신 박약자 원호 시설	
		(3) 도서관, 박물관, 미술관, 초등학교, 중학교, 고등학교, 대학, 각종 학교	
		(3) 유치원, 맹인학교, 양호 학교	
		(4) 백화점, 마켓, 카바레, 카페, 나이트 클럽, 기타 유사 용도, 유기장, 댄스홀, 공중 목욕탕, 요정, 요리점, 기타 유사 용도, 음식점	
		(5) (기타의 모든 사업소)	
2. 층 수≧3에서 [연면적>500 m²]의 건축물 [예외] 1세대 건물 주택, 학교 등은 제외	상기의 ①, ② 및 ③ [예외] 공동 주택·여러 가구가 살 수 있도록 길게 만든 집의 가구 내는 면제	주 : 상기 중에서 ( )내에 표시한 것은 지하층, 무창층, 11층 이상의 부분에 설치할 의무가 있다. 그 외는 건축물 전체에 설치할 의무가 있다.	
3. [연면적>1,000 m²]의 건축물 [예외] 1세대 건물 주택, 학교 등은 제외			
4. [채광상 유효한 개구 면적< 1/20 바닥 면적]의 거실이 있는 건축물 [예외] 1세대 건물 주택, 학교 등은 제외	[동상] [주 : 단 ②에 대해서는 해당되는 거실(창문 없는 거실)에서의 통로에 한한다.		

주) 학교 등이란, 학교, 체육관, 볼링장, 스키장, 스케이트장, 수영장 또는 스포츠 연습장을 말한다.

표 1.26 경보 설비의 설치 기준

구분/설비 (별칭)	자동 화재 통보 설비	가스 누설 화재 경보 설비	누전 화재 경보기	비상 경보 설비
1. 설비상의 기준	[경계 구역] 1. 각 층마다(500m² 이하이면 2개 층에 걸쳐도 된다) 2. 한쪽의 길이 50m 이하(광전식의 분리형 감지기를 설치한 경우는 100m 이하) 3. 면적 600m² 이하(한쪽 또인 해당 변 등에서는 1,000m² 이하) 4. 계단, 엘리베이터 샤프트 등의 연기 감지기는 수평 거리 50m 이내를 동일 구역으로 해도 된다 [감지기의 설치] 1. 천장, 천장 뒤(천장 뒤가 0.5m 이내 또는 내화 구조이면 천장 뒤는 불필요) 2. 연기 감지기의 이무 설치 개소 계단, 경사로, 엘리베이터 승강로, 파이프 덕트 높이 15m~20m 이의 곳 특정한 용도의 복도, 통로, 지하층, 무창층, 11층 이상의 층 (연기 감지기로 해서는 안 되는 곳) 심한 고온, 연기가 체류, 부식성 가스 발생, 배기 가스의 체류, 결로 발생, 연기의 다량 유입 등의 장소 3. 감지기 불필요 장소 바닥 위 20m 이상 유통 개소 4. 감지 구역 면적	[경계 구역] 1. 각 층마다(500m² 이하이면 2개 층에 걸쳐도 된다) 2. 면적이 600m²(가스 누설 표시등을 통로의 중앙에서 손쉽게 내다볼 수 있는 경우 1,000m² 이하로 할 수 있다) [가스 누설 검지기의 설치] 1. 천장의 실내로 향하는 부분 또는 벽면의 점검에 편리한 장소에 가스의 성질 등에 따라서 설치한다 2. 대상 가스가 공기보다 가벼운 경우 (1) 연소기 또는 관통부에서 원칙적으로 수평 거리 8m 이내에 설치한다 (2) 천장면 등의 흡기구가 있는 경우, 연소기에서 가장 가까운 곳에 설치한다 (3) 검지기의 하단은 천장면 등의 아래 쪽 0.3m 이내의 위치에 설치한다 3. 대상 가스가 공기보다 무거운 경우 (1) 연소기 또는 관통부에서 수평 거리 4m 이내에 설치한다 (2) 검지기의 상단은 바닥면의 윗쪽 0.3m 이내의 위치에 설치한다 [경보 장치의 설치] 1. 음성 경보 장치는 음성에 의해서 가스 누설의 발생을 방화 대상물의 관계자 및 이용자에게 유효하게 통보할 수 있도록 설치한다 2. 가스 누설 표시등은 가스 누설의 경보를 발할 수 있는 방화 대상물의 관계자에게 경보를 발할 수 있도록, 검지기를 설치하는 방이 통로로 향하고 있는 경우는, 해당 통로로 향하는 부분의 출입구 부근의 전방 3m 떨어진 지점에서 점등하고 있는 것이 분명히 분별히 식별될 수 있도록 설치한다	[종별] 경계 전로의 정격 전류 이상의 것으로 한다 경계 전로 정격 전류 / 급별 60 암페어를 넘는다 / 1 60 암페어 이하 / 2 [변류기] 옥외의 전로 또는 제2종 접지선으로 용이한 곳 [음향 장치] 항상 사람이 있는 곳 음색은 구별할 수 있는 것	[음향 장치] (비상 벨, 자동식 사이렌) 수평 거리 25m 이내마다 1m 떨어져서 90 암페어 이상 적성 5층 또는 출화 면적 3,000m² 이상의 것은 출화층 또는 바로 위층에 한해서 경보를 발할 수 있는 것 [기동 장치] (비상 벨, 자동식 사이렌) 각 층마다 바닥면에서의 높이 0.8m 이상 1.5m 이하 표시등 설치 (15℃의 가로도 10m의 거리에서 식별할 수 있는 것) [방송 설비] 스피커 : 수평 거리 25m 이내마다 음성 입력 3W(거실은 1W) 음량 조정기는 3선식 배선으로 한다 증폭기는 점검이 편리하고 방화상의 유효한 장소, 출화층과 바로 밑층에 방송 가능한 것 공용의 경우는 방송 차단 기구를 설치한다

구분			
2. 표시 사항	설치면의 높이, 구조, 감지기의 종류에 따라 다르다. 0.4m 이상(연기), 자동식 보포형 에서는 0.6m 이상)의 대들보, 드리워진 벽이 있으면 별도의 구역이 된다. [지구 음향 장치] 1m 떨어져서 90 데시벨 이상 수평 거리 25m 이내마다	없음	기동 장치에 표시등
3. 부속하는 것 [그림 중에서 굵은 선은 내열 보호 구간]	3. 검지 구역 경보 장치는, 검지 구역에 있어서 방화 대상물의 관계자에게 음향에 의해서 가스 누설의 발생을 유효하게 알릴 수 있도록 설치한다	없음 비상 전원 11층 이상→비상 전원 [비상전원→수신기]	없음 비상 전원 차단기구 [가연성 가스 등이 체류할 염려가 있는 곳] 표시등 기동장치 경종 조작장치 비상전원
4. 설치의 완화 또는 면제	음성 정보 장치는 방송 설비의 유효 범위 내 감지기의 설치 불필요 장소는 상기에 의한다		자동 화재 통보 설비의 유효 범위 내(단, 11층 이상 등의 방송 설비는 필요)
5. 국가 검정	있음(감지기, 발신기, 중계기, 수신기) 있음(중계기, 수신기)	있음	없음
6. 소방 설비사	감-4, 음-4	을-7	없음
7. 기준에 대한 소급	있음(특정 방화 대상물 및 문화재만) 있음(특정 방화 대상물 모든 그 부분)	있음(전면적)	있음(전면적)

표 1.27 피난 설비의 설치 기준 (유도등·유도표시)

구 분	유 도 등		객석 유도등
	피난구 유도등	도로 유도등	
1. 시방·성능 지시사항	**표시면의 크기** 종류 / 장변과 단변의 길이의 비 / 장변의 길이(cm) 대형 — 1대 1 : 40 이상 / 2대 1 : 60 이상 / 3대 1·4대 1 또는 5대 1 : 100 이상 중형 — 1대 1 : 30 이상 40 미만 / 2대 1 : 43 이상 60 미만 / 3대 1 : 50 이상 100 미만 / 4대 1 : 58 이상 100 미만 소형 — 1대 1 : 21 이상 30 미만 / 2대 1 : 30 이상 43 미만 / 3대 1 : 36 이상 50 미만 바탕—녹, 심벌—백 내부에 전구가 있어서 조명할 수 있고, 비상 전원이 있는 것	○ 실내 통로 유도등은 피난구 유도등의 치수 규격과 같음 ○ 복도 통로 유도등 구분 / 종류 / 표시면의 크기 (장변과 단변의 길이의 비 / 장변의 길이(cm)) 복도 통로 유도등 — 대형 : 2대 1 : 40 이상 / 2대 1·3대 1·4대 1 또는 5대 1 : 50 이상 / 중형 3대 1 : 33이상 50미만 / 소형 3대 1 : 5이상 33미만 바탕—백, 심벌—녹 내부에 전구가 있어서 조명할 수 있고, 비상 전원이 있는 것	객석의 벽면 또는 시트 측면 등에 설치하는 램프 비상 전원 장치인 것
2. 배치상의 기준 설비의 높이	방에서 복도로 나가는 출입구, 계단실, 옥내에서 외부로의 출입구 상부 (바닥면에서 1.5 m 이상) 피난구 유도등 1.5 m 이상	길모퉁이, 계단, 복도(20 m 이하마다) (바닥면에서 1 m 이하, 계단에서는 벽 또는 천장) 바닥 또는 벽에 매입 (벽에서 1 cm 이상 돌출) 20 m 이하마다 1 m 이하	객석의 통로의 바닥면이 0.2럭스 이상이 되도록 배치한다
3. 부설하는 것	비상 전원 (원칙적으로 축전지를 내장한다) 비상 전원 —(내열 보호 구간)— 유도등	비상 전원 (원칙적으로 축전지를 내장한다)	비상 전원
4. 설치의 완화·면제	● 거실의 각 부에서 주요한 피난구를 훤히 볼 수 있고, 피난층에서는 20 m 이하, 기타에서는 10 m 이하의 경우(지하층, 무창층을 제외)	● 주요 피난구가 용이하게 훤히 볼 수 있고, 20 m 이하의 경우(일부 용도에 대해서는 30 m 이하의 경우)	
5. 국가 검정	없음	없음	없음
6. 소방 설비상	없음	없음	없음
7. 기존 소급	있음(전면적)	있음(전면적)	있음(전면적)

7 소방법

(1) 목 적

「이 법률은 화재를 예방하고 경계 및 진압해서 국민의 생명, 신체 및 재산을 화재로부터 보호하는 동시에 화재 또는 지진 등의 재해에 의한 피해를 경감함으로써 질서 안녕을 유지하고 사회 공공의 복리 증진에 이바지함을 목적으로 한다」(법 제 1 조).

(2) 소방법의 구성

전체 구성은 다음과 같다.

제 1 장   총칙

제 2 장   화재의 예방

제 3 장   위험물

제 4 장   소방의 설비 등

제 4 장의 2   소방용으로 공급되는 기계 기구 등의 검정 등

제 5 장   화재 경계

제 6 장   소화 활동

제 7 장   화재의 조사

제 7 장의 2   구급 업무

제 8 장   잡칙

제 9 장   벌칙

(3) 경보 설비의 설치 기준

경보 설비는 화재의 발생을 알리는 기계 기구 또는 설비를 말한다. 이 설비의 종류와 설치 기준을 **표** 1.26에 나타낸다.

(4) 피난 설비의 설치 기준

피난 설비는 화재가 발생한 경우에 피난하기 위해서 사용하는 기계 기구 또는 설비를 말한다. 이 설비 중에서 유도등 및 유도 표시의 종류와 설치 기준을 **표** 1.27에 나타낸다.

제 2 장
에너지 절감 설계 방법의
개요

2-1 에너지 절감 설계 방법의 개요

1 에너지 절감 방법의 기본 개념

건물에 있어서 설비상의 에너지 절감 계획을 실시할 경우의 설계 방법에 관한 기본적인 사고 방식을 정리하면 다음과 같은 항목을 들 수 있다.

① 부하를 어떻게 작게 하는가
② 설비 기기를 어떻게 효율적으로 운전하는가
③ 적정한 기기 선정
④ 환경 조건의 재검토
다음에 각 항목의 내용을 구체적으로 기술한다.

(1) 부하를 어떻게 작게 하는가

창을 통해 실내에 들어온 일사(열부하)는 공간에 퍼지고, 이것을 처리하기 위해서는 어느 정도의 에너지가 필요하다. 한편, 실내의 조명 기구나 OA 기기 등의 발열 부하도 똑같이 처리할 필요가 있다.

노 트

부하를 근본적으로 차단

일사열이 창문으로 들어오지 않도록 하는 연구, 창문 근처에서 최대한 제거함으로써 열부하를 억제한다.

부하는 가급적 상류에서 처리하는 것이 에너지 소모가 적다.

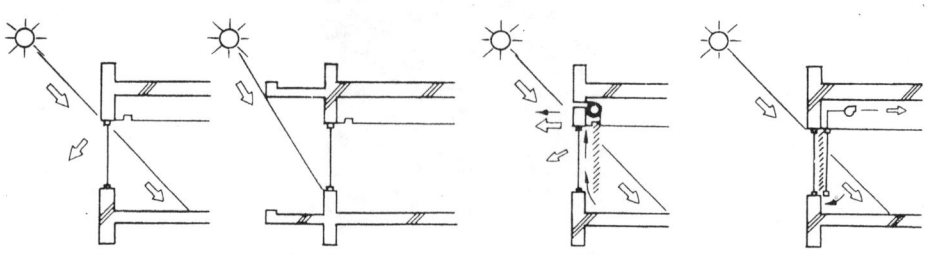

(a) 차양에 의한 일사 차단   (b) 블라인드와 천장 배열   (c) 에어플로 윈도

그림 2.1 부하를 근본적으로 차단

이와 같은 실내외의 부하를 어떻게 작게 하는가, 극단적으로 말하면 부하를 근원부터 차단하는 연구가 에너지 절감에 있어서 중요한 열쇠이다(**그림 2.1**). 그 중에서도 건축 계획에서 일사의 영향을 받는 창 주변을 포함한 외주 계획에 대해서는 건물의 입지나 형태라고 하는 건축 계획 초기 단계에서의 충분한 검토가 필요하다.

한편, 건축 내의 물·공기·전력 등의 반송 에너지는 설비 전체의 소비 에너지에 대해서 큰 비율을 차지하기 때문에, 이들의 반송상의 거리가 가급적이면 짧게 되도록 각 설비 기계실이나 샤프트를 계획하는 것이 반송 부하를 억제하고 에너지 손실을 방지하기 위해서 중요하다.

(2) 설비 기기를 어떻게 효율적으로 운전하는가

공조, 조명이나 급수 시스템의 에너지 절감화를 도모하기 위해서는 적절한 조닝(zoning)이 불가결하다.

공조 시스템의 경우는 방의 용도, 온습도 조건, 방위별 등을 충분히 배려한 공조 조닝, 조명 시스템에서는 공용부·집무 공간 등의 에어리어별, 방의 용도나 실내 블록별 등의 절감 조닝, 급수 시스템의 경우는 고층 빌딩 등에 있어서 세로 계통 배관 담당 에어리어별로 합리적인 급수 조닝과 같은 설비 조닝을 적절하게 하는 것이 설비 기기를 유효하게 운전할 수 있는 방법이다.

한편, 공조 부하나 콘센트 부하, 급수·급탕 부하 등은 항상 변동하기 때문에 각 설비 기기의 운전 제어를 변동에 대응할 수 있도록 하는 것도 중요하다. 예컨대 팬, 펌프의 대수 제어나 가변 풍량(유량) 제어 및 보일러, 냉동기나 전력 트랜스의 대수 제어를 도입해서 부분 부하에 대응할 수 있는 운전을 함으로써 기기 운전 효율 향상에 크게 기여한다.

(3) 적정한 기기 선정

설비 기기를 선정하는 경우 과대하게 기기를 선정하면 저부하 운전 시간이 많아지고 에너지 효율도 악화된다. 팬, 펌프류는 가급적 최고 효율점 부근에서 운전하는 기기를 선정하고, 전력 트랜스는 부하 용량에 맞는 것을 선정해야 할 것이다.

또한, 설비 기기류는 가급적 효율이 좋은 에너지 절감형, 자원 절감형을 선택하는 것이 중요하다.

예컨대, 에너지 효율(COP)이 높은 공조 기기, 배열 회수형의 기기, 기구 효율·램프 효율이 높은 조명 기구 및 절수형 변기 등을 선정하는 것이 에너지 절감에 직접적으로 연결된다.

(4) 환경 조건의 재검토

실내의 환경 조건은 설비 기기 용량이나 에너지 소비량에 직접 크게 영향을 준다.

특히 온습도 조건은 하기 26℃ 50%, 동기 22℃ 40%가 일반적인데, 거주자의 작업 내용·착의량, 기류의 상태, 복사 환경에 따라서 쾌적감이 그다지 손상되지 않고 작업 능률도 심하게 저하되지만 않으면 이 수치를 약간 바꿔도 지장은 없다.

조도에 대해서도 안전성, 작업성에 지장을 주지 않는 한 과도한 조도는 피해야 할 것이다.

또한, 급탕에 대해서는 사용상 지장이 없는 한 저온으로 하는 것과 하기의 세면기 급탕을 중지하는 것도 검토한다. 기타, 설계상의 온습도의 외계 조건을 지나치게 까다롭게 하지 않는 것도 중요하다.

② 에너지 절감 설계 방법의 주요 사항과 유의점

(1) 열원 설비

a) 고효율 운전

① COP 등의 개선

냉동기, 보일러는 설비비의 허용 범위내에서 가능한 한 효율이 좋은 것을 선택한다. 기기의 효율을 나타내는 기준으로, 냉동기나 열 펌프의 경우에는 성적 계수(COP), 보일러의 경우에는 보일러 효율이라는 말이 사용된다.

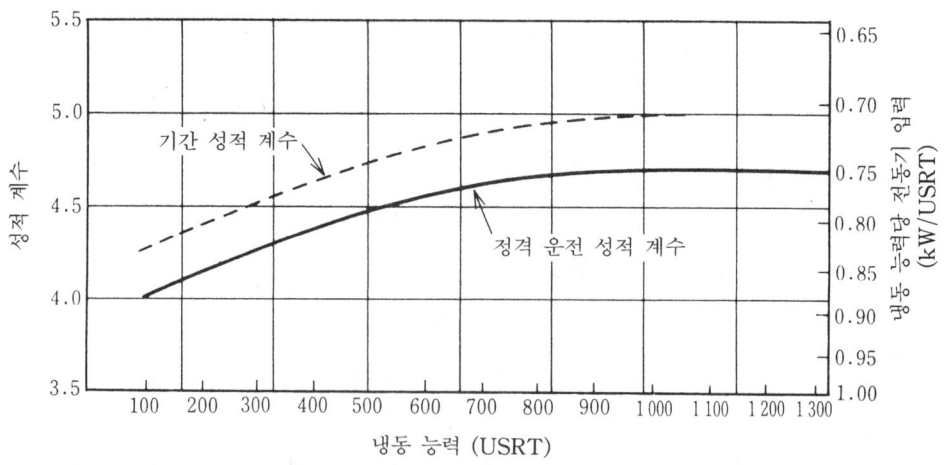

주) 운전 조건(전부하 운전시) 냉수 12℃→7℃, 냉각수 32℃→37℃

그림 2.2 원심 냉동기의 권장 성적 계수

간단하게 말하면 출력/입력을 얻는 데 필요한 에너지가 작아야 에너지 절감이라고 할 수 있다. 그리고 부분 부하 운전을 고려해서 열원 기기를 냉방 기간을 통해서 운전했을 때의 냉방 총 출력과 소비 전력의 비율을 취한 성적 계수를 기간 성적 계수(IPLV)라 하며, 정격값뿐만 아니라 실제 운전시의 COP가 높은 기기의 선정이 필요하다.

그림 2.2 및 **표** 2.1에 원심 냉동기, 흡수식 냉동기의 정격 운전 성적 계수, 기간 성적 계수의 권장값을 나타낸다. 그리고 **표** 2.2에 보일러의 효율, **그림** 2.3에 각종 보일러의 부분 부하 특성을 나타낸다.

② 대수 분할

열원은 통상 과거의 기상 데이터를 기준으로 어떤 확률로 예상되는 최악의 외기 조건에 있어서, 실내에 일반적인 조명, 인체, 기기 발열이 있는 것으로 인해 생기는 최대의 부하(피크 부하)를 만족시킬 수 있도록 선정한다.

그런데, 실제의 부하는 외기 조건이나 건물 사용 상황에 따라서 시시 각각 변동하고 있고 피크 부하로 운전되는 것은 오히려 드물며 대부분의 시간대는 30~50%의 부분 부하로 운전된다(**그림** 2.4).

표 2.1 흡수 냉동기의 권장 성적 계수

기　종	모　드	정격 운전 성적 계수[1]	기간 성적 계수	표준 열원 조건
1중 효력	냉 방	0.66	0.73	증기 압력 1.0 kgf/cm^{2}G
2중 효력	냉 방	1.17	1.27	증기 압력 8.0 kgf/cm^{2}G
직접 때는	냉 방	1.0/1.11[2]	1.08/1.20[2]	도시 가스, 등유, A중유
냉·온수기	난 방	0.78/0.89[2]	0.87/0.97[2]	

주) 1. 운전 조건(전부하 운전시)
　　　냉　수　12℃ → 7℃
　　　냉각수　32℃ → 37.5℃, 단, 1중 효용만 32℃ → 40℃
　　　온　수　약 56℃ → 60℃
　　2. 직접 때는 냉·온수기의 성적 계수는 고위 열량 기준/저위 열량 기준을 표시한다.

표 2.2 각종 보일러 효율의 권장값

	표 준 형	에너지 절감형
수관식 보일러	87%	90%
노통 연관식 보일러	87%	90%
관류식 보일러	87%	90%
섹셔널식 보일러 진공식 보일러	87%	—

주) 1. 보조 기동력은 포함하지 않는다.
　　2. 저위 발열량을 기준으로 한다.

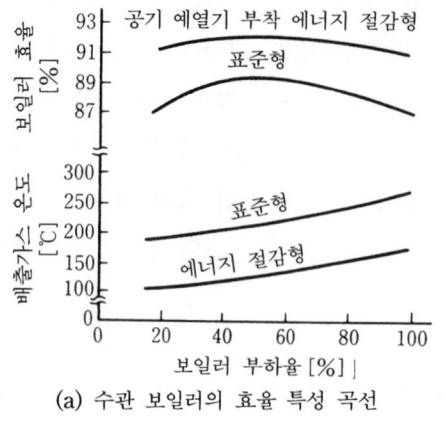

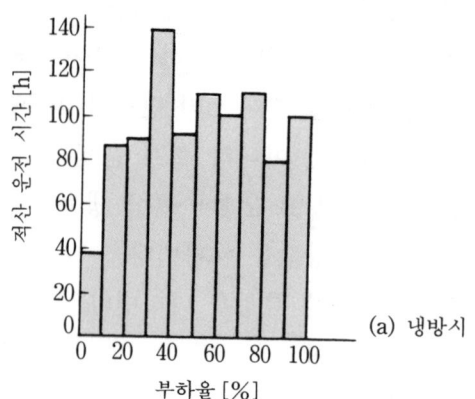

(a) 냉방시

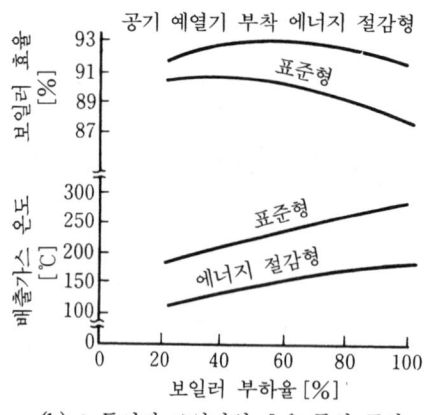

(a) 수관 보일러의 효율 특성 곡선

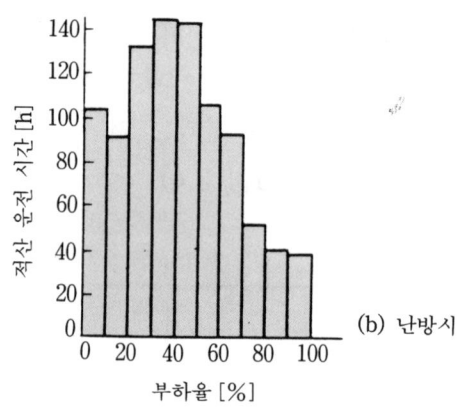

(b) 난방시

(b) 노통연관 보일러의 효율 특성 곡선

그림 2.3 보일러의 부분 부하 특성　　　　**그림 2.4 부하율과 적산 운전 시간**

열원 기기를 복수대로 분할하고 부하에 맞춰 운전 대수를 변화시켜 항상 1대당의 열원 기기가 고부하로 운전될 수 있도록 대수 제어를 하면 시스템의 종합 효율은 향상한다.

③ 축열조의 이용

열원의 고효율 운전이라고 하는 점에서는 축열조(蓄熱槽)의 이용도 효과가 있다. 축열 시스템은 값 싼 야간 전력을 사용해서 다음 날에 필요한 냉열, 온열을 미리 수조에 저장해 놓고 주간 부하에 맞추어서 열을 뽑아낸다. 열원 기기는 건물의 공조 부하의 변동에 추종할 필요가 없으며, 축열 운전 중에는 항상 정격 부하로 운전된다(**그림 2.5**).

b) 배열 회수 시스템

① 직접 이용 방식

건물 내에서 발생하는 조명, 인체, OA 기기, 전산 기계, 전기실의 변압기, 반(盤) 등의 발열을 회수하여 난방이나 급탕의 열원으로 이용함으로써 본래의 열원 운전의 삭감을 도모한다. 배열을 직접 반송해서 이용하는 방법으로 대표적인 것에 전열 교환기 (全熱 交換器)가 있다.

특히 배열 이용 시설은 설치하지 않아도 거실에서의 배기를 복도·홀·화장실·기계실의 환경 향상에 사용하는 것도 배열 이용의 하나이다. 직접 이용 방식은 일반적으로 소규모로서 회수 온도도 낮지만 설비비가 싸다. **그림 2.6**에 주된 시스템을 표시한다.

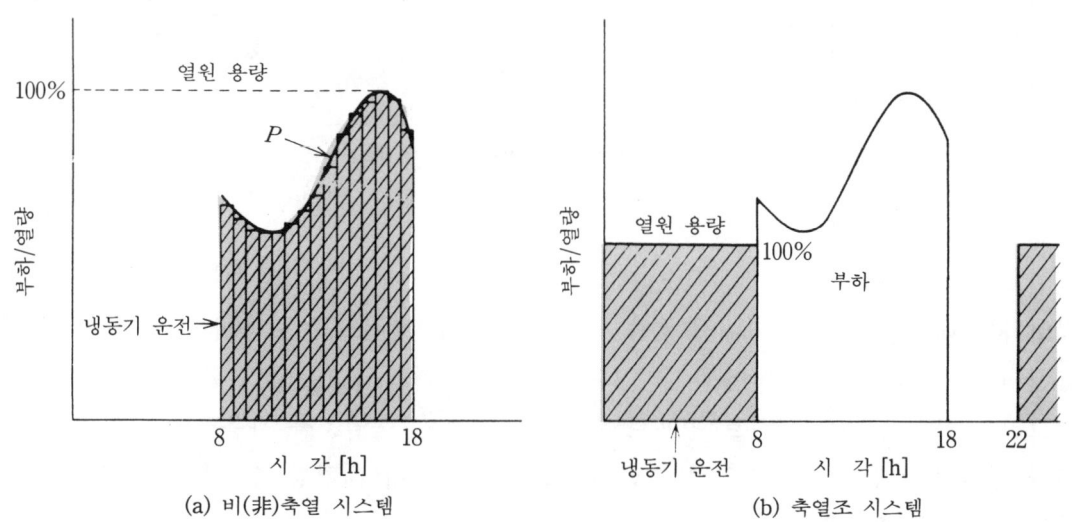

그림 2.5 축열조 시스템에서의 냉동기의 운전

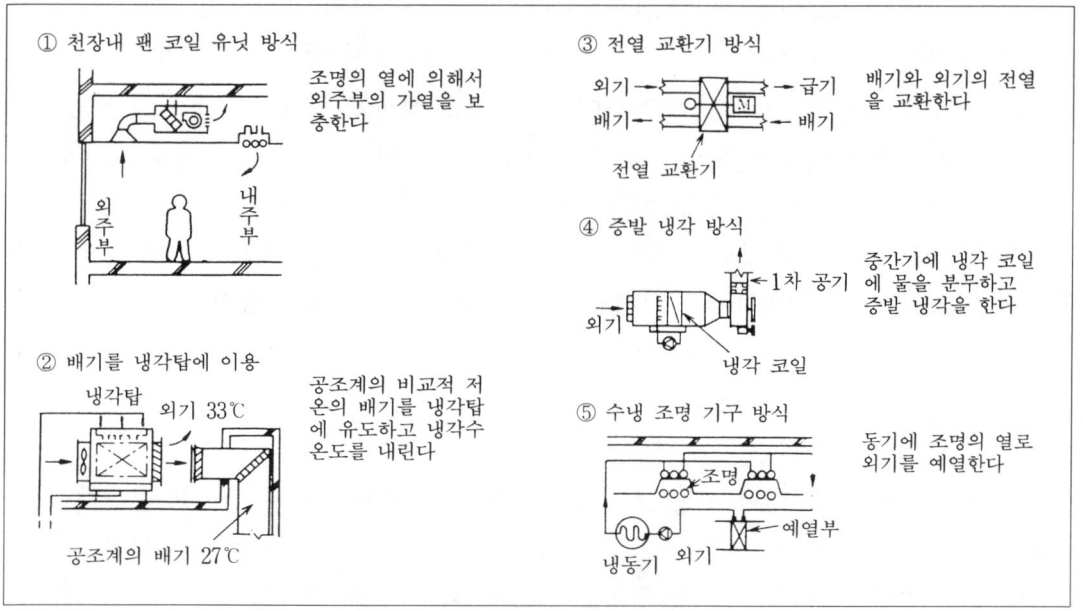

그림 2.6 직접 이용 방식의 배열 회수

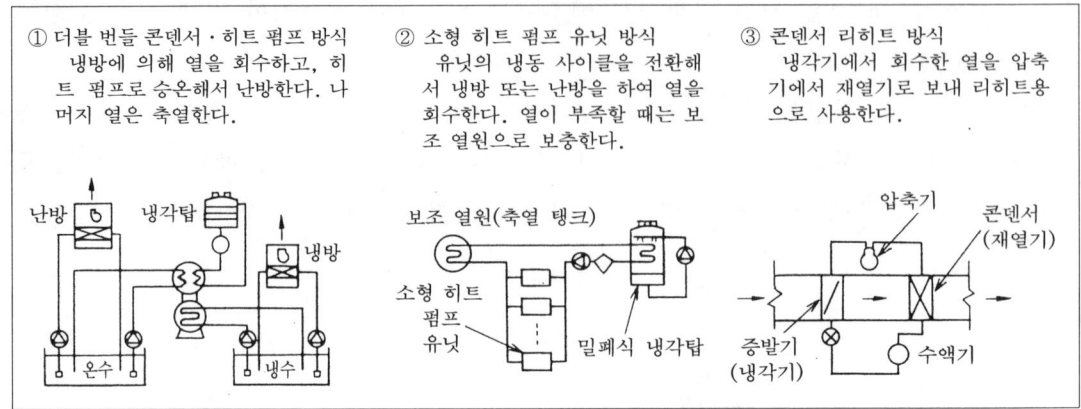

① 더블 번들 콘덴서 · 히트 펌프 방식
   냉방에 의해 열을 회수하고, 히
   트 펌프로 승온해서 난방한다. 나
   머지 열은 축열한다.

② 소형 히트 펌프 유닛 방식
   유닛의 냉동 사이클을 전환해
   서 냉방 또는 난방을 하여 열을
   회수한다. 열이 부족할 때는 보
   조 열원으로 보충한다.

③ 콘덴서 리히트 방식
   냉각기에서 회수한 열을 압축
   기에서 재열기로 보내 리히트용
   으로 사용한다.

그림 2.7 간접 이용 방식의 배열 이용

② 승온 이용 방식

열교환기에 의해서 온수로 회수하는 방식으로 예컨대 냉동기의 배열을 냉각탑에서 방열하는 대신에 온수로 꺼내서 온수나 급탕의 보조 열원으로 이용한다. 냉동기 중에는 1대로 냉수와 온수를 받아낼 수 있는 더블 번들 타입도 있다.

그리고 회수한 온도를 히트 펌프로 승온하거나 온수 축열조를 사용하면 냉방 부하와 난방 부하의 시간적인 엇갈림이나 균형에도 융통성있게 대처할 수 있다. **그림 2.7**에 주된 시스템을 표시한다.

③ 코제너레이션(co-generation) 시스템

코제너레이션 시스템이란 열 병급(併給) 발전이라고도 불리고 단일 에너지에서 전기와 열을 동시에 얻는 시스템이다. 가스, 기름을 연료로 해서 디젤 엔진, 가스 엔진, 가스 터빈을 구동시켜 발전기에서 발전하여 건물 내에 전력을 공급하고 동시에 원동기의 냉각수나 폐 가스의 배열을 온수나 증기로 회수하여 급탕, 난방용으로 열을 공급한다.

그림 2.8에 코제너레이션 시스템의 에너지 효율을 나타낸다. 일반 전력의 에너지 효율이 32% 정도인 것에 비해서 배열의 유효 이용을 도모할 수 있으면 시스템의 종합 효율은 70~83%로 된다. 계획에 있어서는 전력과 배열을 어떻게 사용하는가, 부하의 예측과 제어가 중요하다.

c) 자연 에너지의 유효 이용

① 외기 냉방

중간기에 있어서는 실내의 설정 조건에 비해서 외기 쪽이 저온 · 저습인 경우가 많고 이와 같은 경우에는 외기를 대량으로 도입함으로써 열원 기기를 정지해도 실내 환경을 유지할 수도 있다. **그림 2.9**와 같이 공조기 앞에 환기 팬을 설치함으로써 공조기를 전 외기 운전 가능한 시스템으로 한다.

노 트

코제너레이션 시스템의 에너지 효율

일반 전력은, 화력 발전에 의한 경우, 발전소에서의 방열이나 발전소에서 각 건물까지의 송전선 손실에 의해 발전에 필요한 석유 등의 1차 에너지 중에서 전력으로 사용되는 것은 1/3 정도가 된다.

코제너레이션 시스템에서는 엔진, 터빈의 배출 가스, 냉각수에서 열 에너지를 회수하여 냉난방, 급탕에 이용함으로써 전력과 열의 종합 에너지로서 1차 에너지 중에서 70~83%를 유효하게 빼낼 수 있다.

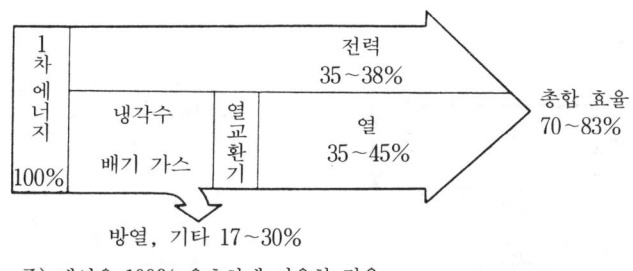

주) 배열을 100% 유효하게 이용한 경우

그림 2.8 코제너레이션 시스템의 에너지 효율

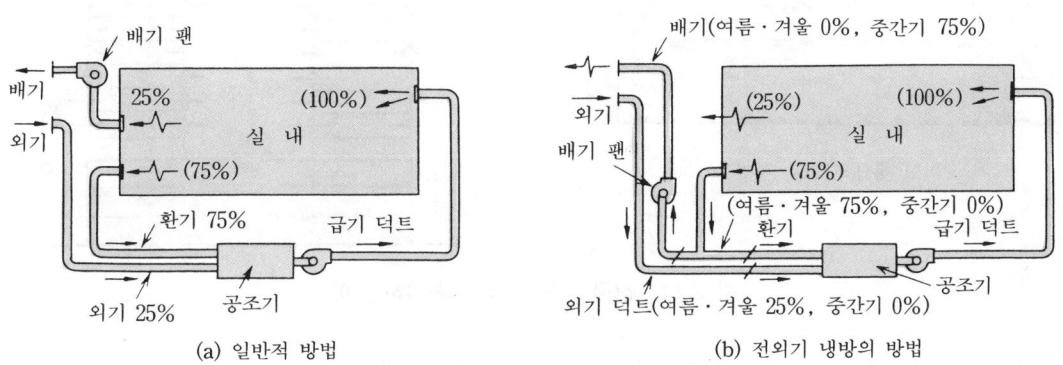

(a) 일반적 방법 (b) 전외기 냉방의 방법

그림 2.9 외기 냉방의 방법

이 경우 외기 냉방을 할 것인지 아닌지의 판단은 현열(외기 온도) 기준인가 전열(엔탈피) 기준인가에 따라 자동 제어로 판단한다. 그리고 실내 환경도 다소의 자유도를 주어서 폭이 있는 범위로 허용하여야 할 것이다.

한편, 최근의 빌딩은 한겨울에도 냉방 부하가 발생하므로 동기에도 외기 냉방의 효과가 있는 것같이 생각되지만, 동기에 대량의 외기 도입은 가습 부하를 증대시키게 되므로 에너지 절감으로 연결되지는 못한다.

② 자연 환기

이 외기 냉방을 팬을 사용하지 않고 창문을 여는 등으로 자연 환기를 할 수 있으면 더욱 에너지 절감을 도모할 수 있다(**그림** 2.10). 일반 건물에 있어서도 개구부의 위치와 크기를 적절하게 배치하면 자연 통풍을 하는 것이 가능할 것이다.

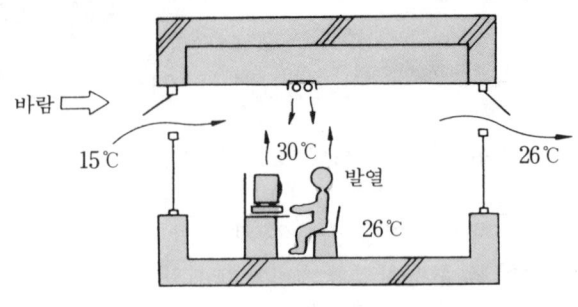

그림 2.10   자연 환기

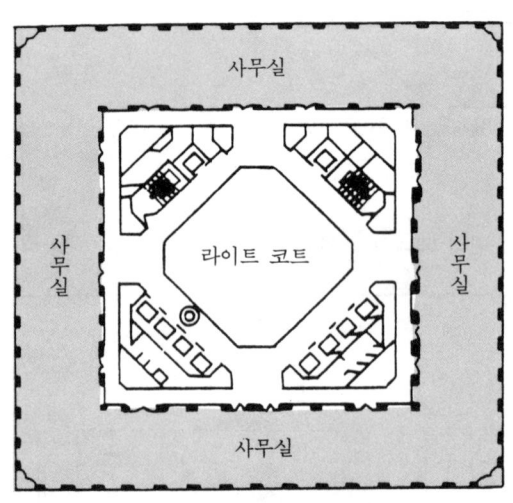

N현 청사 기준층 평면도

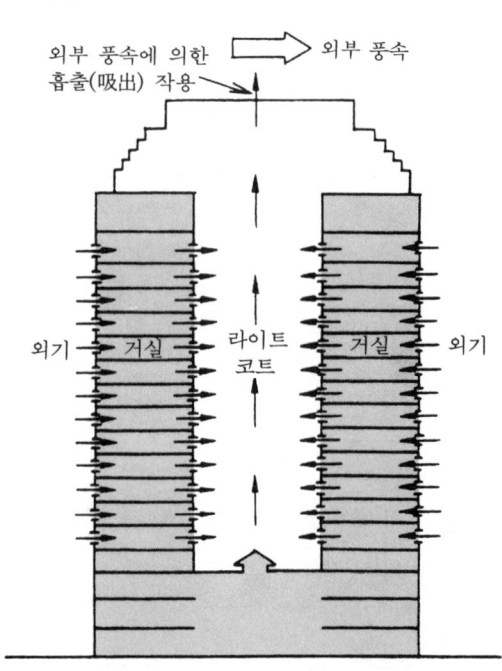

그림 2.11   창문을 열어 자연 환기하는 예

그림 2.11은 자연 환기에 의한 외기 냉방을 계획한 사례이다.

③ 나이트 퍼지

여름철 심야에 비교적 저온의 외기를 실내에 도입하고, 주간 구조체에 축열된 부하를 환기로 제거하여 다음 날의 냉방 시작 부하를 경감하는 것을 나이트 퍼지라고 한다(**그림** 2.12).

④ 태양 에너지 및 기타

태양열을 집열해서 냉난방에 이용하는 솔라 시스템에는 **그림** 2.13에 나타낸 것처럼 각종 수법이 있다.

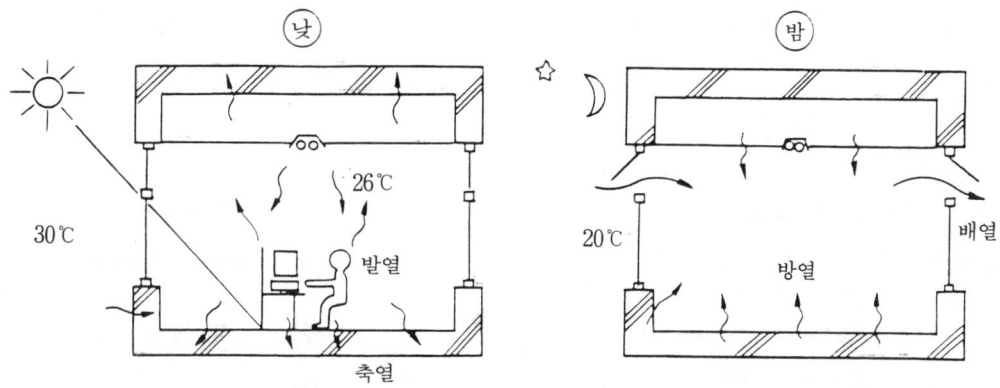

그림 2.12 나이트 퍼지

크게 나누어서 태양열을 물(탕)로 집열해서 난방이나 급탕에 직접 이용하는 시스템(a), 축열조나 히트 펌프를 사용해서 난방에 이용하는 시스템(b), 집열한 온수를 사용해서 흡수식 냉동기를 운전하여 냉수를 만드는 시스템(c)이 있다.

태양열은 에너지 밀도가 작고, 기후나 시각 변동이 커서 안정성이 떨어진다. 그리고 냉방 이용에는 효율이 나쁘다는 등의 과제는 많으나 거의 무한하고 깨끗한 에너지로서, 이후 어떻게 효율 상승을 도모하는가가 과제일 것이다. 그 외에 우물물, 바닷물, 하천물을 이용한 히트 펌프나 지하 땅 속의 온열적 안정성을 이용한 예냉열 시스템이나 장기 축열도 시행되고 있다.

(2) 공조 설비

a) 적절한 조닝

공조기는 대상으로 하는 존(zone)

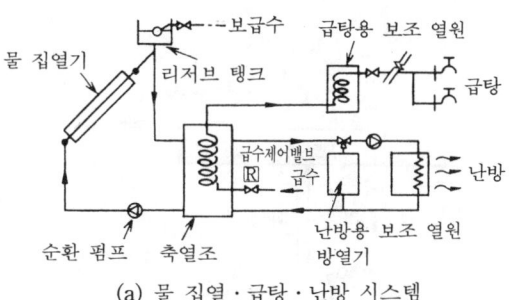

(a) 물 집열·급탕·난방 시스템

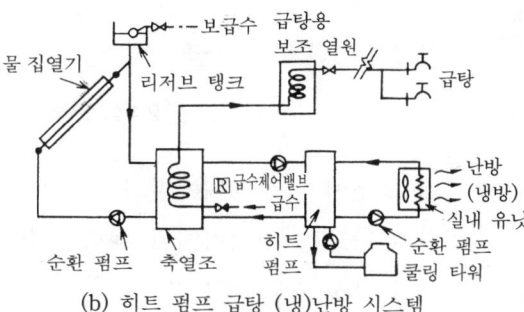

(b) 히트 펌프 급탕 (냉)난방 시스템

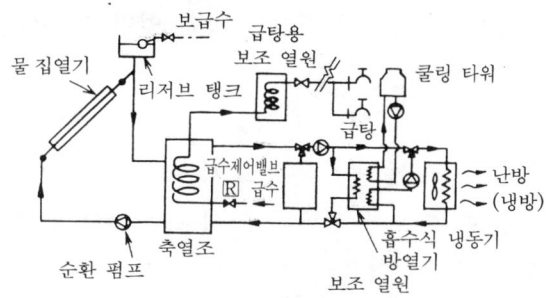

(c) 흡수식 냉동기에 의한 급탕 냉난방 시스템

그림 2.13 태양열 이용 시스템의 예

의 부하에 맞추어서 운전 · 제어되기 때문에, 조닝에 의해서 과도한 냉난방과 비 사용실의 공조와 같은 낭비를 방지하는 것이 중요하다. 조닝을 검토하는 데 있어서는 다음점에 유의하여야 한다(**그림** 2.14).

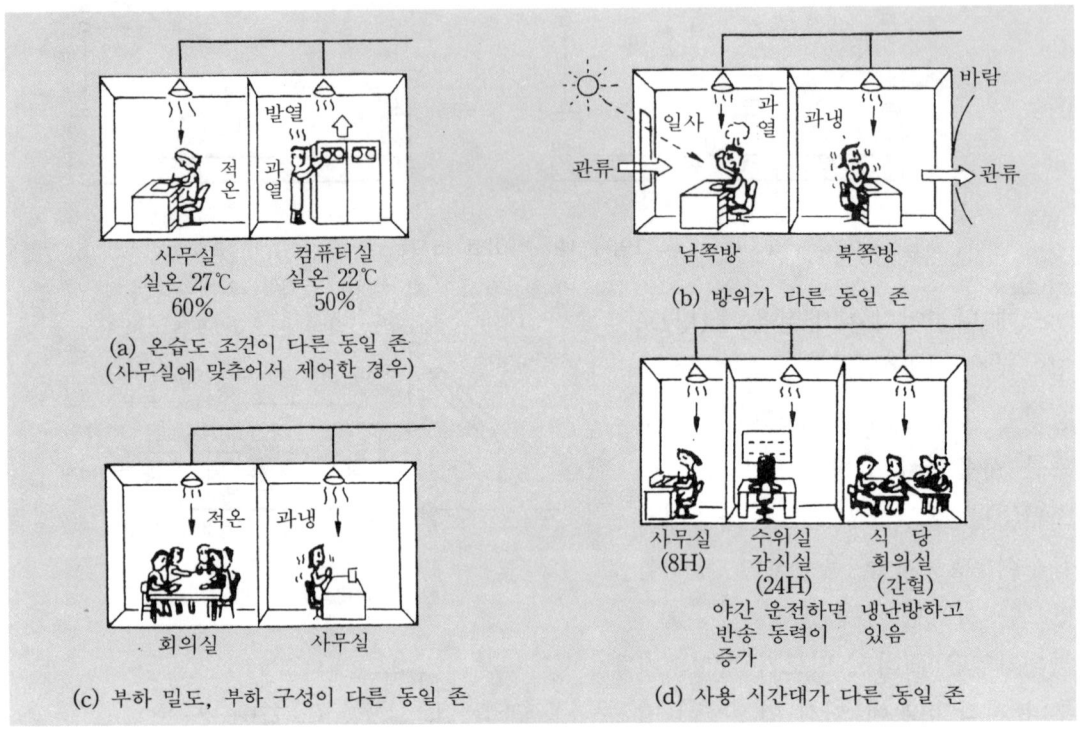

그림 2.14 조닝할 필요가 있는 경우

① 온습도 조건이 다른 방은 별도 계통으로 한다.
② 방위가 다른 방, 인테리어와 페리미터는 별도 계통으로 한다.
③ 회의실과 OA 룸과 같이 용도, 부하 밀도, 현열비가 크게 다른 방은 별도 계통으로 한다.
④ 24시간 공조가 필요한 방과 일반 사무실과 같이 사용 시간대가 다른 방은 별도 계통으로 한다.
⑤ 기계실부터의 덕트의 길이를 고려해서 평면적으로나 단면적으로 균일한 조닝으로한다. 조닝하는 공간은 공조기 또는 열원에서 별도 계통으로 해서 개시와 정지를 따로따로할 수 있도록 하거나 단일 덕트 방식에 있어서는 VAV 유닛에 의한 가변 풍량 제어로 한다.
b) 공조기 주변의 에너지 절감 제어
① OA 컷

공조 운전은 보통 예열·예냉 시간을 취하지만 이 사이에는 실내에 사람이 없기 때문에 외기 도입을 컷 할 수 있다. 위밍업 제어라고도 하며, 특히 동기에는 난방 첫 시작에 피크 부하가 발생하기 때문에 열원 용량 삭감에도 기여한다.

② CO_2 농도 제어

CO_2 농도는 재실 인원에 비례하며 공기의 오염 상태를 나타내는 지표로서 비교적 쉽게 계측할 수 있다. 실내의 CO_2 농도에 맞추어서 도입하는 외기량을 가변적으로 하고, 재실 인원이 적을 때는 외기 부하를 경감한다.

③ 외기 냉방 제어

중간기, 외기 온도가 18℃ 정도 이하의 경우 또는 엔탈피가 실내 설정값에 비해 작을 경우에 공조기를 전외기 운전 또는 외기량을 증가시켜서 냉동기의 운전을 하지 않고 실내를 냉방한다.

④ 전열 교환기에 의한 배열 회수

실내에서의 배기와 도입 외기를 열적으로 접촉시켜 외계로 버려지는 열(현열 및 잠열)을 교환한다. 중간기는 열회수를 하면 오히려 에너지 손실이 되기 때문에 바이패스 시키거나, 열회수를 위한 로터를 정지하거나 한다.

⑤ 나이트 퍼지

여름철에도 야간은 25℃ 이하로 되는 일이 있으며 이와 같은 경우에 야간 공조기를 전외기 운전 또는 환기 운전해서 주간의 축열 부하를 제거하고 첫 가동시에 부하를 저감시킨다.

⑥ VAV 제어

송풍 온도를 일정하게 하고 실내에 설치한 서모스탯에 의해 송풍량을 바꿈으로써 팬의 동력을 저감시킨다. 팬의 동력은 풍량과 전압에 비례하고, 덕트계의 압력 손실은 풍량의 제곱에 비례하기 때문에 결국 동력은 풍량의 3제곱에 비례하므로 풍량 제어는 에너지 절감에 크게 기여한다.

1대의 공조기로 넓은 면적을 공조하거나 칸막이 된 몇 개의 방을 공조하는 경우에는 존이나 방마다 단말 VAV 유닛을 설치해서 각각의 부하에 맞춰 VAV 유닛의 조리개를 조정하여 덕트 내의 정압(靜壓)이 일정하게 되도록 팬 운전을 제어한다.

팬의 부분 부하시의 변풍량 제어에는 댐퍼에 의한 제어, 흡입 베인 제어, 가변 피치 제어, 가변속 제어(회전수 제어)로 분류된다. 이들의 제어 방식에 의한 동력 특성을 **그림 2.15, 그림 2.16**에 나타낸다. 풍량비 30~50%와 같은 가장 빈도가 높은 부분 부하시에 있어서, 회전수 제어는 다른 방식에 비해서 가장 효율이 좋다.

한편, 정격 풍량의 80% 이상의 범위에서는 댐퍼 제어에 비해 회전수 제어는 인버터 효율분만큼 입력이 커지기 때문에 주의를 요한다.

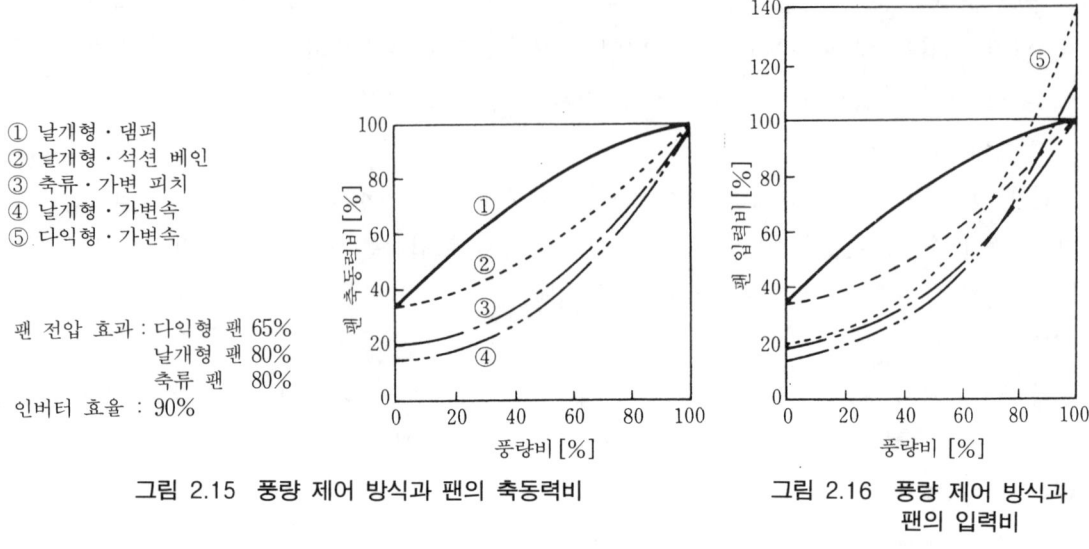

① 날개형 · 댐퍼
② 날개형 · 석선 베인
③ 축류 · 가변 피치
④ 날개형 · 가변속
⑤ 다익형 · 가변속

팬 전압 효과 : 다익형 팬 65%
　　　　　　　 날개형 팬 80%
　　　　　　　 축류 팬　 80%
인버터 효율 : 90%

그림 2.15　풍량 제어 방식과 팬의 축동력비

**그림 2.16　풍량 제어 방식과
팬의 입력비**

그림 2.17　유량 제어 방식과 펌프 축동력비

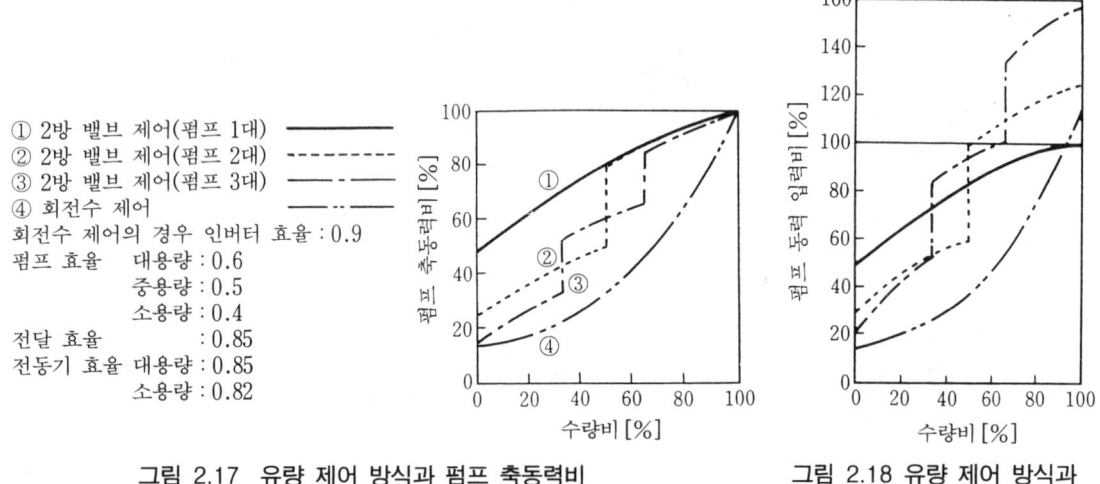

① 2방 밸브 제어(펌프 1대)
② 2방 밸브 제어(펌프 2대)
③ 2방 밸브 제어(펌프 3대)
④ 회전수 제어
회전수 제어의 경우 인버터 효율 : 0.9
펌프 효율　대용량 : 0.6
　　　　　　중용량 : 0.5
　　　　　　소용량 : 0.4
전달 효율　　　　 : 0.85
전동기 효율 대용량 : 0.85
　　　　　　소용량 : 0.82

그림 2.17　유량 제어 방식과 펌프 축동력비

**그림 2.18　유량 제어 방식과
펌프 입력비**

⑦ VWV 제어

　코일에 흐르는 냉·온수량을 부하에 따라 2방 밸브로 바꿈으로써 계(系) 전체의 배관의 수량을 변화시켜서 펌프의 반송 동력을 저감시킬 수 있다. VWV 제어로는 펌프의 대수 제어나 회전수 제어를 한다. 대수 제어와 회전수 제어의 동력 특성을 **그림 2.17**, **그림 2.18**에 나타낸다.

　회전수 제어는 대수 분할에 비해 전반적으로 입력이 작고 효율적이지만, 수량비(水量比) 90% 이상의 정격값 부근에서는 인버터의 효율분 종합 효율로서는 저하된다. 대수제어에 의한 효과가 나타나는 것은 2대 분할시에 50% 부하 이하, 3대 분할시에 30% 이하가 계속되는 경우이다. 대수 분할과 회전수 제어를 조합하면 더욱 효율은 올라간다.

⑧ 제로 에너지 밴드 제어

실온의 설정값을 여름 26℃, 겨울 22℃라는 점을 목표로 제어하면 실온이 조금이라도 설정값에서 벗어나면 냉방 또는 난방을 하게 된다.

그래서 설정값에 쾌적성에서 허용되는 폭(상한값과 하한값)을 설정하여 이 폭 안에 실온이 들어 있는 사이는 냉방·난방을 하지 않고(제로 에너지), 이 폭을 넘었을 때 비로소 냉방 또는 난방을 하도록 제어한다. 외기 냉방과의 병용이나 중간기에는 제로 에너지 밴드의 폭을 넓힘으로써 에너지 절감이 도모된다. **그림 2.19**에 제로 에너지 밴드의 개념도를 나타낸다.

c) 바닥 분출 공조 시스템

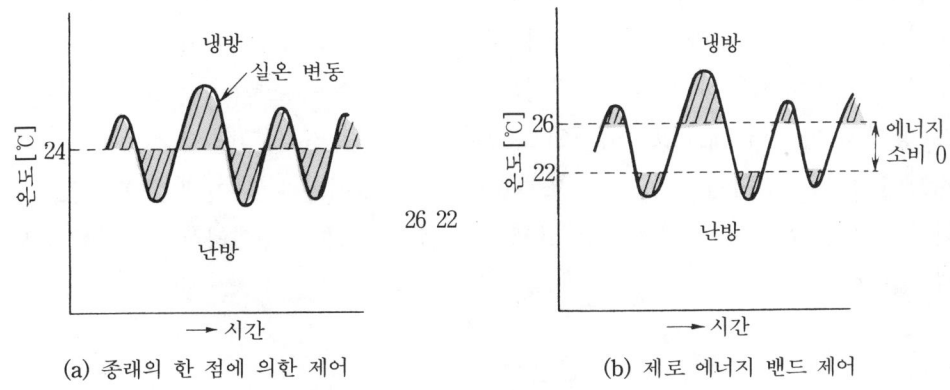

(a) 종래의 한 점에 의한 제어 (b) 제로 에너지 밴드 제어

그림 2.19 제로 에너지 밴드 제어

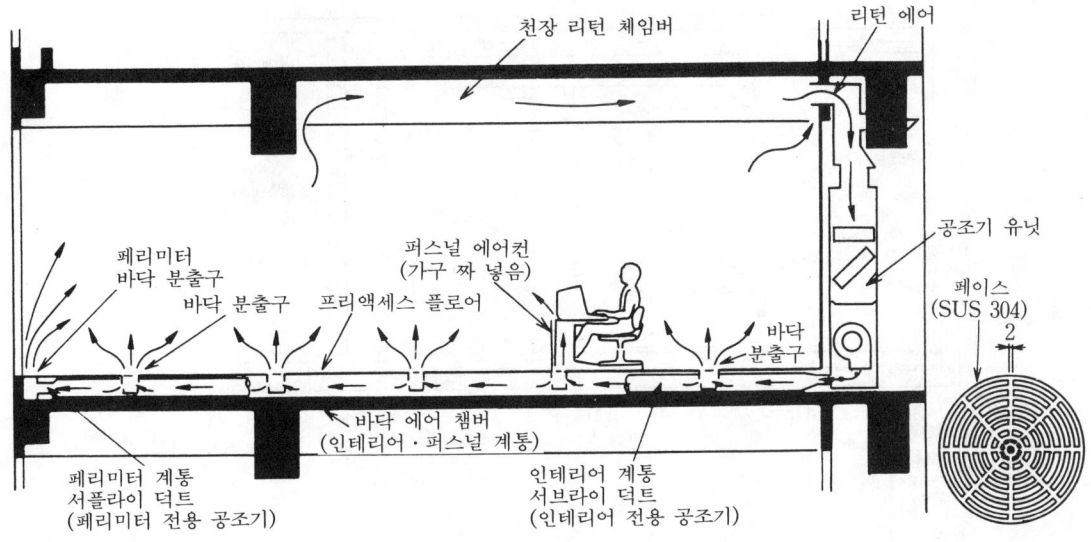

그림 2.20 바닥 분출 공조

그림 2.20에 나타낸 것과 같이 프리 액세스 플로어 내에 공조 공기를 보내서 바닥 패널에 설치된 분출구에서 공급하는 바닥 분출 공조 시스템이 있다. 이 시스템에서는 바닥 면에서 1.8 m 정도의 거주역에 온도 성층을 형성해서, 이 부분만을 효율적으로 공조할 수 있으며, 공간 전체를 균일하게 공조하는 것보다 에너지 절감을 도모할 수 있다. 배열(排熱)이나 담배 연기가 상승 기류에 의해서 효율적으로 제거되기 때문에 적은 환기량으로 공기 청정도를 유지할 수 있고 외기 부하나 환기의 반송 동력을 저감할 수 있다. 분출구의 제어에 의해서 부하나 거주자의 기호에 맞춘 개별 제어가 가능하다.

d) 퍼스널 공조(태스크 · 앰비언트 공조)

개인의 기호에 맞추어 1인 1대의 공조 유닛을 설치하고, 제어하는 퍼스널 공조가 주목되고 있다. 공간을 전체역(앰비언트)과 개인 영역(퍼스널)으로 나누어, 외벽을 통한 열부하나 일단 조명 부하를 앰비언트 영역의 공조에서 처리하고 어느 정도 베이스가 되는 균일한 공간을 만들어, 개인 부스마다 퍼스널 유닛으로 인체 발열이나 OA 기구, 태스크 조명의 부하를 처리하고, 다시 개인의 기호에 맞춘 공조를 하는 시스템이며, 조명의 사고 방식에 따라서 태스크 · 앰비언트 공조라고도 불린다(**그림 2.21**).

이 시스템에서는 앰비언트의 공조 조건을 완화하고(예컨대 하기에 28℃ 정도), 퍼스널 영역만을 적당 온도로 제어하므로 전체 공간을 균일하게 공조하는 경우에 비해 에너지가 절감된다.

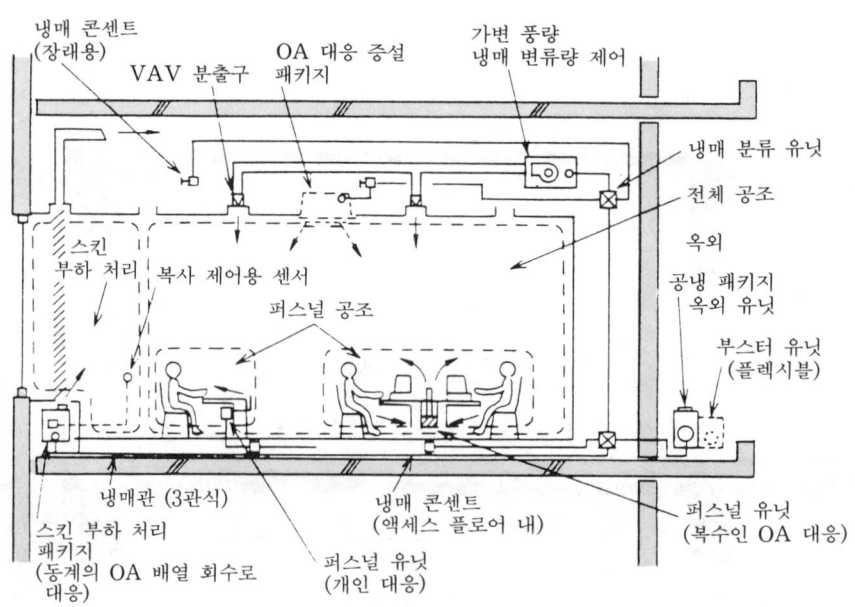

그림 2.21 패키지에 의한 태스크 · 앰비언트 공조의 예

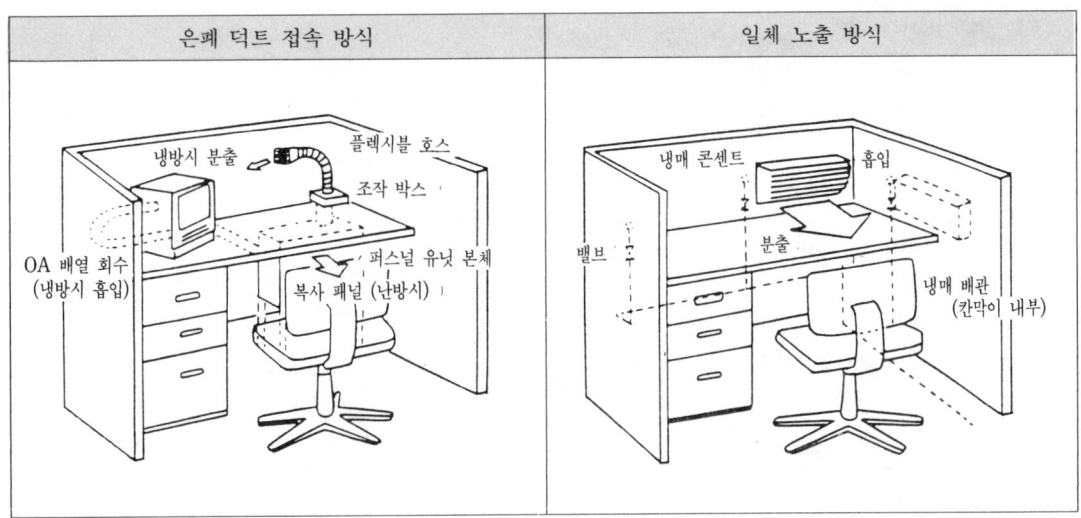

| 은폐 덕트 접속 방식 | 일체 노출 방식 |

그림 2.22 퍼스널 공조

퍼스널 유닛은 부재시에는 유닛마다 정지할 수 있기 때문에 송풍기 동력의 낭비를 없애는 데에도 공헌한다. 퍼스널 유닛의 예를 **그림 2.22**에 나타낸다.

e) 페리미터리스 공조

창 면에서 3~5 m 이내의 외주부(페리미터)는 일사나 외벽을 통한 열의 유출입에 의해서 연간 시시 각각 부하가 변동하고 또 피크시의 부하는 대단히 크게 된다. 열원 기기나 공조기의 용량은 피크 부하로 선정되기 때문에 페리미터 부하를 작게 하는 것은 에너지 절감에 크게 기여한다.

그림 2.23은 이와 같은 창문 주변의 냉난방 부하를 최대한 작게 하기 위해서 고안된 창문 시스템의 예이다. 에어 플로 윈도나 벤틸레이션 창 시스템을 채용하면 종래 페리미터 부하로 된 일사열이나 겨울철의 콜드 드래프트가 창 주변에서 제거되기 때문에 페리미터 전용 공조기가 필요없게 되어 페리미터 시스템으로서 주목받고 있다.

f) 건축 계획에 있어서의 에너지 절감 방법

건축의 방위와 형상은 냉난방 부하와 밀접한 관계가 있다. 일반적으로는 남북으로 긴 건물보다 동서로 긴 건물 쪽이 유리하게 된다. 평면 형상은 거실 면적에 대한 외벽 면적의 비율이 작을수록(예컨대 장방형보다 정방형에 가까울수록) 유리하게 된다. 건물 형상과 연간 냉난방 부하의 관계를 **그림 2.24**에 나타낸다.

한편, 창·벽·지붕 등의 단열 성능이나 창 유리의 일사 차폐 성능, 차양의 유무도 건물의 에너지 이용 효율에 큰 영향을 준다. 또한, 동기의 틈새바람의 침입도 난방 에너지에 영향을 주므로, 기밀성이 높은 새시의 채용이나 현관문에 기밀성이 높은 회전문·이중문 등을 채용하는 것이 바람직하다.

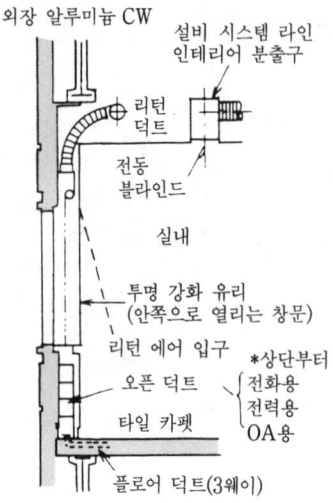

(a) 에어 플로 윈도
(일본전기 본사빌딩)

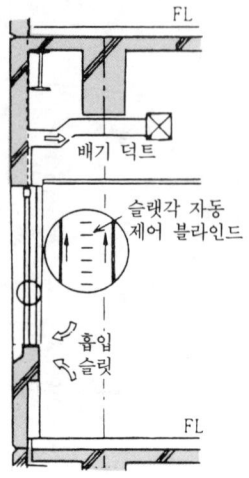

(b) 벤틸레이션 창
(동경전력 히가시무라야마 종합사옥)

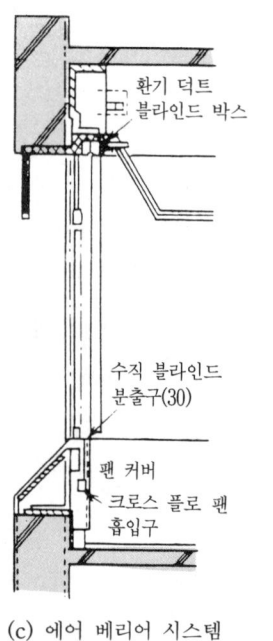

(c) 에어 베리어 시스템
(동북전력 야마가타지점)

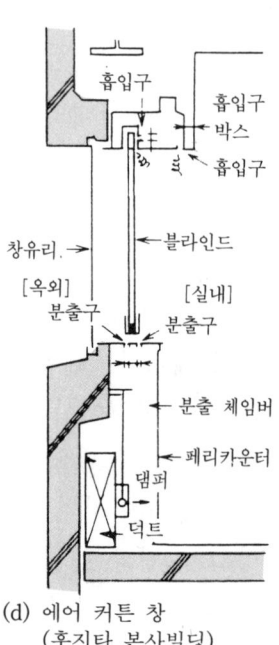

(d) 에어 커튼 창
(후지타 본사빌딩)

그림 2.23 페리미터리스를 위한 창문 시스템 예

g) 배관, 덕트의 단열에 의한 에너지 절감

덕트나 배관에서의 방열에 따르는 손실을 최대한 억제하기 위해서는 루트의 적정화,
단열의 적정화가 중요하다. 덕트에서의 리크량은 송풍량의 5% 이하, 방열 손실은 냉
온 수관에서 1%, 덕트에서 3% 이하로 억제하는 것이 바람직하다.

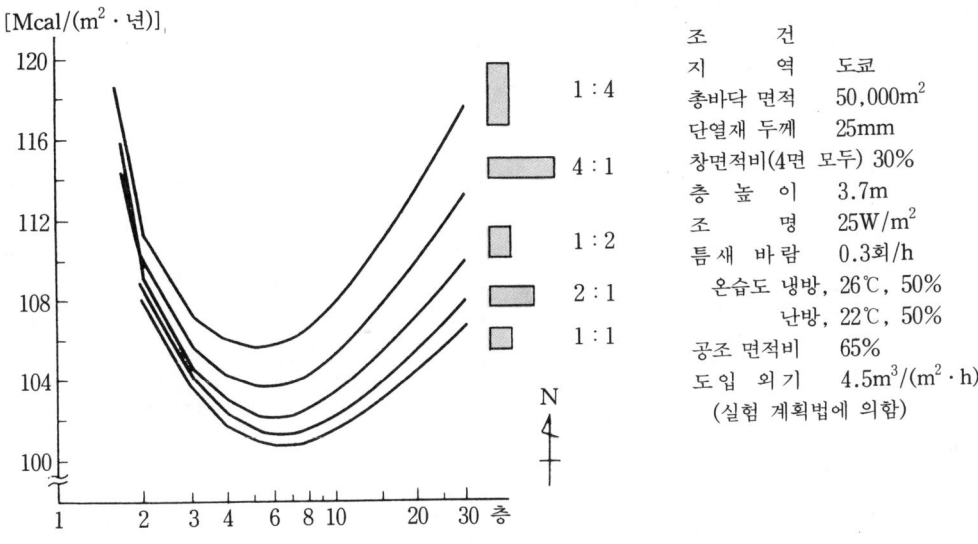

그림 2.24 **총 면적을 일정하게 한 경우의 연간 냉난방 부하**

표 2.3 **물 반송과 공기 반송의 1,000 kcal/h당의 반송 동력 비교[W/m]**

	공 기	물
관 로 만	0.156	0.084
기 기 포 함	0.615	0.21

물에 의한 반송과 공기에 의한 반송을 비교하면 앞의 것이 효율이 높다(**표 2.3**). 따라서, 되도록이면 방 가까이까지 물 반송하는 시스템이 바람직하다고 할 수 있다.

(3) 급수 설비

a) 절수형 기구의 채용

수원에서 취수된 물은 정수장을 거쳐서 배수관으로 각 건물에 급수되는 동안에 펌프나 정화 장치에서 많은 에너지를 소비하게 되며, 건물 내에 있어서도 양수, 급수 펌프에서 동력을 사용하기 때문에 물 사용량을 적게 하는 것은 에너지 절감에 연결된다. 근래 여름철이 되면 각지에서 갈수의 피해가 속출하고 있으며 새로운 수자원 개발의 어려움을 생각하면 이후 한층 더 절수가 요구된다.

위생 기구나 수전류(水栓類)는 위생상, 기능상 지장이 없는 범위에서 사용량을 좁힌 절수형을 사용한다. 소변기의 세척에는 개별 감지 플래시 밸브를 설치하며 세면기, 세수기의 수전에는 절수 팁을 설치한다.

또한, 급탕과 병용하는 급수전은 싱글 레버로 하며, 여자 변기에는 의음(擬音) 발생기를 설치하는 등의 방법이 효과적이다.

표 2.4 각종 급수 방식의 에너지 소비량 비교

명 칭	분 류		펌프의 압력 변동	펌프의 수량 변동	에너지 소비량	소요 스페이스
직결 급수 방식	–		–	–	–	–
고위치 수조 방식	일괄 고위치식		없음	없음	중	대
	중간 수조식	직접 급수식	없음	없음	소	대
		부스터 급수식	없음	없음	소	대
압력 탱크식	일괄 탱크식		있음(대)	있음(소)	대	대
	조닝식		있음(대)	있음(소)	약간 대	대
펌프 직송 방식 (부스터 방식)	일괄 직송식	1대식	없음	있음(대)	극히 대	소
		대수 제어식	없음	있음(중)	대	소
	조닝식	1대식	없음	있음(대)	대	소
		대수 제어식	없음	있음(중)	약간 대	소

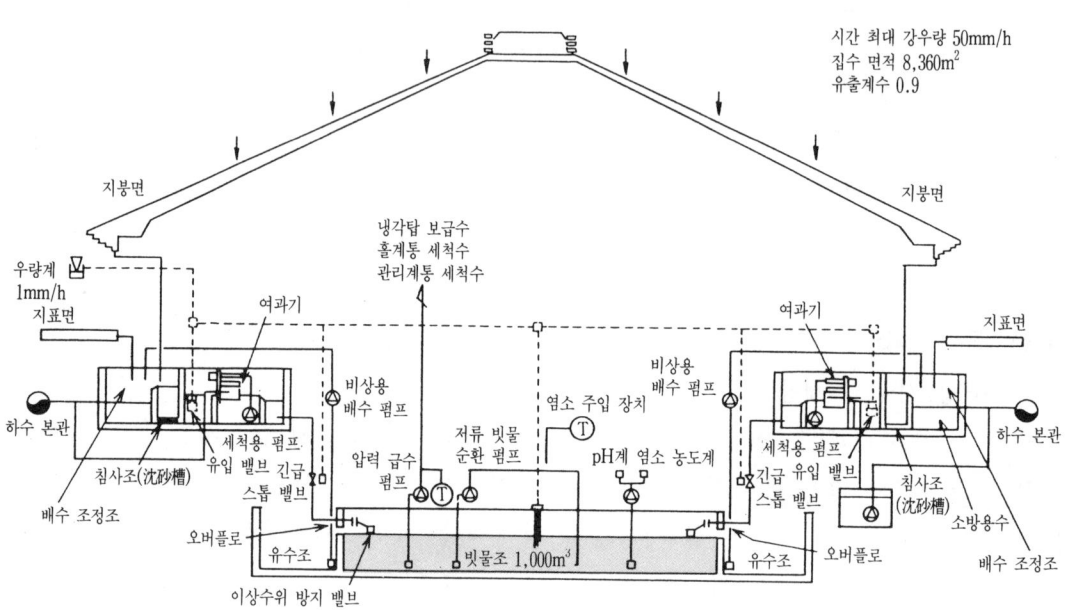

그림 2.25 료고쿠 국기관의 빗물 이용 시스템

b) 건물에 맞는 급수 시스템

대표적인 건물 내의 급수 시스템에는 **표 2.4**의 4종류가 있으며 각각 표와 같은 특징이 있다. 수도 직결 방식은 건물 내에서 동력을 일체 사용하지 않기 때문에 최상의 에너지 절감 효과가 있지만 현상의 수도 본관 급수 압력으로는 2층까지가 한계이다. 빌딩에서 흔히 사용되는 고위치 수조 방식은 수도 직결 방식 이외에서는 가장 펌프 동력이 적은 시스템이다. 압력 급수 방식이나 펌프 직송 방식은 밑에서 밀어 올리는 형이 되고, 필요한 급수 압력에 배관의 마찰 저항이 가해져서 아래층일수록 고압으로 되어 펌프의 동력도 커진다. 펌프 직송 방식은 펌프 수량(水量)이 피크 부하로 정해지기 때문에 급수량이 적으면 효율이 나쁘다. 고층 건물에서는 수압을 고려해서 펌프 동력이 지나치게 크게 되지 않도록 조닝을 한다.

c) 빗물 이용

건물 지붕에 내린 빗물을 집수, 저류하여 변기 세척수나 식물 재배 살수로 사용함으로써 수돗물의 사용량 삭감과 도시 지역의 홍수 조정이나 하수도에 대한 부하 경감을 도모한다. 빗물 처리는 간단하게 모래 여과 정도로 한다. 이를 위한 집수 구역은 비교적 깨끗한 지붕면으로 한정한다. **그림 2.25**에 빗물 이용 시스템의 예를 나타낸다.

(4) 급탕 설비

a) 급탕 방식

급탕 방식에는 중앙 열원에서 만든 뜨거운 물을 저탕조에 모아서 건물 전체에 배관해서 급탕하는 중앙식과, 뜨거운 물을 사용하는 장소에서 물을 가열하는 국소식이 있다. 급탕 용도, 탕량, 급탕 온도 등에 따라서 어느 방식이 좋은가를 결정한다.

에너지적으로는 국소식 쪽이 방열 손실이 작아서 좋기 때문에 사무소 건물에 있어서의 세면, 화장실, 팬트리 싱크에는 배관의 부식 염려도 적고 안전한 전기의 소형 저탕식이 늘고 있다.

b) 급탕 온도

급탕 온도는 되도록 사용 온도에 가까운 편이 고온으로 보내는 경우에 비해서 발열량이 적고 바람직하다. 주방 등 고온 급탕이 필요한 경우에는 국소적으로 재 가열한다.

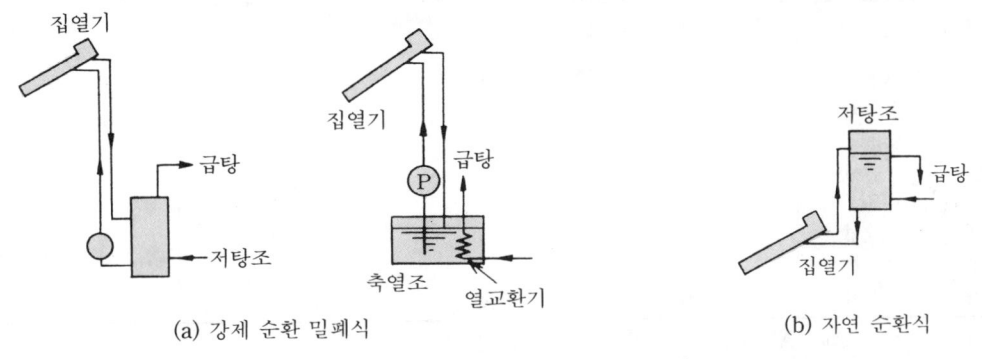

(a) 강제 순환 밀폐식   (b) 자연 순환식

그림 2.26 태양열 이용 급탕 시스템

c) 태양열 이용

주택에 있어서 급탕에 필요한 에너지는 전체의 1/3을 차지한다. 따라서, 태양열을 집열해서 급탕에 이용하는 방법이 비교적 흔히 이용되고 있다. 펌프를 사용하지 않는 자연 순환형이 바람직하다(**그림 2.26**).

(5) 배수 설비

배수 설비는 지하 부분을 제외하고, 중력으로 하수에 방류해서 펌프를 사용하지 않도록 계획한다.

오수 처리 시설에서는 배수에서 열회수를 하여 급탕이나 난방의 히트 펌프 열원으로 이용하고 있는 곳도 있다.

(6) 수변전 설비

a) 변압기의 효율과 뱅킹에 의한 대수 제어

수변전 설비 중에서 가장 에너지 절감에 크게 영향을 주는 것으로서, 첫째로 변압기를 들 수 있다. 변압기는 건물에서 소비되는 전기 에너지의 변환에 사용되며 24시간 연속해서 가동하는 기기이기 때문에 조금이라도 그 변환 효율을 높이면 연간 에너지 절감량은 커진다.

표 2.5에 각종 변압기의 종류와 특징을, **표 2.6**에 손실 비교 예를 나타낸다.

이와 같이 변압기는 내부 구조(냉각 방식, 절연 매체)에 의해서 분류되고, 사용 목적·설치 장소·부하의 내용(중요도, 용량의 대소) 등에 따라서 신뢰성, 수명, 보수성, 경제성, 법규·규격 등에 대해서 검토하여 적절한 것을 선정할 필요가 있다.

표 2.5 변압기의 특성

적용·특성 \ 기종	유입 변압기	H종 건식 변압기	몰드 변압기	SF₆ 가스 변압기
옥 외 용	◎			◎
옥 내 용	○	○	○	○
절 연 강 도	◎	○	○	○
난 연 성 (화재 예방)	○	◎	◎	◎
저 손 실[1] (에너지 절감)	100	108	106	104
대 습 성	◎	○	◎	◎
보 수 점 검	○	○	◎	○
가 격[2]	100	296	298	343

◎ 최적 주) 1. 300kVA 3상 6kV/200V급에서 시산(전손실)
○ 적   2. 300kVA 3상 6kV/200V급에서 시산(정가 베이스)

표 2.6 각종 변압기의 손실 비교 예 (6 kV 3상 50Hz)

(1990년 현재)

손실 \ 기종 \ 용량[kVA]		50	75	100	150	200	300	500	750	1000
무부하손 [W]	유 입 형	310	380	460	590	710	920	1,280	1,650	2,000
	몰 드 형	430	570	700	900	1,100	1,540	2,430	2,750	3,880
	H종 건식형	350	450	600	1,000	1,100	1,450	2,000	2,500	3,500
	SF$_6$ 가스형	360	360	560	560	690	830	1,050	1,360	1,710
부 하 손 [W]	유 입 형	780	1,350	1,750	2,450	3,200	4,600	7,100	9,100	11,700
	몰 드 형	1,580	1,770	2,110	2,680	3,250	4,310	5,800	6,430	7,580
	H종 건식형	900	1,300	1,800	2,200	3,200	4,500	6,000	8,500	9,300
	SF$_6$ 가스형	680	1,230	2,000	2,120	3,780	4,930	5,460	6,510	8,090

주) 1. 유입형 변압기의 손실은 JEM 1392-1981에 의한다. 750kVA 이상은 메이커 참고값.
  2. 몰드형 변압기의 손실은 JEM 1424-1986에 의한다. 750kVA 이상은 메이커 참고값.
  3. H종 건식형 및 SF$_6$ 가스형 변압기의 손실은 메이커 참고값.

표 2.6에 표시한 것과 같이 변압기에는 무부하손과 부하손의 두 개의 다른 종류의 에너지 손실이 있다.

무부하손은 주로 철손(히스테리시스손, 와전류손)이 원인으로 생기는 손실이며, 부하손은 주로 동손(저항손)이 원인으로 생기는데, 변압기에 걸리는 부하의 상태에 따라 변화하는 손실로 이 2개의 손실의 합계가 변압기에 있어서의 전손실 ΔE_{tr}로 되어 다음 식으로 표시된다.

$$\Delta E_{tr} = P_i + (Q_i/Q_t)^2 \times P_c$$

P_i : 무부하손 P_c : 정격 부하로서의 부하손

Q_i : 부하 용량 Q_t : 변압기 용량

또한, 변압기의 효율은

효율 η_{tr} = 부하 용량/(부하 용량 + 전손실)

$$= \frac{Q_i}{(Q_i + \Delta E_{tr})} = \frac{Q_i}{Q_i + P_i + \left(\dfrac{Q_i}{Q_t}\right)^2 \times P_c}$$

변압기 효율이 최고로 될 때

$$d\eta_{tr}/dQ_i = 0$$

의 조건을 구하면 무부하손과 부하손이 같게 될 때이다. **그림 2.28**에 3상 변압기에 있어서의 변압기 효율과 부하율의 비교 예를 나타낸다.

이 그림에서 부하율이 30% 이하로 되면 갑작스럽게 변압기의 효율이 떨어지는 것을 알 수 있다. 이것으로 인하여 변압기 효율을 높여 에너지 절감을 도모하기 위해서는 부하의 특성이 있는 종류의 변압기와 용량의 선정이 중요한 것을 알 수 있다. 그리고 부

하의 변화가 현저하게 저부하의 상태가 장시간 계속되는 경우에는 변압기를 여러 대 설치하고 부하의 변화에 맞춰서 대수 제어를 함으로써 에너지 손실을 억제하여 에너지 절감을 도모할 수 있다.

표 2.7에 에너지 절감을 위한 변압기 대수 제어의 예를 표시한다. 변압기의 대수 제어를 하는 경우에는 다음 점에 대해서 검토할 필요가 있다.

① 변압기는 용량이 큰 것일수록 효율이 좋기 때문에, 변압기 1대로 운영한 경우와 여러 대로 운영한 경우의 효율에 대한 충분한 검토가 필요하다.

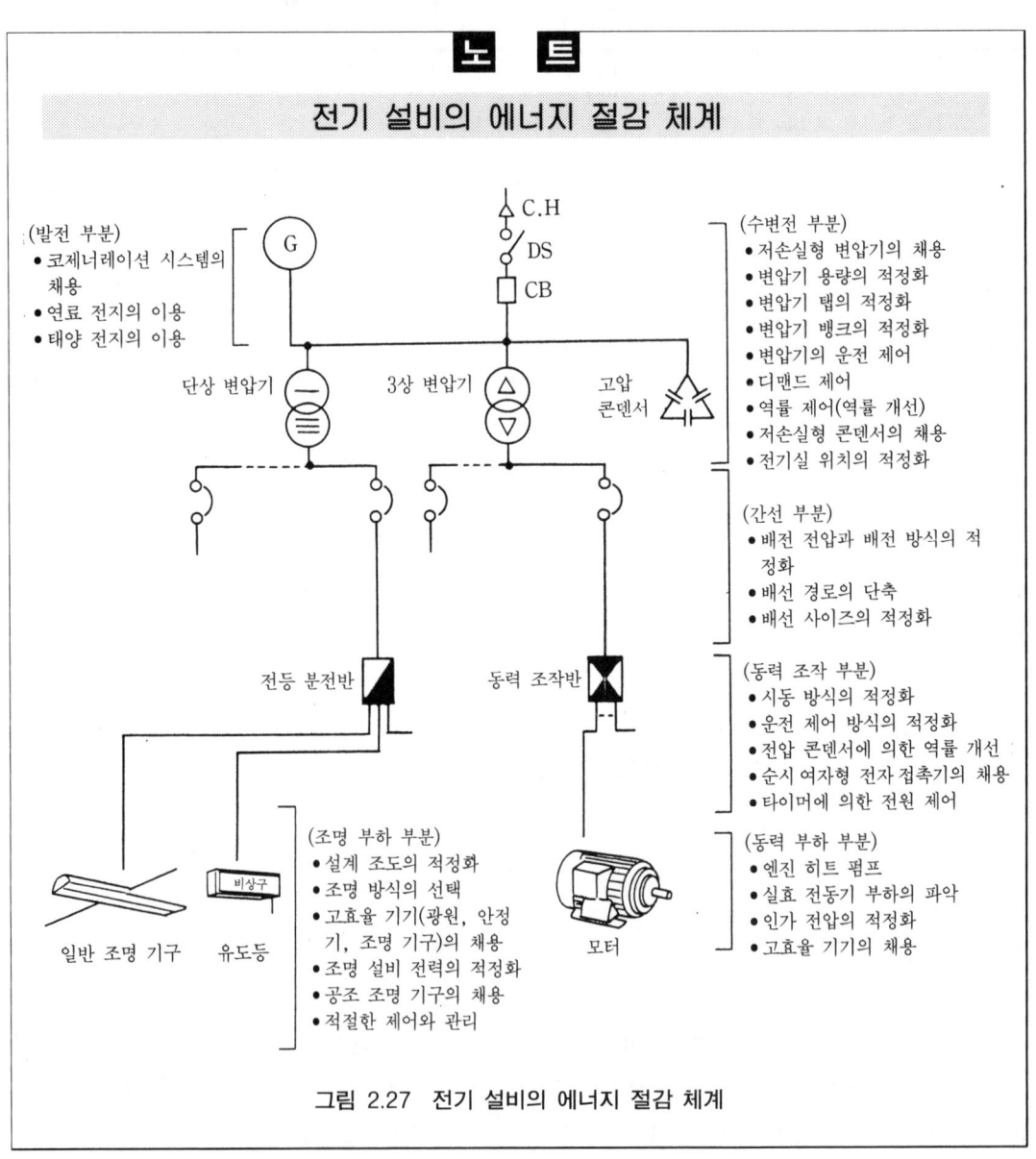

그림 2.27 전기 설비의 에너지 절감 체계

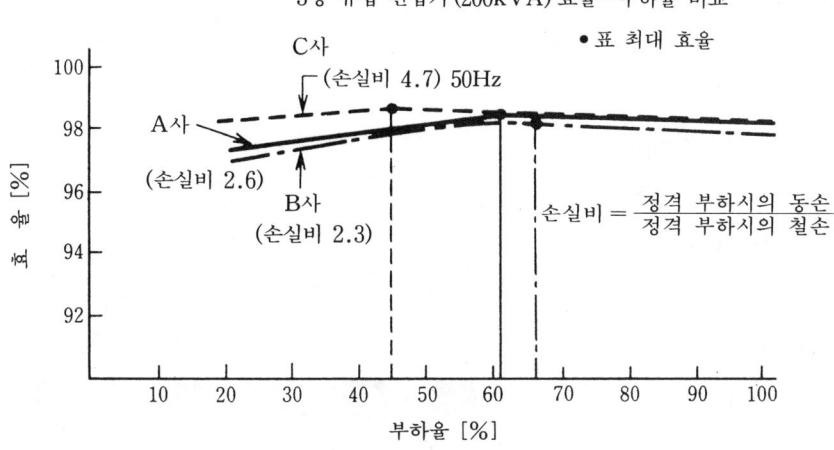

그림 2.28 변압기 효율 - 부하율 비교

표 2.7 에너지 절감 뱅킹의 예

항 목	종 래 방 식	에너지 절감 방식
단 선 결 선 도	30 kVA 30 kVA 150 kVA 1,000 kVA	30kVA 30kVA 100kVA 100kVA 50kVA
연 간 변 전 효 율	95.4%	97.8%
연 간 전 손 실 량	57,600 kWh	27,300 kWh
이니셜 코스트를 고려한 러닝 코스트의 10년 평균 연가(지수)	100	99.8

주) ×표는 업무 시간외 분리용인 자동 개폐 장치

② 변압기의 개방과 투입이 빈번하게 일어나는 경우에는 차단기의 수명면에서 오히려 보수비가 드는 경우가 있다.

b) 진상 콘덴서에 의한 역률 개선

수변전 설비에 연결되는 부하를 보면, 일반적으로 백열등이나 전열기 등의 저항 부하를 제외하고 유도 전동기 등의 전자 회로를 갖는 부하가 많다. 이들의 부하는 역률이 나쁘고, 유효 전력과 동시에 지상 무효 전력도 소비하고 있다. 이 무효 전력을 저감시키기는 데는 역률을 개선시키기 위해 전원 계통에 진상 콘덴서를 설치할 필요가 있다.

진상 콘덴서는 이상적으로는 모터 등의 부하마다 설치함으로써 전로상의 손실(뒤에 나오는 간선 전압 강하에 의한 전력 손실)도 개선되지만 코스트, 스페이스 및 관리·유지상의 결점도 많아, 일반적으로는 수변전 설비의 고압측에 일괄해서 설치되는 경우가 많다. 이 경우, 수전점에서의 역률을 95% 이상으로 유지하기 위해서는 수전점 가까이에서의 무효 전력도 검출하고, 그 변동에 맞추어서 여러 대 설치된 진상 콘덴서를 순차적으로 투입·개방하는 제어를 할 필요가 있다(수전점에서의 역률을 85% 이상으로 개선함으로써 전력 기본 요금의 할인이 가능하게 된다).

또한, 이 경우, 진상 콘덴서 투입시의 돌입 전류에 의한 콘덴서의 영향을 저감시키기 위해서 콘덴서의 1차측에 직렬로 리액터를 설치한다. 이 리액터(직렬 리액터)의 용량은 콘덴서 용량의 6% 정도가 일반적이지만 근래 전원 전로상의 고조파 전류에 의한 콘덴서 회로의 소손 사고 등을 억제하기 위해서 8%(혹은 13%) 용량의 직렬 리액터를 설치하는 경우도 많다.

c) 전력 디맨드

현재 전력 회사는 500 kW 이상의 계약 전력 및 300 kW 이상의 계약 설비 전력을 갖는 전력 수요가에 대해서, 협의에 의해 설정한 계약 전력값을 토대로 전력 기본 요금을 결정하는 디맨드 계약이라고 하는 계약 방법을 채택하고 있다(계약 전력이 클수록 기본 요금은 높아진다).

이 계약 방법에서는 설정된 계약 전력값이 적정한가를 산출하기 위해서 수요가의 전력 인입점에 설치된 거래용 디맨드 미터에 의해서 30분마다 최대 수요 전력을 측정하고 계약 전력을 넘은 경우에 위약금을 전력 회사에 지불하게 되어 있다. 전력 요금을 저감하기 위해서 수요가가 처음에 계약 전력값을 적정한 값으로 설정하고 이 계약 전력값을 넘지 않도록 관리(전력 디맨드 관리)할 필요가 있다.

전력 디맨드 관리의 구체적인 수법은 목표 디맨드값을 계약 전력값 또는 계약 전력값보다 약간 하회하는 값으로 설정하고, 30분의 시한중에서 이 목표값을 넘지 않도록 미리 설정한 부하 우선 순위에 따라서 부하를 제어/해제한다. 대상 부하의 제어에 대해서는 부하의 특성에 따라서 ON/OFF 제어·간헐 운전 제어·대수 제어·설정값 변경(온도 등) 등에서 최적 제어를 선정한다.

보통, 전력 디맨드 제어는 중앙 감시 장치에 의해서 프로그래밍되어 운영되고 있다.

(7) 간선 · 동력 설비

a) 부하 전류 축소에 의한 전력 손실의 저감

수변전 설비와 각 부하 설비를 연결하는 전로(간선 설비)에는 일반적으로 동 및 알루미늄이 사용되고 있다. 이들 배선에는 고유 저항(동 : $1.72 \times 10^{-2} [\text{mm}^2 \Omega/\text{m}]$, 알루미늄 : $2.75 \times 10^{-2} [\text{mm}^2 \Omega/\text{m}]$ 주위 온도 20°C일 경우)이 있고, 이 전기 저항에 의해서 전력이 줄열(Joules' heat)로 없어지고 전로에 전압 강하가 생긴다. 이 전압 강하 ΔV 와 전력 손실 ΔE 는

$$\Delta V = IR \, [\text{V}]$$
$$\Delta E = I^2 R \, [\text{W}]$$
$$R = \rho \cdot (l/A) \, [\Omega]$$

   ρ : 배선의 고유 저항 $[\text{mm}^2 \Omega/\text{m}]$

   l : 배선의 긍장 $[\text{m}]$

   A : 도선의 단면적 $[\text{mm}^2]$

으로 표시된다. 따라서, 간선 설비에 있어서는 전로의 전기 저항 및 흐르는 부하 전류를 작게 함으로써 전력 손실(ΔE)이 저감되어 에너지 절감을 도모할 수 있다.

건축 전기 설비에 있어서 일반적으로 사용되고 있는 전기 방식과 배전 전압에 대한 전력 손실 관계를 **표 2.8**에 나타낸다.

표 2.8 배전 방식별 손실과 구리량의 비교

배 전 방 식 P : 부하 용량 [W]	부하 전류 [A]	전선 사이즈 일정한 경우 [%]		부하 전류에 비례해서 전선 사이즈를 축소한 경우 [%]	
		손 실	구리량	손 실	구리량
단 상 2 선 100V	$\dfrac{P}{100}$	100	100	100	100
단 상 3 선 200V/100V	$\dfrac{P}{2 \times 100}$	25	150	50	75
3 상 3 선 200V	$\dfrac{P}{\sqrt{3} \times 200}$	12.5	150	43.3	43.3
3 상 4 선 415V/240V	$\dfrac{P}{3 \times 240}$	2.9	200	12.6	27.8

이 표에서 알 수 있는 바와 같이 예컨대 콘센트 부하에 대해서 1ϕ 100V의 전원을 공급하는 데 단상 2선식과 단상 3선식에서 전로의 전력 손실은 간선 사이즈를 같게 하면 약 25%로, 또한, 부하 전류에 비례해서 전선 사이즈를 축소한 경우에는 약 50% (배선의 구리량은 75%)로 저감된다.

b) 배선 경로 단축에 의한 전력 손실의 저감

앞에서 설명한 전로의 전기 저항 관계식에서 알 수 있는 바와 같이 전기 저항은 배선의 길이에 비례하고 단면적에 반비례해서 커진다. 그러나 배선의 단면적을 무턱대고 크게 하는 것은 경제적이지 않다. 따라서 전로의 전기 저항을 작게 해서 전력 손실을 저감시키는 데는, 전기실에서 부하에 도달할 때까지의 경로를 충분히 검토하여 배선의 긍장을 최대한 짧게 하는 것이 중요하다. 이를 위해서는 전기실 및 각 층의 전기 샤프트(EPS)의 위치를 건축 계획과 대조해서 적절하게 계획할 필요가 있다.

그림 2.29 및 **그림** 2.30은 평면 계획에 있어서 EPS를 중심과 끝으로 한 경우의 예를 비교한 것이다. 그리고 **그림** 2.31에 전기실을 한 곳에 집중한 경우와 두 곳에 분산한 경우의 예를 비교한다(다만, 이 경우 전기실의 집중, 분산에 대해서는 또 다른 측면에서 검토가 필요하다).

(8) 조명 설비
a) 조명 소비 에너지

조명에서 소비되는 에너지량은 다음 식으로 표시할 수 있다.

$$\text{kWh} = W \cdot T \cdot N \quad\cdots\cdots\cdots\cdots\cdots\cdots\cdots\cdots\cdots\cdots\cdots\cdots\cdots(1)$$

      W : 기구 1대당의 소비 전력 [kW]

      T : 점등 시간 [h]

      N : 기구 대수

$$N = E \cdot A / F \cdot U \cdot M \quad\cdots\cdots\cdots\cdots\cdots\cdots\cdots\cdots\cdots\cdots(2)$$

      E : 설계 평균 조도 [lx]

      A : 바닥 면적 [m^2]

      F : 기구 1대당의 램프 광속

      U : 조명률

      M : 보수율

조명 설비에 있어서 에너지 절감을 도모하기 위해서는 이들의 각 요소에 대해서 적절한 설정 조도, 램프 및 기구의 고효율화, 낭비없는 점멸 제어의 세가지 점에서 검토할 필요가 있다.

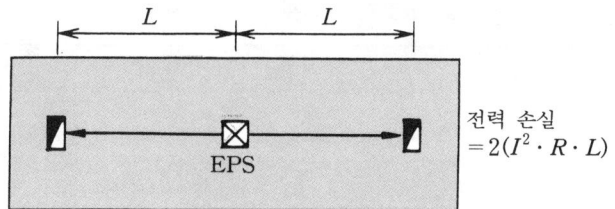

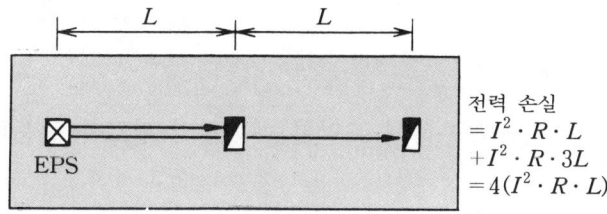

그림 2.29 분전반 · EPS의 배치와 전력 손실의 차이 (1)

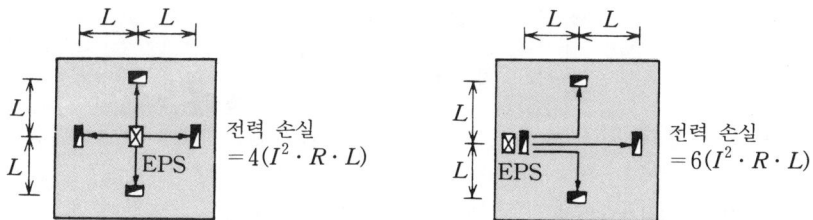

그림 2.30 분전반 · EPS의 배치와 전력 손실의 차이 (2)

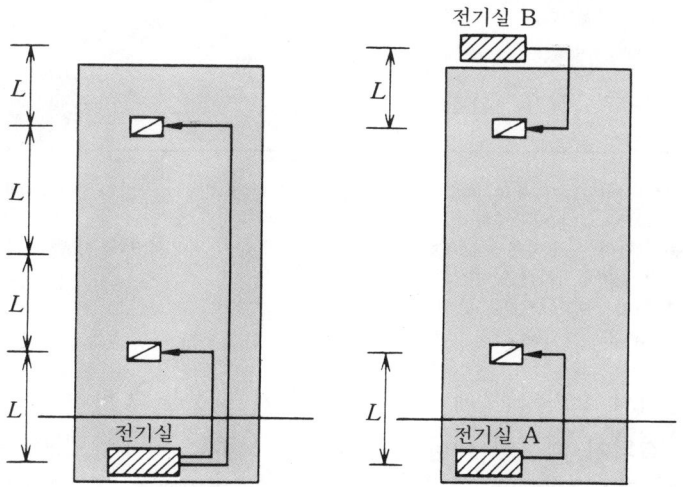

그림 2.31 전기실의 배치와 전력 손실

표 2.9 JIS 조도 기준 (부표1, 사무실)

조도 [lx]	장 소[2]	작 업
2,000	—	—
1,500	—	○ 설 계 ○ 제 도 ○ 타 이 프 ○ 계 산 ○ 키 펀치
1,000	사무실(a)[1], 영업실, 설계실, 제도실, 현관 홀(주간)[2]	
750	사무실(b), 임원실, 회의실, 인쇄실, 전화교환실, 전자계산기실, 제어실, 진료실 ○ 전기·기계실 등의 배전반 및 계기반 ○ 접수	
500	집회실, 응접실, 대합실, 식당, 조리실, 오락실, 수양실, 수위실, 현관홀(야간), 엘리베이터홀	
300	서고, 금고실, 전기실, 강당, 기계실, 엘리베이터, 잡작업실	—
200	—	
150		주방, 물 끓이는 곳, 욕실, 복도, 계단, 세면실, 화장실
100	휴게실, 숙직실, 탈의실, 창고, 현관 (차를 댈 수 있는 곳)	
75		—
50	옥 내 비 상 계 단	
30		

주) 1. 사무실은 세밀한 시작업(視作業)이 따를 경우 및 주광의 영향에 의해서 창밖이 밝고 실내가 어둡게 느껴지는 경우는 (a)를 택하는 것이 바람직하다.
2. 현관 홀에서는 주간의 옥외 자연광에 의한 수만 lx의 조도에 눈이 적응되면 홀 내부가 어둡게 보이므로 조도를 높게 하는 것이 바람직하다.
그리고, 현관 홀(야간)과 (주간)은 단계 점멸로 조정해도 좋다.

그리고 이 조명에서 소비되는 에너지를 저감시키는 것은 동시에 공조의 열부하를 저감시키는 것에 연결되기 때문에 에너지 절감을 도모하는 일에서도 대단히 효과적이다.

b) 적정 조도의 설정

설계 조도는 **표 2.9**에 표시하는 조도 기준(JIS C 9110, KS A 3011 참조)에 의해서 설정된다. 에너지 절감을 도모하면서 좋은 조명 환경을 계획하는 데는 이 조도 기준을 기본으로 건물 용도별 장소 및 작업 내용에 따라 적절한 조도를 설정하는 것이 중요하다. 지나친 조도의 설정은 에너지(조명 에너지 외에 공조 에너지)의 낭비만이 아니라 눈부심에 의한 작업 효율의 저하와 시각 기능의 저하에까지 파급될 가능성도 있다.

또한, 쾌적한 시환경을 계획하기 위한 검토 요소로서는 수평 조도 이외에 균제도(均齊度 : 조도의 균일성), 연직면 조도나 글레어(눈부심, VDT 등의 반사의 제한) 등이 있지만 이들에 대한 설명은 생략한다.

c) 조명 방식의 선정

표 2.9에서도 알 수 있듯이, 사무소 등에서는 그 작업 내용이나 주위의 빛 환경에 의해서 국부적으로 높은 조도가 필요한 경우가 있다. 이 경우, 실내 전체를 높은 조도 수준으로 균일하게 조명하는 전반 조명 방식 이외에 천장에 설치된 전반 조명(앰비언트 라이트) 외에 작업등(태스크 라이트)을 설치해서 국부적으로 높은 조도로 하는 태스크·앰비언트 조명 방식이 있다(**그림 2.32**).

이 조명 방식은 각 작업 책상이 줄 칸막이(row partition)나 집기 등으로 칸막이 된 사용 형태에 있어서 효율적으로 높은 조도를 확보할 수 있기 때문에 한 사람당의 점유 면적이 비교적 큰 경우(한 사람/10 m² 이상)에는 에너지 절감 효과가 기대된다. 결국, 높은 조도가 필요한 부분(면적 : A)을 한정하고 가장 효율이 좋은 방법으로 조명을 하는 것이 태스크·앰비언트 조명 방식의 기본이다.

그러나 일반적으로 사무소 건물 등에서는 설계 단계에서 방의 사용 형태가 명확하게 되어 있지 않거나 사용 형태가 빈번하게 바뀌는 등의 이유로 해서 이 방식을 전면적으로 채용하는 것은 곤란하다. 그래서 전반 조명 방식을 채용하는 경우에도 실내의 사용 계획이 결정된 단계에서 태스크·앰비언트 조명 방식으로 변경할 수 있도록 전반 조명의 조도 설정 변경이나 태스크 조명용의 배선 방법 등을 고려한 계획으로 해 두는 것이 바람직하다.

d) 광원의 선정

조명에 사용되는 광원은 그 구조와 발광 원리에 따라 크게 분류되며, 각 광원에는 **표 2.10**에 나타낸 것과 같은 특징이 있다. 광원의 선정에 대해서는 사용 장소와 분위기, 작업 내용 등에 따라서 정해지지만, 에너지 절감을 도모하기 위해서는 소비 전력의 저감과 공조 부하의 경감을 고려하여 램프 효율(소비 전력당의 광속)이 높은 광원을 채용하는 것이 바람직하다.

또한, 같은 형광등 기구라도 최근에는 고주파 점등형의 안정기와 전용 램프를 조합하여, 종래의 형광등 기구에 비해서 더욱 램프 효율이 높은 기구(Hf형 기구)가 사무소의 전반 조명용으로 채용되고 있다.

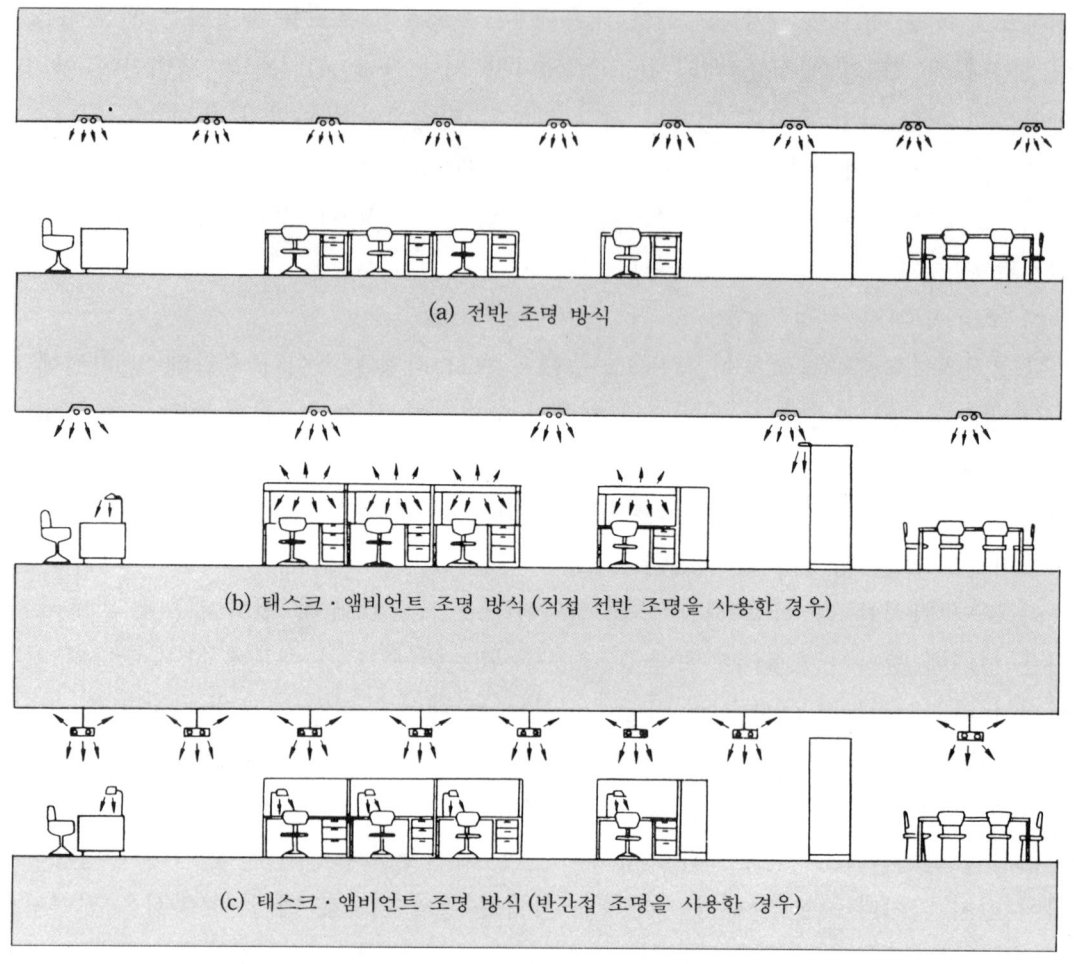

(a) 전반 조명 방식

(b) 태스크·앰비언트 조명 방식 (직접 전반 조명을 사용한 경우)

(c) 태스크·앰비언트 조명 방식 (반간접 조명을 사용한 경우)

그림 2.32 태스크·앰비언트 조명 방식

e) 조명 기구의 선정

조명 기구에는 글레어 방지용 루버나 광 확산용 패널 등을 설치해서 배광을 제어하여 질높은 시환경을 만들어 내는 것도 있다. 그러나 기구에 따라서는 극단적으로 그 효율(조명률 : U)이 낮아져 필요한 조도를 확보하기 위해서 많은 기구를 설치하지 않으면 안될 경우가 생기게 된다. 그 때문에 작업 내용이나 필요 조도를 충분히 검토한 다음 시환경상 적절한 배광 특성을 갖는 높은 효율의 기구를 선정할 필요가 있다.

표 2.11에 예로서 사무소의 전반 조명에 사용되는 형광등 기구의 조명률표를 나타낸다. 또한, 조도는 램프의 교환(램프 광속의 저하)과 청소 상태(기구의 오염)에 의해서도 변화하기 때문에 표 2.12에 표시하는 보수율을 높이는 것도 중요하다.

최근에는 신설 당초의 조도와 경년 변화로 저하된 조도를 조광 장치로 보정하여 에너지 절감을 도모하는 방법도 다시 평가되고 있다.

표 2.10 주된 광원의 종류와 특성

	광원의 종류	램프의 크기 [W]	정격 전력 [W]	종합 효율[1] [lm/W]	색온도 [K]	평균연색 평가수 (*Ra*)	정격 수명 [h]	휘도	배광 제어
백열 전구	일 반 전 구	10~100	57	14	2,850	100	1,000	높 다	쉽 다
	할 로 겐 전 구	20~500	85	19	3,000	100	1,500	대단히 높 다	대단히 쉽 다
형 광 램 프	전 구 형 형 광 램 프 (전 구 색)	13~27	17	65	2,800	82	6,000	약 간 낮 다	약 간 곤 란
	콤팩트형광램프 (더 블 U · 주 백 색)	7~36	27	51(57)	5,000	84	6,000	약 간 낮 다	약 간 곤 란
	일 반 형 광 램 프 (백 색)	4~220	37	66(84)	4,200	63	10,000	낮 다	곤 란
	3 파 장 역 발 광 형 형 광 램 프 (주 백 색)	18~38	37	75(96)	5,000	84	10,000	낮 다	곤 란
	고연색형형광램프 (SDL형) (주백색)	10~110	40	48(60)	5,000	92	10,000	낮 다	곤 란
H I D 램 프	수 은 램 프	40~20,000	400	48(51)	5,800	23	12,000	대단히 높 다	대단히. 쉽 다
	형 광 수 은 램 프	40~2,000	400	52(55)	4,100	44	12,000	높 다	쉽 다
	메탈핼라이드램프 (저 시 동 전 압 형)	100~1,000	400	95(100)	4,000	65	9,000	높 다	쉽 다
	메탈핼라이드램프 (고 연 색 형 Dy 계)	70~1,000	400	76(80)	6,000	90	9,000	높 다	쉽 다
	메탈핼라이드램프 (고 연 색 형 Sn 계)	125~400	400	41(48)	5,000	92	6,000	높 다	쉽 다
	고 압 나 트 륨 램 프 (시 동 기 내 장 형)	75~940	360	132(142)	2,100	28	12,000	높 다	쉽 다
	고 압 나 트 륨 램 프 (연 색 개 선 형)	220~660	360	98(106)	2,150	60	12,000	높 다	쉽 다
	고 압 나 트 륨 램 프 (고 연 색 형)	150~440	400	53(58)	2,500	85	9,000	높 다	쉽 다
저 압 나 트 륨 램 프		18~180	90	102(139)	1,740	−44	9,000	중 간	곤 란

주) 1. 형광 램프, HID 램프, 저압 나트륨 램프는 안정기 손실도 포함한 효율을 표시한다. 안정기는 200V 1등용 고효율형으로서 계산하고 있다. ( )내의 숫자는 램프만의 효율을 표시한다.

f) 방의 형상과 색채 계획

표 2.11에 나타낸 것과 같이 조명률은 실 지수(室指數)와 바닥·벽·천장의 반사율에 따라서도 다르다. 여기서 실 지수 R.I(Room Index)는

$$R.I = \frac{2 \cdot w \cdot l}{2 \cdot h(w+l)} = \frac{w \cdot l}{h(w+l)}$$

표 2.11 조명률 *U*

기 구 형 상	천장 벽 바닥	70					50				30	10	0
		50		30	10		50		30	10	30	10	10	0
		30	10	30	10	10	30	10	10	10	10	10	10	0
	실 지수	조 명 률 (×0.01)												
밑면 개방 (40W×2등용)	0.6	37	35	29	28	23	35	34	28	23	27	23	22	22
	0.8	46	43	38	37	32	44	42	36	32	36	32	31	30
	1.0	54	50	45	43	38	51	48	43	38	42	38	37	36
	1.25	60	56	53	50	45	57	54	49	44	48	44	43	42
	1.5	65	60	58	54	50	62	58	53	49	52	49	48	47
	2.0	73	66	66	61	57	69	64	60	56	59	56	55	54
	3.0	80	73	77	69	66	77	71	68	65	67	64	63	62
	4.0	87	77	83	74	71	82	75	72	70	71	69	68	67
	5.0	90	79	87	77	74	86	78	75	73	74	72	71	70
V형 (40W×2등용)	0.6	35	33	27	26	21	32	31	24	20	23	19	17	16
	0.8	45	42	35	34	29	40	38	32	27	30	26	24	22
	1.0	51	48	42	40	35	47	44	38	33	35	31	29	27
	1.25	58	54	49	46	41	52	49	43	38	40	36	33	31
	1.5	63	58	55	51	46	58	54	48	43	44	40	37	35
	2.0	70	64	63	58	53	65	60	54	50	51	47	44	41
	3.0	81	72	74	67	62	73	67	62	59	58	55	51	48
	4.0	86	76	81	72	68	77	71	67	64	63	60	57	53
	5.0	90	79	85	75	72	81	74	70	68	66	63	59	56
매입 아크릴 패널 아크릴 커버	0.6	27	26	22	21	18	26	25	21	18	20	18	17	16
	0.8	34	32	28	27	24	33	31	27	24	26	24	23	22
	1.0	39	36	34	32	29	39	35	31	28	31	28	27	26
	1.25	43	40	38	36	33	41	39	35	32	35	32	31	30
	1.5	47	43	42	39	36	45	42	38	36	38	25	34	33
	2.0	52	47	48	44	41	50	46	43	40	42	40	39	38
	3.0	58	52	54	49	47	55	50	48	46	47	45	44	43
	4.0	62	55	58	52	50	58	53	51	49	50	48	47	46
	5.0	64	56	61	54	53	59	54	53	51	51	50	49	48
OA 루버	0.6	32	30	27	26	24	31	30	26	24	26	23	23	22
	0.8	39	37	35	34	31	39	37	33	31	33	31	31	30
	1.0	45	42	41	39	36	43	41	38	36	38	36	36	36
	1.25	50	46	46	43	41	48	45	42	40	42	40	40	39
	1.5	52	48	49	46	43	50	47	45	43	44	43	43	42
	2.0	57	52	53	49	47	55	51	49	47	48	46	46	45
	3.0	62	55	59	53	52	59	54	52	51	52	50	50	49
	4.0	64	57	62	55	54	60	55	54	53	53	53	52	51
	5.0	66	58	64	57	55	62	56	56	55	55	54	53	52

표 2.12 보수율의 예

〈옥 내〉

조명 기기의 종류	광원의 종류	고압 나트륨 램프 (NH)			형광 수은 램프 (HF)			메탈 헬라이드 램프 (M)			메탈 헬라이드 램프 (ML)			형광 램프 (FL)			백열 전구 (LW)		
		좋음	보통	나쁨	좋음	보통	나쁨	좋음	보통	나쁨	좋음	보통	나쁨	좋음	보통	나쁨	좋음	보통	나쁨
I_1 노출형		0.86	0.83	0.79	0.81	0.78	0.74	0.72	0.69	0.66	0.56	0.54	0.51	–	–	–	0.91	0.88	0.84
		–	–	–	–	–	–	–	–	–	–	–	–	0.74	0.70	0.62	–	–	–
I_2 밑면 개방형		0.79	0.75	0.66	0.74	0.70	0.62	0.66	0.62	0.55	0.51	0.48	0.43	0.74	0.70	0.62	0.84	0.79	0.70
I_3 간이 밀폐형 (밑면 커버 부착)		0.75	0.70	0.66	0.70	0.66	0.62	0.62	0.58	0.55	0.48	0.45	0.43	0.70	0.66	0.62	0.79	0.74	0.70
I_4 안전 밀폐형 (패킹 부착) 안전 증가, 방폭 등		0.83	0.79	0.75	0.78	0.74	0.70	0.69	0.66	0.62	0.54	0.51	0.48	0.78	0.74	0.70	0.88	0.84	0.79

〈옥 외〉

조명 기기의 종류	광원의 종류	고압 나트륨 램프 (NH)			형광 수은 램프 (HF)			메탈 헬라이드 램프 (M)			메탈 헬라이드 램프 (ML)			형광 램프 (FL)			백열 전구 (LW)		
		좋음	보통	나쁨	좋음	보통	나쁨	좋음	보통	나쁨	좋음	보통	나쁨	좋음	보통	나쁨	좋음	보통	나쁨
O_1 노출형		0.86	0.83	0.79	0.81	0.78	0.74	0.72	0.69	0.66	0.56	0.54	0.51	0.81	0.78	0.74	0.91	0.88	0.84
O_2 밑면 개방형		0.79	0.75	0.66	0.74	0.70	0.62	0.66	0.62	0.55	0.51	0.48	0.43	0.74	0.70	0.62	0.84	0.79	0.70
O_3 간이 밀폐형 (밑면 커버 부착)		–	–	–	–	–	–	0.66	0.62	0.58	0.51	0.48	0.45	–	–	–	–	–	–
O_4 안전 밀폐형 (패킹 부착)		0.83	0.79	0.75	0.78	0.74	0.70	0.69	0.66	0.62	0.54	0.51	0.48	0.78	0.74	0.70	0.88	0.84	0.79

w : 방의 정면 폭 [m]

l : 방의 안길이 [m]

h : 광원에서 작업면까지의 높이 [m]

로 표시할 수 있다.

즉 방의 정면 폭, 안길이가 크고 더 정사각형에 가까운 방일수록 실 지수의 값이 커지며 조명률이 높아진다. 또한, 바닥·벽·천장의 색채가 흰색에 가깝고 내장재의 반사율이 높을수록 조명률도 높아진다.

g) 점등 시간의 단축

하루, 혹은 1년간의 조명 점등 시간을 단축함으로써 에너지 절감을 도모할 수 있는 것은 당연하다. 그 때문에 작업성, 쾌적성, 안정성 등을 충분히 고려한 다음 최적의 조명 점멸 제어를 채용하는 것은 에너지 절감에 대단히 유효한 수단이다.

① 점멸 제어

점멸 제어를 하는 경우에 우선 중요한 것은 조명을 계획하는 시점에서 최적의 점멸 구분(조닝)을 설정하는 것이다. 예컨대 오피스 건물에 있어서 작업 전·점심 시간·야간 작업시·휴일 등에 조명을 소등 또는 감등하는 경우 집무 에어리어와 공용 에어리어가 혼재한 조닝 계획을 하면 소등할 수 없거나 소등했을 때 문제가 발생하는 경우가 있다. 또한, 같은 집무 에어리어에 있어서도 점멸 조닝을 넓은 범위로 구성하는 것보다 작게 설정하는 편이 잔업 시간 등의 부분 점멸이 가능하고 더욱 더 에너지 절감이 된다.

공용부의 복도나 화장실, 급탕실 등 항상 사람이 있는 곳이 아닌 장소에서는 스케줄 점멸 제어와 인체 감지 센서에 의한 자동 점멸 제어를 함으로써 단축할 수 있다. 또한, 야간에 사람이 없는 빌딩 내의 피난 유도등을 소등(자동 화재 경보 설비 연동 등의 조건부임)하는 것도 에너지 절감에 있어서 바람직하다.

② 주광 이용

주광을 받아들일 경우, 창면에서 건축 내부에 태양광을 도입하고 또 직사광선이 쏟아져 들어오는데 대한 공조 부하의 증가를 억제하기 위해서는, **그림 2.33**에 표시한 것과 같이 라이트 셸프나 수평 블라인드가 효과적이다.

건물의 창면에서 주광을 도입하고 창 주변의 인공 조명을 소등해서 에너지 절감을 도모하는 시스템을 **그림 2.34**에 나타낸다.

이것은 창면에 설치된 광 센서에 의해서 외광 입사량을 검지하고 조명 제어반에 의해서 창가의 조명을 입사량에 따라 단계적으로 감광(減光) 제어해 나가는 시스템이다. 감광 제어에 있어서는 밝기의 변동에 따른 불쾌감을 저감시키기 위해서 점멸 제어보다도 연속 조광 또는 단조광(段調光) 제어의 채용이 바람직하다.

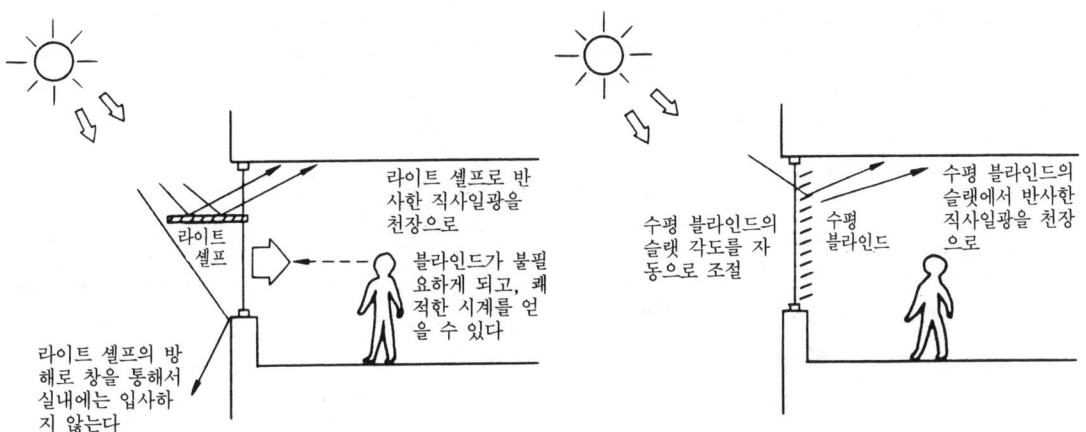

그림 2.33 라이트 셸프, 수평 블라인드의 유효성

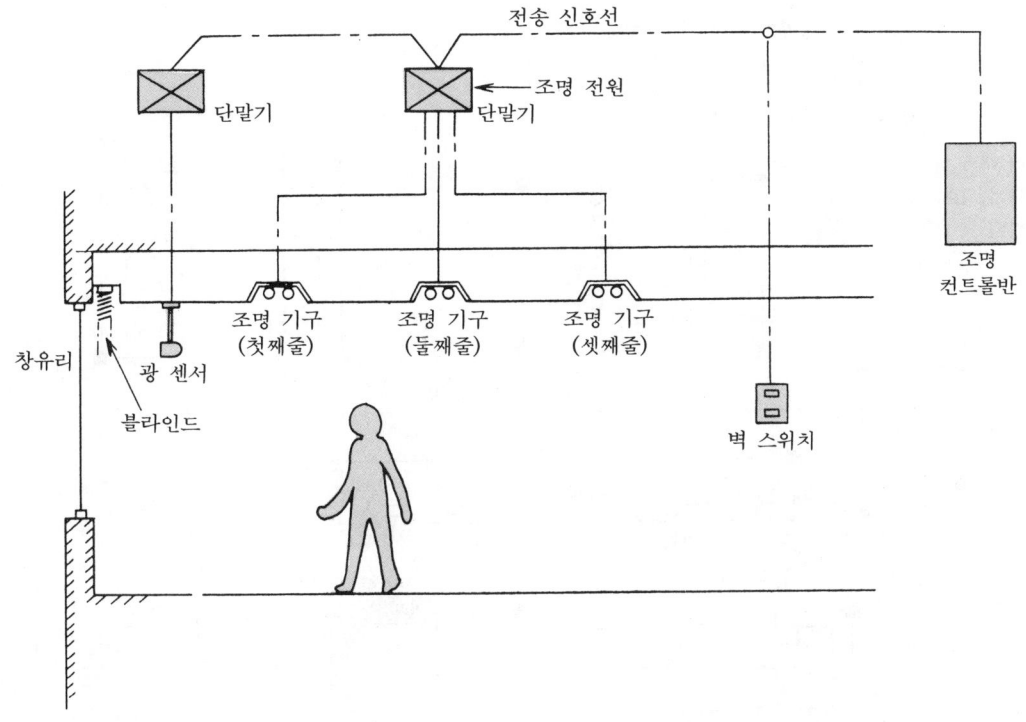

그림 2.34 주광 이용 조명 제어 시스템도

(9) 수송 설비

a) 엘리베이터의 설치 대수

엘리베이터의 에너지 절감을 도모하기 위해서는 건물의 용도·규모·교통량에 맞는 적절한 대수의 설정과 동선 계획에 맞는 배치 계획 및 운전 관리가 중요하다.

표 2.13 건물 용도별 소요 수송 능력과 평균 운전 간격

건물 용도	소요 수송 능력	평균 운전 간격
한 회사 전용의 사무소 빌딩	출근시 5분간에 3층 이상의 재관자의 20% 이상	
준 전용의 사무소 빌딩	출근시 5분간에 3층 이상의 재관자의 16% 이상	30~40초 이하
플로어 대여 빌딩	출근시 5분간에 3층 이상의 재관자의 11% 이상	
공 동 주 택	혼잡시의 5분간에 3층 이상의 거주자의 4~5% 이상	1대일 때 90초 이하 2대일 때 60초 이하

주) a) 소요 수송 능력 = $\dfrac{5분간 수송 인원}{3층 이상 층의 전 엘리베이터 이용자} \times 100\,[\%]$

　b) 평균 운전 간격 = $\dfrac{엘리베이터의 1왕복 시간}{엘리베이터 대수}\,[초]$

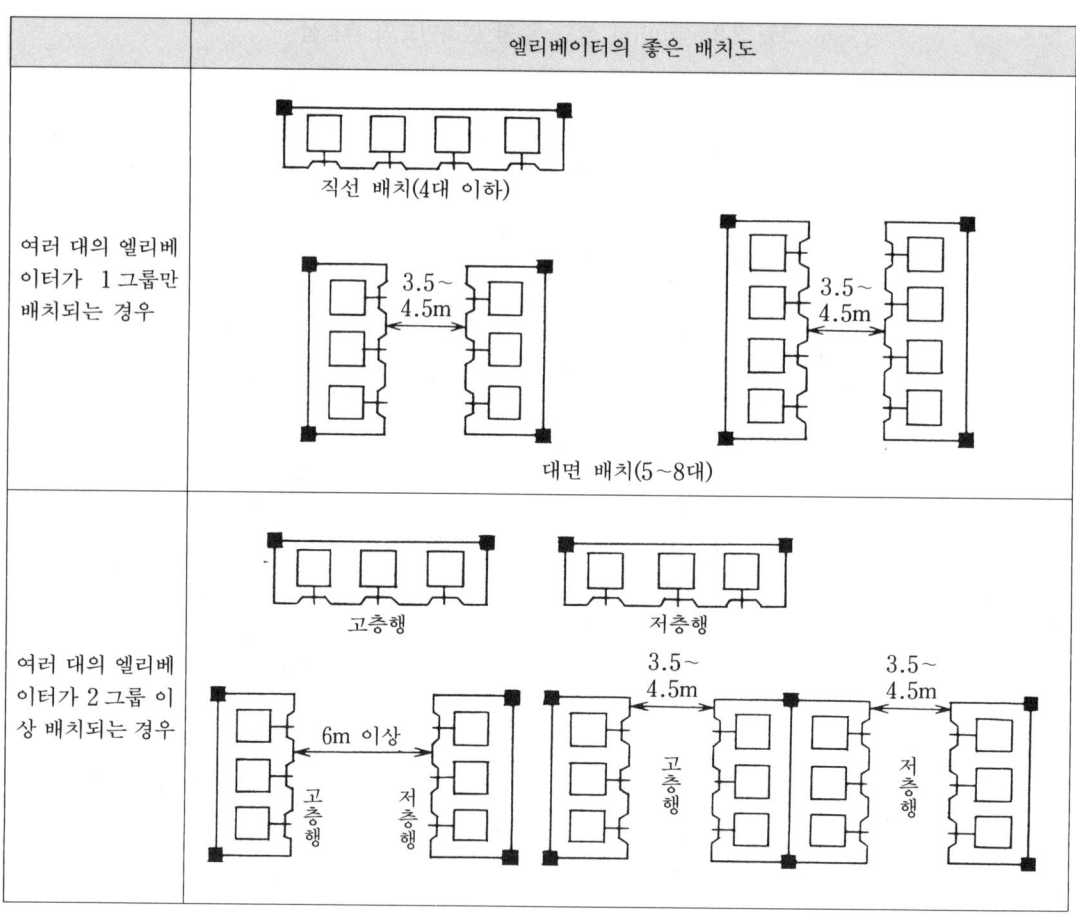

그림 2.35 평면 배치의 예

　엘리베이터의 대수 및 정원·속도는 교통량이 피크일 때(보통 사무소 건물이면 출근시간)에 타지 못하는 사람이 생기지 않도록, 또 운전 간격(대기 시간)이 극단적으로 길어지게 되지 않도록 5분간 수송 능력과 평균 운전 간격을 산정해서 결정한다.

표 2.13에 산정식과 건물 용도별 기준값의 예를 나타낸다.

소요 수송 능력이 기준값 이하로 될 경우에는 대수를 늘리거나 속도 설정을 올린다. 그리고 고층 건물에서 평균 운전 간격이 기준값 이상으로 되는 경우에는 고층부와 저층부의 엘리베이터 뱅크를 나눈다.

b) 엘리베이터의 배치 계획과 운전 관리

엘리베이터를 여러 대 설치하는 경우에는 도착 표시등을 못보고 넘기거나 못타는 데에 따른 낭비 운전이 생기지 않도록 한 줄로 길게 배치하는 것을 피하고 5대 이상의 경우에는 마주 보는 배치로 한다(**그림** 2.35).

운전 관리에 대해서는 여러 대의 엘리베이터를 연휴 운전(관리 운전)시킴으로써 각 엘리베이터가 뿔뿔이 승강하는 것과 같은 낭비 운전을 피한다. 이 경우 야간 등 이용자가 적을 때는 운전 대수를 줄임으로써 한층 에너지 절감을 도모할 수 있다.

c) 에스컬레이터의 운전 관리

에스컬레이터는 보통 일정한 속도로 항상 운전되고 있는데, 역이나 육교와 같이 교통량이 간헐적으로 발생하는 장소에서는 이용자가 없는 경우에 광전 센서 또는 적외선 센서에 의해서 운전을 정지시켜 에너지 절감을 도모한다.

그러나 이 경우에는 이용자의 안전을 고려하고 센서의 설치 위치 등을 충분히 검토할 필요가 있다.

2-2 설계도의 구성 요소(보는 방법)

① 설계도의 목적

설계도는 건축주의 요구를 충분히 가미해서 설계자의 설계 의도를 정확하게 전하는 것이며 구체적으로는 다음과 같은 조건을 만족시키는 것이다.
　① 관공서 등의 인허가 신청·신고를 할 수 있는 것
　② 견적을 할 수 있는 것
　③ 계약을 할 수 있는 것
　④ 시공 도서를 작성할 수 있는 것

② 설계도 읽는 방법

설계도는 공사 개요·시방서, 기기표, 계통도, 평면도, 기기도 등으로 구성되어 있다.
공사 개요·시방서에는 건물 제원이나 각 시설 개요, 공사 시방 및 공사 범위에 대해서 기재되어 있다.
특기 시방서에는 배관·덕트재, 보온재, 도료 등의 종류별·시공 방법이나 산업 규격 등으로 정해진 도면 기호·심벌 등의 범례가 기입되어 있다.
기기표는 각 기기의 기기 번호, 용도, 시방, 대수, 설치 방법 등이 명기되어 있다.
계통도는 각 설비에 있어서 배선, 배관, 덕트류의 주된 세로 계통의 구성이나 연결을 알기 쉽게 간략화한 도면이며, 평면도는 각 설비의 평면상의 기기 레이아웃과 배선, 배관, 덕트 루트를 독해할 수 있다.
또한, 이들의 도면 외에 필요에 따라 평면·단면·입면·부분 상세도나 전개도가 추가로 작성된다.

③ 설비 설계도의 도면 구성

공조, 위생, 전기 및 승강기 등의 일반적인 설비 설계도의 구성을 **표 2.14**에 나타낸다. 다음에 각 설비도의 주된 항목과 내용을 제시한다.

표 2.14 설비 설계도의 도면 구성

설 비 공 통	공 조 설 비	위 생 설 비	전 기 설 비
건축 설비 공사 표준 시방서	기기표	안내도	안내도 · 옥외 설비도
건축 설비 공사 개요 · 공사 시방서	기기표(멀티 에어컨)	[옥외 설비도(배치도)]	수변전 설비도
특기 시방서	안내도(옥외 설비도)	기기표	예비 발전 설비도
	계통도(덕트)	기구표	축전지 설비도
	평면도(덕트)	계통도	중앙 감시 제어 설비도
	계통도(배관) / 평면도(배관)	평면도	간선 계통도
	계통도(환기) / 평면도(환기) 덕트도를 포함해도 된다	계통도(소화) / 평면도(소화) 상기에 포함시켜도 된다	동력 제어반도
		오수 처리 설비도	간선 동력 평면도
승강기 등 설비	계통도(자동 제어 설비)	오일 탱크도(지주 방식)	전등 콘센트 평면도
승강기 설비도(엘리베이터)	기기표(자동 제어 설비)	오일 탱크도(피트 방식)	전등 분전반도
전동 덤 웨이터 설비도	평면도(자동 제어 설비)	특수 설비도[주방, 세탁, 소각로, 풀, 생산 설비(배관류)]	조명 기구 의장도
에스컬레이터 설비도	오일 탱크도(지주 방식)		약전 설비 계통도
기계식 주차장 설비도	오일 탱크도(피트 방식)		약전 설비 평면도
턴 테이블 설비도	특수 설비도(특수 환기, 생산 설비 등)		약전 기기도
카 리프트 설비도			자동 화재 경보 설비 계통도
곤돌라 설비도			자동 화재 경보 평면도
자동 창닦기 설비도			피뢰 설비도
수직식 컨베이어 설비도			
기송관 설비도			

4 설비 항목과 내용

(1) 공조 설비

공조 설비는 대별하면 보일러, 냉동기, 열교환기, 냉온수 펌프, 헤더 등의 열원 설비, 공조기, 팬 코일, 패키지 에어컨 등의 공조 기기 설비, 온도 조절된 공기를 반송하기 위한 덕트 설비, 냉온수, 냉각수, 냉매 등을 반송하기 위한 배관 설비, 급기 또는 배기에 의해서 실내의 공기를 갈아 넣기 위한 환기 팬, 덕트와 같은 환기 설비, 법적으로 필요한 화재시의 배연 설비, 공조 기기류를 실내의 온습도 조건 등에 맞추어서 제어하는 자동 제어 설비로 나눌 수 있다.

공조 설비 설계도에 있어서는 이들 각 항목마다 기기표, 계통도, 각 층 평면도를 작성한다.

(2) 위생 설비

위생 설비는 대별하면 변기, 세면기, 수도꼭지, 샤워 등의 위생 기구 설비, 수도관에서 인입, 수수조, 양수 펌프, 급수관 등의 급수 설비, 보일러, 전기 온수기 등의 급탕 설비, 배수관, 배수 펌프, 통기관, 하수도에 대한 방류 등의 배수 통기 설비, 소화전과 스프링클러, 소화 펌프 등의 소화 설비, 주방이나 열원용의 가스 설비, 정화조나 잡배수 재이용을 하기 위한 배수 처리 설비, 그 외의 특수 설비(주방 기구, 풀장, 욕조 순환 여과 설비, 쓰레기 처리 설비 등)로 나눌 수 있다. 위생 설비 설계도에 있어서 이들의 설비는 기기·기구표, 계통도, 각층 평면도, 상세도에 기입된다.

(3) 전기 설비

전기 설비는 전술한 도면 구성(표 2.14)을 보면 알 수 있듯이, 공조·위생 설비와 비교해서 항목이 많다.

이들 각 설비를 대별하면 수변전 설비나 자가 발전기, 축전지 등의 전원 설비에서 조명·콘센트나 동력 설비 등의 부하 설비에 이르기까지의 전력계 설비로 구성되는 강전 설비, 전화나 방송, 텔레비전 공동 시청(텔레비전 공청) 등의 정보 통신계 설비로 구성되는 약전 설비, 자동 화재 경보 설비와 피뢰 설비 등의 법적으로 필요한 방재 설비로 나누어진다.

전기 설비 설계도에는 이들의 설비가 결선도, 계통도, 평면도, 기기표 등에 의해 표현되고 있다.

(4) 승강기 설비

승강기 설비는 엘리베이터의 경우, 기기 시방(용도·정원·속도·관제 방법 등) 및 승강기 본체와 승강장 주변의 마무리, 승강로의 평면도·단면도, 기계실 평면도, 승강장 정면도 등으로 구성된다. 기계 주차 설비에 대해서는 기기 시방, 평면도·단면도 이외에 철골도가 추가된다.

⑤ 설비 설계도 실시 예

설비 설계도의 참고 예를 권말에 부록으로 실었다.
참고 예를 든 건물의 건축 제원은 아래와 같다.

- 장   소 : 도쿄도 내
- 주 용 도 : 대여 사무소 빌딩

- 층   수 : B1F~12F, PH1F
- 연 바닥 면적 : 21,116.32 m^2
- 구   조 : SRC조

노 트

설계도에 대해서

설계도는 설계자의 의도를 정확하게 표현해서 상대에게 전하는 것이 아니면 안 된다.

왜냐하면, 그 설계도를 기본으로 건축 확인 신청을 해서 법적으로 클리어하고 또 적산·견적을 내서 시공주와 계약을 체결하는 사명을 갖기 때문이다.

한편, 시공 단계로의 이행에 지장이 없고 원활하게 할 수 있는 것도 중요하다.

이상의 것을 근거로, 설계도에는 기재 (機材)의 시방·수량을 명기하고, 배관· 덕트나 배선 루트를 명확하게 표현하며 또 필요에 따라 부분 상세를 작성한다.

- 공사 개요·공사 시방서 : 공사 시방·범위 등
- 특기 시방서 : 배관·덕트재, 도료 등의 종별, 시공 방법이나 심벌 등
- 기기표 : 기기 용도·시방·대수 등
- 계통도 : 배관·덕트나 배선의 세로 루트
- 평면도 : 기기 레이아웃이나 배관·덕트·배선의 평면상의 루트

제 3 장
에너지 절감 시스템의
효과량 평가

3-1 주요한 에너지 절감 방법과 그 효과량 산정 방법

이 장에서는 우선 건축 설비에 있어서 각종 에너지 절감 방법의 개념과 그 에너지 절감 효과의 산정 방식을 제시하고, 특히 중요한 에너지 절감 방법에 대해서 모델 빌딩을 대상으로 한 에너지 절감 효과의 산정 결과를 제시한다.

여기서는 건축 설비 중에서 특히 공조 시스템의 에너지 절감 방법의 사고 방식을 설명하고, 그 효과량 산정 방법을 제시한다.

1 열원 시스템 관련

(1) 냉동기의 운전 제어에 의한 에너지 절감

a) 냉동기의 에너지 소비량 계산식

냉동기의 에너지 소비량 계산식은 다음과 같다

$$Q_R = q_{CL}/COP \text{ [Mcal/h]}$$

여기서, Q_R : 냉동기의 에너지 소비량 [Mcal/h]

q_{CL} : 냉동기의 처리 열량 [Mcal/h]

COP : 냉동기의 성적 계수 [−]

이 COP가 클수록 냉동기의 소비 에너지는 작아진다. **그림** 3.1은 원심 냉동기의 경우지만, 일반적으로 같은 종류의 냉동기에서는 대형의 기기일수록 COP가 커지는 경향이 있다.

b) COP를 크게 하는 운전 조건

그림 3.2는 원심 냉동기의 일반적 특성을 나타낸 것이다. 능력비는 정격 능력에 대한 운전시 능력의 비를, 입력비는 정격 입력에 대한 운전시 입력의 비를 나타낸다. 이 능력비와 입력비를 사용하면 운전시의 COP는 다음 식으로 주어진다.

$$\text{운전시 } COP = \frac{\text{운전시 능력}}{\text{운전시 입력}}$$

$$= \frac{\text{정격 능력} \times \text{능력비}}{\text{정격 입력} \times \text{입력비}}$$

$$= \text{정격 } COP \times \frac{\text{능력비}}{\text{입력비}}$$

그림 3.2에 의하면 냉각수 입구 온도가 일정한 경우, 능력비가 낮을수록(입력비/능력비)의 값이 높아진다. 따라서 운전시 COP가 낮게 되는 것을 알 수 있다.

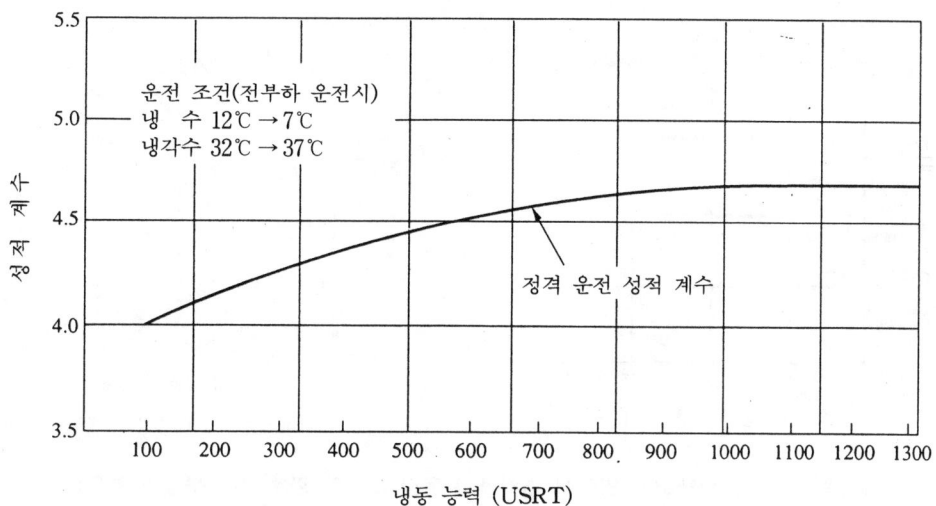

그림 3.1 원심 냉동기의 성적 계수

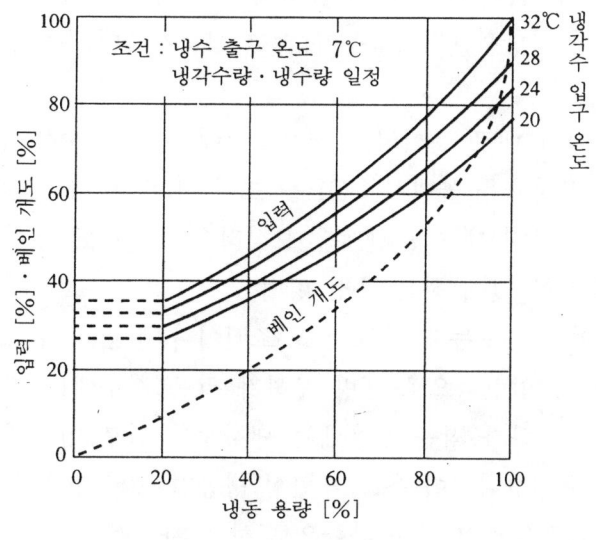

그림 3.2 원심 냉동기의 특성

또한, 같은 능력비에 대해서 냉각수 입구 온도가 낮을수록 입력비/능력비는 낮게 되며 따라서 운전시 COP가 높아지는 것을 알 수 있다. 또 이 그림에서는 표시되지 않았으나, 일반적으로 냉각수 출구 온도가 높을수록 COP는 커진다.

이상에서 냉동기의 운전시 COP를 크게 하는 데는 주로 다음의 조건이 필요하게 된다.

- 부하율(=능력비)을 크게 한다.
- 냉각수 입구 온도(냉동기 입구)를 낮게 한다.
- 냉수 출구 온도를 가급적 높게 한다.

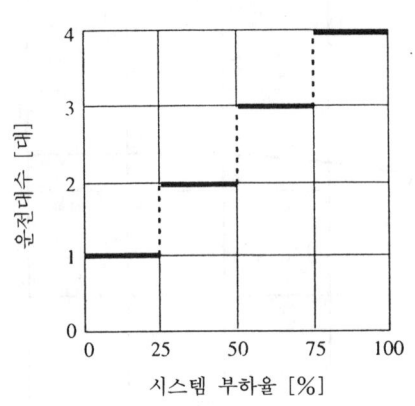 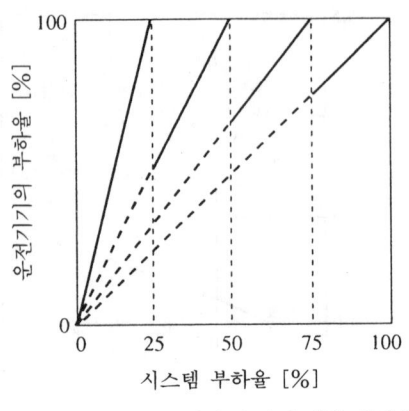

시스템 부하율=전 기기 용량에 대한 부하율

그림 3.3 대수 제어에 있어서 부하율과 운전 대수의 관계 (4대 분할의 경우)

c) 부하율을 크게 하는 운전 방법

냉동기의 기기 용량은 하기 피크일 때의 최대 냉방 부하로 결정되지만, 보통 때의 냉동 부하는 피크때보다 상당히 낮은 경우가 많고 냉동기 1대로는 부하율이 낮은 운전이 된다.

따라서 냉동기를 여러 대로 분할하고 저부하시에 운전 대수를 감소시킴으로써 운전하고 있는 냉동기의 부하율을 높여서 COP를 크게 할 수 있다. **그림 3.3**은 이 대수 제어에 있어서 부하율과 운전 대수의 관계를 모식적으로 나타낸 것이다.

d) 냉각수 입구 온도를 낮게 하는 운전 방법

냉각수의 냉동기 입구 온도는 외기의 온습 조건이나 냉방 부하 그리고 냉각탑의 운전 방식에 따라 변화한다. 일반적으로 냉방 부하가 작은 경우에는 냉각탑의 송풍기 운전 대수를 줄이고, 더욱 부하가 작은 경우에는 냉각수를 일부 바이패스시켜 냉각수 입구 온도를 어느 온도로 유지한다. 이 온도를 원심 냉동기 등의 압축식 냉동기의 경우에 20 ℃, 흡수식 냉동기의 경우에 25℃를 하한으로 하여 가급적 낮게 설정하는 것이 에너지 절감상 바람직하다.

그림 3.4는 냉각수 하한 온도 설정값에 대한 냉각탑의 송풍기 운전 대수의 제어 방법을 나타낸 것이다.

e) 냉수 출구 온도를 높게 하는 방법

예컨대, 냉수의 출구 온도를 5℃, 입구 온도를 10℃로 해서 설계한 경우, 피크시에는 그 온도 조건으로 운전되지만 보통 때는 부하율에 따라서 냉수 온도차가 감소한다. 보통은 냉수 출구 온도가 일정하게 되도록 제어하기 때문에 부하율이 낮은 경우에는 입구 온도가 저하된다.

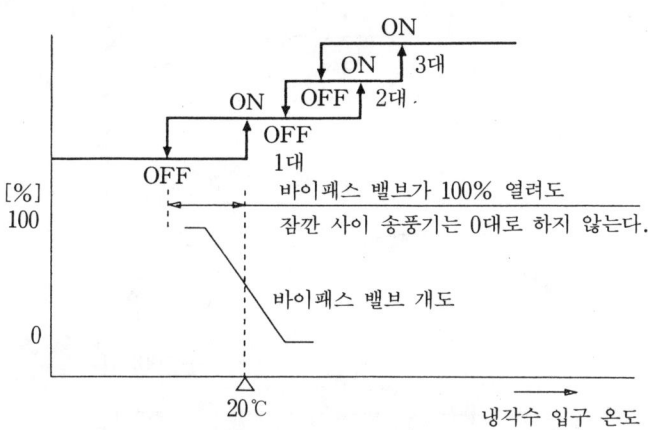

그림 3.4 냉각수 하한 온도 설정값에 대한 냉각탑의 송풍기 운
전 대수와 바이패스 밸브 개도의 제어 방법

예컨대 부하율 50%의 경우, 냉수 출구 온도는 5℃이고 냉수 입구 온도는 7.5℃로
된다. 이것을 냉수 입구 온도를 일정하게 되도록 제어하면 냉수 입구 온도가 10℃이고
냉수 출구 온도가 7.5℃로 된다. 즉, 냉수 출구 온도가 2.5℃ 높아진다. 저부하시에는
다소 냉수 온도가 높아도 문제없다고 한다면, 이 입구 온도 일정 제어에 의해서 COP
의 상승이 기대된다.

(2) 축열 시스템에 의한 에너지 절감

축열에는 현열(온도 변화)을 이용하는 방법, 잠열(상 변화)을 이용하는 방법, 화학
변화나 농도 변화를 이용하는 방법 등이 있다. 공기 조화 장치의 열원에 사용되는 것은
대부분 수조 내 물의 온도 변화에 의한 물 축열 시스템이며, 물→얼음의 상태 변화를
이용한 얼음 축열 시스템도 보급되고 있다.

물 축열 시스템의 경우에 시스템의 각 기기 용량이 어떻게 되는가를 개념적으로 다음
에 설명한다. **그림 3.5**에 대표적인 축열 시스템을 제시한다.

우선, 최초에 피크 일의 냉방 부하 중에서 축열에 의해서 공급되는 양 Q_{CT} [Mcal]를
정한다. 여기서는 하루의 전 냉방 부하를 축열에 의해 공급하는 것이다.

다음에, 냉동기의 운전 시간을 정한다. 냉동기의 운전 패턴은 **그림 3.6**과 같이 24시
간 운전하는 경우와 **그림 3.7**과 같이 야간의 어느 시간 운전하는 경우가 있다. 이 운전
시간을 T [h]로 한다.

다음에, 축열조의 용량을 정한다. 물 축열 시스템은 물의 온도 변화를 이용하는 것이므
로, M [m³]의 물을 보유한 수조에 t_1 [℃]의 물을 저장하고, 공조기 등의 부하측에서 되
돌아오는 온도가 t_2 [℃]라고 하면, 이상적으로는 $M(t_2-t_1)$ [Mcal]의 축열이 이용된다.

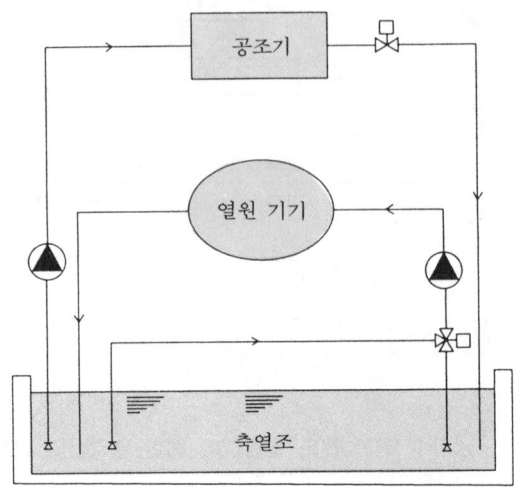

그림 3.5 대표적 축열 시스템의 예

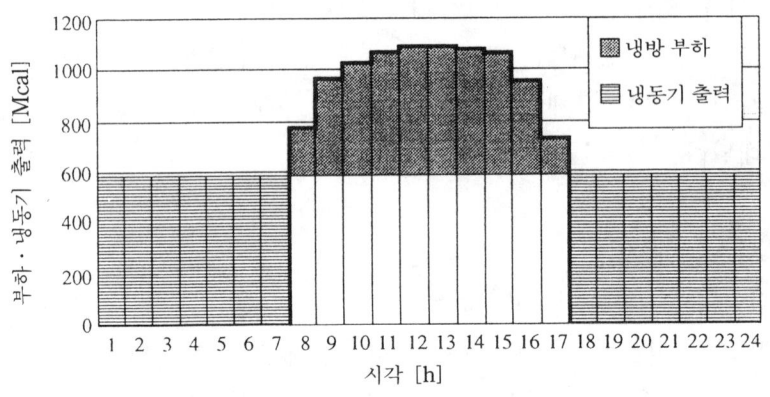

그림 3.6 축열 운전 패턴 1 (24시간 운전)

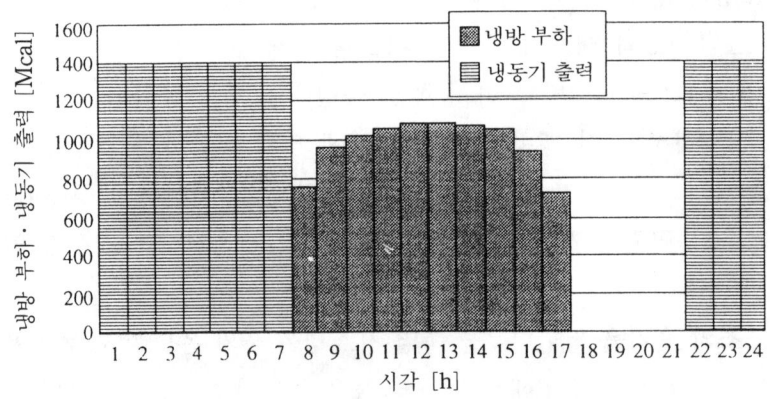

그림 3.7 축열 운전 패턴 2 (10시간 운전)

노 트

축열 시스템의 장점

건물의 공조 부하는 계절에 따라, 그리고 하루 중에서도 시각에 따라 여러 가지로 변동한다. 따라서, 이것을 처리하기 위해서 가동하는 공기 조화기나 냉동기 등의 열원 기기에 걸리는 부하도 시각에 따라 변동하게 된다.

이들 기기는 부하의 최대값에 맞는 능력을 가지면서 그 최대 능력을 발휘하는 것은 드물고, 운전 시간의 대부분은 최대값에 도달하지 못하는 부하(부분 부하)로 동작하게 된다.

기기에 걸리는 부하율(최대 부하에 대한 비)을 P로 했을 때, 어느 기간에 대해서 구한 평균값 P_{AV}를 그 기간의 평균 부하율이라 한다. 대부분 냉동기의 평균 부하율은 여름철에 0.6 전후로 생각되고 있다. 운전 기간이 긴 경우에는 이 값이 더 작아진다.

만약에 열을 유효하게 저장할 수 있으면, 최대 능력이 건물의 공조 부하의 피크값보다 작은 냉동기라 할지라도 전 부하 운전을 해서, 능력 이상의 부하에 대응하는 것이 가능하게 된다. 이것을 실현하는 시스템이 축열 시스템이다.

그러나 t_1 [℃]의 물과 t_2 [℃]의 물이 다소 혼합되거나, 수조 벽에서의 열손실이 있기 때문에 이 열량의 전부를 유효하게 사용할 수는 없다. 유효하게 사용할 수 있는 열량을 Q_E [Mcal]라 하면, 다음 식으로 표시되는 η

$$\eta = Q_E / M / (t_2 - t_1) \ [-]$$

를 축열 효율이라고 한다. 이 축열 효율의 값은 보통 0.5~0.8이 된다. 따라서 축열조의 보유 수량 M은 다음과 같다.

$$M = Q_{CT} / \eta / (t_2 - t_1) \ [\text{m}^3]$$

다음에 냉동기의 용량 Q_R을 정한다. 축열해야 할 열량은 축열 효율을 고려해서

$$M(t_2 - t_1) / \eta \ [\text{Mcal}]$$

로 되므로, 이것을 앞에서 정한 운전 시간으로 나눈 값

$$M(t_2 - t_1) / \eta / T \ [\text{Mcal/h}]$$

가 냉동기의 용량이 된다. 그 외에 펌프, 배관 등에 대해서는 사이즈나 필요한 수량(水量), 양정을 2차측 공조 부하나 냉동기에서 구할 수 있다.

여기서 주의할 것은 축열조 단독의 열 균형(축열량과 발열량)을 생각하면 냉동기의 전부하 운전에 의한 냉동기의 효율 향상을 고려해도 축열조 단독으로는 반드시 에너지 절감이 된다고는 할 수 없다는 것이다. 에너지 절감의 관점에서 보면, 부하의 발생과 열의 생산이 실시간에서는 균형되지 않는 열회수 시스템이나 자연 에너지(태양열 등) 이용 시스템 등을 실용하는 데 있어서 중요한 구성 요소가 된다.

(3) 열회수 시스템에 의한 에너지 절감

대표적인 열회수 시스템으로 **그림 3.8**과 같은 열회수 히트 펌프를 사용하는 방식이 있다. 이 방식은 냉동기의 응축기 내에 냉각탑 및 온수 회로에 접속하는 두 개의 번들 (관속)을 갖는 히트 펌프 냉동기를 사용해서 냉수에 의해 회수된 열을 히트 펌프에 의해서 40~45℃ 정도로 승온하여 응축기의 온수 회로측에서 빼내서 난방에 이용하는 시스템이다. 일반적으로 회수 가능 열량(냉방 부하)과 이용 열량(난방 부하)이 실시간으로 종일 균형을 이루기는 드물기 때문에, 그림 3.8과 같은 축열조의 이용이 불가결하게 된다. 따라서 회수열(냉방 부하)과 이용열(난방 · 급탕 부하)에 관해서는 보통 24h (하루) 단위에서의 균형을 생각할 필요가 있다.

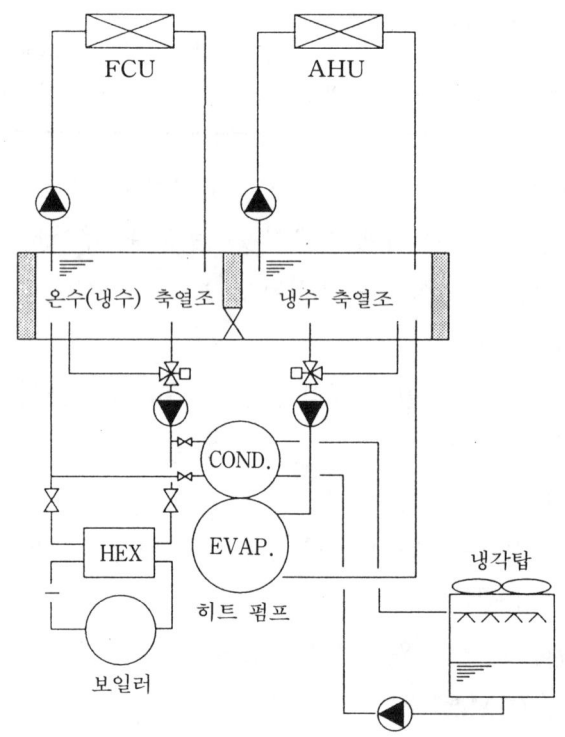

그림 3.8 간접 이용 방식(열회수 히트 펌프 이용)의 예

난방에 이용하고 남는 열은 온수 축열조에 저장된다. 온수 축열이 완료되면 응축기 냉각탑의 회로에서 냉각탑에 의해 건물 밖으로 방열된다. 반대로 온수 축열이 완료되기 전에 냉수 축열이 완료될 경우처럼 난방 부하에 대해서 회수열이 부족한 경우에는 보일러 등의 보조 열원이 필요하게 된다.

상기의 열회수 시스템에 대해서 에너지 절감 효과의 개략적인 산정 방법을 제시한다.

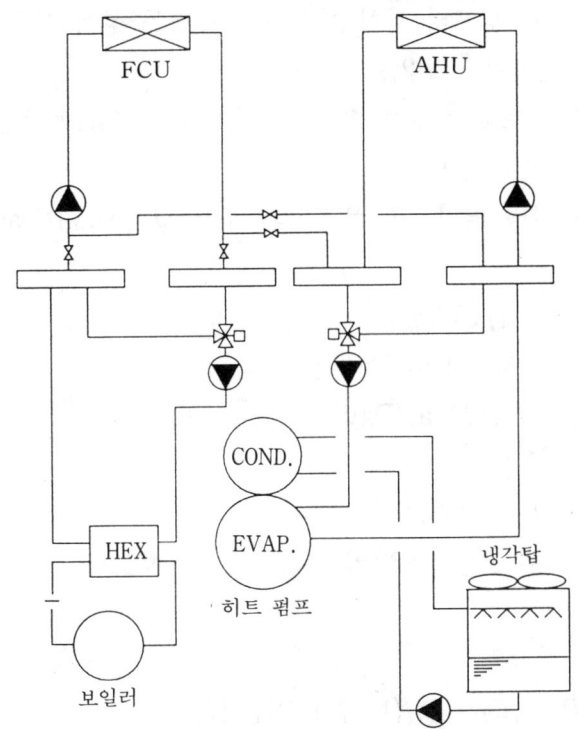

그림 3.9 비 열회수 방식의 예

여기서는 그림 3.8의 열회수 시스템에 대해서 **그림 3.9**와 같은 비(非) 열회수 시스템을 가정해서 냉동기와 보일러의 하루 에너지 소비량을 비교하는 것으로 한다. 펌프 동력에 대해서는 2차측의 펌프 양정이나 시스템의 운전 시간에 따라서 계산하면 되기 때문에 여기서 산정 방법은 생략한다.

그러나, 일반적으로 열회수 시스템쪽이 배관 회로가 개방계로 되기 때문에 펌프 동력이 증가하므로 주의가 필요하다.

우선, 간략화를 위하여 다음과 같이 가정한다.

① 냉방 부하에서의 회수열량에 비해서 난방 부하 쪽이 크다.

② 히트 펌프의 성적 계수(COP)는 시각에 관계없이 일정하다.

③ 히트 펌프 및 보일러의 부분 부하 특성은 리니어인 특성으로 한다.

④ 축열조의 열손실은 없다.

a) 열회수 시스템의 경우

덕트 펌프의 에너지 소비량 E_R [Mcal/Day]는

$$E_R = Q_C / COP_C$$

Q_C : 냉방 부하 [Mcal/Day]

COP_C : 히트 펌프의 열회수 운전시의 냉동 성적 계수 $[-]$
(일반적으로 2.9 정도)

냉방 부하에서 히트 펌프로 회수할 수 있는 열량 Q_H' [Mcal/Day]는

$$Q_H' = Q_C(1 + 1/COP_C)$$

히트 펌프로 부족한 난방 열량, 즉 보일러의 부하 Q_B [Mcal/Day]는

$$Q_B = Q_H - Q_H'$$
$$= Q_H - Q_C(1 + 1/COP_C)$$

Q_H : 난방 부하 [Mcal/Day]

보일러의 소비 에너지 E_B [Mcal/Day]는

$$E_B = Q_B/\eta$$
$$= \{Q_H - Q_C(1 + 1/COP_C)\}/\eta$$

η : 보일러의 효율 $[-]$ (일반적으로 0.8 정도)

합계 소비 에너지량 E 는

$$E = E_R + E_B$$
$$= Q_C/COP_C + \{Q_H - Q_C(1 + 1/COP_C)\}/\eta$$

b) 열회수 시스템이 아닌 경우

히트 펌프의 에너지 소비량 E_R' [Mcal/Day]는

$$E_R' = Q_C/COP_C'$$

COP_C' : 히트 펌프의 냉동기 운전시의 냉동 성적 계수 $[-]$
(일반적으로 4.0 정도)

보일러의 소비 에너지 E_B' 는

$$E_B' = Q_B/\eta = Q_H/\eta$$

합계 소비 에너지량 E' 는

$$E' = E_R' + E_B'$$
$$= Q_C/COP_C' + Q_H/\eta$$

열회수 시스템과 비 열회수 시스템과의 차는

$$E' - E = Q_C(1 + 1/COP_C)/\eta - Q_C(1/COP_C - 1/COP_C')$$
$$= Q_C\{1/COP_C(1/\eta - 1) + (1/\eta + 1/COP_C')\}$$

위 식의 첫째 줄의 제1항은 보일러의 절약분을 나타내고, 제2항은 히트 펌프의 증가분을 나타낸다. 절약분과 증가분과의 합계는 반드시 플러스가 되고, 절약분 쪽이 큰 것을 알 수 있다. 이 값과 별도로 계산하는 펌프 동력의 증가분과 비교하면 열원 시스템 전체의 에너지 절감량을 산출할 수 있다.

② 공조 시스템 관련

(1) 외기 부하 삭감에 의한 에너지 절감

외기 부하의 일반적인 산정식은 다음과 같다.

$$Qo = k \cdot V \cdot \Delta i$$

Qo : 외기 부하 [Kcal/h]

V : 외기량 [m³/h]

Δi : 외기와 실내 공기 조건의 엔탈피차 [Kcal/kg]

k : 공기의 용적 중량 (보통 $1.2\,\text{kg/m}^3$)

일반 빌딩에서는 실제의 재실 인원은 설계 인원의 약 30~70%이고, 도입 외기량은 과잉 경향되어 있는 것도 많으며, 언뜻 보기에 부하의 삭감에는 도입 외기량을 줄이는 것이 간단하고 또 효과적인 것같이 생각된다. 그러나 외기 도입의 목적에서 생각하면 그저 적게 하면 되는 것만은 아니다.

한편, 환기 시스템에 따라서는 사람이 부재중인 방이나 공조 시간대 이외 등 외기가 불필요한 부분이나 시간대에 있어서도 항상 일정량의 낭비적 외기를 도입하고 있는 경우도 있다. 이것은 부하뿐만 아니라 팬 동력의 증대에도 연결되어 있다.

이와 같은 이유로 실내 공기의 질을 유지하고, 또 에너지 절감의 견지에서 효율적인 외기 부하의 삭감 방법을 다음에 제시한다.

a) 예냉열시의 외기 도입 정지

이른 아침 등 건물의 예냉열시에는 사람이 없다고 생각되므로 CO_2 농도의 상승 등에 의해서 실내 공기가 오염되는 일은 없으며, 외기의 도입을 일시적으로 정지해도 지장은 없다. 이와 같이 제어함으로써 **그림 3.10**과 같이 예냉열 시간대의 외기 부하가 감소하고 소비량이 저감된다. 특히 난방시의 피크 부하는 예열시에 발생하는 일이 많기 때문에 이 방법은 난방 피크의 경감에도 연결된다.

b) CO_2 농도에 의한 외기량 제어

실내의 CO_2 농도를 허용값 이하로 억제하기 위한 필요 외기량의 산출식은 다음과 같다.

$$CO_2 \text{ 농도 제어에 의한 외기량} = \frac{M}{p - p_o}$$

M : 실내에서 발생하는 CO_2의 총량 [m³/h]

p : 실내의 CO_2 허용 농도 (=1,000 ppm)

p_o : 외기의 CO_2 농도

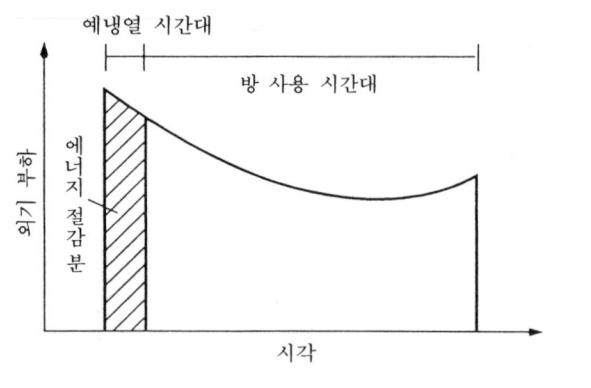

그림 3.10 예열시 외기 도입 정지

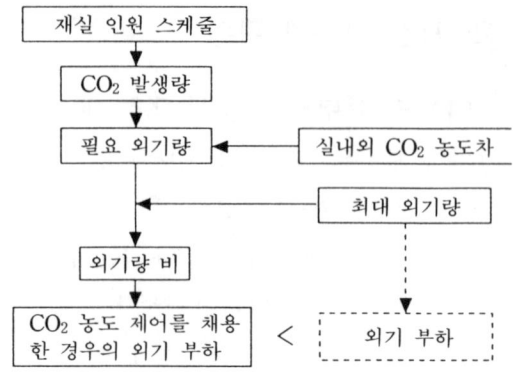

그림 3.11 CO_2 농도 제어를 채용한 외기 부하 산정 플로

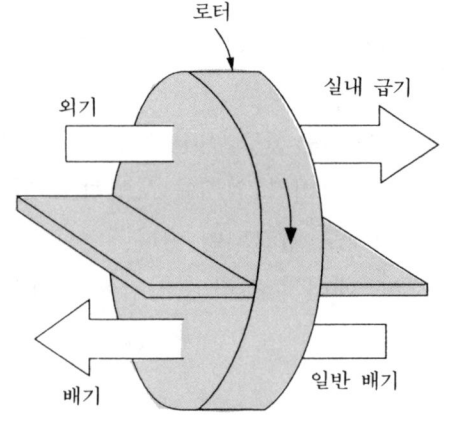

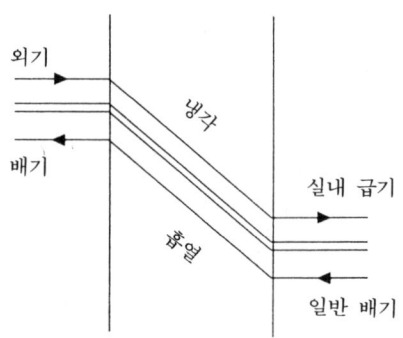

그림 3.12 전열 교환기에 의한 냉방시의 열교환 작용

그림 3.11에 제시한 것과 같이, 재실 인원 등의 변동에 따른 실내의 CO_2 농도를 검지하고 필요한 최소량의 외기를 도입하는 이 방법은 외기 부하를 경감하는 제어 방법이라고 할 수 있다.

c) 전열 교환기

에너지를 소비해서 공조되고 있는 실내 공기를 직접 배기해 버리는 것은 낭비이다. 그림 3.12와 같이 공조 배기와 외기를 접촉시켜서 현열만이 아니라 수분 즉, 잠열도 교환하는 것이 전열 교환기이다. 전열 교환기의 열교환 효율은 통과 풍속이나 배기와 외기 풍량비 및 형식 등에 따라 다른데, 일반적으로 약 50~70%라고 한다.

(2) 외기 냉방에 의한 에너지 절감

a) 외기 냉방

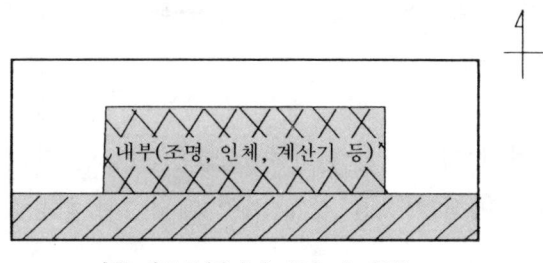

남쪽 외주부(일사에 의한 열 취득)

그림 3.13 중간기, 동기에 있어서도 냉방이 필요한 부위

그림 3.13과 같이 근래의 오피스 빌딩 등에서는 조명 기구와 OA 기기에 의한 내부 발열량이 증가하고, 외계의 영향을 잘 받지 않는 건물의 내부(인테리어 존)에서는 연간 냉방을 필요로 하고 있다. 또한, 방위에 따라서는 건물의 외주부(페리미터 존)에서도 일사 등의 영향에 의해서 동기에 냉방을 필요로 하는 경우도 있다.

이와 같이 동기 또는 중간기의 냉방 부하에 알맞는 양의 외기를 도입함으로써 부하를 처리해주면 냉동기의 부하나 운전 시간을 줄일 수 있다. 이 외기 냉방에 의해서 일반적으로 일본 도쿄의 오피스 빌딩의 에너지 소비량을 10~20% 저감할 수 있다고 한다.

b) 나이트 퍼지

나이트 퍼지란, **그림** 3.14와 같이 하기 또는 중간기의 야간에 실온보다 차가운 외기와 실내 공기를 갈아 넣어서 건물 내에 축열된 열량 제거 또는 건물을 냉각하여 냉방을 시작할 때나 주간의 부하 경감을 도모하는 것이다.

나이트 퍼지 운전에 의한 건물 구조체에 대한 냉열의 축열량은 냉방 부하의 10~15%에 해당한다는 시산 결과가 있으며, 특히 바깥 기온의 일교차가 큰 지역에서 효과적이라고 한다.

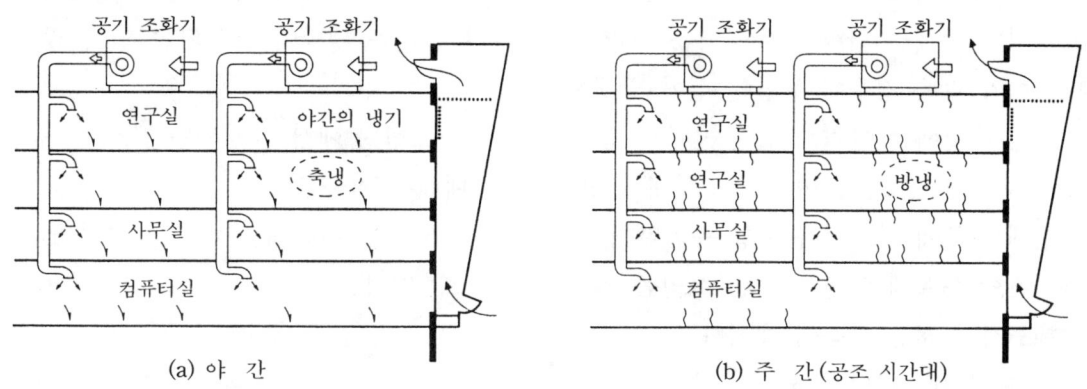

(a) 야 간
(b) 주 간 (공조 시간대)

그림 3.14 나이트 퍼지 운전

이상의 시스템 기능을 효과적으로 발휘시키기 위해서는 다음과 같은 조건이 필요하다.

① 환기 팬 등의 설치에 의해 전 외기 운전이 가능한 시스템일 것.

② 외기 냉방이 유효하게 기능을 발휘하는 조닝이 가능할 것.

③ 실내 온습도의 설정 변경 기능을 갖게 하여 쾌적성의 허용값 내에서 폭이 있는 제어를 할 수 있을 것.

(3) 설정 온습도의 적정화에 의한 에너지 절감

설정 온습도의 완화에 의한 에너지 절감 효과는 크다. 일반적으로 일본 도쿄의 오피스 빌딩에 있어서, 실온을 1℃ 완화하면 기간 부하는 냉방, 난방이 각각 약 5~10%, 10~15 % 감소된다고 한다. 따라서 다음과 같은 점에 유의하면서 적정한 온습도를 설정하는 것이 중요하다.

① 건물 용도, 외계 조건에 따라 실내 온습도 조건의 완화에 신경을 쓰고, 환경 수준이 과잉되지 않도록 한다.

② 실내 온습도의 설정 목표값을 어느 한 점이 아니라 쾌적성의 허용값 내에서 폭을 주어서 설정하면 에너지 절감 효과는 크다.

③ 비 거주 공간이나 로비, 아트리움 등의 통과 공간은 온습도 조건을 완화한다.

(4) 인테리어 · 페리미터 혼합 손실 방지에 의한 에너지 절감

어느 방에 냉방 부하와 난방 부하가 동시에 존재할 경우, 일반적으로 공조 설비에서는 조닝을 하여, 난방 부하가 발생하는 부분에는 온열을, 냉방 부하가 발생하는 부분에는 냉열을 공급한다. 혼합 손실이란, 공급된 온열과 냉열이 부하를 처리하기 이전에 혼합해서 에너지적으로 낭비되는 것을 말한다. 예를 들면 겨울철의 북향 방에 있어서의 페리미터 존에는 난방이 요구되는 한편, 인테리어 존에는 냉방이 요구되는 일이 많은데, 이와 같은 경우에 혼합 손실이 발생하기 쉽다.

혼합 손실에는 이 밖에도 2중 덕트 방식의 공조 시스템 등에서 발생하는 시스템 내의 혼합 손실이 있으나, 여기서는 실내 혼합 손실에 대해서 기술한다.

실제 건물에 있어서의 혼합 손실의 발생 상황을 파악하는 것은 곤란하다고 되어 있으나, 혼합 손실에 영향을 주는 요인은 얼마든지 들 수 있다.

대표적인 것을 다음에 제시하면

① 페리미터 난방 부하의 증대

② 인테리어 냉방 부하의 증대

③ 페리미터와 인테리어의 설정 온도차

④ 서모스탯의 설치 위치

등이다.

페리미터부에서는 창면에서의 저온 방사나 콜드 드래프트의 영향을 받기 쉽기 때문에 인테리어부보다 공기 온도를 높게 설정해서 실내 온열 환경을 쾌적하게 하고자 하는 일이 많다. 결국 페리미터부의 부하가 증대해서 공급 열량이 증대한다. 그와 같은 경우 페리미터부에서 난방된 공기는 상승하여 천장면을 따라서 인테리어부에 침입한다. 역으로 인테리어부의 공기는 하강해서 페리미터부에 침입한다(**그림** 3.15 참조).

이 결과, 난방된 공기는 인테리어부의 부하가 되고, 냉방된 공기는 페리미터부의 부하로 된다. 이 결과로서 혼합 손실이 증대한다. 이 혼합 손실을 감소시키는 데는 페리미터부 설정 온도를 인테리어부보다 낮게 하는 것이 유효하다. 실물 크기의 방을 사용한 실험에서는 페리미터부의 온도 설정이 인테리어부보다 2℃ 높은 경우에는 2℃ 낮은 경우와 비교해서 약 4배의 열량을 공급할 필요가 있었다고 보고되고 있다.

서모스탯에 대해서 예를 들면, 인테리어부의 제어용 서모스탯이 페리미터부에서 난방된 공기에 접촉하는 곳에 있는 경우에는 실제의 인테리어부의 실온보다 높은 온도를 감지한다.

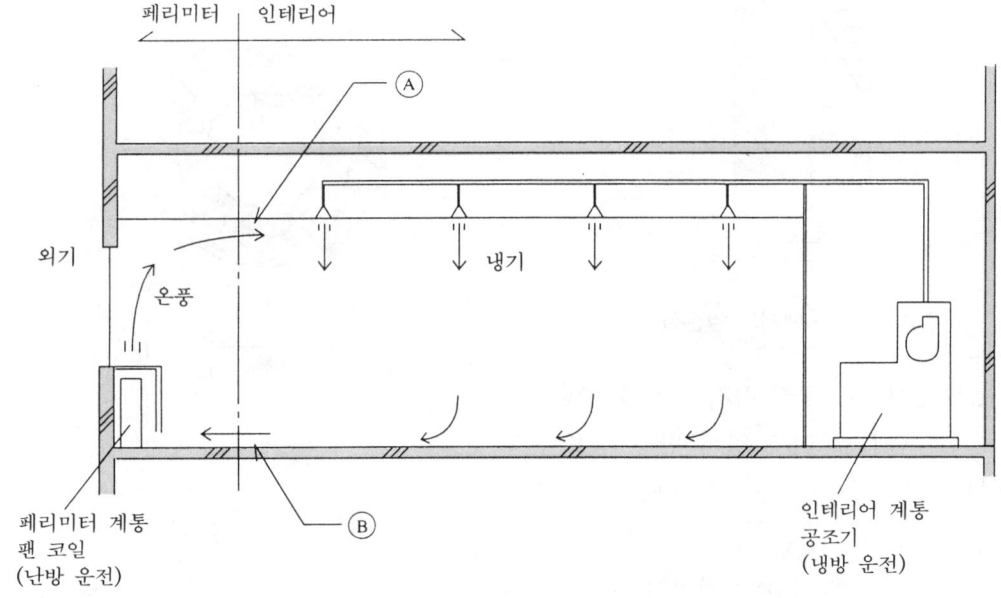

Ⓐ 침입한 온풍이 인테리어부의 설정 온도보다 높은 경우, 인테리어 계통 공조기는 필요 이상으로 냉방을 한다.
Ⓑ 침입한 냉풍이 팬 코일의 설정 온도보다 낮은 경우, 팬 코일은 필요 이상으로 난방을 한다.

그림 3.15 실내 혼합 손실의 개념

그 결과 인테리어부의 냉방을 위해서 필요 이상의 냉열을 공급할 필요가 생긴다. 서모스탯의 설치 위치는 혼합 손실을 생각할 필요가 없는 경우에도 공조 설비의 작용에 크게 영향을 준다는 것은 널리 알려져 있다.

혼합 손실을 방지하기 위한 대책을 들면

① 페리미터 온도를 인테리어부보다 되도록이면 낮게 한다

② ①을 실행한 다음 페리미터부 온열 환경을 개선하기 위해서 난방용 방사 패널을 병용한다. 방사형 팬 코일 유닛을 채용하는 것도 좋다

③ 페리미터부의 부하를 감소시키기 위해서 외벽면의 단열을 강화한다. 외벽의 창 면적을 축소한다

④ 인테리어부의 분출 풍량을 가능한 한 적게 한다

등이 있다.

(5) 기기 · 배관의 단열에 의한 에너지 절감

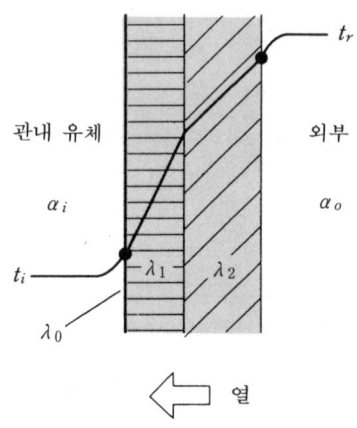

그림 3.16 평면에서의 열손실

열을 발생시키는 열원 기기나 열을 반송하는 펌프 등의 기기, 그리고 열의 반송 경로가 되는 배관과 덕트 등에서는 열의 반송 매체인 물이나 공기, 주의의 실온과의 사이에 차이가 있다. 이 때문에 관벽이나 기계의 표면 등을 통해서 열이 출입하게 되고 열이 상실된다. 이

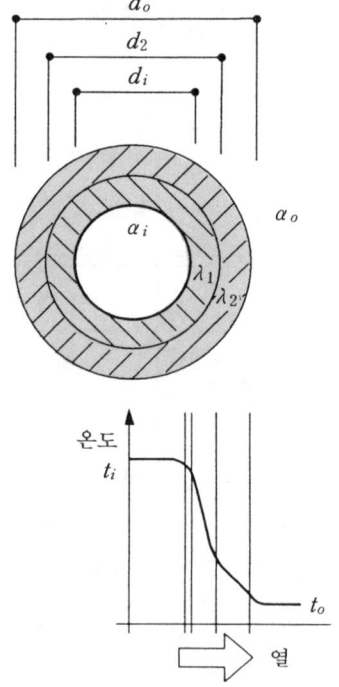

그림 3.17 원관에서의 열손실

결과 필요로 하는 열량을 공급할 수 없고, 에너지 손실이 발생한다. 이것을 방지하기 위해서 관이나 덕트, 기기류의 표면에 단열재를 붙여서 열의 출입을 방지할 필요가 있다.

평평한 면에서의 열손실 Q [kcal/(m² · h)]는 다음 식으로 표시된다(**그림** 3.16 참조).

$$Q = \frac{t_i - t_r}{R}$$

$$R = \frac{1}{\alpha_i} + \frac{d_o}{\lambda_0} + \frac{d_1}{\lambda_1} + \frac{d_2}{\lambda_2} \cdots + \frac{d_n}{\lambda_n} + \frac{1}{\alpha_o} \quad \cdots\cdots\cdots\cdots\cdots\cdots\cdots (3.1)$$

t_i, t_r : 내부 유체 온도 및 외부 공기 온도 [℃]

α_i, α_o : 덕트 · 기계 등의 표면 안쪽 및 단열재 바깥 표면의 열전달률 [kcal/(m² · h · ℃)]

  (α_o 는 실내에서는 10 [kcal/(m² · h · ℃)]을 많이 사용한다.)

d_o : 덕트 · 기계 등의 표면 재료의 두께 [m]

d_1, d_2, $\cdots d_n$: 제1, $\cdots n$층 각 층 단열재 두께 [m]

λ_0 : 표면 재료의 열전도율 [Kcal/(m · h · ℃)]

λ_1, λ_2, $\cdots \lambda_n$: 제1, $\cdots n$층 각 층 단열재의 열전도율 [kcal/(m·h · ℃)]

원관에서의 열손실은 다음 식으로 표시된다(**그림** 3.17 참조).

$$Q = \frac{t_i - t_r}{R}$$

$$R = \frac{1}{\pi} \mid \frac{1}{\alpha_i d_i} + \frac{1}{2\lambda_0} \log_e \frac{d_1}{d_i} + \frac{1}{2\lambda_1} \log_e \frac{d_2}{d_1} +$$

$$\cdots \frac{1}{2\lambda_n} \log_e \frac{d_o}{a_n} + \frac{1}{\alpha_o d_o} \mid \quad \cdots\cdots\cdots\cdots\cdots\cdots (3.2)$$

t_i, t_r : 내부 유체 온도 및 외부 공기 온도 [℃]

α_i, α_o : 관 내부 및 단열 외면의 열전달률 [kcal/(m² · h · ℃)]

  (구체적인 값은 식 (3.1)과 같음)

d_i, d_o : 관 내경 및 단열재 최외부 지름 [m]

d_1, d_2, $\cdots d_n$: 제1, $\cdots n$층 각 층 단열재 외경 [m]

λ_1, λ_2, $\cdots \lambda_n$: 식 (3.1)과 같음

λ_0 : 관의 열전도율 [kcal/(m² · h · ℃)]

단열재의 열저항에 대해서 내부 재료의 열저항과 관 내부의 열전달 저항은 작기 때문에 이것들은 일반적으로 무시할 수 있다. 따라서 식 (3.1)과 식 (3.2)는 각각 다음과 같이 나타낸다.

$$R = \frac{d_1}{\lambda_1} + \frac{d_2}{\lambda_2} \cdots + \frac{d_n}{\lambda_n} + \frac{1}{\alpha_o} \quad \cdots\cdots\cdots\cdots\cdots\cdots\cdots (3.1')$$

$$R = \frac{1}{\pi}\left[\, \cdots + \frac{1}{2\lambda_1}\log_e\frac{d_2}{d_1} + \cdots \right.$$

$$\left. + \frac{1}{2\lambda_n}\log_e\frac{d_o}{d_n} + \frac{1}{\alpha_o d_o} \,\right] \quad \cdots\cdots\cdots\cdots\cdots\cdots\cdots\cdots\cdots(3.2')$$

단열재의 열전도율은 단열재의 평균 온도에 따라서 다르다. 주된 단열재의 열전도율을 표 3.1에 표시한다. 또 식 (3.1'), (3.2')에 의해서 시산한 열손실량을 표 3.2에 표시한다.

단열재의 두께는 단열 공사에 드는 비용과 그에 의해서 감소되는 에너지 요금과의 균형으로 결정된다. 배관과 덕트에 관해서는 내부 유체 온도 및 주위의 공기 온도와, 배관의 연간 이용 시간에서 구한 표준적인 두께를 사용하고 있다.

표 3.1 각 단열재의 열전도율

[kcal/(m·h·℃)]

명 칭	산 출 식	θ(단열재 평균 온도[℃])					
		5	12.5	17.5	19	23	55
글라스 울 보온재	$0.038 \pm 0.00006\,\theta$	0.03830	0.03875	0.03905	0.03914	0.03938	0.04130
록 울 보 온 재	$0.037 \pm 0.00013\,\theta$	0.03765	0.03863	0.03928	0.03947	0.03999	0.04415
폼 폴 리 스 티 렌	$0.028 \pm 0.00014\,\theta$	0.02870	0.02975	0.03045	0.03066	0.03122	0.03570
규 산 칼 슘 보 온 재	$0.040 \pm 0.00009\,\theta$	0.04045	0.04113	0.04158	0.04171	0.04207	0.04495

표 3.2 열손실의 계산 예

(a) 냉수관

관 구경 [A]	단열재 두께 [mm]	배관 1m당 열손실 [kcal/(m·h)]
100	40	10.4
80	40	8.9
65	40	7.8
50	40	6.6

(b) 증기관

관 구경 [A]	단열재 두께 [mm]	배관 1m당 열손실 [kcal/(m·h)]
100	25	54.3
80	25	46.0
65	25	39.8
50	25	38.1

(c) 덕트

사이즈 [mm]×[mm]	단열재 두께 [mm]	덕트 1m당 열손실 [kcal/(m·h)]
300×600	25	34.3
300×500	25	30.5
250×450	25	26.7
250×250	25	19.1

계산 조건
(1) 계산식 : (3.1') (3.2')에 의함
(2) 단열재 : 글라스 울 보온재
(3) 주위 온도 : 냉수 30℃(하기 배관 샤프트 내를 가상)
　　　　　　 : 증기 10℃(동기 배관 샤프트 내를 가상)
　　　　　　 : 덕트 30℃(하기 천장 내를 가상)
(4) 관내 온도 : 냉수 5℃ · 증기 100℃ · 덕트 16℃(냉풍)
(5) 단열재 평균 온도 : 냉수(30℃ − 5℃)/2 + 5℃ = 17.5℃
　　　　　　　　　　 : 증기(100℃ − 10℃)/2 + 10℃ = 55℃
　　　　　　　　　　 : 덕트(30℃ − 16℃)/2 + 16℃ = 23℃
(6) 단열재 두께 : 공위 학회 규격(HASS 010 − 1986)에 의함
(7) 단열재 외부의 열전달률 : 10 [kcal/(m² · h · ℃)]

③ 반송 시스템 관련

(1) 변류량 방식(VAV · VWV)에 의한 에너지 절감

일반 사무소 빌딩의 연간 소비 에너지량은 **그림 3.18**에 나타낸 것과 같은 구성으로 되어 있다. 이 표에서 알 수 있듯이 공조기용 팬이나 냉온수 펌프 등, 냉동기용 동력 이외의 공조용 동력의 소비 에너지량이 건물 전체의 소비 에너지 중에서 큰 비중을 차지하고 있다.

이것은 일반적으로 공조 기기용의 팬이 한 해를 통해서 전 공조 시간 운전되며, 냉온수 펌프도 중간기를 제외하고는 팬과 똑같은 운전이 되므로 이들의 운전 시간수가 길어 냉동기의 운전 시간수에 비해서 2~3배로 되는 경우도 있기 때문이다.

a) VAV(Variable Air Volume) 방식

실내의 분출 온도를 일정하게 하고, 분출 풍량을 바꿈으로써 냉난방 능력을 조정하고 팬의 반송용 동력을 저감시키는 공조 방식이다. 부분적으로 부하가 많이 발생하는 경우나 다른 부하 특성을 통합함으로써 동시 사용률이 낮아지고 전체 유량이 줄어들며, 압력 손실도 줄어 결과적으로는 팬 동력이 감소한다.

실내 현열 부하 q_s를 제거하기 위해서는 다음 식을 만족시킬 수 있는 온도차의 공기를 소정 풍량 보낼 필요가 있다.

$$q_s = \frac{C_p}{V_p} \times Q \times \Delta t \quad\cdots\cdots\cdots\cdots\cdots\cdots\cdots\cdots(3.3)$$

q_s : 실내 현열 부하 [kcal/h]

C_p : 공기의 비열 [0.24 kcal/(kg · ℃)]

V_p : 공기의 비용적 [0.84 m³/kg]

Q : 송풍량 [m³/h]

Δt : 이용 온도차(실온−송풍 온도) [℃]

실내 현열 부하 q_s가 시시각각 변동하는 경우에는 이용 온도차 Δt를 일정하게 한 채로, 송풍량 Q를 변화시킴으로써 팬 동력을 저감할 수 있다. 송풍량의 감소로 덕트나 공조기 등의 장치 용량의 축소도 가능하다.

b) VWV(Variable Water Volume) 방식

공조 배관계를 흐르는 수량을 단말의 공조기 등에 걸리는 부하에 따라서 변화시키는 공조 방식으로, 펌프의 반송 동력을 저감시키는데 유효하다. 부분적으로 부하가 많이 발생하는 경우라든가 다른 부하 특성을 통합함으로써 동시 사용률이 낮아지고 유량이 감소하며 양정도 줄일 수 있다.

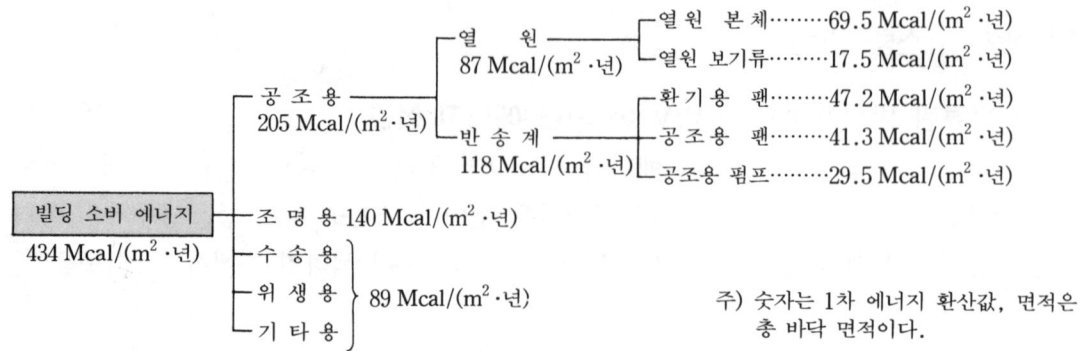

그림 3.18 일반 사무실 빌딩의 에너지 소비량

물에 의해서 열원 q를 수송하기 위해서는 다음 식을 만족시킬 수 있는 온도차의 물을 정해진 수량 만큼 보낼 필요가 있다.

$$q = \frac{C_w}{V_w} \times Q \times \Delta t \quad \cdots\cdots\cdots (3.4)$$

q : 공조기 부하 [kcal/h]

C_w : 물의 비열 [kcal/(kg · ℃)]

V_w : 물의 비용적 [0.001 m³/kg]

Q : 송수량 [m³/h]

Δt : 이용 온도차(왕복 온도차) [℃]

VAV의 경우와 같이, 공조기 부하 q의 변동에 대해서 이용 온도차 Δt를 일정하게 한 채 송수량 Q를 변화시킴으로써 펌프 동력을 저감시킬 수 있다.

c) 팬 펌프의 축동력 계산식

팬 펌프의 축동력은 다음 식으로 표시된다.

$$W = \frac{QP_T}{6,120\eta} = \frac{\gamma QH}{6,120\eta} \text{ [kW]} \quad \cdots\cdots\cdots (3.5)$$

Q : 유량(풍량) [m³/min]

P_T : 전압 [kgf/m²=mmAq]

H : 전양정 [m]

γ : 비중량 [kgf/m³]

　　물 $\gamma = 1,000$, 공기 $\gamma = 1.2$

η : 효율

식 (3.5)에서도 알 수 있듯이 팬 펌프의 에너지 저감 원리는 유량의 감소, 압력(양정)의 감소, 효율의 향상 등 셋이다. 유량의 감소는 큰 온도차의 채용과 변류량 방식의 채용에 의해서 달성된다. 양정의 감소는 관 지름을 비교적 큰 구경으로 하는 것과, 속도 제어식 변류량 제어의 채용 등으로 달성된다. 또한, 효율의 향상은 고 효율의 펌프, 팬 및 속도 제어식 변류량 제어의 채용으로 달성된다.

d) 배관의 압력 손실 계산식

배관의 압력 손실은 식 (3.6)으로 표시된다.

$$P=(\lambda \iota/d + \zeta)v^2/2g \quad\cdots\cdots\cdots\cdots\cdots\cdots\cdots\cdots\cdots\cdots\cdots\cdots\cdots\cdots\cdots\cdots(3.6)$$

P : 마찰 손실 수두 [mAq]

λ : 관 마찰 계수

ι : 직관의 길이 [m]

d : 관 내경 [m]

v : 관내 평균 유속 [m/s]

g : 중력의 가속도 $[9.8\,\text{m/s}^2]$

ζ : 국부 저항 계수

식 (3.6)에서 알 수 있듯이, 압력 손실 P는 유속 v의 제곱에 비례한다.

(2) 큰 온도차 방식

공조기 분출 공기의 온도차나 냉·온수 코일의 출입구 온도차를 크게 잡음으로써 공기나 물의 유량을 감소시켜서 반송 에너지의 저감을 도모하는 공조 방식이다.

a) 냉온풍 큰 온도차 방식의 개요

공기에 의해서 열량 q_s를 수송하기 위해서는 식 (3.3)을 만족시킬 수 있는 온도차의 공기를 정해진 풍량 만큼 보낼 필요가 있다. 이용 온도차 $\varDelta t$를 크게 잡음으로써 송풍량 Q를 감소시켜 반송용 동력의 경감을 도모할 수 있다. 송풍량의 감소로 덕트나 팬 등의 장치 용량의 축소도 가능하다.

b) 냉온수 큰 온도차 방식의 개요

물에 의해서 열량 q_s를 수송하기 위해서는 식 (3.4)를 만족시킬 수 있는 온도차의 물을 정해진 수량 만큼 보낼 필요가 있다. 그 때, 이용 온도차 $\varDelta t$를 크게 잡음으로써 송수량 Q를 감소시켜, 반송용 동력의 경감을 도모할 수 있다(팬 펌프의 축동력 산정, 배관의 압력 손실에 대해서는 식 (3.5), (3.6) 참조).

c) 큰 온도차 방식 채용시의 주의

냉방시, 냉수의 왕복 온도차를 크게 하는 것은 냉수의 가는 온도를 낮게, 되돌아 오는 온도를 높게 함으로써 냉동기의 압축 작업이 증가하고, 따라서 축동력이 증가한다. 또한, 공조기 냉수 코일의 열수(列數)가 증가함으로써 팬 동력이 증가하기 때문에 이들에 대해서도 충분히 고려할 필요가 있다.

송풍량의 감소에 의해서는 실내 온도 분포의 악화나 방진(防塵) 효과의 저하를 초래할 염려가 있다. 냉방시의 송풍 온도를 내리기 위해서는 장치 노점 온도를 내릴 필요가 있으므로 부하가 증대하게 된다. 또한, 분출 온도가 낮은 경우에는 분출구에 결로가 생길 염려가 있으므로 이들에 대해서도 주의할 필요가 있다.

3-2 에너지 절감 효과량 산정 예

여기서는 앞에서 설명한 에너지 절감 방법 중에서 특히 중요하다고 생각되는 것에 대해서 모델 빌딩을 대상으로 에너지 절감 효과량의 산정 결과를 나타낸다.

1 모델 빌딩

(1) 모델 빌딩의 개요

그림 3.19에 모델 빌딩의 개요를 나타낸다.

(2) 기준 시스템

모델 빌딩에 있어서의 기준 시스템의 개요를 **그림 3.20**에 나타낸다. 이것은 특히 에너지 절감 방법을 채용하지 않은 표준적인 시스템이다. 이 기준 시스템에 대해서 각종 에너지 절감 방법을 채용한 경우의 에너지 절감 효과를 산정한다.

2 에너지 절감 효과의 시산 예

(1) 냉동기 운전 제어에 의한 에너지 절감 효과

그림 3.21은 모델 빌딩에 있어서의 연간 냉난방 부하를 나타낸다. 이것은 각 달의 대표적인 하루에 대한 부하 계산을 하고 각 달의 운전 일수를 곱해서 집계한 것이다. 원래는 연간 365일에 대해서 다양한 기상 조건이나 건물 사용 조건 아래서 계산하여야 하지만 계산량이 대단히 크게 되기 때문에 이와 같은 각 달 대표일 계산에 의거한 연간 계산이 자주 사용된다.

이 각 달 부하 데이터에서 냉동기의 운전월을 5~9월, 보일러의 운전월을 10월~4월로 설정해서 이후의 계산을 하도록 한다. **그림 3.22**는 냉동기 및 보일러가 처리하는 냉난방 부하를 나타낸다.

그림 3.23은 기준 시스템에 있어서의 냉동기의 소비 전력을 나타낸다. 원심 냉동기는 40% 이하의 저부하시에 COP가 낮아지기 때문에 중간기에 있어서 냉방 부하가 작은 데 비해서 소비 전력이 비교적 크게 되어 있다.

기준 시스템의 냉동기는 200RT를 2대로 한 경우이고, 이것을 140RT를 3대로 한 경우의 소비 전력을 **그림 3.24**에 나타낸다.

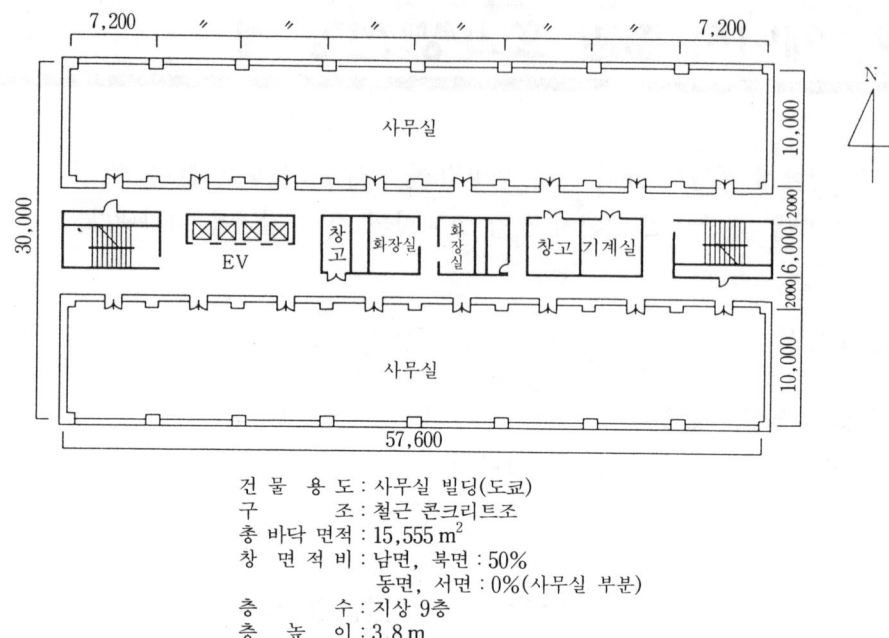

건 물 용 도 : 사무실 빌딩(도쿄)
구   조 : 철근 콘크리트조
총 바 닥 면 적 : 15,555 m²
창 면 적 비 : 남면, 북면 : 50%
             동면, 서면 : 0%(사무실 부분)
층   수 : 지상 9층
층   높   이 : 3.8 m
천 장 높 이 : 2.6 m

그림 3.19 모델 빌딩의 개요

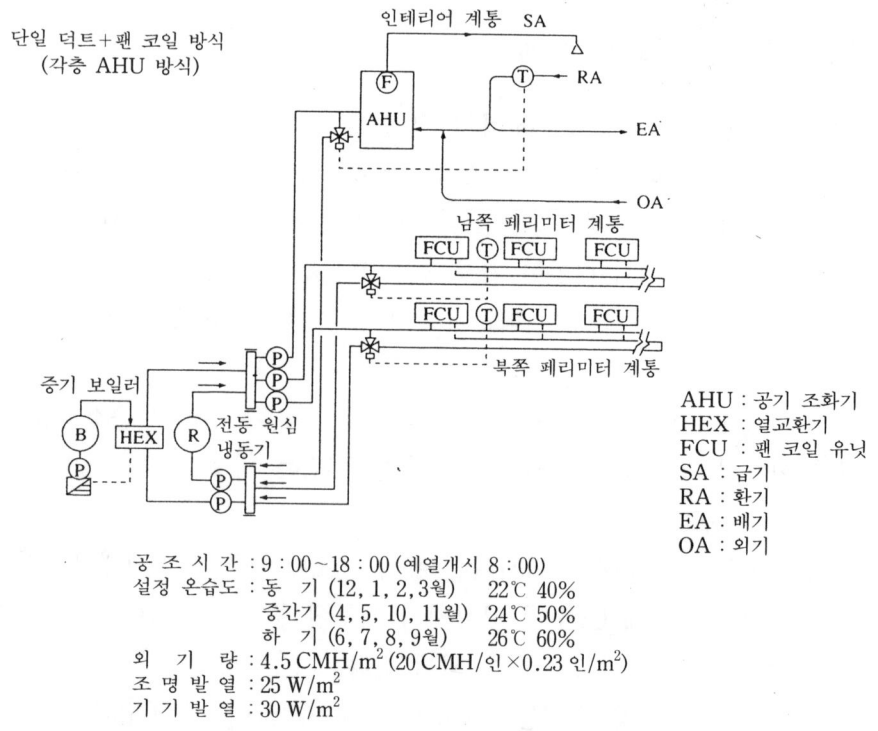

공 조 시 간 : 9 : 00~18 : 00 (예열개시 8 : 00)
설정 온습도 : 동 기 (12, 1, 2, 3월)   22℃ 40%
             중간기 (4, 5, 10, 11월)   24℃ 50%
             하 기 (6, 7, 8, 9월)   26℃ 60%
외 기 량 : 4.5 CMH/m² (20 CMH/인 ×0.23 인/m²)
조 명 발 열 : 25 W/m²
기 기 발 열 : 30 W/m²

그림 3.20 기준 시스템의 개요 및 부하 계산 조건

1대당의 냉동 용량을 작게 함으로써 냉동기의 부하율이 향상되고, 따라서 COP도 향상되어 소비 전력이 감소되는 것을 알 수 있다. 연간 약 9.4% 감소되고 있다.

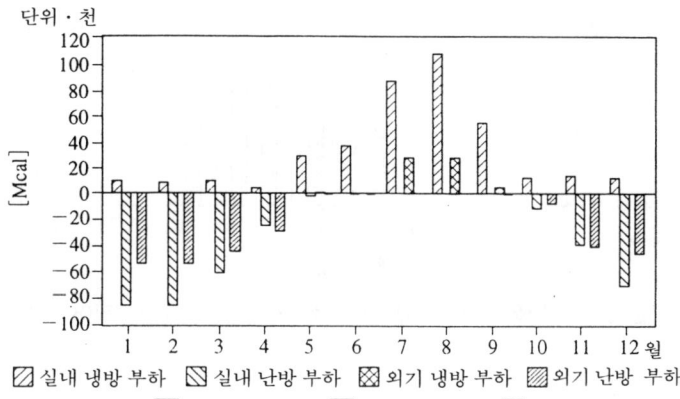

그림 3.21 각 달 냉난방 부하

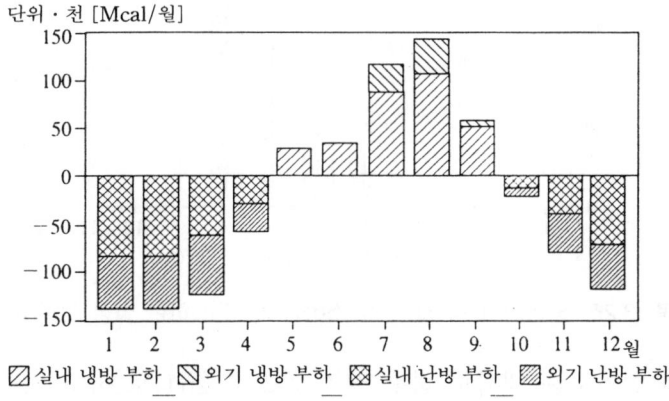

그림 3.22 각 달 냉난방(열원) 부하

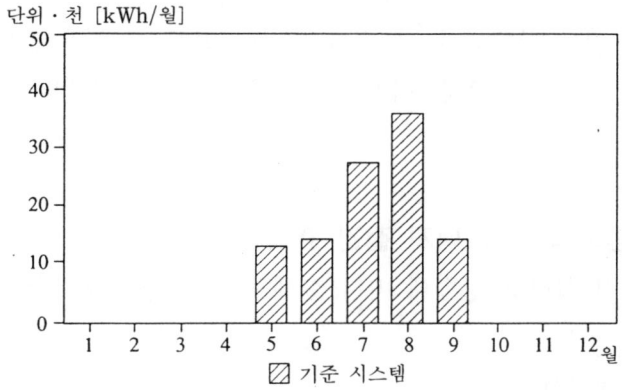

그림 3.23 냉동기의 각 달 전력 소비량(기준 시스템)

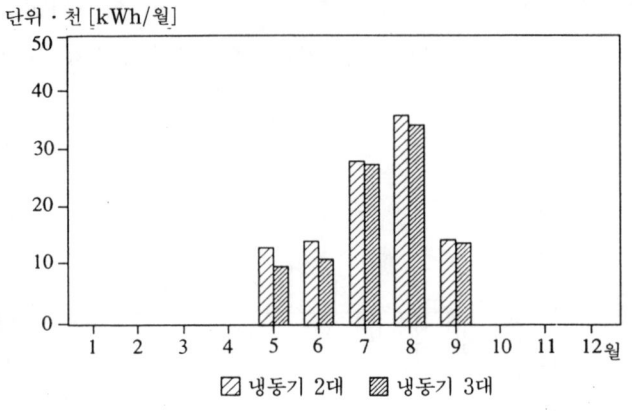

그림 3.24 냉동기의 각 달 전력 소비량(냉동기 대수 제어의 효과)

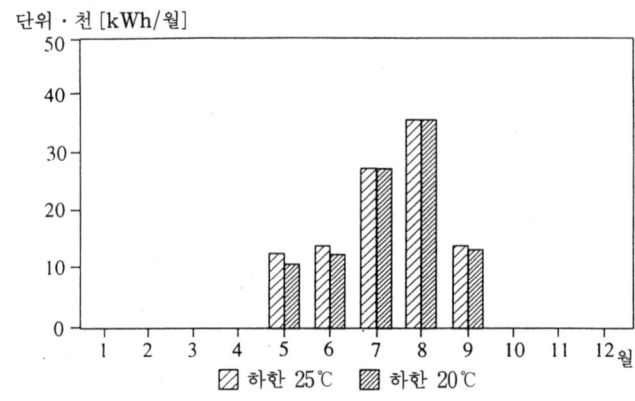

그림 3.25 냉동기의 각 달 전력 소비량(냉각수 하한 설정 온도의 효과)

기준 시스템에 있어서는 냉각수 하한 설정 온도를 25℃로 하고 있다. 즉 중간기 등에 외기 습구 온도가 낮은 경우에도 냉각수의 냉동기 입구 온도가 2℃를 밑돌지 않도록 제어가 되고 있다. 원심 냉동기의 경우, 이것을 20℃까지 내려도 문제가 없고 오히려 COP가 높게 되는 것이 기대된다. 그래서 냉각수 하한 설정 온도를 20℃까지 내린 경우의 냉동기의 소비 전력을 **그림 3.25**에 나타낸다. 연간 약 3% 감소되고 있는 것을 알 수 있다.

(2) 축열 시스템에 의한 에너지 절감 효과

시스템의 개념에서 설명한 방법에 따라 실제로 기기 용량을 산정해 본다.

산정 조건 :

① 냉각 부하에 대해서

냉방 피크일의 부하 패턴은 앞에 나온 그림 3.6, 3.7의 8시에서 17시로 한다.

피크시의 부하는 1,089 [Mcal/h], 일 합계값은 9,818 [Mcal/d]로 하고, 이것을 축열하는 열량을 Q_C [Mcal/d]로 한다.

② 축열조의 2차측 이용 온도

공조기로의 이송 온도 t_1 : 7 [℃]

공조기에서의 되돌림 온도 t_2 : 12 [℃]

③ 축열 효율 : $\eta = 0.7$

　a) 냉동기 운전 시간 24시간의 경우(그림 3.6의 운전 패턴)

　　• 축열조의 보유 수량 M

　　　$M = 9,818/0.7/(12-7) ≒ 2,805 \ [\text{m}^3]$

　　• 냉동기 용량 Q_R

　　　$Q_R = 2,805 × (12-7)/24 ≒ 584.4 \ [\text{Mcal/h}] ≒ 193.3 \ [\text{USRT}]$

　b) 냉동기 운전 시간 10시간의 경우(그림 3.7의 운전 패턴)

　　• 축열조의 보유 수량 M

　　　$M = 9,818/0.7/(12-7) ≒ 2,805 \ [\text{m}^3]$

　　• 냉동기 용량 Q_R

　　　$Q_R = 2,805 × (12-7)/10 ≒ 1,402.5 \ [\text{Mcal/h}] ≒ 463.8 \ [\text{USRT}]$

위의 두 예를 비교해 보면 냉동기 용량이 배 이상 다르다는 것을 알 수 있다. 더 축열이 없는 경우에는 피크 시각의 부하가 냉동기 용량이 되기 때문에, 이 경우에 Q_R은 1,089 [Mcal/h] ≒ 360 [USRT]로 된다. 이 값과 b)의 결과를 비교하면 b)의 경우는 축열이 없는 편이 냉동기 용량이 작게 된다. b)의 운전 패턴은 주간 전력의 피크 컷이 되며, 전력회사와 야간 축열 조정 계약을 해서 전력량의 경제성을 도모하는 경우에 사용된다.

(3) 열회수 시스템에 의한 에너지 절감 효과

시스템의 개념에서 제시한 산정 방법에 준해서 산정 예를 나타낸다. 여기서도 열회수 시스템, 비(非) 열회수 시스템의 각각에 대해서, 히트 펌프와 보일러의 연간 에너지 소비량을 각 달의 대표일 계산에 의해서 산출하고 비교하는 것으로 한다. 각 시스템은 앞에 나온 그림 3.8 및 그림 3.9와 같게 한다. 단, 계산의 간략화를 위해서 다음과 같이 가정한다.

① 히트 펌프의 냉동 성적 계수는

　　　냉동 운전시 : 4.0 (냉수 12 → 7℃, 냉각수 32 → 37℃)

　　　열회수 운전시 : 2.9 (냉수 12 → 7℃, 온수 40 → 45℃)

로 하고 연간 불변으로 한다.

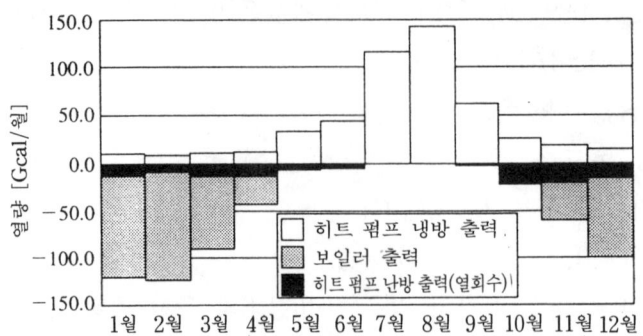

그림 3.26 열회수 시스템의 각 달 운전 상황

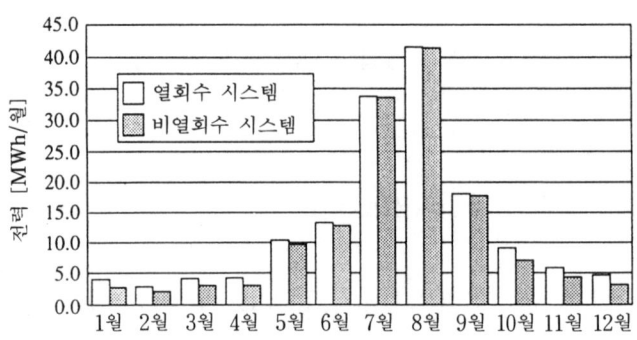

그림 3.27 히트 펌프 에너지 소비량

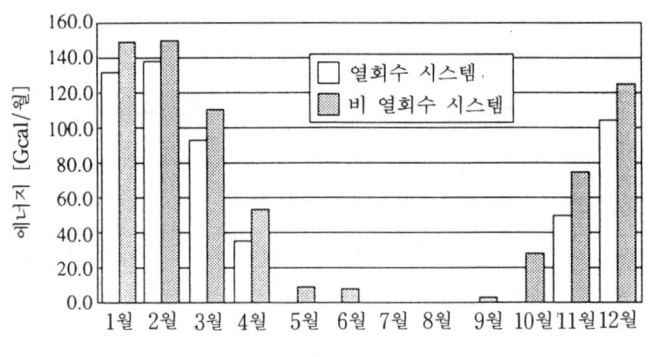

그림 3.28 보일러 에너지 소비량

② 축열조의 열손실은 고려하지 않는다.

③ 기기의 부분 부하 특성은 고려하지 않는다.

계산 결과를 **그림 3.26~3.28**에 나타낸다.

a) 열회수 시스템의 경우

히트 펌프의 연간 소비 전력은 151.9 [MWh], 보일러의 연간 소비 에너지는 557.1

[Gcal], 전력을 1 [kWh]=2,250 [kcal]로 해서 1차 환산하여 보일러와 합계하면 898.9 [Gcal]

b) 열회수 시스템이 아닌 경우

히트 펌프의 연간 소비 전력은, 135.8 [MWh], 보일러의 연간 소비 에너지는 718.2 [Gcal], 전력을 1차 환산하여 보일러와 합계하면 1,023.8 [Gcal]

따라서 주요 기기의 히트 펌프와 보일러에서 보면, 열회수 시스템은 연간 1차 소비 에너지 값으로 124.9 [Gcal](약 12%)이 에너지 절감되는 것을 알 수 있다.

또한, 이 계산에서는 반송 동력을 계산하고 있지 않으나 124.9 [Gcal]를 전력량으로 환산하면 145.2 [MWh]로 되고, 반송 동력의 증가분이 이 값보다 적으면 열원 시스템 전체에서 열회수 시스템이 에너지 절감으로 된다.

(4) 외기 부하 삭감에 의한 에너지 절감 효과

외기 부하 삭감에 의한 에너지 절감 효과를 다음 식으로 정의되는 외기 부하 삭감률 에 의해서 평가해 본다.

$$외기\ 부하\ 삭감률\ [\%] = \frac{Q_o - Q_o{'}}{Q_o} \times 100$$

여기서, Q_o : 기준 시스템의 외기 부하

$Q_o{'}$: 각 방법에 의한 외기 부하

a) 예냉열시의 외기 도입 정지

그림 3.29에 예냉열 시간대에 외기 도입을 정지한 경우의 외기 부하 삭감 효과를 나 타낸다.

기준 시스템의 예냉열 시간은 냉방시, 난방시 다 같이 8~9시의 한 시간이다. 이 시 간에 외기 도입을 정지함으로써 연간을 통한 부하의 삭감 효과를 얻을 수 있다. 또한, 운전 개시시 다시 말하면 예열시가 피크 부하로 되는 난방 운전에 있어서는 특히 유효 한 방법인 것을 알 수 있다.

[외기 부하 삭감률]

$$8월 : \frac{34,335 - 31,492\ [Mcal/월]}{34,335\ [Mcal/월]} \times 100 \fallingdotseq 8\ [\%]$$

$$1월 : \frac{53,834 - 47,509\ [Mcal/월]}{53,834\ [Mcal/월]} \times 100 \fallingdotseq 12\ [\%]$$

b) CO_2 농도에 의한 외기량 제어

그림 3.30에 CO_2 농도에 의한 외기 도입량 제어를 채용한 경우의 외기 부하 삭감 효 과를 나타낸다.

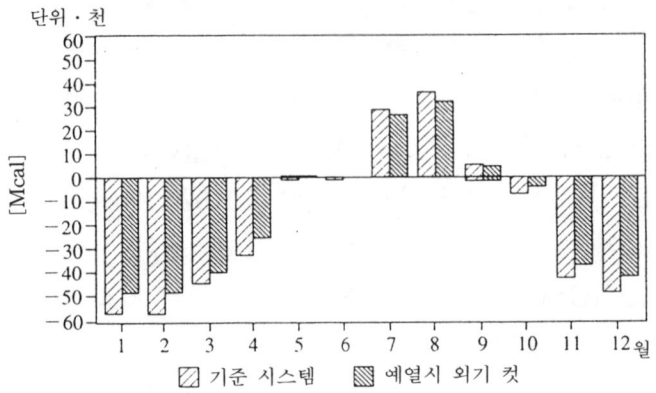

그림 3.29　예열시 외기 컷을 채용한 외기 부하

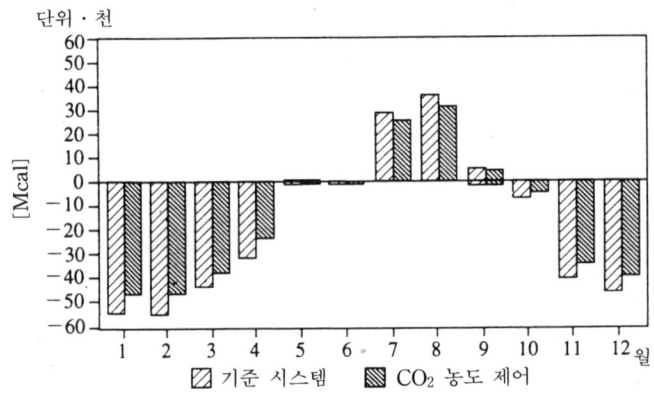

그림 3.30　CO_2 농도 제어를 채용한 외기 부하

이 방법에 의한 외기 부하 Q_o'는 다음 식에 의해서 산정된다.

$$Q_o' = Q_o \times \frac{V_{CO_2}}{V}$$

여기서,　V_{CO_2}/V : 외기량비

　　　　V_{CO_2} : CO_2 농도 제어에 의한 외기량

　　$V_{CO_2} = M/(p - p_0)$

　　　　M : 실내에서 발생하는 CO_2 의 총량 $[m^3/h]$

　　　　　　M=실 인원×1인당의 CO_2 발생량

　　p : 실내의 CO_2 허용 농도(=1,000 ppm)

　　p_0 : 외기의 CO_2 농도

　　V : 기준 시스템의 외기량

6월 평균일의 10시를 예로서 CO_2 농도 제어에 의한 외기 부하를 구하고 외기 부하

삭감률을 검산해 본다.

설계 인원 1,670 [명]에서 기준 시스템의 외기량 V는,

$$V = 1,670\,[\text{명}] \times 20\,[\text{m}^3/\text{h/명}] = 33,400\,[\text{m}^3/\text{h}]$$

또한, 설계 인원에 대한 재석률을 40%로 하면, CO_2 농도 제어에 의한 외기량 V_{CO_2}는

$$V_{CO_2} = \frac{1,670\,[\text{명}] \times 0.4 \times 0.03\,[\text{m}^3/\text{h/명}]}{(0.001-0.0003)} \fallingdotseq 28,630\,[\text{m}^3/\text{h}]$$

기준 시스템 외기 부하 $Q_o = 36,859$ [kcal/h]이므로 이 방법에 의한 외기 부하 $Q_o{}'$는

$$Q_o{}' = 36,859\,[\text{kcal/h}] \times \frac{28,630\,[\text{m}^3/\text{h}]}{33,400\,[\text{m}^3/\text{h}]} \fallingdotseq 31,595\,[\text{kcal/h}]$$

따라서, 외기 부하 삭감률은 다음과 같이 된다.

$$\frac{36,859-31,595\,[\text{kcal/h}]}{36,859\,[\text{kcal/h}]} \times 100 \fallingdotseq 14\,[\%]$$

c) 전열 교환기

전열 교환기를 채용한 경우의 외기 부하는 다음 식으로 표시된다.

$$Q_o{}' = Q_o \times (1-\eta)$$

여기서, η : 열교환 효율

전열 교환기의 열교환 효율은 메이커나 형식에 따라 다르다. 여기서는 **그림 3.31**과 같은 성능을 갖는 회전형 전열 교환기를 채용하는 것으로 하고, 6월 평균일의 10시를 예로 들어 다음의 순서에 따라서 외기 부하 삭감률을 시산한다.

풍량비 외기량 $V = 33,400\,[\text{m}^3/\text{h}]$
배기량 $E = 12,730\,[\text{m}^3/\text{h}]$
환기량 $R = V - E = 20,670\,[\text{m}^3/\text{h}]$

따라서

$$\text{풍량비} = \frac{33,400\,[\text{m}^3/\text{h}]}{20,670\,[\text{m}^3/\text{h}]} \fallingdotseq 1.62$$

급기측면 풍속 $V = 2.6$ [m/s]로 하면, 그림 3.31에서 열교환 효율 $\eta = 65\% = 0.65$ 기준 시스템 외기 부하 $Q_o = 36,859$ [kcal/h]이므로, 이 방법에 의한 외기 부하 $Q_o{}'$는

$$Q_o{}' = 36,859\,[\text{Kcal/h}] \times (1-0.65) \fallingdotseq 12,901\,[\text{kcal/h}]$$

따라서, 외기 부하 삭감률은 다음과 같이 된다.

$$\frac{36,859-12,901\,[\text{kcal/h}]}{36,859\,[\text{kcal/h}]} \times 100 \fallingdotseq 65\,[\%]$$

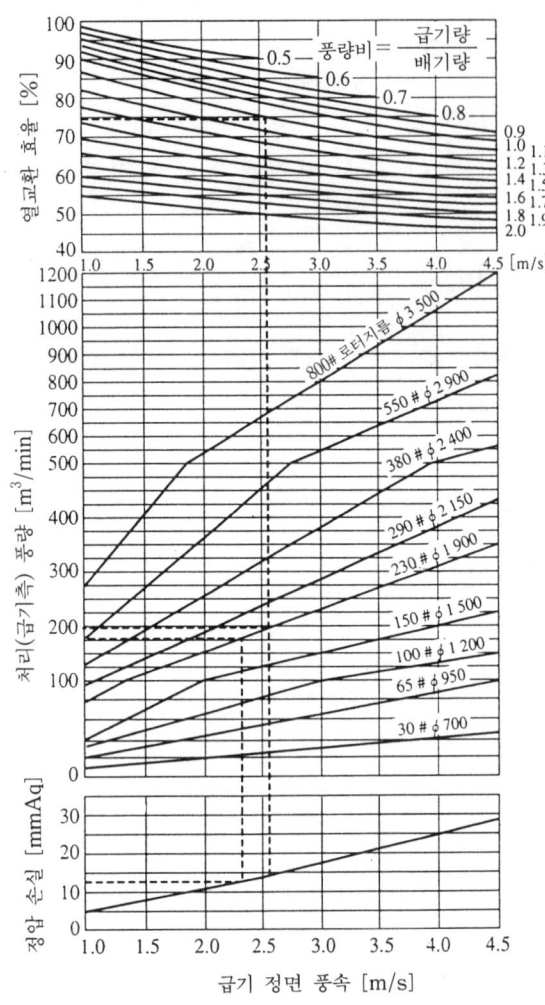

그림 3.31 회전형 전열 교환기 성능의 한 예

그림 3.32에 전열 교환기에 의한 연간의 외기 부하 삭감 효과를 나타낸다.

(5) 외기 냉방에 의한 에너지 절 감 효과

외기 냉방 시스템은 동기 및 중간기의 실내 냉방 부하를 경감하는 효과적인 방법이다. 당연한 일이지만 외기 온도가 실내 온도보다 낮다. 다시 말하면 실내외 엔탈피 차<0이 아니면 이 시스템은 성립하지 않는다. 그리고, 실내의 잠열 부하는 외기에 의한 경감이 곤란하다고 생각할 수 있다.

이들의 조건에서 기준 시스템의 외기 냉방 시스템이 유효하게 기능을 발휘하는 달을 검토하면 4~6월 및 9~11월의 6개월로 된다.

그림 3.33은 이 기간의 각 시각의 열 부하에 대해서 다음 순서로 실내 냉방 부하 및 외기 난방 부하를 구한 것으로 연간의 열부하 삭감 효과를 나타내고 있다.

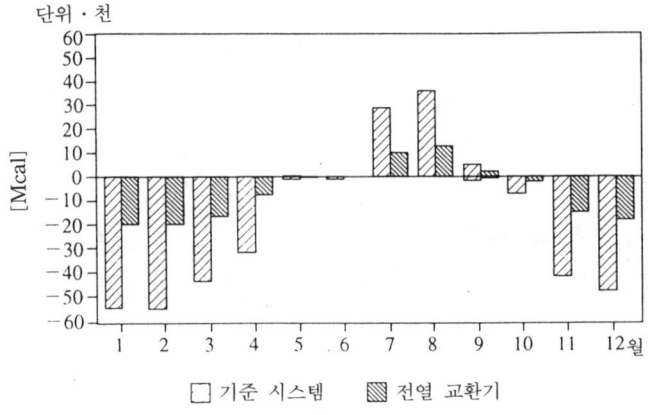

그림 3.32 전열 교환기를 채용한 외기 부하

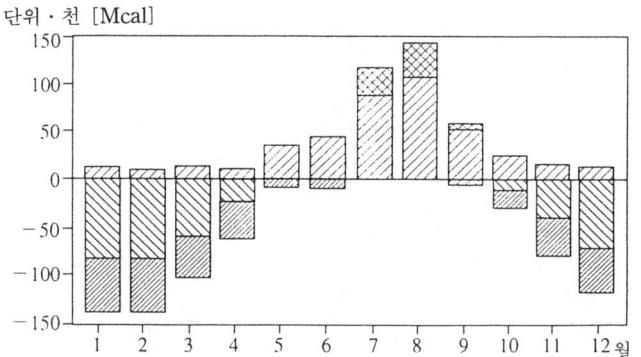

단위 · 천 [Mcal]

□ 실내 냉방 부하   ⊠ 실내 난방 부하   ⊠ 외기 냉방 부하   ⊠ 외기 난방 부하

(a) 외기 냉방 없는 경우

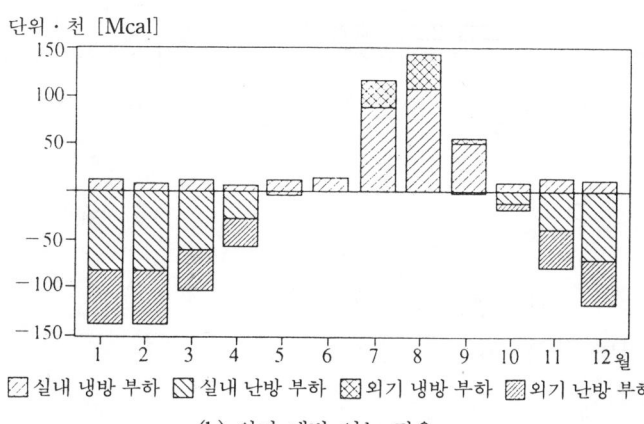

단위 · 천 [Mcal]

□ 실내 냉방 부하   ⊠ 실내 난방 부하   ⊠ 외기 냉방 부하   ⊠ 외기 난방 부하

(b) 외기 냉방 있는 경우

그림 3.33 연간 냉난방 부하 (외기 냉방 시스템의 효과)

① 최대 송풍량을 구한다.

여름·겨울 각 피크시의 인테리어 현열 부하에서 송풍량 V_{max}를 구해서 큰 쪽을 건물 최대 송풍량으로 한다.

$$V_{max} = \frac{Q_{ip}}{1.2 \times 0.24 \times \Delta t}$$

Q_{ip} : 여름 또는 겨울 피크시 인테리어 현열 부하 [kcal/h]

Δt : 냉방 또는 난방 분출 온도차 [℃]

② 최대 외기 냉방 가능량을 구한다.

최대 송풍량과 실내외 엔탈피 차에서 시각마다의 최대 외기 냉방 가능량 Q_{OAC}를 구한다.

$$Q_{OAC} = 1.2 \times V_{max} \times \Delta h$$

Δh : 실내외 엔탈피 차

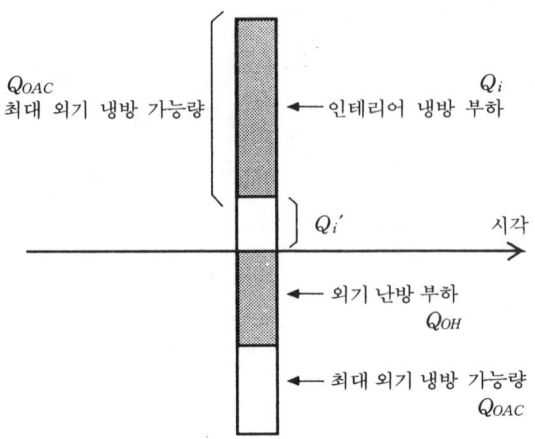

그림 3.34 외기 냉방의 부하의 상쇄

③ **그림** 3.34와 같이 기준 시스템의 인테리어 냉방 부하를 최대 외기 냉방 가능량으로 상쇄한다. 즉,

[$Q_i \geqq Q_{OAC}$의 경우]

$$Q_i' = Q_i - Q_{OAC}$$

따라서 실내 냉방 부하 $= Q_C - Q_i + Q_i'$

외기 난방 부하 $= 0$

[$Q_i < Q_{OAC}$의 경우]

$$Q_i' = 0$$

따라서 실내 냉방 부하 $= Q_C - Q_i$

외기 난방 부하 $= Q_{OH} - Q_i$

(단, 외기 난방 부하 > 0으로 되는 경우는 0으로 한다)

여기서, Q_i : 기준 시스템의 인테리어 냉방 부하

Q_i' : 최대 외기 냉방 가능량으로 상쇄한 인테리어 냉방 부하

Q_C : 기준 시스템의 실내 냉방 부하(인테리어 + 페리미터)

Q_{OH} : 기준 시스템의 외기 난방 부하

예로서, 6월 평균일의 10시에 있어서 외기 냉방 시스템에 의한 실내 냉방 부하를 시산한다. 해당 일시에 있어서의 부하는 $Q_i < Q_{OAC}$

따라서 $Q_i' = 0$

그리고, $Q_C = 171,168$ [kcal/h]

$Q_i = 137,258$ [kcal/h]

위 식에서

실내 냉방 부하 $=171,168-137,258=33,910\ [\text{kcal/h}]$

이것에 의해서 해당 시각의 열부하 삭감률은 다음과 같이 된다.

$$\frac{171,168-33,910\ [\text{kcal/h}]}{171,168\ [\text{kcal/h}]}\times100\fallingdotseq80\ [\%]$$

(6) 변류량 방식에 의한 에너지 절감 효과

a) VAV의 효과 산정

이 모델 빌딩에서는 페리미터는 FCU로 하는 시스템을 채용했기 때문에 인테리어만을 VAV 방식으로 한 경우의 산정 예를 제시한다.

피크시에 구한 설계 풍량 및 팬 소비 전력은 **표 3.3**과 같다.

표 3.3 인테리어 부분 전 층의 설계값

설 계 풍 량	221,474 [CMH]
팬 소비 전력	68.9 [kWh/h]

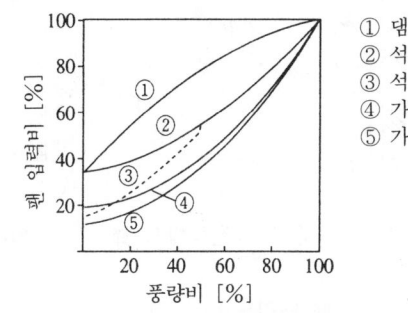

① 댐퍼 제어 (팬 1대)
② 석션 베인 (팬 1대)
③ 석션 베인 (팬 2대)
④ 가변 피치 (팬 1대)
⑤ 가 변 속 (팬 1대)

그림 3.35 팬의 풍량비와 입력비

예컨대, 2월 20일 9시의 건물 전체 부하에서 구한 필요 송풍량은 86,697 [CMH]이고, 그 때의 풍량비는

86,697 CMH/221,474 CMH $\fallingdotseq$ 39%

로 된다. **그림 3.35**의 팬의 풍량 제어 특성의 속도 제어를 사용한 경우, 풍량 39%일 때의 축동력은 약 26%로 되고, 그 때의 소비 전력은

68.9 [kWh/h] $\times0.26\fallingdotseq17.91$ [kWh/h]

로 된다.

분출 댐퍼 제어를 사용한 경우, 풍량 39%일 때의 축동력은 약 70%밖에 안 되고 그 때의 소비 전력은

68.9 [kWh/h] $\times0.70=48.23$ [kWh/h]

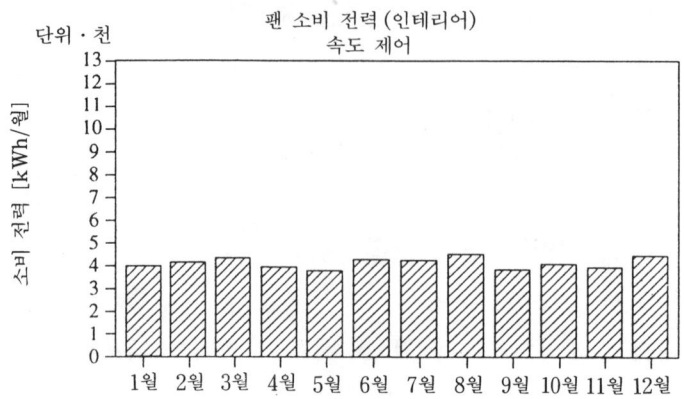

그림 3.36 VAV 방식의 팬 소비 전력량(속도 제어)

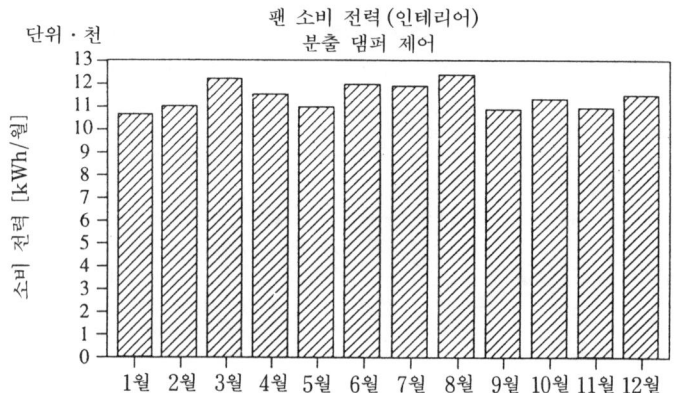

그림 3.37 VAV 방식의 팬 소비 전력량(분출 댐퍼 제어)

표 3.4 팬 연간 소비 전력

방 식	연간 소비 전력
CAV	204,633 [kWh/년]
VAV(속도 제어)	47,434 [kWh/년]
VAV(분출 댐퍼 제어)	137,213 [kWh/년]

이 되어, 속도 제어와 비교하면 에너지 절감 효과는 작은 것을 알 수 있다.

　이상의 산정 방식으로 각 달의 소비 전력을 구한 결과, 속도 제어식 팬을 사용한 경우를 **그림 3.36**에, 분출 댐퍼 제어 방식을 사용한 경우를 **그림 3.37**에 나타낸다.

　연간의 팬 소비 전력은 **표 3.4**와 같다.

　표 3.4에서 알 수 있듯이 속도 제어 방식을 사용한 경우는 CAV의 2/10 정도로 되어 있다.

　한편 분출 댐퍼 제어 방식을 사용한 경우는 7/10 정도이다.

b) VWV의 효과 산정

여기서는 AHU와 FCU의 냉수는 동일 계통으로 하고, 합계 부하를 마련해 공급하는 냉수 펌프의 산정 예를 제시한다.

피크 부하시에 구한 설계 유량 및 소비 전력은 **표 3.5**와 같다.

표 3.5 건물 전체의 설계값

설 계 유 량	3,994 [l/min]
소 비 전 력	22.3 [kWh/h]

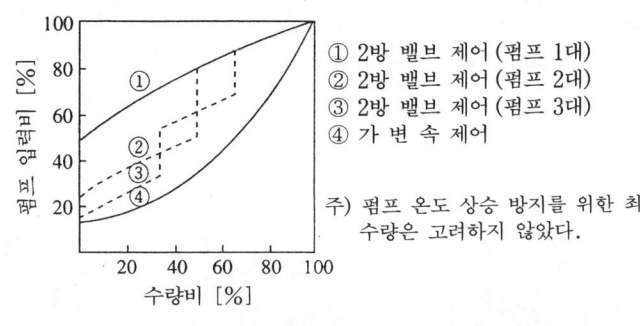

그림 3.38 펌프의 입력비와 수량비

예컨대 2월 20일 9시의 필요 유량은 2,170 [l/min]이고 그 때의 수량비는

$$2,170 \, [l/\text{min}] / 3,994 \, [l/\text{min}] \doteqdot 54\%$$

로 된다.

그림 3.38의 펌프의 유량 제어 특성의 가변속 제어 경우의 수량비 54%일 때의 펌프 입력비는 약 38%로 되고,

$$22.3 \, [\text{kWh/h}] \times 0.38 \doteqdot 8.5 \, [\text{kWh/h}]$$

로 된다.

그리고 2방 밸브 제어를 사용한 경우, 수량 54%일 때의 펌프 입력비는 약 82% 밖에 되지 않으며

$$22.3 \, [\text{kWh/h}] \times 0.82 = 18.3 \, [\text{kWh/h}]$$

로 되어 가변속 제어와 비교하면 에너지 절감 효과는 적은 것을 알 수 있다.

이상의 방법으로 각 달의 소비 전력을 구한 결과로서 가변속 제어의 펌프를 사용한 경우를 **그림 3.39**에, 2방 밸브 제어를 사용한 경우를 **그림 3.40**에 표시한다.

연간 펌프 소비 전력은 **표 3.6**과 같다.

표 3.6에서 알 수 있듯이 가변속 제어 방식을 사용한 경우는 CWV의 1/5 정도로 되어 있다. 2방 밸브 제어의 경우는 3/5 정도이다.

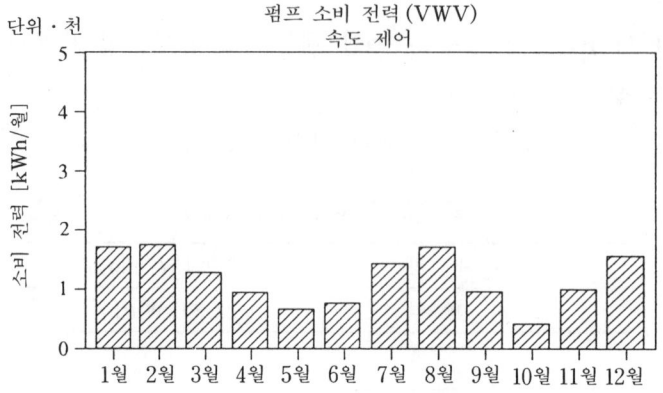

그림 3.39 VWV 방식의 펌프 소비 전력량(속도 제어)

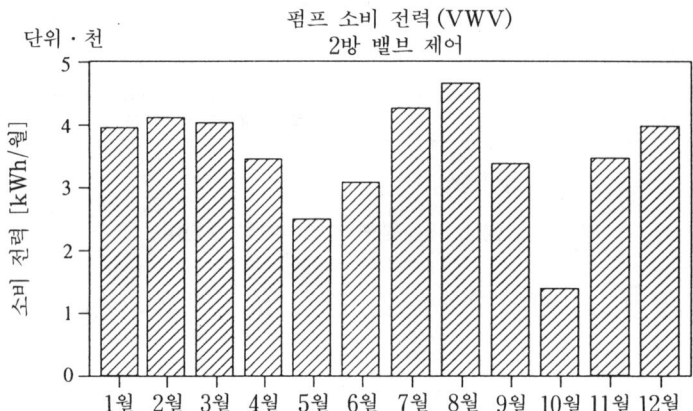

그림 3.40 VWV 방식의 펌프 소비 전력량(2방 밸브 제어)

표 3.6 팬 연간 소비 전력

방 식	연간 소비 전력
CWV	66,231 [kWh/년]
VWV(가변속 제어)	13,692 [kWh/년]
VWV(2방 밸브 제어)	42,093 [kWh/년]

(7) 각종 방법의 조합에 의한 에너지 절감

지금까지 해설한 에너지 절감 방법을 조합한 경우의 에너지 절감 효과를 다음에 제시한다.

그림 3.41은 기준 시스템의 경우에 단위 바닥 면적당의 공조용 연간 1차 에너지 소비량을 나타낸다.

이 빌딩의 경우 173 [Mcal/m^2/년]으로 되어 있다. 이것에 조명, 엘리베이터, 위생 설비용의 에너지 약 230 [Mcal/m^2/년](실태 조사 평균값)을 더하면 건축 전체로서는 약 403 [Mcal/m^2/년]이 된다.

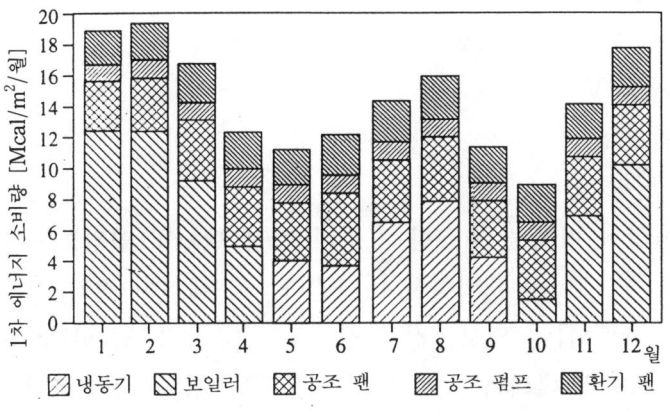

그림 3.41 공조용 각 달 1차 에너지 소비량 (기준 시스템)

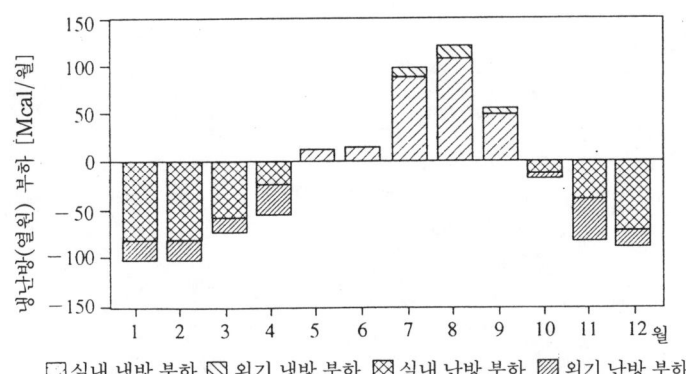

그림 3.42 각 달 냉난방(열원) 부하 (외기 냉방 + 전열 교환)

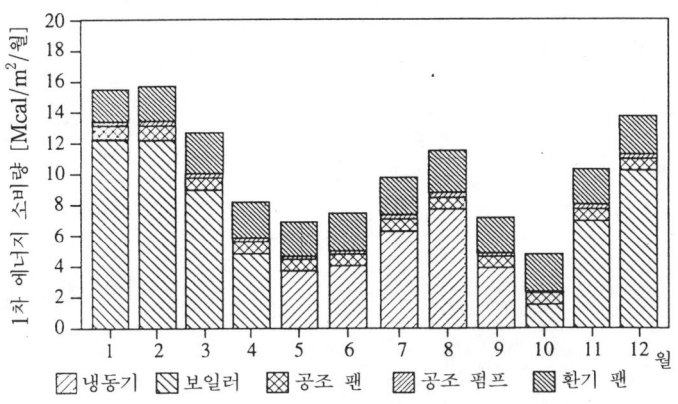

그림 3.43 공조용 각 달 1차 에너지 소비량 (에너지 절감 케이스)

다음에 아래의 에너지 절감 방법을 조합한 경우의 에너지 소비량을 알아보기로 한다.

- 전열 교환기(1~3, 7, 8, 12월)
- 외기 냉방(4~6, 9, 11월)
- 인테리어 계통 공조 팬 VAV
- 냉온수 펌프 VWV
- 냉동기 3대로 분할
- 냉각수 하한 설정 20℃

그림 3.42는 이상의 방법을 채용한 경우의 연간 냉난방(열원) 부하를 나타낸다. 또한, **그림** 3.43은 1차 에너지 소비량을 나타낸다. 이 에너지 절감 시스템의 경우, 공조용에서 123 [Mcal/m^2/년]이 되고, 건물 전체로는 약 353 [Mcal/m^2/년]이 된다.

따라서 기준 시스템에 대해서 공조용으로 28.7%, 건물 전체로서 12.3%의 에너지가 절감된다.

3-3 전기 설비의 에너지 절감 시스템과 그 효과량 산정 예

전기 설비의 많은 에너지 절감 기술(요소)은 원래 대상이 되는 전기 설비 기기 등의 효율이 높기(손실이 적다) 때문에 비용 대 효과를 생각하면 검토의 우선 순위는 낮다. 이와 같은 경향은 특히 수변전 부분, 간선 부분, 동력 조작 부분에 많다.

따라서 여기서는 계산의 수고만 많고 이익이 적은 에너지 절감 기술은 생략하고, 코제너레이션 시스템, 태스크·앰비언트 조명 시스템, 유도등 소등 제어 시스템 등만을 다룬다. 그러나, 태양광 발전 시스템은 현 시점에 있어서는 비용 대 효과가 대단히 나쁘지만 이후의 성장성을 고려해서 특별히 포함하기로 한다.

1 코제너레이션 시스템

(1) 에너지 절감 효과의 산정 방법

에너지 절감량 $= Q_n - Q_{cgs}$

Q_n : 코제너레이션 시스템을 채용하지 않는 경우의 1차 에너지

Q_{cgs} : 코제너레이션 시스템을 채용한 경우의 1차 에너지

① Q_n의 산정 방법

$Q_n =$ (코제너레이션의 발전 전력량 $-$ 보기 소비 전력량) $\times 2,450 \times 10^{-3} +$ 냉온열 보조 열원기의 1차 에너지 소비량 [Mcal/년]

여기서,

보조기 소비 전력량 : 코제너레이션을 운전하기 위해서 필요한 팬, 펌프, 조명 등에서 소비되는 전력량 [kWh/년]

냉온열 보조 열원기의 1차 에너지 소비량 : 코제너레이션에서 회수된 배열 중에서 냉난방·급탕 등에 유효하게 이용된 열을 보조 열원기에서 공급할 경우의 1차 에너지 소비량(다음 식으로 산정)

$$\frac{온열 \ 또는 \ 냉열에 \ 대한 \ 배열 \ 이용량 \ [Mcal]}{온·냉열 \ 보조 \ 열원기의 \ 효율 \ 또는 \ 성적 \ 계수}$$

(주) 보조 열원기의 효율 또는 성적 계수는 고위 발열량으로 연간의 운전 상태 하에서의 값으로 한다(카탈로그 정격값은 아니다).

② Q_{cgs}의 산정 방법

$Q_{cgs} =$ 엔진의 연료 소비량 $\times$ 연료의 고위 발열량 [Mcal/년]

노 트
코제너레이션에 의한 에너지 절감 효과 산정

　　에너지 절감 효과의 산정은 코제너레이션 시스템을 채용하지 않을 경우의 1차 에너지의 차로 구하는 것이 일반적이다. 그러나 이 경우, 건물 전체의 에너지 소비량으로 평가하는 것은 대단히 곤란하기 때문에 코제너레이션 시스템에 의해서 생성된 전기와 열만을 산정 대상으로 하는 경우가 많다.

　　그리고 산정할 때의 비교 기준으로 하는 시스템은 전기의 경우는 상용(商用) 전력 바로 그것이지만, 열원 시스템의 경우는 많은 방식·조합이 있기 때문에 그 건물에서 실제로 채용(설계)되는 시스템으로 하는 것이 타당하다.

　　또한, 상용 전력의 1차 에너지 환산은 일본의 「에너지 사용의 합리화에 관한 법률」(약칭 : 에너지 절감법)에서는 2,250 [kcal/kWh]을 사용하는 것으로 되어 있으나, 이것에는 화력 발전소 내 에너지, 송변전 손실분이 고려되어 있지 않기 때문에 코제너레이션 시스템의 에너지 절감 효과의 산정에 있어서는 2,450 [kcal/kWh]을 사용하는 것이 타당하다고 할 수 있다. 그리고 이 환산 계수는 고위 발열량 기준이기 때문에 열원기의 1차 에너지를 산정하는 경우는 가스, 기름 모두 고위 발열량을 사용할 필요가 있는 점에 유의해야 한다.

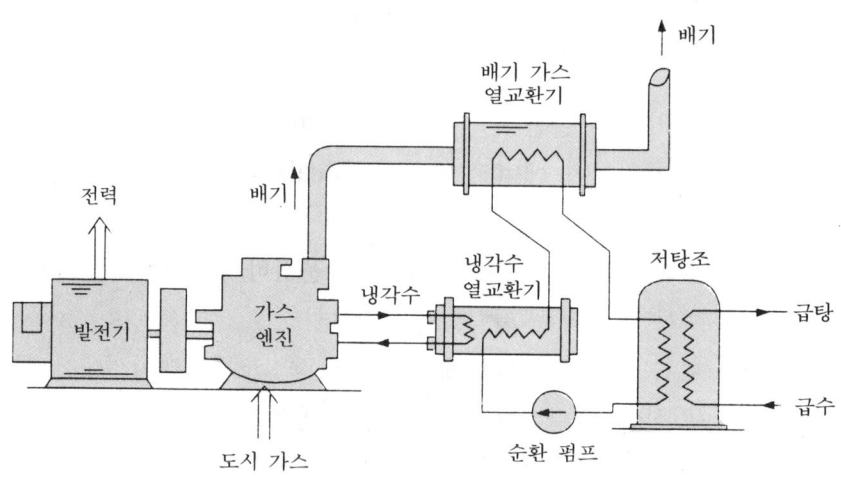

그림 3.44　호텔의 코제너레이션 시스템 예

(2) 에너지 절감 효과의 산정 예

건물 용도 : 호텔

총 바닥 면적 : 약 $30,500 \, \mathrm{m}^2$

코제너레이션 시스템의 시방 : **그림 3.44** 참조

원동기	가스 엔진(12A)
발전기	200 kW×2대
배열 이용 용도	급탕만
상용 전력과의 연계	비연계

연간 운전 데이터 :

발전 전력량	1,519,000 [kWh/년]
배열 이용량	1,776,000 [Mcal/년]
가스 소비량	471,300 [Nm^3/년]
보기 전력 소비량	151,900 [kWh/년]

[에너지 절감량의 산정]

$$Q_n = (1,519,000 - 151,900) \times 2,450 \times 10^{-3} + 1,776,000/0.7$$
$$\fallingdotseq 5,886,500 \text{ [Mcal/년]}$$
$$Q_{cgs} = 471,300 \times 10,400 \times 10^{-3} \fallingdotseq 4,901,500 \text{ [Mcal/년]}$$
$$\text{에너지 절감량} = Q_n - Q_{cgs} \fallingdotseq 985,000 \text{ [Mcal/년]}$$
$$\text{에너지 절감률} = (Q_n - Q_{cgs})/Q_n \times 100 \fallingdotseq 16.7 \text{ [%]}$$

② 태양광 발전 시스템

주택이나 빌딩의 전원으로 태양 전지를 이용한 경우, 부하에 대한 발전 전력의 공급 방식으로서 계통 연계 방식과 독립 방식이 있다. 계통 연계 방식은 **그림 3.46**과 같이 인버터를 개재시켜 상용 전력에 발전 전력을 겹치게 하는 방식으로서, 상용 전력측으로의 역조류(逆潮流)를 가능하게 하는 방식과 역조류시키지 않는 방식으로 나누어진다.

계통 연계 방식의 경우는 입사하는 태양 에너지의 변동에 따른 태양 전지의 발전 전력의 변동을 상용 전력이 자동적으로 백업하기 위해서 이용하기 쉬운 방식이다. 그러나 항상 상용 전력과 연계되고 있기 때문에 상용측 및 빌딩측의 여러 가지 트러블이나 사고, 역조류 없는 방식에 있어서 역조 방지를 위하여 연계 보호 장치의 설치가 의무화되고 있다.

독립 방식의 경우는 **그림 3.47**과 같이 상용 전력과는 연계하지 않고 태양 전지의 발전 전력을 직접 부하에 공급한다. 그림 3.47에서는 태양 전지의 발전 전력의 변동을 축전지가 백업하고 있지만, 태양열 집열기의 순환 펌프나 환기 팬 등과 같이 태양 에너지의 입사 레벨에 운전 상태가 비례하는 부하의 경우에는 축전지를 생략하는 것도 가능하다. 또한, 직류로 사용할 수 있는 부하의 경우에는 인버터를 생략할 수도 있다.

노 트

태양 전지의 종류

태양 전지는 태양 에너지를 직접 전기로 변환하는 반도체 소자로서 1954년 발명된 이래 인공 위성이나 등대, 전자식 탁상 계산기, 손목 시계 등의 전원으로 실용화되어 왔다. 그리고 일본에서는 국가에 의한 보조 제도의 신설, 전기 사업법의 규제 완화, 전력 회사에 의한 전기 판매 제도의 확립 등에 의한 추세에 따라 개인 주택이나 공공 시설 등에 대한 보급이 진행되고 있다.

현재 실용화되고 있는 태양 전지에는

그림 3.45와 같이 크게 실리콘계와 화합물 반도체계로 나누어지고, 실리콘계는 다시 결정(結晶)계와 비정질(非晶質)계로 나누어진다.

현재로는 주택이나 빌딩에는 단결정 실리콘 태양 전지나 다결정 실리콘 태양 전지가 흔히 사용되고, 전자식 탁상 계산기나 시계에는 비정질 실리콘 태양 전지가 사용된다. 광전 변환 효율은 단결정형이 13~15%, 다결정형이 11~13%, 비정질형이 6~8% 정도이다.

```
실 리 콘 계 ─┬─ 결 정 계 ─┬─ 단결정 실리콘 태양 전지
             │            └─ 다결정 실리콘 태양 전지
             └─ 비정질계 ──── 어모퍼스 실리콘 태양 전지
화합물 반도체계 ─── 결 정 계 ─┬─ 단결정 화합물 반도체 태양 전지(GaAs, InP 등)
                            └─ 다결정 화합물 반도체 태양 전지(CdS/CdTe 등)
```

그림 3.45 태양 전지의 분류

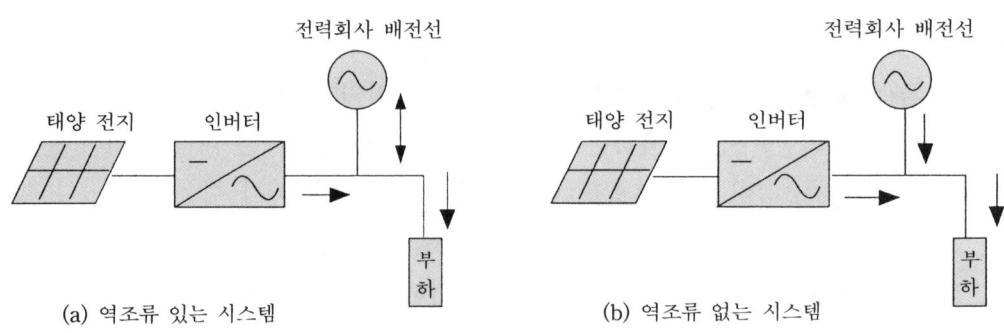

(a) 역조류 있는 시스템 　　　 (b) 역조류 없는 시스템

그림 3.46 계통 연계 방식

또한, 태양 전지는 **그림 3.48**과 같이 최소 단위인 셀(cell)을 내후성 패키지에 수십 매 봉입한 모듈 단위로 판매되어 있으며, 이용자는 자기가 사용하고 싶은 전압이 되도록 모듈을 직렬로 접속하고, 이 조합을 필요한 만큼 병렬 접속해서 어레이(array)를 구성하게 된다.

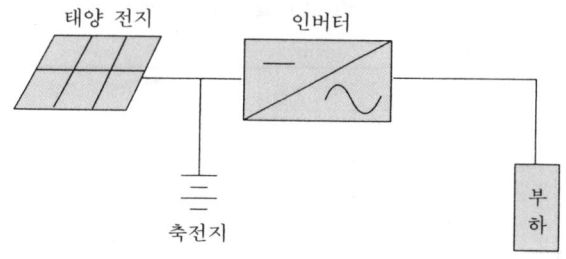

그림 3.47 독립 방식

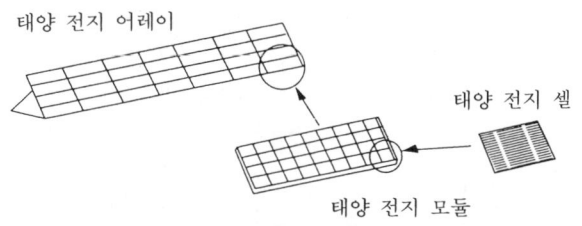

그림 3.48 태양 전지 셀, 모듈, 어레이

또한, 완성된 어레이의 정격 출력은 태양의 입사 에너지가 1 $[kW/m^3]$, 소자 온도 25℃에 있어서의 발전 가능 출력($[Wp]$ 또는 $[kWp]$)으로 표시한다.

(1) 에너지 절감 효과의 산정 방법

태양 전지의 정격 출력을 $P[kWp]$, 각 달의 경사면 일사량을 $Q_i [kWh/(m^2 \cdot 일)]$, 각 달의 일수를 D_i로, 보정 계수를 K_i로 하면 연간 발전 전력량 $P_a [kWh/년]$는 다음 식으로 구할 수 있다.

$$P_a = \sum_{i=1}^{12} P \cdot Q_i \cdot D_i \cdot K_i \, [kWh/년]$$

[경사면 일사량]

태양 전지는 일반적으로 경사된 면에 설치하기 때문에 태양 전지의 경사각 또는 어느 방위를 향하고 있는가를 표시하는 방위각(정남쪽을 0도로 하고 동쪽 및 서쪽 방향으로 몇 도 쏠리고 있는가를 표시하는 각도)에 따라서 입사하는 태양 에너지를 산출한다.

(재) 일본 기상협회에서는 **표 3.7**과 같이 방위각 15도 간격, 경사각 10도 간격으로 경사면 일사량을 전국 225 지점에 대해서 추정하고 있으며, 실제의 계산에 있어서는 이 데이터를 사용하는 것이 편리하다.

[보정 계수]

다음과 같은 세 개의 보정 계수의 곱으로 표시된다.

표 3.7 경사면 일사량 데이터

지명 : 도쿄(위도 35°41.2′, 경도=139°45.9′, 표고=6 m)

방위각	경사각	1월	2월	3월	4월	5월	6월	7월	8월	9월	10월	11월	12월	연 1~12월	겨울 12~2월	봄 3~5월	여름 6~8월	가을 9~11월
수 평 면 (C)		2.53	3.00	3.67	4.17	4.81	4.11	4.28	4.50	3.31	2.75	2.39	2.22	3.48	2.58	4.21	4.30	2.81
0°	10°	3.07	3.41	3.94	4.29	4.83	4.09	4.27	4.58	3.44	2.99	2.79	2.72	3.70	3.07	4.36	4.31	3.08
	20	3.55	3.74	4.13	4.32	4.76	4.00	4.18	4.56	3.51	3.17	3.13	3.16	3.85	3.48	4.40	4.25	3.27
	30	3.93	3.98	4.23	4.27	4.58	3.84	4.02	4.45	3.51	3.28	3.39	3.51	3.92	3.81	4.36	4.10	3.40
	40	4.21	4.13	4.23	4.12	4.32	3.61	3.78	4.25	3.44	3.32	3.58	3.78	3.90	4.04	4.23	3.88	3.44
	50	4.39	4.17	4.13	3.89	3.99	3.32	3.48	3.96	3.29	3.29	3.67	3.94	3.79	4.17	4.00	3.59	3.42
	60	4.44	4.11	3.94	3.59	3.57	2.98	3.12	3.60	3.09	3.18	3.67	4.01	3.61	4.19	3.70	3.23	3.31
	70	4.39	3.95	3.67	3.21	3.10	2.60	2.72	3.18	2.82	3.00	3.58	3.97	3.35	4.10	3.33	2.83	3.14
	80	4.22	3.70	3.31	2.78	2.60	2.21	2.29	2.70	2.51	2.76	3.41	3.82	3.02	3.91	2.90	2.40	2.89
	90	3.93	3.35	2.88	2.31	2.07	1.81	1.85	2.20	2.15	2.47	3.15	3.58	2.65	3.62	2.42	1.95	2.59
15°	10°	3.06	3.40	3.94	4.28	4.83	4.09	4.27	4.57	3.44	2.98	2.78	2.70	3.69	3.05	4.35	4.31	3.07
	20	3.51	3.71	4.12	4.32	4.75	4.00	4.18	4.56	3.50	3.16	3.10	3.12	3.84	3.45	4.40	4.25	3.25
	30	3.88	3.94	4.21	4.26	4.59	3.84	4.02	4.45	3.50	3.26	3.35	3.46	3.90	3.76	4.35	4.10	3.37
	40	4.15	4.07	4.20	4.11	4.33	3.61	3.78	4.25	3.42	3.29	3.52	3.71	3.87	3.98	4.21	3.88	3.41
	50	4.31	4.11	4.10	3.89	4.00	3.33	3.49	3.97	3.28	3.25	3.60	3.86	3.77	4.09	4.00	3.60	3.38
	60	4.36	4.04	3.91	3.59	3.60	3.00	3.14	3.62	3.07	3.14	3.60	3.91	3.58	4.11	3.70	3.25	3.27
	70	4.30	3.88	3.63	3.22	3.14	2.63	2.75	3.20	2.81	2.96	3.50	3.86	3.32	4.01	3.33	2.86	3.09
	80	4.12	3.62	3.28	2.80	2.65	2.24	2.33	2.75	2.50	2.71	3.32	3.71	3.00	3.82	2.91	2.44	2.85
	90	3.84	3.27	2.85	2.35	2.15	1.86	1.91	2.26	2.15	2.41	3.06	3.47	2.63	3.53	2.45	2.01	2.54
30°	10°	3.00	3.35	3.91	4.27	4.82	4.09	4.27	4.56	3.42	2.96	2.73	2.65	3.67	3.00	4.33	4.31	3.04
	20	3.41	3.63	4.06	4.29	4.75	4.00	4.18	4.54	3.47	3.10	3.02	3.01	3.79	3.35	4.37	4.24	3.20
	30	3.72	3.82	4.13	4.22	4.59	3.84	4.02	4.42	3.46	3.18	3.23	3.30	3.83	3.61	4.32	4.10	3.29
	40	3.95	3.92	4.11	4.08	4.35	3.63	3.80	4.23	3.38	3.20	3.37	3.51	3.79	3.79	4.18	3.89	3.31
	50	4.07	3.92	4.00	3.86	4.03	3.35	3.51	3.96	3.23	3.14	3.42	3.62	3.68	3.87	3.96	3.61	3.26
	60	4.09	3.83	3.81	3.57	3.66	3.04	3.19	3.63	3.02	3.02	3.40	3.64	3.49	3.85	3.68	3.28	3.15
	70	4.00	3.65	3.54	3.22	3.23	2.69	2.82	3.23	2.77	2.83	3.29	3.57	3.24	3.74	3.33	2.91	2.96
	80	3.81	3.39	3.19	2.83	2.79	2.33	2.43	2.82	2.47	2.59	3.10	3.41	2.93	3.54	2.94	2.52	2.72
	90	3.52	3.05	2.80	2.41	2.33	1.97	2.05	2.37	2.14	2.31	2.83	3.16	2.58	3.25	2.51	2.13	2.43
45°	10°	2.91	3.28	3.86	4.25	4.81	4.09	4.26	4.54	3.40	2.91	2.67	2.56	3.63	2.92	4.31	4.30	2.99
	20	3.23	3.49	3.98	4.24	4.74	4.00	4.18	4.50	3.42	3.02	2.90	2.85	3.71	3.19	4.32	4.23	3.11
	30	3.47	3.62	4.01	4.17	4.59	3.85	4.03	4.39	3.39	3.07	3.06	3.06	3.73	3.38	4.26	4.09	3.17
	40	3.64	3.68	3.97	4.02	4.36	3.64	3.81	4.19	3.30	3.06	3.14	3.19	3.67	3.50	4.12	3.88	3.17
	50	3.71	3.65	3.85	3.81	4.07	3.38	3.55	3.94	3.15	2.98	3.16	3.26	3.54	3.54	3.91	3.62	3.10
	60	3.69	3.54	3.65	3.52	3.71	3.08	3.23	3.61	2.94	2.85	3.11	3.25	3.35	3.49	3.63	3.31	2.97
	70	3.58	3.35	3.39	3.20	3.33	2.76	2.89	3.26	2.70	2.67	2.98	3.15	3.10	3.36	3.31	2.97	2.78
	80	3.37	3.10	3.07	2.83	2.92	2.42	2.54	2.87	2.42	2.43	2.79	2.97	2.81	3.15	2.94	2.61	2.55
	90	3.11	2.78	2.71	2.46	2.50	2.17	2.18	2.46	2.12	2.17	2.53	2.72	2.49	2.87	2.56	2.24	2.27
60°	10°	2.80	3.19	3.80	4.21	4.80	4.09	4.26	4.52	3.36	2.86	2.59	2.46	3.58	2.82	4.27	4.29	2.94
	20	3.02	3.32	3.86	4.19	4.72	4.00	4.17	4.46	3.36	2.92	2.74	2.63	3.62	2.99	4.26	4.21	3.01
	30	3.17	3.39	3.86	4.09	4.57	3.85	4.03	4.33	3.31	2.93	2.83	2.77	3.59	3.11	4.17	4.06	3.02
	40	3.25	3.38	3.79	3.94	4.35	3.64	3.81	4.14	3.20	2.88	2.87	2.84	3.51	3.16	4.02	3.86	2.98
	50	3.27	3.32	3.64	3.71	4.08	3.39	3.55	3.88	3.04	2.79	2.84	2.84	3.36	3.14	3.81	3.61	2.89
	60	3.22	3.20	3.45	3.45	3.76	3.11	3.27	3.59	2.84	2.65	2.76	2.79	3.17	3.07	3.55	3.32	2.75
	70	3.09	3.00	3.19	3.14	3.39	2.80	2.94	3.24	2.60	2.47	2.63	2.67	2.93	2.92	3.24	3.00	2.57
	80	2.89	2.77	2.91	2.82	3.02	2.48	2.61	2.89	2.34	2.24	2.45	2.50	2.66	2.72	2.91	2.66	2.34
	90	2.66	2.48	2.57	2.47	2.63	2.17	2.28	2.52	2.06	2.00	2.22	2.27	2.36	2.47	2.56	2.32	2.09
75°	10°	2.66	3.09	3.72	4.17	4.79	4.08	4.25	4.49	3.32	2.80	2.49	2.33	3.52	2.69	4.23	4.27	2.87
	20	2.77	3.13	3.72	4.11	4.70	3.99	4.15	4.40	3.29	2.80	2.55	2.41	3.50	2.77	4.18	4.18	2.88
	30	2.82	3.11	3.67	3.99	4.54	3.83	4.00	4.25	3.20	2.76	2.57	2.44	3.43	2.79	4.07	4.03	2.85
	40	2.84	3.06	3.56	3.82	4.32	3.63	3.80	4.05	3.07	2.68	2.55	2.44	3.32	2.78	3.90	3.83	2.77
	50	2.79	2.95	3.40	3.60	4.05	3.39	3.55	3.80	2.91	2.57	2.49	2.39	3.16	2.71	3.68	3.58	2.66
	60	2.71	2.81	3.20	3.33	3.74	3.12	3.26	3.50	2.70	2.41	2.39	2.30	2.96	2.61	3.42	3.29	2.50
	70	2.58	2.62	2.96	3.05	3.41	2.83	2.96	3.19	2.48	2.24	2.25	2.18	2.73	2.46	3.14	2.99	2.32
	80	2.39	2.40	2.69	2.73	3.05	2.52	2.65	2.85	2.23	2.03	2.09	2.02	2.47	2.27	2.82	2.67	2.12
	90	2.19	2.16	2.41	2.42	2.69	2.21	2.32	2.51	1.98	1.82	1.88	1.83	2.20	2.06	2.51	2.35	1.89
90°	10°	2.52	2.97	3.64	4.13	4.77	4.08	4.24	4.45	3.28	2.73	2.38	2.19	3.45	2.56	4.18	4.26	2.80
	20	2.49	2.91	3.57	4.03	4.66	3.97	4.14	4.33	3.20	2.67	2.35	2.16	3.37	2.52	4.09	4.15	2.74
	30	2.45	2.82	3.45	3.87	4.49	3.82	3.97	4.16	3.09	2.58	2.29	2.10	3.26	2.46	3.94	3.98	2.65
	40	2.38	2.70	3.31	3.67	4.26	3.61	3.80	3.93	2.93	2.46	2.22	2.02	3.10	2.37	3.75	3.77	2.54
	50	2.30	2.57	3.12	3.44	3.99	3.36	3.51	3.68	2.75	2.32	2.12	1.94	2.92	2.27	3.52	3.52	2.40
	60	2.18	2.39	2.91	3.18	3.67	3.09	3.23	3.39	2.55	2.17	2.01	1.82	2.72	2.13	3.26	3.24	2.24
	70	2.06	2.23	2.68	2.90	3.36	2.81	2.93	3.07	2.32	1.99	1.86	1.71	2.49	2.00	2.98	2.94	2.06
	80	1.90	2.02	2.44	2.61	3.02	2.52	2.64	2.76	2.10	1.81	1.72	1.57	2.26	1.83	2.69	2.64	1.88
	90	1.74	1.83	2.19	2.32	2.68	2.22	2.33	2.44	1.86	1.61	1.55	1.41	2.02	1.66	2.39	2.33	1.67
최적 경사각		60.1°	49.3	35.0	18.7	7.5	2.7	4.1	13.1	24.7	40.3	55.3	61.1	32.7*	57.0	20.3	7.2	41.4
그 일사량 (A)		4.44	4.17	4.24	4.32	4.83	4.11	4.28	4.58	3.52	3.32	3.68	4.01	4.13**	4.19	4.40	4.32	3.45
연간 최적 경사각의 일사량 (B)		4.02	4.03	4.24	4.24	4.52	3.78	3.96	4.41	3.50	3.30	3.45	3.59	3.92	3.88	4.33	4.05	3.42
비 율 (A/B)		1.11	1.03	1.00	1.02	1.07	1.09	1.08	1.04	1.01	1.01	1.07	1.12	1.05	1.08	1.02	1.07	1.01
비 율 (B/C)		1.59	1.34	1.16	1.02	0.94	0.92	0.93	0.98	1.06	1.20	1.44	1.62	1.13	1.50	1.03	0.94	1.21

주) *연 일사량의 최적 경사각 **각 달의 일사량의 평균

직류 보정 계수 : 모듈의 오염, 일사량의 변동에 의한 손실의 보정 등을 고려하기 위
한 계수. 0.8 정도.

온도 보정 계수 : 일사에 의한 태양 전지의 온도 상승에 따른 효율 변화를 보정하기
위한 계수. 결정계 태양 전지의 변화가 크고 비정질계는 작다.

온도 보정 계수 $=1 \times -k_1 (k_2-25)$

$\quad k_1$: 결 정 계   0.0041

$\quad\quad$ 비정질계   0.0020

$\quad k_2$: 셀 온도 평균 기온$+12\sim19℃$

인버터 효율 보정 계수 : 교류로 변환해서 이용하는 방식의 경우의 인버터 효율. 0.85
$\sim$0.9 정도

에너지 절감량을 1차 에너지로 표시하는 경우는 P_a에 2.45 [Mcal/kWh]를 곱하면
된다.

표 3.8 연간 발전 전력량

월	경사면 일사량[주)] [kWh/(m² · 일)]	3 kW 시스템	
		월간 [kWh/월]	1일당 [kWh/일]
1	3.55	209.7	6.76
2	3.74	199.95	7.14
3	4.13	240.03	7.74
4	4.32	236.22	7.87
5	4.76	261.9	8.45
6	4.00	209.19	6.97
7	4.18	221.64	7.15
8	4.56	239.07	7.71
9	3.51	181.86	6.06
10	3.17	175.53	5.66
11	3.13	172.23	5.74
12	3.16	184.26	5.94
연 간		2,531.58 [kWh/년]	6.94 [kWh/일]

주) 경사 일사량의 표에서 경사각 20°의 월별 일사량

(2) 에너지 절감 효과의 산정 예

설치 장소 : 도쿄

방위각 : 0°(정남쪽)

경사각 : 20°

태양 전지 출력 : 3 kWp

보정 계수 : 직류 보정 계수   0.8

온도 보정 계수   각 달에서 산출

인버터 효율   0.85

연간 발전 전력량은 **표** 3.8과 같이 2,531.58 kWh (1차 에너지 환산값 약 6,200 Mcal)로 된다.

③ 태스크 · 앰비언트 조명 시스템

태스크 · 앰비언트 조명 방식은 앰비언트 조명의 조도를 낮게 할 수 있으며, 출장자나 휴가 중인 집무자의 태스크 조명은 소등할 수 있다는 등의 이유로 전반 조명 방식에 비해서 에너지가 절감된다.

또한, 이에 의해서 공조의 냉방 부하가 작게 되기 때문에 공조의 에너지 절감에도 연결된다.

(1) 에너지 절감 효과의 산정 방법

작업면(책상)의 조도가 같다고 하는 조건 아래서 다음과 같은 방법으로 구한다.

에너지 절감량 $= Q_n - Q_{tal}$

Q_n : 전반 조명 방식의 1차 에너지 소비량

Q_{tal} : 태스크 · 앰비언트 조명 방식의 1차 에너지 소비량

① Q_n 의 산정 방법

$Q_n =$ (전반 조명 기구 대수)×(1대당 소비 전력)×(연간 점등 시간)

$\times 10^{-3} \times 2,450 \times 10^{-3}$ [Mcal/년]

② Q_{tal} 의 산정 방법

$Q_{tal} =${(앰비언트 조명 기구 대수)×(1대당 소비 전력)×(연간 점등 시간)

$+$(태스크 조명 기구 대수)×(1대당 소비 전력)×(연간 점등 시간)

×(재석률(在席率)}$\times 10^{-3} \times 2,450 \times 10^{-3}$

1대당의 소비 전력 [W]

연간 점등 시간=(연간의 근무 일수)×(하루 표준 근무 시간) [h]

(2) 에너지 절감 효과의 산정 예

모델 오피스 **그림** 3.50

설계 조도   600 [lx]

조명 기구

① 전반 조명 방식 : 매입 밑면 개방 형광등 $36W \times 2$

소비 전력　　　　　78W/대

108대

② 태스크 · 앰비언트 조명 방식 :

앰비언트 조명　　매입 밑면 개방 형광등 $36W \times 1$

소비 전력　40W/대

108대

노 트

태스크 · 앰비언트 조명 방식

태스크 · 앰비언트 조명 방식은 앰비언트 조명 방식에 의해서 **그림 3.49**에 나타내는 방식으로 분류할 수 있다. **사진 3.1**은 그림 3.49 (c)의 방식에 의한 태스크 · 앰비언트 조명의 사례이다.

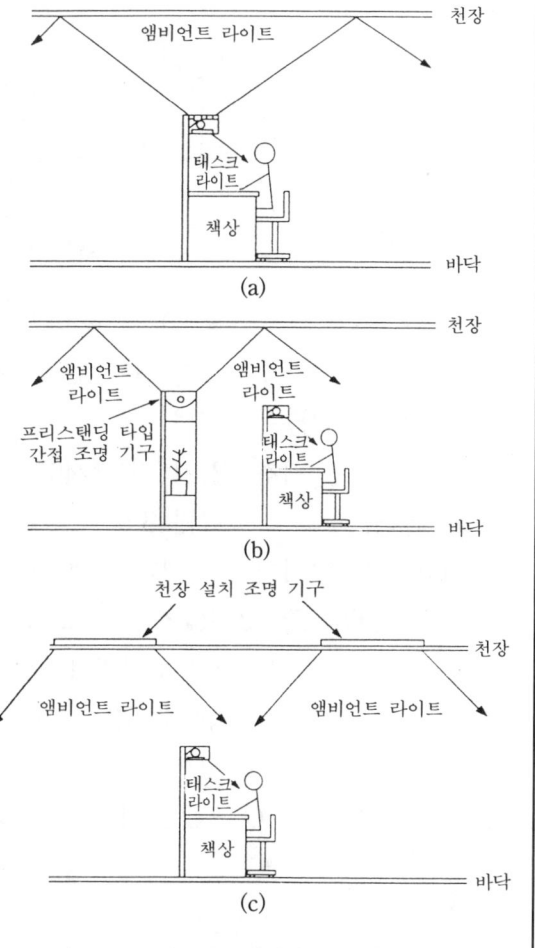

사진 3.1 태스크 · 앰비언트 조명의 예

그림 3.49 태스크 · 앰비언트 조명의 변화

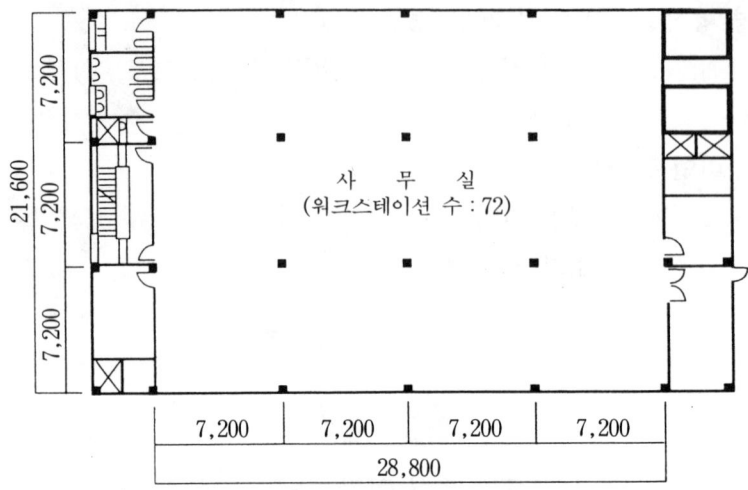

그림 3.50 모델 오피스

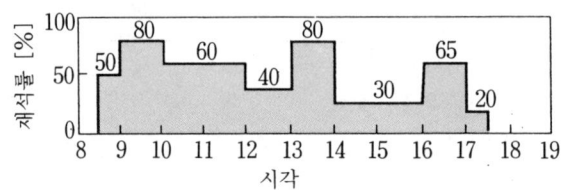

그림 3.51 재석률

태스크 조명	콤팩트형 형광등 $27W \times 1$
	소비 전력 $32W/$대
집무자(책상)수	72명
연간 점등 시간	2,214시간(246일×9시간/일)
재석률	**그림 3.51**

- 전반 조명 방식의 1차 에너지 소비량

$$Q_n = 108 \times 78 \times 2,214 \times 10^{-3} \times 2,450 \times 10^{-3} \fallingdotseq 45,694 \ [\text{Mcal/년}]$$

- 태스크·앰비언트 조명 방식의 1차 에너지 소비량

$$Q_{tal} = \{108 \times 40 \times 2,214 + 72 \times 32 \times 2,214 \times 0.53\} \times 10^{-3} \times 2,450 \times 10^{-3}$$
$$\fallingdotseq 30,057 \ [\text{Mcal/년}]$$

- 에너지 절감량 $= Q_n - Q_{tal} = 15,637 \ [\text{Mcal/년}]$

4 유도등 소등 제어 시스템

(1) 에너지 절감 효과의 산정 방법

에너지 절감량={(주간 소등할 수 있는 유도등의 수)×(1대당의 소비 전력)×(연간 주간 소등 시간)×(기후에 의한 보정 계수)+(무인 소등을 할 수 있는 유도등의 수)×(1대당의 소비 전력)×(연간 소등 시간)}×10^{-3}×2,450×10^{-3} [Mcal/년]

[연간 주간 소등 가능 시간]

주광의 입사에 의해서 피난구 또는 피난 방향이 식별되고, 유도등을 소등할 수 있는 연간 시간수는 일출에서 일몰까지의 총시간이라고 생각된다. 그러나 일출 직후 및 일몰 직전은 하늘의 휘도가 낮기 때문에 조명 학회 등에서 「채광 주간」(**그림 3.52**)으로 정의되고 있는 태양 고도 10도 이상의 시간대를 소등 가능 시간으로 하는 것이 타당하다고 생각된다.

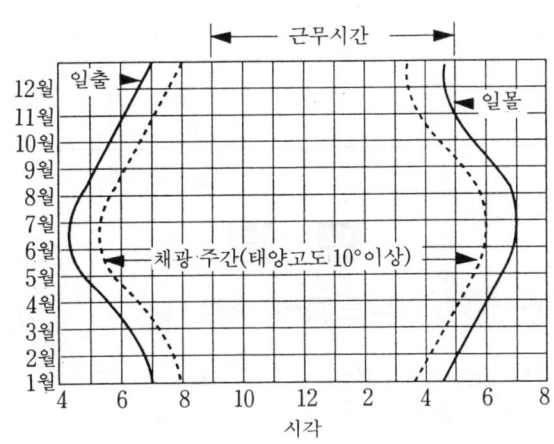

그림 3.52 채광 주간(도쿄)

[기후에 의한 보정 계수]

채광 주간에 있어서도 지나치게 흐릴 때나 뇌우시 등, 기후에 따라서는 대단히 어두운 경우도 있기 때문에 이와 같은 경우는 자동 점멸기(주광 센서)에 의해서 점등 상태로 된다. 기후에 의한 보정 계수는 이와 같은 상황을 보정하기 위한 계수로 0.95 정도로 한다.

(2) 에너지 절감 효과의 산정 예

유도등의 시방과 대수   표 3.9

근무 일수   246일

휴일 일수(무인으로 한다)   119일

무인 소등 가능 시간(휴일+근무일의 22시~8시 30분) 5,439시간/년

주간 소등 가능 시간(근무일의 8시 30분~22시 사이에) 2,040시간/년

기후에 의한 보정 계수 0.95

- 에너지 절감량

$$= [\{8 \times 13 + 6 \times 25\} \times 2,040 \times 0.95 + \{(14+4) \times 13 + 15 \times 25\}$$
$$\times 5,439] \times 10^{-3} \times 2,450 \times 10^{3}$$
$$\fallingdotseq 9,320 \, [\text{Mcal/년}]$$

표 3.9 유도등의 시방과 대수

유도등의 종류	소비 전력 [W]	대 수	주간 소등 가능한 대수
피 난 구 유 도 등	13	14	8
실 내 통 로 유 도 등	13	4	0
계 단 통 로 유 도 등	25	15	6

노 트

유도등의 소등

일본의 경우 1980년의 소방청 통지에 의해 휴일이나 야간 등 빌딩 내에 사람이 없는 경우나 주광의 입사에 의해서 피난구 또는 피난 방향을 식별할 수 있는 경우는 유도등을 소등할 수 있도록 되어 있다.

이 중에서 무인 확인은 시정(施錠) 연 동 장치 등으로 하는 일이 많다. 다만, 화재가 발생한 경우나 저녁·야간 등 주광의 입사가 없어진 경우는 자동 화재 경보 설비·자동 점멸기(주광 센서)와 연동시켜서 자동적으로 점등 상태로 하지 않으면 안 된다.

제 4 장
에너지 절감 시스템의
경제성 평가

4-1 에너지 절감의 경제성 평가 산정 방법

1 경제성 평가란

(1) 에너지 절감의 중요성

건축 설비의 에너지 절감 방법은 수없이 많으나, 실제로 설계를 진행하는 데 있어 모든 방법을 무조건 채용할 수는 없다. 에너지 절감을 추진하기 위해 건물의 단열을 강화하거나 에너지 절감 장치를 덧붙인다 해도 당초의 건설비는 늘어나기 마련이다.

이와 같은 투자액의 증가에 상응한 에너지 절감 효과를 얻지 못하면 그리 쉽게 채용할 수가 없다. 그래서, 수많은 에너지 절감 방법 중에서 어떤 것을 채용하는가를 정할 때는 각각의 방법에 대한 투자액과 그로 인해 얻을 수 있는 효과(비용 대 효과)를 검증하는 것이 필요하다.

에너지 절감 방법의 채용 의의는 크게 두 가지로 나눌 수 있다. 그 중 하나가 에너지 소비량의 삭감 효과이다. 이것은 빌딩 소유자에게 직접 이익을 주기보다는 사회적, 나아가서는 지구 환경에 대한 공헌이라는 큰 의의를 가진다. 건물이라는, 사회에 어느 정도의 영향을 주는 것을 만드는 이상, 이와 같은 사회적, 지구 환경적인 관점을 갖는 것은 중요하다.

또 하나는 경제적인 효과이다. 이것은 러닝 코스트 삭감형으로 소유주에게 직접적인 이익이 된다. 물론 에너지 소비량도 동시에 삭감되는 경우가 많지만, 러닝 코스트는 전력 회사나 가스 회사의 정책적인 요금 체계에 영향을 미치기 때문에 반드시 에너지 절감과 일치하는 것은 아니다.

본 장에서는 에너지 절감 방법의 경제성 평가라고 하는 관점에서 러닝 코스트의 삭감에 중점을 두고 설명하기로 한다.

(2) 경제성 평가의 순서

에너지 절감 방법의 경제성 평가를 하는 데는 각 방법의 이니셜 코스트(초기 투자액), 러닝 코스트를 산출하는 것이 필요하다.

러닝 코스트의 산출에는 우선 연간 에너지 비용을 구할 필요가 있다. 전력, 가스의 요금은 계절에 따라서 다른 경우가 많으며, 또 전력의 경우 축열조를 전제로 한 업무용 축열 계약 등에 따라 야간 전력을 할인하는 제도가 있다. 이 때문에 에너지 비용은 월별, 시각별로 구하는 것이 바람직하다.

② 에너지 소비량 산정 방법

연간 에너지 비용을 구하려면 연간 에너지 소비량을 구할 필요가 있으며, 이를 위해서는 우선 연간 열부하를 알아야 한다.

연간 열부하 또는 에너지 소비량을 구하는 방법으로 PAL/CEC, HASP/ACLD, ACSS, 실험 계획법 등이 있다.

(1) PAL/CEC

a) PAL의 계산 방법

PAL의 계산에는 확장 도일(Degree-Day)법이 사용된다. 도일(DD)은 냉방 DD와 난방 DD로 나누어지는데, 외기 온도가 실온보다 높은 날의 외기 온도와 실온과의 차를 매일 더한 것이 냉방 DD, 그 반대가 난방 DD이다. DD는 지역에 따라 정해지는 것으로 한랭지에는 냉방 DD가 작고 난방 DD가 크며, 온난지에서는 그 반대로 된다.

PAL은 시판의 「확장 도일표」를 사용하거나, PAL 계산 소프트웨어를 사용하여 산출한다.

b) CEC의 계산 방법

노 트

PAL/CEC란?

건축이나 설비가 에너지 절감적으로 만들어지고 있는가 어떤가를 판단하는 공적인 기준이 PAL/CEC이다.

PAL이란, 연간 외피 열부하 계수(Perimeter Annual Load)를 말하며, 지붕이나 외벽, 창과 같은 건물의 외피(페리미터)에서 실내로 침입하거나 빼앗기는 열을 연간에 걸쳐서 적산한 것이다. 지붕이나 외벽의 단열을 충분히 하거나 2중 유리를 채용하면 PAL의 값은 작아진다.

기준에서는 사무소 빌딩의 경우, PAL을 80 Mcal/(m^2·년) 이하로 할 필요가 있는 것으로 되어 있다.

PAL이 건축의 에너지 절감성을 표시

하는 데 비해서 CEC는 설비의 에너지 절감성을 표시하는 지표라고 할 수 있다. CEC란 에너지 소비 계수(Co-efficient of Energy Consumption)를 말하며, 공조, 환기, 조명, 급탕, 엘리베이터로 나누어, 각각의 연간 에너지 소비량을 계산한다. 이 값이 건물의 형상이나 사용 시간 등에서 예측되는 에너지 소비량(연간 가상 부하)에 대해서 어느 정도의 배율로 억제되고 있는가를 표시하는 지표이다. 에너지 절감 방법을 채용하면 CEC의 값은 작아진다. 기준에서는 사무소 빌딩의 공조의 경우, CEC를 1.5 이하로 하도록 정해져 있다.

CEC는 공조 설비, 환기 설비, 조명 설비, 급탕 설비, 엘리베이터에 대해서 각각 구할 필요가 있다. 이 중에서 공조 설비의 에너지 소비량 계산에는 전부하(全負荷) 상당 운전 시간을 사용하는 방법과 BECS/CEC/AC라고 하는 계산 프로그램을 사용하는 방법이 있다.

전부하 상당 운전 시간은 기기를 풀(full) 가동했다고 가정하고 연간 부하를 몇 시간으로 처리할 수 있는가를 표시한 것이다. 오피스 빌딩의 경우, 냉동기의 전부하 상당 시간은 500~700 [h/년], 공조기는 2,000 [h/년] 정도이다. 냉동기가 실제로 운전되는 시간은 1,500 [h/년] 정도이기 때문에, 평균하면 냉동기는 30~50% 정도의 부하율로 운전되고 있는 것이다.

c) PAL의 산정 예

총 바닥 면적 8,000 m²의 건물에 대한 PAL의 계산 결과를 **그림 4.1**에 나타낸다.

이것에 의하면, 같은 바닥 면적이라도 기준 층의 바닥 면적이 작고 층 수가 큰, 이른바 연필형 빌딩 쪽이 주사위와 같은 건물보다 PAL 값이 큰 것을 알 수 있다. 결국 연필형 빌딩은 바닥 면적에 비해서 외표 면적이 크기 때문에, 외벽을 통해서 열을 주고받는 것이 커서 비 에너지 절감이라고 말할 수 있다. 마찬가지로 창 면적비가 큰 건물, 외벽의 단열이 나쁜 건물일수록 PAL의 값이 커진다.

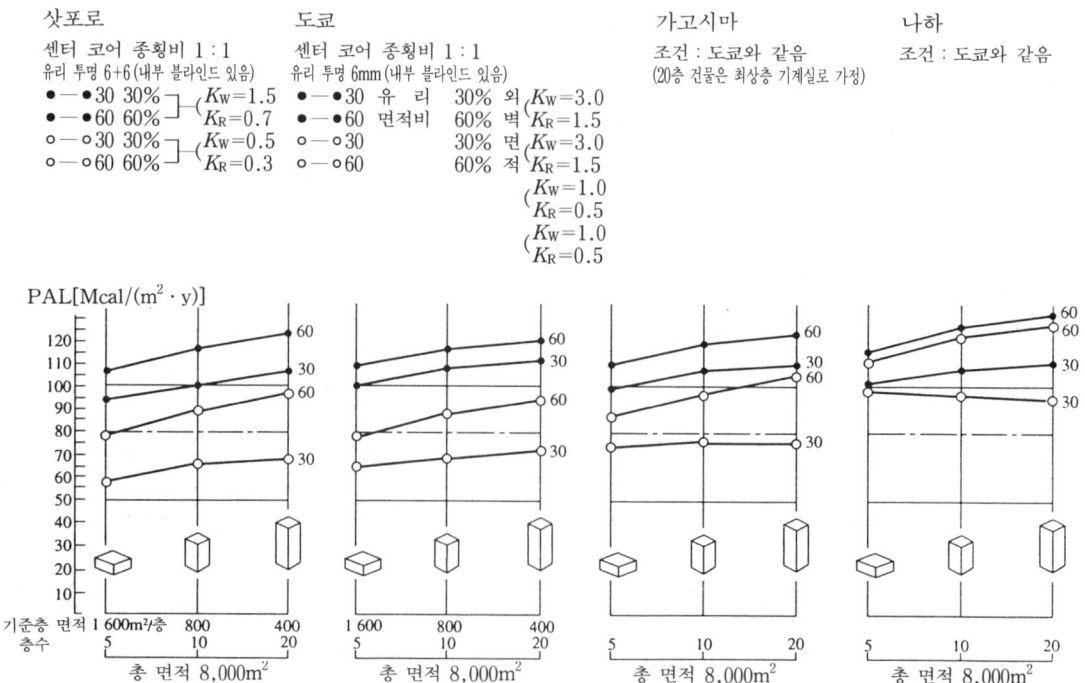

그림 4.1 건물 형상과 PAL의 관계

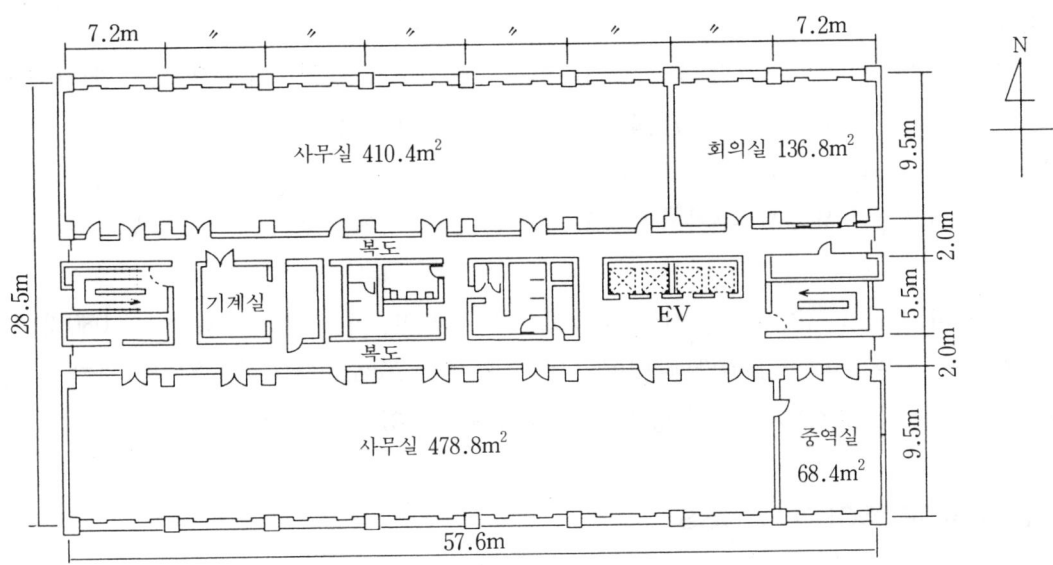

$1641.6m^2/$층$\times 9$층$=14,774.4m^2$
창 면적비 : N, S 40%, W, E 0%
기준층 공조 면적비 : $1,112m^2/1,641.6m^2=68\%$
1. 층 높이 : 3.8m
2. 천장 높이 : 2.6m
3. 복도 양단부(E, W면)의 개구는 바닥~천장면까지 전체면이다.
4. 계단실의 개구는 1.5m×2.0m이다.
5. 펜트하우스는 코어 부분(5.5m×57.6m) 전체면에 있다.

그림 4.2 MM빌딩 기준층 평면도, 건물 개요

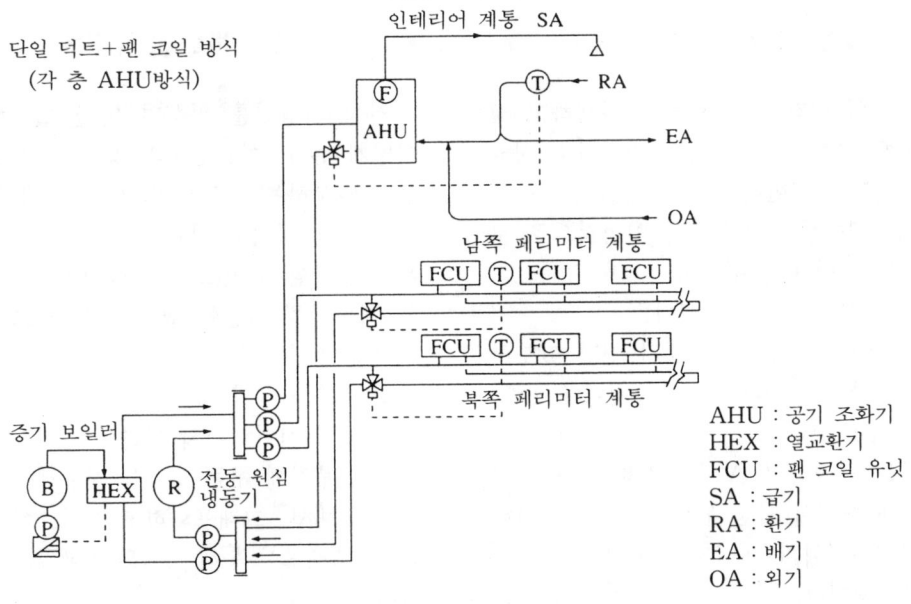

그림 4.3 MM빌딩 공조 시스템 플로

d) CEC의 산정 예

도쿄에 있는 총 바닥 면적 약 $15,000\,\mathrm{m^2}$의 건물로 CEC를 계산하기로 한다(**그림 4.2, 4.3**). 이 건물의 PAL은 75.4이다. 특히 에너지 절감 대책을 세우지 않는 경우 CEC는 1.48이 되며, 이것으로도 에너지 절감 기준은 만족하고 있지만, 그 위에 전열 교환기, VAV, VWV를 추가하면 CEC는 1.09로 되어, 전자의 약 74%로 삭감된다.

이 양자의 차이를 연간 공조 러닝 코스트로 비교하면, 전자의 경우는 약 2,080만엔/년, 후자의 경우는 약 1,560만엔/년이 되어, 전자의 75%로 된다. CEC의 차가 거의 직접적으로 러닝 코스트 차에 반영되어 있다고 할 수 있다.

(2) HASP/ACLD, ACSS

a) HASP의 계산 예

HASP에 의해서 하나의 건물로 여러 가지 에너지 절감 방법을 시도한 경우의 1년간 1차 에너지 소비량 계산 예를 **그림 4.4**에 나타낸다.

이것에 의하면, 예컨대 자연 환기를 한 경우와 하지 않은 경우(케이스 1과 케이스 9) 연간 17%의 차가 생긴다.

노 트

HASP란?

건물의 연간 열부하를 더 자세하고 정확하게 구하고 싶을 때는 컴퓨터로 시뮬레이션을 실시한다.

시뮬레이션 방법으로서 일반적으로 사용되는 것이 HASP이다.

HASP는 2종류가 있다.

HASP/ACLD는 실내의 연간 열부하를 1시간마다 구하는 프로그램이다.

HASP/ACSS는 공조 시스템과 운전 방법을 설정하고 ACLD로써 구해진 열부하에 대해서 연간 운전을 시뮬레이션하여 1시간마다의 에너지 소비량을 구하는 프로그램이다.

실험 계획법이란?

건물의 방위를 바꾸면 연간 열부하는 어떻게 변하는가? 건물의 창을 크게 하면 연간 열부하는 어떻게 변할까? 설계의 초기 단계에 있어서 이와 같은 의문에 간단하게 대답할 수 있도록 만들어진 것이 실험 계획법을 이용한 열부하 산출 프로그램이다.

실험 계획법에서는 건물의 방위나 창 면적률 등 하나하나의 인자를 변화시켰을 때의 열부하에 주는 영향을 시뮬레이션에 의해 구해서, 그래프화하고 있다. 설계자는 그 그래프를 통해 각각의 효과를 알 수 있다.

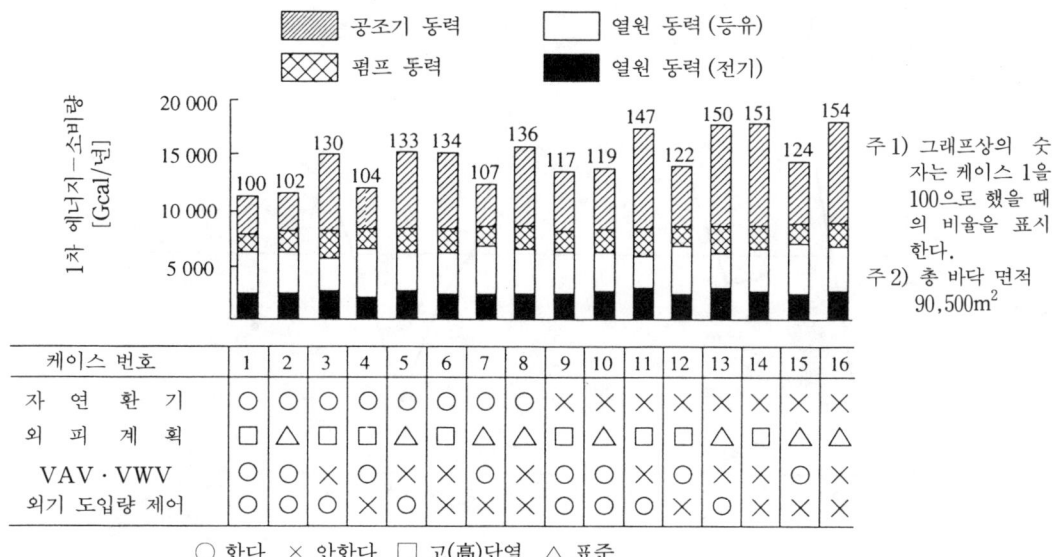

케이스 번호	1	2	3	4	5	6	7	8	9	10	11	12	13	14	15	16
자 연 환 기	○	○	○	○	○	○	○	○	×	×	×	×	×	×	×	×
외 피 계 획	□	△	□	□	△	□	△	□	□	□	△	□	△	□	△	△
VAV · VWV	○	○	×	○	×	×	○	×	○	○	×	○	×	×	○	×
외기 도입량 제어	○	○	○	×	○	×	×	×	○	○	○	×	○	×	○	×

○ 한다 × 안한다 □ 고(高)단열 △ 표준

그림 4.4 HASP/ACSS에 의한 각종 에너지 절감 방법의 효과 검토 결과(연간 집계치)

그리고 VAV · VWV를 채용한 경우와 채용하지 않는 경우(케이스 1과 케이스 3)에서는 연간 30%의 차가 생긴다. 이와 같이 HASP를 사용함으로써 수많은 에너지 절감 시스템의 비교를 상당히 정확하게 할 수 있다.

(3) 실험 계획법

a) 실험 계획법의 계산 예

페리미터(창 주변)에 관한 여러 가지 인자가 연간 열부하에 주는 영향을 **그림 4.5**에 나타낸다.

예컨대, 창 면적비를 0 %, 다시 말해 창이 없는 건물로 하면, 연간 열 부하는 24 [Mcal/(m^2 · 년)] 만큼이나 감소한다. 그리고 창 면적비를 60%로 하면 연간 열부하는 24 [Mcal/(m^2 · 년)] 만큼이나 증가한다.

건물의 방위와 연간 열부하와의 관계에서는 남쪽을 향한 건물이 연간 열부하가 가장 적고 표준에 비해 −16 [Mcal/(m^2 · 년)]으로 되어 있다. 동서면은 태양이 바로 옆에서 닿는 데 비해서 남면은 여름 철에는 태양이 위에서 닿기 때문에 일사의 영향을 받기 어렵고, 겨울철은 창으로 일사가 들어와서 난방 부하를 줄이는 데 도움이 되기 때문이라고 생각된다.

이에 비해서 동서면에서는 표준보다 10~16 [Mcal/(m^2 · 년)] 만큼 연간 부하가 크게 되어 있다.

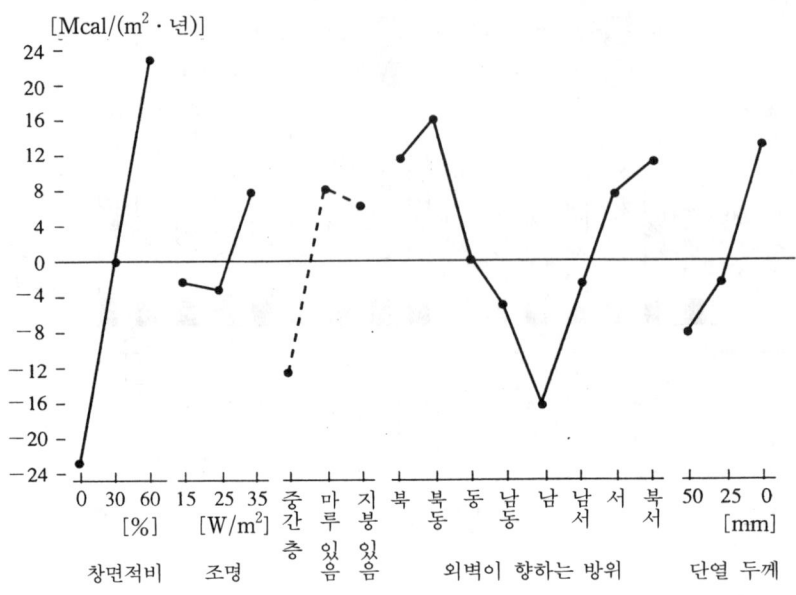

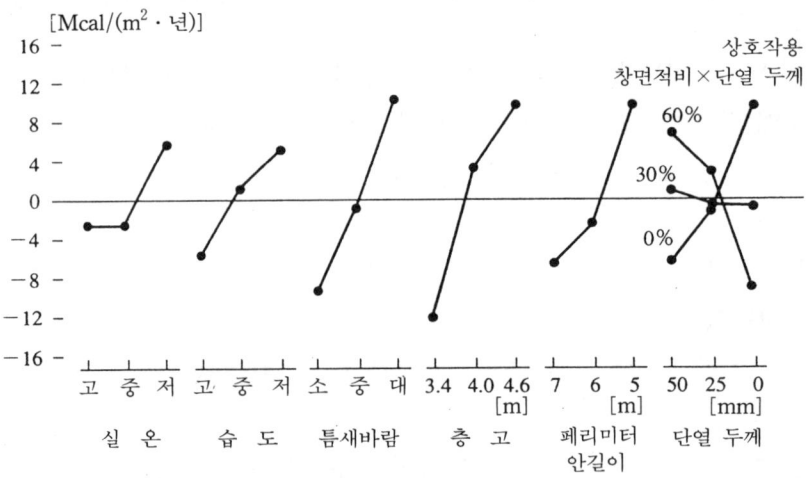

그림 4.5 페리미터 존의 연적산 냉방 부하에 대한 유의(有意) 요인의 효과

③ 경제성 평가의 산정 방법

경제성 비교에는 연간 경상비를 구하는 방법과 건물의 생애에 걸친 코스트를 산출하는 것, 소위 라이프 사이클 코스트(LCC)를 구하는 방법이 이용된다.

(1) 경상비

건축 설비를 운영해 나가기 위해서는 에너지비뿐만 아니라 유지 수리비, 조세, 감가 상각비 등 여러 가지 비용이 필요하다. 1년간 필요한 이들의 비용을 설비의 경상비라고 한다.

경상비는 크게 고정비와 변동비로 나눌 수 있다. 고정비는 설비의 운전에 관계없이 매년 필요한 비용으로 감가 상각비, 이자, 조세 공과, 보험 등을 포함한다. 변동비는 설비를 운전하기 위한 비용으로 광열 수도비, 인건비, 유지 수리비 등을 포함한다.

어떤 에너지 절감 방법을 채용했을 때, 이니셜 코스트가 1,000만엔 필요한 것으로 한다. 이것을 전부 차입에 의해 조달한 것으로 하고, 이 차입액의 반제 연수는 설비의 법정 내용(耐用) 연수인 15년으로 한다. 금리를 5%로 하면 매년 반제액은 1,000만× 0.0963=96.3만엔이 된다. 여기서 0.0963이라는 숫자는 반제 연수와 금리에 의해서 정해지는 정수로, 자본 회수 계수라고 불리는 것이다.

또한, 이니셜 코스트가 증가하면 매년의 보험료 및 조세 공과도 증가한다. 이것을 평균하면 설비비의 0.65%년 정도로 된다. 다시 말해 1,000만×0.0065=6.5만엔/년으로 된다. 합계하면 이 에너지 절감 방법의 채용으로 연간 고정비는 약 103만엔/년이 증가하는 것이다.

이에 대해서 에너지 절감 방법의 채용으로 매년 변동비는 감소한다. 광열 수도비나 인건비가 연간 103만엔 이상 감소하면 경상비(=고정비+변동비)는 마이너스가 되고, 이 에너지 절감 방법은 경제적인 장점을 가져오게 된다.

(2) 라이프 사이클 코스트(LCC)

a) LCC의 계산 예

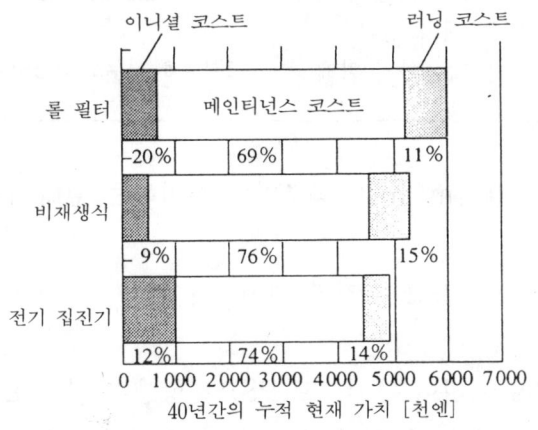

그림 4.7 공조기 필터의 방식별 LCC

노 트

LCC란?

건물의 외장 등에 내구성이 있는 재료를 사용하거나 에너지 절감 효과가 있는 설비를 설치하면 당초의 이니셜 코스트는 높아지지만 관리·유지나 광열비, 나아가 갱신에 필요한 비용 등을 종합하면 긴 안목으로 볼 때 경제적이라고 할 수 있다.

그림 4.6은 표준적인 사무소 빌딩의 40년간에 걸친 각 비용의 비율을 산출한 것이다. 이것에 의하면 초기의 건설비는 전체의 1/4에 불과한 것을 알 수 있다.

원래 건물은 수십 년 이상 사용하는 것이고, 단기적인 득실보다도 건물이 수명을 다할 때까지의 토털 코스트로 비교하여야 한다. LCC는 이런 생각에서 만들어져 있다.

그러나 예를 들어 현재의 관리·유지비와 50년 후의 관리·유지비는 화폐의 가치가 전혀 다르다. 그래서 장래의 비용에 대해서는 그때까지의 가격 변동률과 금리를 고려해서 현재의 가치라고 하는 형태로 바꿔 놓는다.

예컨대, 가격 변동률을 2%로 하면 현재 100만엔으로 살 수 있는 기계가 10년 후에는 $100 \times (1+0.02)^{10} = 122$만엔이 된다.

한편, 10년후에 122만엔 지불하기 위해서는 금리를 5%로 하면 현재 $122 \div (1+0.05)^{10} = 75$만엔을 저축하면 되는 것이다. 즉, 100만엔짜리 기계의 10년 후의 현재 가격은 75만엔이 된다.

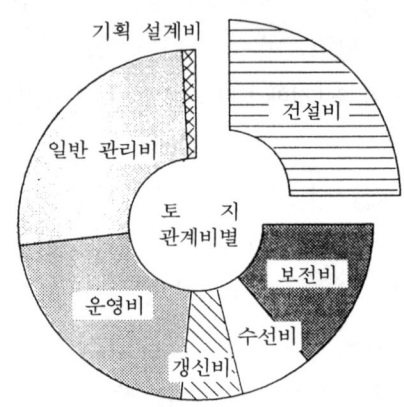

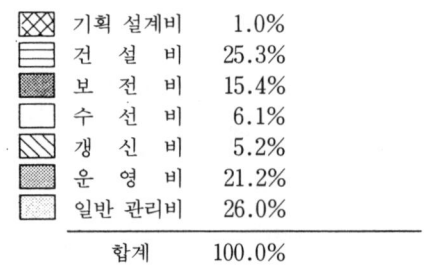

▨	기 획 설 계 비	1.0%
▤	건 설 비	25.3%
▨	보 전 비	15.4%
□	수 선 비	6.1%
▨	갱 신 비	5.2%
▨	운 영 비	21.2%
□	일반 관리비	26.0%
	합계	100.0%

그림 4.6 사무소 빌딩의 LCC (계획 연수 40년)

그림 4.7은, 풍량 15,000 [m³/h]의 공조기에 설치하는 필터 유닛의 LCC를 시산한 것이다.

전기 집진기는 이니셜 코스트는 높지만 관리·유지비가 싸기 때문에 LCC는 최소로 되어 있다.

그리고, **그림** 4.8, 4.9는 파이프 샤프트(PS)의 형상에 의한 LCC의 차이를 시산한 것이다. 이 안에는 건축 공사비, 설비 공사비, 갱신비, 스페이스 전유비가 포함되어 있다.

여기서 스페이스 전유비(專有費)라는 것은 설비의 전유 스페이스가 다른 방식에 비해서 큰 경우에 셋방으로서 얻었을 것으로 보는 임대료 수입의 마이너스분을 가리킨다.

임대료가 높은 도쿄 등에서는 LCC 중 스페이스 전유비가 차지하는 비율이 상당히 크기 때문에 내부에 관리·유지 스페이스를 채택한 1-1안이 LCC는 가장 높고, 스페이스가 최소이고 갱신도 용이한 1-2안이 가장 싸게 되어 있다.

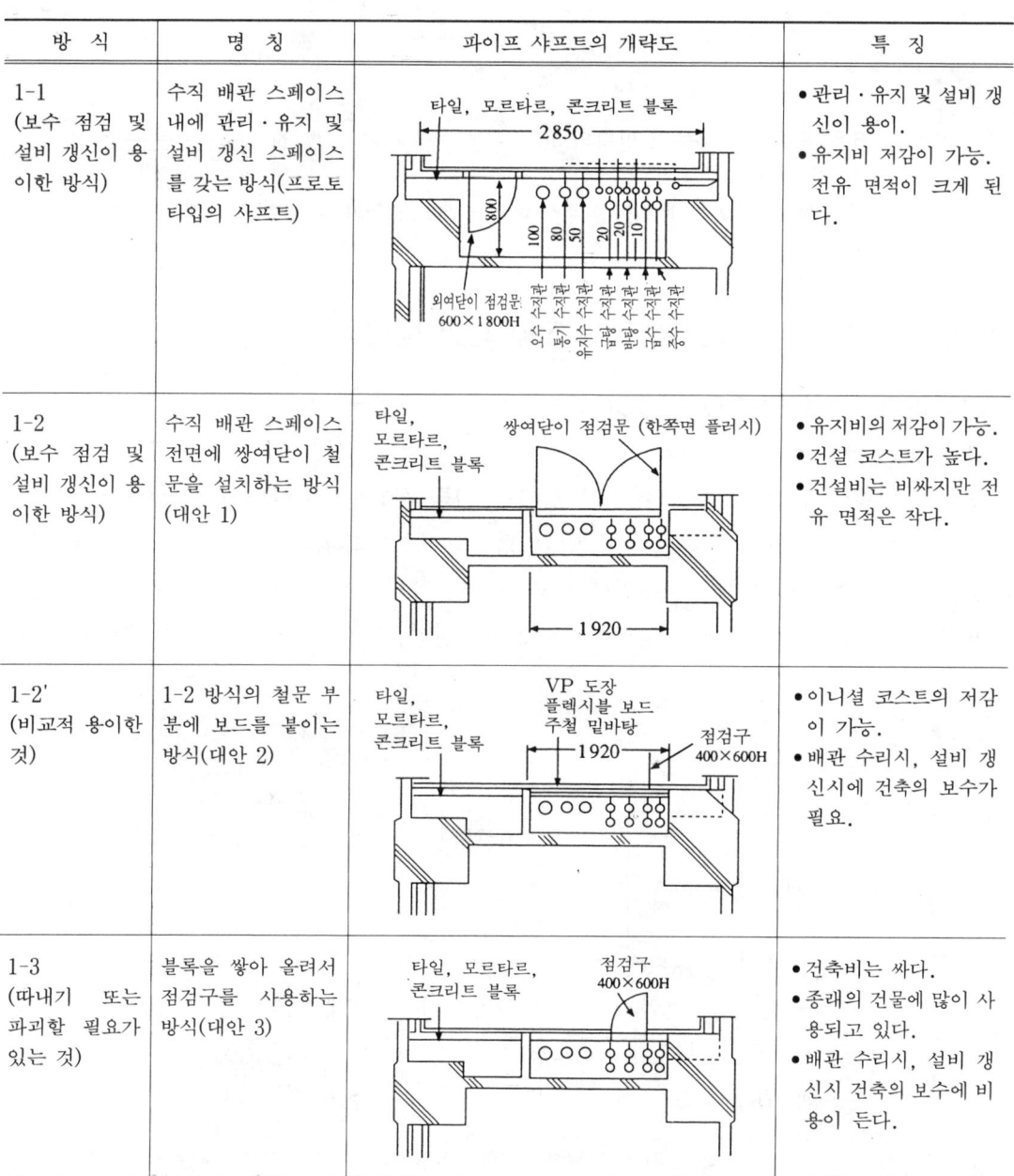

그림 4.8 각종 파이프 샤프트의 원단위(原單位)

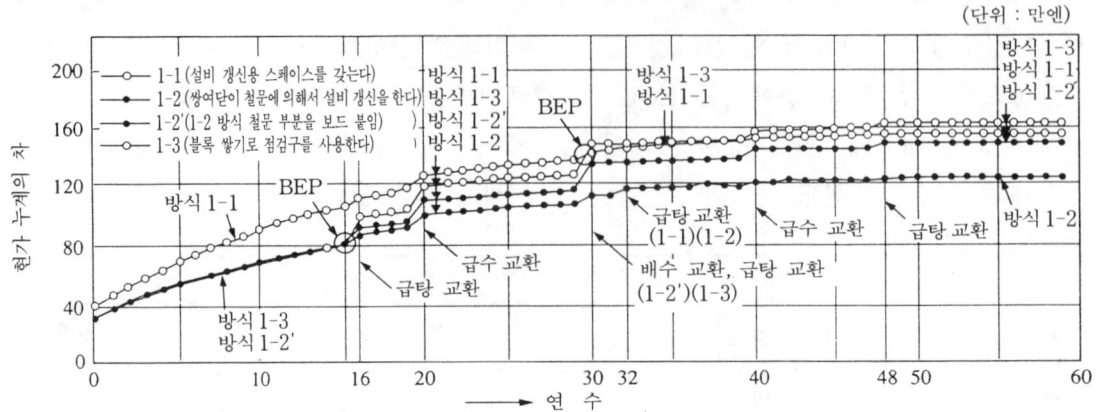

그림 4.9 사무소 내 화장실 수직 배관 스페이스 현가(現價) 누계 그래프

4 지구 환경 레벨에서의 에너지 절감 평가 방법

(1) 라이프 사이클 CO_2(LCCO$_2$*)

a) LCCO$_2$*의 계산 예

오피스 빌딩에서 LCCO$_2$*를 계산한 결과를 **그림 4.12**에 나타낸다. 평균적인 오피스에서는 건설부터 폐기까지의 동안에 연간 평균하면 약 $43\,kg/(m^2 \cdot 년)$의 탄소를 배출하고, 그 중에서 반 가까이가 운영에 따라서 배출된다. 이 빌딩에 에너지 절감 방법을 채용하면 운용에 따른 탄소 배출량이 18% 삭감된다.

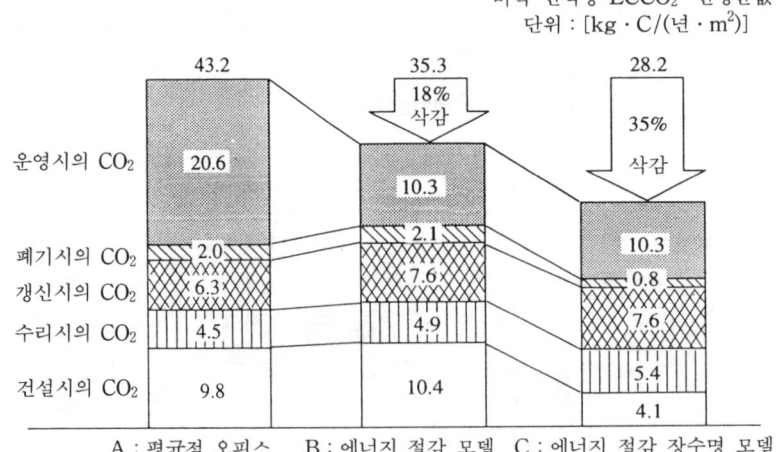

그림 4.12 오피스 빌딩의 라이프 사이클 CO_2 시산 예

또 이 빌딩을 장기간에 걸쳐서 파괴하지 않고 계속 사용하면, 건설에 따른 탄소 방출량(연평균화)이 35% 삭감된다. 다시 말하면 에너지 절감 방법을 채용하고 빌딩을 장기간 사용하는 것이 LCCO$_2$*를 줄이고 지구 환경에 공헌하는 결과에 연결됨을 알 수 있다.

노 트

LCCO$_2$*란?

온난화에 의한 지구 환경의 영향이 문제되고 있다.

지구 온난화는 CO$_2$ 등의 온난화 가스의 증가가 최대 원인이 되고 있다.

모든 산업에서 배출되는 CO$_2$ 중에서 34%가 건물의 건설, 운용, 폐기에 따라서 방출된다는 시산 결과도 있어, 건물에서의 CO$_2$ 배출량을 삭감하는 것이 급선무로 되어 있다.

그 때문에 우선 건물을 지었을 때부터 건물이 철거될 때까지의 과정에 걸친 CO$_2$ 배출량을 구하는 것이 필요하다. 그 지표로서 고안된 것이 LCCO$_2$*이다(그림 4.10, 4.11).

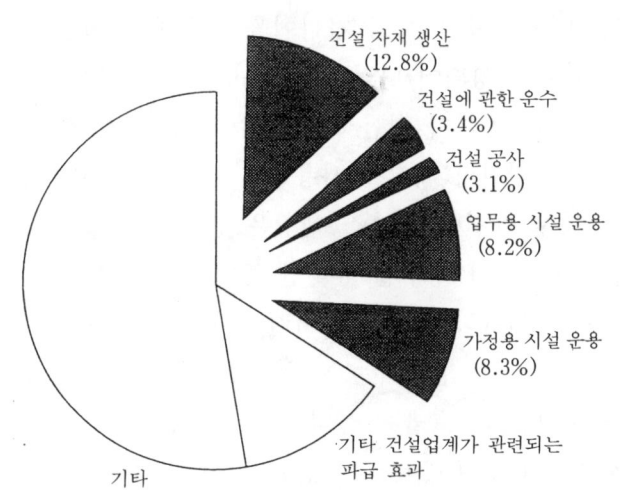

그림 4.10 일본에서 배출되는 CO$_2$량 중 건축 분야가 차지하는 비율

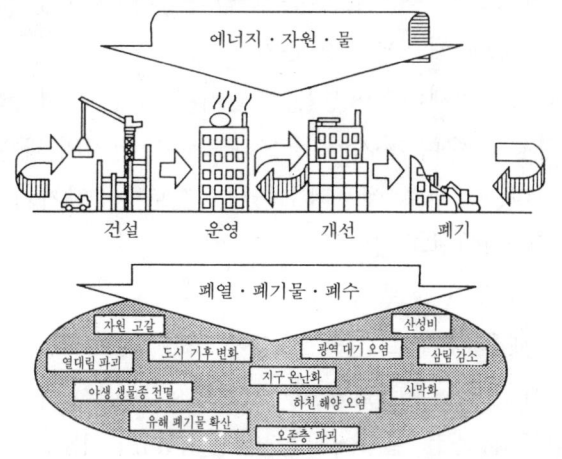

그림 4.11 지구 온난화에 관계되는 부하·라이프 사이클 CO$_2$

4-2 주요한 에너지 절감 시스템의 경제성 평가 산정 예

① 열원 시스템의 경제성 평가

(1) 코제너레이션(cogeneration)

a) 코제너레이션의 특징

코제너레이션 시스템은 건물 내의 전기만이 아니라 냉난방, 급탕까지 공급할 수 있으며, 소비된 연료의 90% 가까이를 유효하게 이용할 수 있다. 그러나 어떠한 경우에도 그렇게 잘 운영되어 나간다고는 단정할 수 없다. 예를 들면, 사무소 빌딩과 같이 냉난방이 필요한 시기가 여름과 겨울철에 집중되어 있는 건물에서는 봄이나 가을에는 아무리 해도 발전기의 배열을 사용하지 않게 되어 종합 효율이 낮아지게 되는 것이다.

또한, 디젤 엔진이나 가스 엔진은 온수를 대량으로 발생시키지만, 온수를 사용해서 흡수식 냉동기에서 냉수를 만들면 증기에 의한 2중 효용 흡수 냉동기나 가스 온수기에 비해 효율이 대단히 낮게 되어버린다.

한편, 가스 터빈 발전기는 고압의 증기를 발생하므로 2중 효용의 흡수 냉동기를 사용할 수 있고 냉방의 효율은 높다. 그러나 발전 효율이 낮아, 대량으로 발생하는 증기를 모두 사용하지 못하고 버리고 마는 일이 일어날지도 모른다.

또한, 코제너레이션 방식은 이니셜 코스트가 상당히 높고, 발전기의 정기적인 관리·유지가 필요하기 때문에 유지 관리비도 높게 된다. 이런 코스트 업을 에너지 비용의 절약에 의해서 회수할 수 있는지 없는지가 판단의 갈림길이 된다.

b) 어떤 곳에 채용되고 있는가

일반적으로 코제너레이션은 병원이나 호텔에 적합하다고 말할 수 있다. 이것은 일년 내내 급탕용 온수나 증기가 필요하므로 발전기의 배열을 언제나 유효하게 이용할 수 있기 때문이다. 실제로 채용되고 있는 것도 이 양자가 많은 것 같다.

c) 코제너레이션의 경제성 산정 예

① 홋카이도 A 호텔의 예

벽지에 세운 호텔로 전력 사정이 나쁜 것도 있고 해서 500 [kVA]의 디젤 발전기를 4대 설치하였다. 배열(排熱)은 온수로서 빼내서 주로 난방 급탕으로 사용하고 있다.

1985년도의 운전 실적에서는 발전 kWh당 18.3엔으로, 매전(賣電)으로 환산한 37.2엔에 비해서 싸게 되어 있다(관리·유지 비용은 포함하지 않는다). 연간 총비용으로 계산하면 약 6천만엔이 절약된다.

② T공과 대학의 예

도시 교외에 입지하고 특별 고압을 인입하는데 막대한 비용이 필요한 일도 있고 해서 코제너레이션을 채용하고 있다.

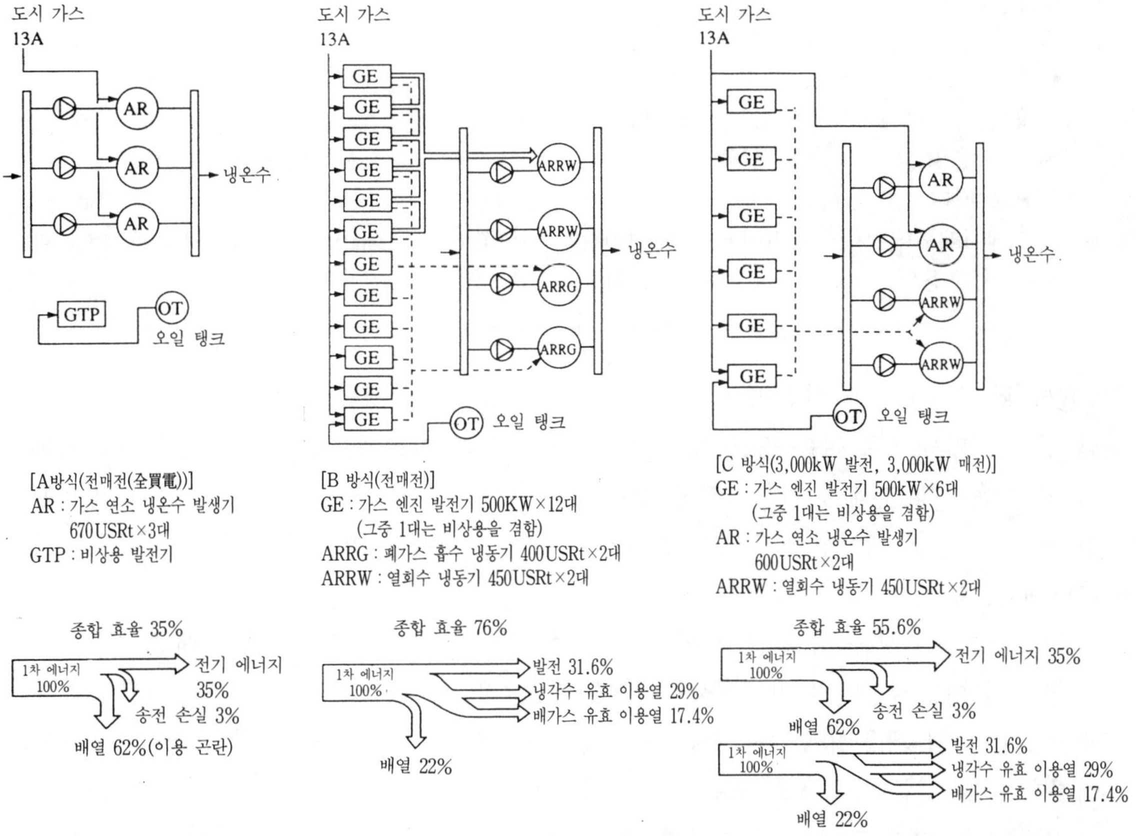

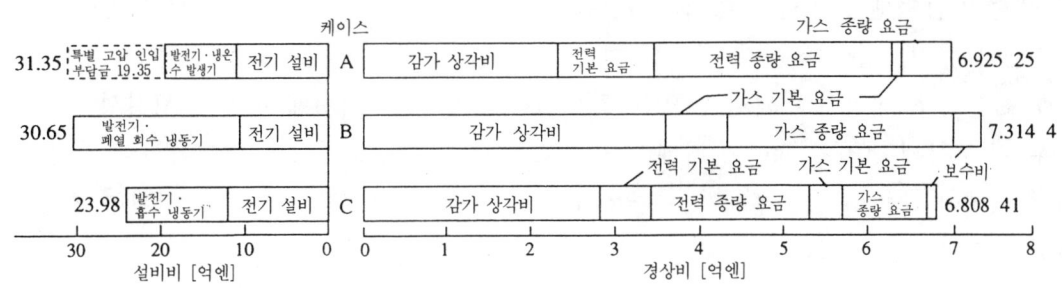

[A방식(전매전(全買電))]
AR : 가스 연소 냉온수 발생기
　　 670USRt×3대
GTP : 비상용 발전기

종합 효율 35%

1차 에너지 100% → 전기 에너지 35%
→ 송전 손실 3%
배열 62%(이용 곤란)

[B 방식(전매전)]
GE : 가스 엔진 발전기 500KW×12대
　　 (그중 1대는 비상용을 겸함)
ARRG : 폐가스 흡수 냉동기 400USRt×2대
ARRW : 열회수 냉동기 450USRt×2대

종합 효율 76%

1차 에너지 100% → 발전 31.6%
→ 냉각수 유효 이용열 29%
→ 배가스 유효 이용열 17.4%
배열 22%

[C 방식(3,000kW 발전, 3,000kW 매전)]
GE : 가스 엔진 발전기 500kW×6대
　　 (그중 1대는 비상용을 겸함)
AR : 가스 연소 냉온수 발생기
　　 600USRt×2대
ARRW : 열회수 냉동기 450USRt×2대

종합 효율 55.6%

1차 에너지 100% → 전기 에너지 35%
→ 송전 손실 3%
배열 62%

1차 에너지 100% → 발전 31.6%
→ 냉각수 유효 이용열 29%
→ 배가스 유효 이용열 17.4%
배열 22%

(a) 검토 시스템과 시스템도

주 1) 감가 상각비는 연리 8%, 내용년 15년으로 하고, 자본 회수 계수 0.1168에서 산출했다.
　 2) 전력 및 가스세는 포함하지 않는다.
　 3) 케이스 A에서 특별 고압 인입 부담금은 설비비에 포함하지 않는다.
　 4) 케이스 C에서 보통 고압 인입 부담금은 설비비에 포함하지 않는다.

(b) 설비비와 연간 경상비

그림 4.13 코제너레이션 방식과 종래 방식의 경제 비교

노 트
코제너레이션이란?

발전기를 운전하면 알 수 있는데 전기를 일으키는 동시에 대량의 열이 발생한다. 발전기가 소비한 연료 중에서 발전에 사용되는 것은 20~35% 정도이고, 나머지는 고온의 배기 가스로 굴뚝에서 낭비적으로 버려지고 있다.

코제너레이션이란, 낭비적으로 버려진 열을 공조용의 열로 이용하고자 하는 시스템이다.

다시 말하면, 발전기(제너레이터)에 의해서 전기를 일으키고 그 때 발생하는 고온의 배기 가스를 모아서, 보일러에 의해서 온수나 증기를 만들어 내는 것이다.

온수나 증기는 급탕이나 난방에 이용될 뿐만 아니라, 흡수식 냉동기를 사용하면 냉방에도 이용할 수 있다.

---

625 [kVA]의 가스 엔진 발전기를 6대 설치하고 있다. 냉방은 배열에서 생성한 온수와 증기를 열원으로 하는 흡수 냉동기에 의해서 이루어지며, 난방은 증기를 열교환해서 만든 온수에 의해서 이루어지고 있다. 코제너레이션을 사용하지 않는 재래 방식과 전 전력을 코제너레이션에 의해서 공급하는 방식의 경제성 비교의 시산을 **그림** 4.13에 나타낸다.

초기 투자액에서는 특별 고압 인입의 부담금을 포함하면 케이스 A(재래 방식)가 가장 높게 들며, 경상비의 비교에서는 인입 부담금을 포함하지 않기 때문에 케이스 A와 케이스 C(금회 채용 방식)는 거의 차가 없어지지만, 실제로는 인입 부담금을 차입하면 이자가 붙기 때문에 그것을 포함하면 케이스 C쪽이 유리하다.

1987~88년의 운전 실적에 의하면 에너지비의 삭감량은 연간 4,000만엔 정도로 당초의 예측 약 1억엔을 밑돌고 있다. 이것은 초년도이기 때문에 학생수가 계획 인원의 반 정도였다는 것, 실측 시기가 선선한 여름이었다는 것에 기인한다고 생각할 수 있다.

수요가 당초 계획대로 되지 않으면 초기 투자액의 회수 계획에 지연이 생겨서 최악의 경우 회수 전에 설비의 수명이 다해버릴 수도 있다. 그 때문에 코제너레이션과 같이 초기 투자액이 고가인 시스템에서는 당초의 부하 예측을 면밀히 검토하고 정확한 경제성 비교를 할 필요가 있다고 할 수 있다.

(2) 축열 시스템
축열 시스템을 채용하는 이유는 다음과 같은 것이다.
① 값이 싼 야간 전력을 이용한다
전력 회사는 주간에 비해서 수요가 적은 야간 전력을 더 사용해 주기를 바라므로 축열

노 트

축열 시스템이란?

축열 시스템이란 냉동기나 히트 펌프에서 만든 냉수, 온수를 건물 지하의 2중 슬래브 속 등을 이용한 축열조에 저장해 두고, 필요할 때 펌프로 퍼 올려서 사용하는 시스템이다(**그림 4.14**).

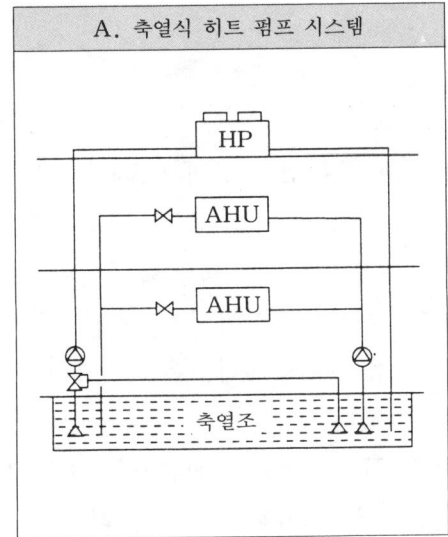

A. 축열식 히트 펌프 시스템

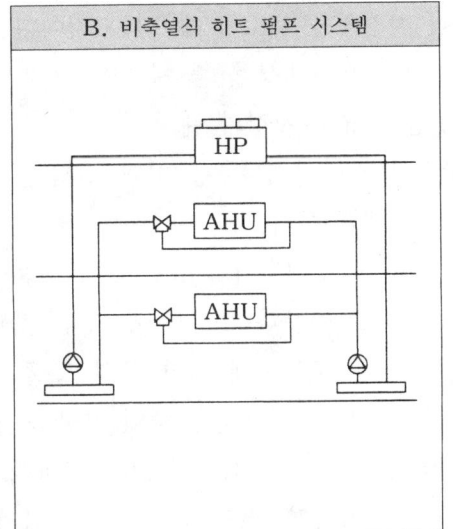

B. 비축열식 히트 펌프 시스템

그림 4.14 비교 시스템

조를 사용해서 야간에 열을 축적할 것을 권장하고 있다. 이 계약을 하면 22시에서 8시 사이에 운전한 냉동기나 히트 펌프의 전력 요금이 주간에 비해서 크게 싸다.

예컨대 낮에 필요한 냉수나 온수를 야간에 저장해둠으로써 러닝 코스트(전력 요금)을 대폭 삭감할 수 있게 되는 것이다.

② 시간외의 부하에 대응한다

야간이나 휴일 등 건물 안의 극히 일부만을 사용할 때 대형의 열원 기기를 운전하면 기기 효율이 저하되고, 또 빈번하게 ON·OFF를 되풀이 하기 때문에 기기의 수명도 단축된다. 축열 시스템을 채용하면 열원은 거의 100%의 부하로 운전할 수 있고, 효율 및 기기의 수명도 개선된다.

③ 열회수에 대응하기 쉽다

최근의 인텔리전트 빌딩에서는 겨울에도 냉방이 필요한 것이 일반적으로 되어 있다. 그렇다고 하지만 건물 전체가 냉방되는 것이 아니고 OA 기기나 사람이 적은 부분에서는 난방도 필요하다.

이와 같은 경우에는 열회수 히트 펌프를 사용하면 적은 에너지로 냉수와 온수를 동시에 만들 수 있다. 냉동기와 보일러로 냉수와 온수를 만드는 경우에 비해서 러닝 코스트를 삭감할 수 있다.

그러나 냉방과 난방은 언제나 동시에 필요하게 되는 것이 아니라 오히려 오전중은 난방, 오후에는 냉방하는 것과 같이 시간이 어긋나는 경우가 많은데, 축열조를 사용함으로써 이 시간차를 해소할 수 있는 것이다.

a) 축열조의 경제성 산출 예

① T건설 규수 지점의 예

후쿠오카 시내에 있는 총 바닥 면적 $10,600\,\mathrm{m}^2$의 사무소 빌딩에서 $500\,\mathrm{m}^3$의 축열조를 설치한 예를 든다.

축열조의 물 깊이가 $1.7\,\mathrm{m}$로 얇기 때문에 보통의 방식으로는 축열조 효율이 나쁘고, 그렇지 않아도 충분하다고 할 수 없는 축열조 용량이 더욱 작아지고 만다. 이 때문에 이 건물에서는 축열조에 대한 물의 토출·흡입 방법을 연구해서, 온도 성층형의 축열조로서 85%라고 하는 높은 축열 효율을 달성하고 있다.

몇 개의 시스템의 경제성의 시산 결과를 **표 4.1**, **그림 4.15**에 나타낸다. 축열 시스템의 채용으로 이니셜 코스트는 좀 높게 되지만, 심야 전력 이용에 의해서 러닝 코스트가 싸게 된다(케이스 5~케이스 8). 채용된 케이스 7의 경우, 케이스 1에 비해서 경상비에서 약 160만엔/년이 싸게 된다.

러닝 코스트의 실적값은 약 1,000만엔/년이고, 시산값은 1,400만엔/년보다 적게 되어 있다.

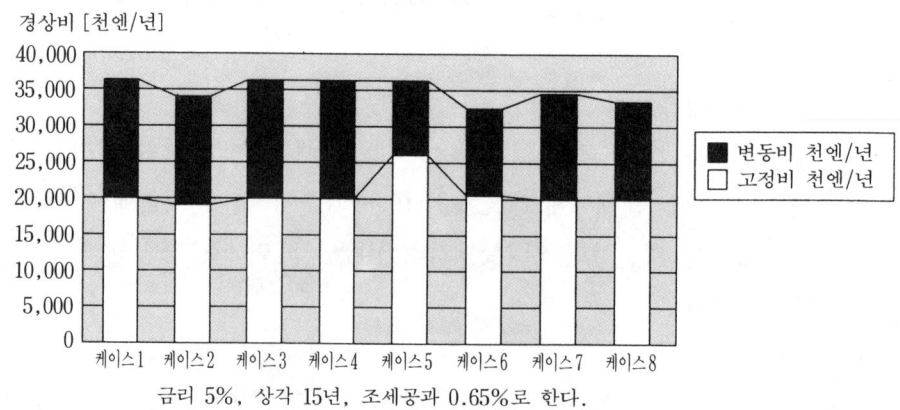

금리 5%, 상각 15년, 조세공과 0.65%로 한다.

그림 4.15 축열조의 효과

표 4.1 계획시의 열원 비교 시뮬레이션

케이스	열원 기기	축열조 [m³]	가스 연소 냉온수 발생기	냉각 탑	공냉 히트 펌프 칠러	축방열 열교환기	운전 순위
케이스 1	축열조 없음	전전기	−			74.6kW{100HP}×4대 압축기 37kW×2 ⎫ 팬 0.7kW×10 ⎬×4 히터 250W×2 ⎭		
케이스 2		전가스	422.04kW{120USRt} ×3대 펌프류 2.1kW ⎫ 가스 80Nm³/h ⎬×3 (그 중 1대 동시빼내기)	544.2kW{120냉각톤} ×3대 팬 3.7kW×3대			
케이스 3		전기+가스	633.06kW{180USRt} ×1대 펌프류 3.4kW ⎫ 가스 120Nm³/h ⎬×1 (동시빼내기)	816.3kW{180냉각톤} ×1대 팬 5.5kW×1대	74.6kW{100HP}×2대 압축기 37kW×2 ⎫ 팬 0.7kW×10 ⎬×2 히터 250W×2 ⎭		전기 우선
케이스 4			−	상 동	상 동	상 동		가스 우선
케이스 5	축열조 있음	전축열조	1,600	−	−	74.6kW{100HP}×4대 압축기 37kW×2 ⎫ 팬 0.7kW×10 ⎬×4 히터 250W×2 ⎭	308.195kW {265,000kcal/h} ×4대	
케이스 6		전전기	500	−	−	89.52kW{120HP}×1대 74.6kW{100HP}×2대 (시방은 다른 난 참조)	366.345kW {315,000kcal/h} ×1대	
케이스 7		전기+가스	500	527.55kW{150USRt} ×1대 펌프류 3.4kW ⎫ 가스 100Nm³/h ⎬×1 (동시빼내기)	725.6kW{160냉각톤} ×1대 팬 5.5kW×1대	89.52kW{120HP}×1대 압축기 45kW×2 ⎫ 팬 0.7kW×12 ⎬×1 히터 250W×2 ⎭	366.345kW {315,000kcal/h} ×1대	전기 우선
케이스 8			500	상 동	상 동	상 동		가스 우선

주) 1. 냉열원 필요 합계 능력 1,232 kW{350USRt}이다.

② 공조 시스템의 경제성 평가

(1) 외기 냉방

a) 외기 냉방의 경제성 산정 예

일반적인 사무소 빌딩에 있어서 외기의 최대 도입량과 연간 냉방 부하와의 관계를 그림 4.16에 나타낸다.

노 트

외기 냉방이란?

최근의 건물은 단열성이 좋고, 또 OA 기기 등에서의 내부 발열이 크기 때문에 봄이나 가을뿐만 아니라, 겨울에도 냉방을 필요로 하는 일이 많아지고 있다.

이와 같은 경우에는 외기를 그대로 실내에 넣어주면 냉동기를 운전하지 않아도 충분히 냉방 효과를 기대할 수 있다. 이것이 외기 냉방이다. 외기 냉방은 내부 발열이 많은 사무소 빌딩이나 냉방 기간이 긴 상업 시설 등에서 많이 채용되고 있다.

외기 냉방을 가능하게 하기 위해서는 가급적 많은 외기를 공조기로 도입될 수 있도록 외기 도입 덕트와 배기 덕트를 크게 하거나 환기 팬을 설치하는 등, 당초부터 외기 냉방에 적합한 시스템 계획을 할 필요가 있다.

여기서 주의하지 않으면 안 될 것은 동기나 중간기는 외기의 절대 온도가 낮기 때문에 가습기를 크게 해 놓지 않으면 외기 냉방을 한 그 순간에 실내의 습도가 저하되는 것이다.

가습기도 증기 가습기를 사용하면 애써 이룬 냉방 효과가 상쇄되어 버리기 때문에 기화식 등의 물 가습기를 사용하는 것이 바람직하다.

이에 의하면 외기를 대량으로 도입될 수 있게 하면 할수록 연간의 냉방 부하는 작게 된다.

그리고 내부 발열과의 관계를 보면 내부 발열이 작을($20 [kcal/(h \cdot m^2)]$) 때는 최대 외기 도입량을 크게 하여도 연간 냉방 부하는 거의 변하지 않지만, 내부 발열이 크게 ($60 [kcal/(h \cdot m^2)]$) 되면 최대 외기 도입량이 커짐에 따라서 연간 냉방 부하가 격감하고 외기 냉방의 효과가 즉각적으로 나타나는 것을 알 수 있다.

총 바닥 면적 $8,000 m^2$ 정도의 사무소 빌딩에서 외기 냉방을 채용한 경우와 채용하지 않는 경우와의 경제성을 비교해 본다(**그림 4.17**).

외기 냉방을 채용하면 건축비가 약 700만엔 정도 증가한다. 한편 러닝 코스트는 내부 발열 $20 [kcal/(h \cdot m^2)]$일 때는 연간 약 38만엔밖에 삭감되지 않지만 내부 발열이 $60 [kcal/(h \cdot m^2)]$가 되면 연간 약 460만엔까지도 삭감할 수 있다.

경상비로 비교하면 금리 5%, 상각 15년으로 해서 고정비의 증가분은 $700 \times (0.0963 + 0.0065) \fallingdotseq 72$만엔/년이 된다. 이것에 러닝 코스트를 더하면 내부 발열이 $20 [kcal/(h \cdot m^2)]$일 때의 경상비는 +34만엔/년, 내부 발열이 $60 [kcal/(h \cdot m^2)]$일 때는 −388만엔/년이 되며, 내부 발열이 어느 정도 이상이 되면 경제적으로 유리하게 된다.

다시 말하면, 최근의 인텔리전트 빌딩과 같이 OA 기기에 의한 내부 발열이 큰 건물일수록 외기 냉방의 효과가 크다고 할 수 있다.

(2) 전열 교환기

a) 전열 교환기의 경제성 산정 예

총 바닥 면적 $8,000 \, m^2$ 정도의 사무소 빌딩에서 전열 교환기를 채용한 경우와 채용하지 않는 경우의 경제성을 비교해 보기로 한다(**그림 4.18**).

전열 교환기를 채용하면 건설비가 약 1,300만엔 정도 증가한다. 한편 러닝 코스트는 내부 발열 20 $[kcal/(h \cdot m^2)]$일 때는 연간 약 290만엔 삭감할 수 있으나, 내부 발열이 60 $[kcal/(h \cdot m^2)]$가 되면 연간 약 58만엔밖에 삭감할 수 없다.

경상비로 비교하면 금리 5%, 상각 15년으로 해서 고정비의 증가분은 $1,300 \times (0.0963 + 0.0065) = 134$만엔/년이 된다.

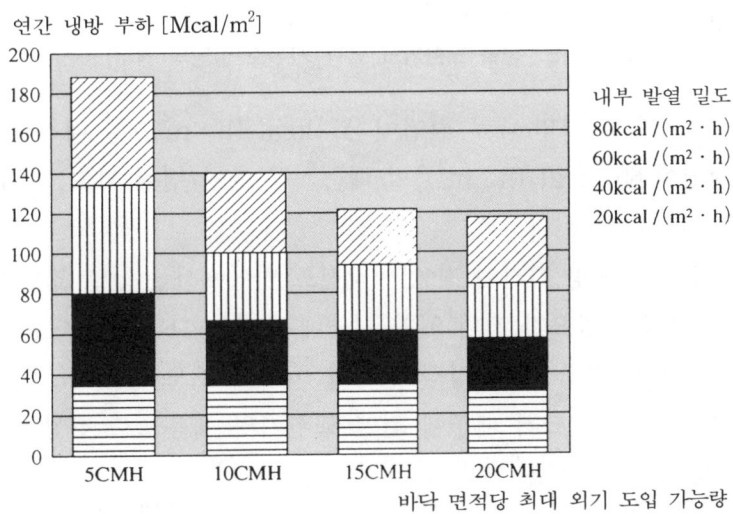

그림 4.16 외기 냉방 효과 검토 선도에 의한 연간 냉방 부하 시산

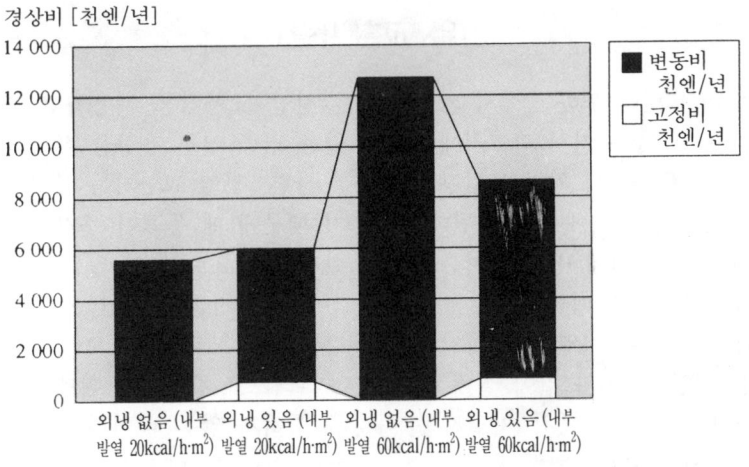

그림 4.17 외기 냉방의 효과

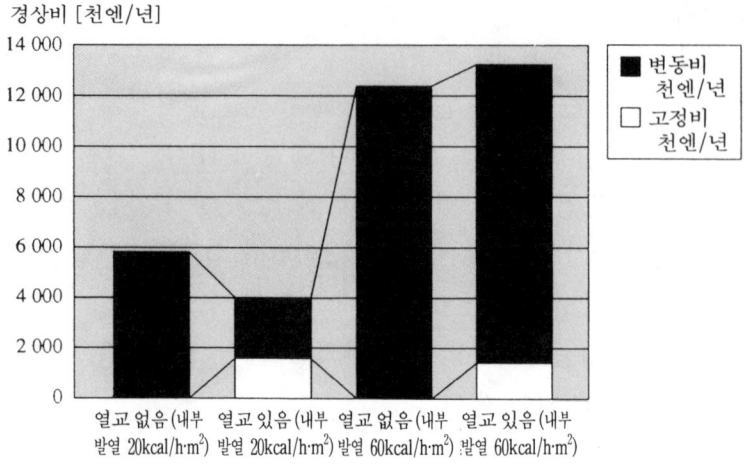

그림 4.18 전열 교환기의 효과 (사무소 빌딩의 경우)

이것에 러닝 코스트를 더하면 내부 발열이 20 $[\mathrm{kcal}/(\mathrm{h} \cdot \mathrm{m}^2)]$ 일 때의 경상비는 -156 만엔/년, 내부 발열이 60 $[\mathrm{kcal}/(\mathrm{h} \cdot \mathrm{m}^2)]$ 일 때는 $+76$ 만엔/년이 되고, 내부 발열이 작을 수록 경제적으로 유리하게 된다.

외기 냉방과는 반대로 냉방 기간이 긴 인텔리전트 빌딩에서는 전열 교환기에 의해서 동기의 난방 부하를 삭감할 필요가 거의 없기 때문에 효과는 그다지 기대할 수 없게 된다.

다음으로 같은 규모의 물품 판매 상점 빌딩과 비교해 보도록 하자(**그림 4.19**). 물품 판매 상점은 외기 도입량이 크기 때문에 전열 교환기의 채용으로 건설비가 약 2,000만 엔 정도 증가한다.

노 트

전열 교환기란?

여름·겨울의 냉난방 부하 중에서 외기 부하가 점유하는 비율은 커서 피크시에는 30% 이상까지도 된다. 이 외기 도입량에 적합한 양의 공기가 실내에서 배기된다. 실내에서의 배기는 외기에 비해서 여름은 저온, 겨울은 고온이기 때문에 이 열을 회수해서 외기를 냉각 가열하면 외기의 부하를 줄일 수 있다. 이와 같이 실내 배기열을 회수해서 외기를 냉각 가열하는 장치가 전열 교환기이다.

전열 교환기를 채용하면 외기 부하가 줄은 만큼 열원 용량을 작게 할 수 있다.

한편, 전열 교환기는 공기의 저항이 크기 때문에 팬 동력이 증가하므로 전열 교환기를 필요로 하지 않는 중간기 등에는 전열 교환기를 통하면 오히려 에너지 절감에 비효율적이다.

그러므로 중간기를 위해서 전열 교환기를 통하지 않는 바이패스 기능을 만드는 것이 바람직하다.

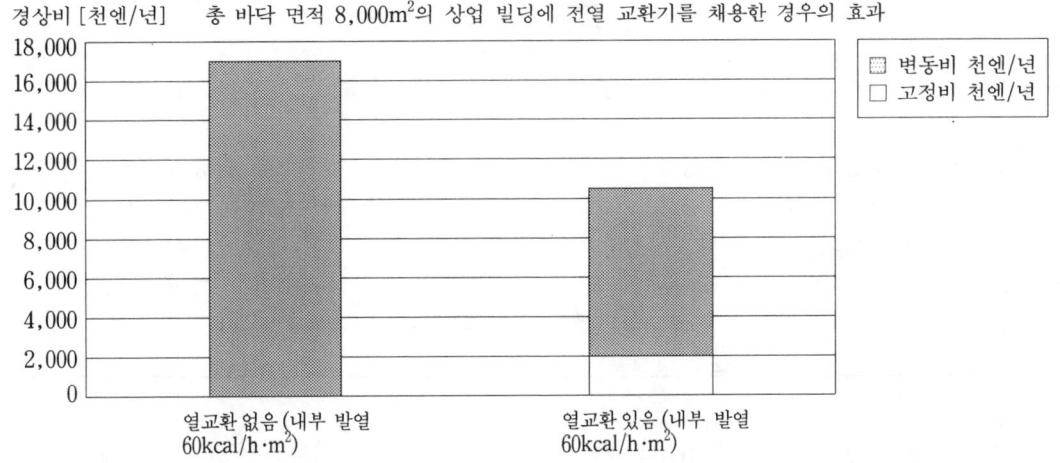

그림 4.19 전열 교환기의 효과(상업 빌딩의 경우)

한편 러닝 코스트는 내부 발열을 60 $[kcal/(h \cdot m^2)]$으로 하면 연간 약 860만엔 삭감할 수 있다.

경상비로 비교하면 상기와 같은 조건에서 고정비의 증가분은 206만엔/년이 된다. 이것에 러닝 코스트를 더하면 경상비는 −654만엔/년이 된다. 다시 말하면 물품 판매 상점과 같이 내부 발열이 커도 외기 도입량이 큰 건물에서는 전열 교환기의 채용 효과가 큰 것을 알 수 있다.

(3) 가변 풍량 시스템(VAV 시스템)

송풍기가 소비하는 에너지는 송풍량×전정압(全靜壓)에 비례하기 때문에, 예컨대 송풍량이 반이 되면 동력도 반이 되지만 풍량이 적으면 동시에 덕트 등의 저항도 적어지기 때문에 전정압도 작게 되어, 송풍량의 감소 비율 이상의 에너지 절감이 가능하게 된다.

이 송풍량의 변화를 알 수 있는 방법에는 여러 가지가 있지만, 최근에는 가정용 룸 에어컨 등에도 사용되고 있는 인버터 방식에 의한 것이 늘고 있어, 효율이 좋고 동력 삭감 효과가 큰 가변 풍량 시스템을 도입할 수 있다.

그러나 공조기의 송풍량은 단지 열부하에서 정해지는 것만이 아니라, 공기 중의 먼지 제거 성능 등의 측면도 고려해서 정해지기 때문에 이용 장소에 따라서는 송풍량을 너무 크게 좁힐 수 없는 경우도 있으므로 주의가 필요하다.

a) VAV 시스템의 경제성 산정 예

그림 4.20은 M 빌딩의 기준층 평면도이다. 이 건물은 동, 서, 남면 각각에 인테리어 존과 페리미터 존 전용의 공조기를 갖추고 있다.

노 트
VAV 시스템이란?

　　공조기의 송풍량은 보통, 냉방이나 난방 부하의 최대값에 적합한 양으로 정해진다. 그러나 이와 같은 최대 부하가 발생하는 시간은 일년을 통해서 보면 극히 조금밖에 없다. 부하가 작을 때는 그 부하에 필요한 풍량만큼 송풍할 수 있으면 송풍기가 소비하는 에너지는 적어진다. 이와 같이 필요한 부하에 맞추어서 송풍량을 변화시키는 수법을 가변 풍량 시스템이라고 부른다.

　　인테리어 존은 최대 6회 환기(방의 공기가 1시간당 6회 순환만을 하는 송풍량), 페리미터 존은 최대 15회 환기의 송풍이 가능하고, 인테리어 존은 최소 60%, 페리미터 존은 최소 40%까지 부하에 따라서 풍속을 변화시키는 가변 풍량 시스템을 채용하였다.

　　그림 4.21 및 그림 4.22는 동기 동쪽 존의 공조기 송풍량의 하루 변화의 예이지만, 인테리어 존, 페리미터 존 모두 하루의 대부분이 설정 최소 풍량으로 운전되고 있다.

　　이날 하루의 각 존의 송풍기 사용 전력량은 98.14 kW이고, 그림 4.23과 같이 풍량을 변화시키지 않는 경우는 212.34 kWh로 되므로 가변 풍량 시스템으로 했기 때문에 이 층 전체의 송풍기 소비 에너지량은 46%로 저감되었다.

　　또한, 그림 4.24는 1년간의 비교인데, 연간 약 43%로 저감되고 있다.

　　상기의 예는 사무소 빌딩 경우의 실적값인데, 주택·건축성 에너지 절약 기구인 IBEC에서 발행한 「물품 판매 상점의 에너지 절감 기준과 계산 입문」 내용 중의 CEC 계

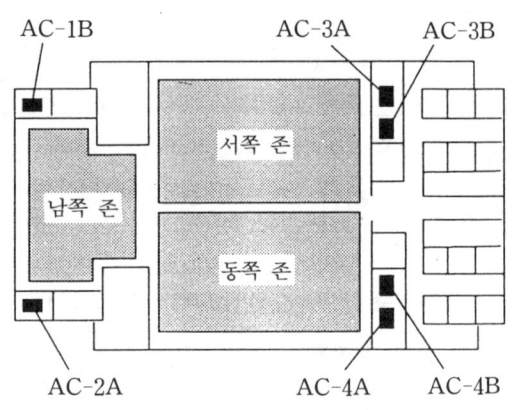

그림 4.20 기준층 공조기 배치도

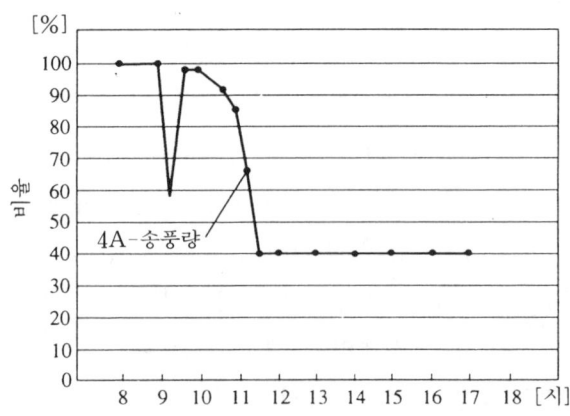

그림 4.21 겨울(2월 1일)의 페리미터 공조기 4A의 송풍량

산 사례의 하나인 A 백화점을 예로 해서, 정풍량(CAV) 시스템과 가변 풍량 시스템의 경제성 비교 계산 사례이다.

VAV 방식은 CAV 방식에 비해 러닝 코스트가 약 2,000만엔/년이 싸게 되어 있다.

한편, 이니셜 코스트는 약 9,300만엔 늘지만, 이 코스트의 증가는 단순 계산으로는 5년 내에 회수가 가능하게 된다. 다음에 시산의 개요를 설명한다.

① 대상으로 하는 사례

IBEC 발행 「물품 판매 상점의 에너지 절감 기준과 계산의 입문 : 제6장 전부하 상당 운전 시간법에 의한 CEC 계산 사례」에서 다루고 있는 A 아파트를 모델로 해서 다음의 A, B의 2가지 방법을 비교해 본다.

A (종래 시스템) : 변풍량 시스템을 채용하지 않는 시스템

B (에너지 절감 시스템) : 가변속 제어(인버터 제어)

또한, 이 계산 사례에 사용되고 있는 모델에는 합계 38대의 공조기(환기 팬 포함)가 설비되어 있으며, 이들 기기의 정격 입력값의 합계는 590 kW이다.

② 이니셜 코스트 차액의 계산

B 시스템에서는 38대의 공조기 전부를 VAV 시방으로 하고, 각

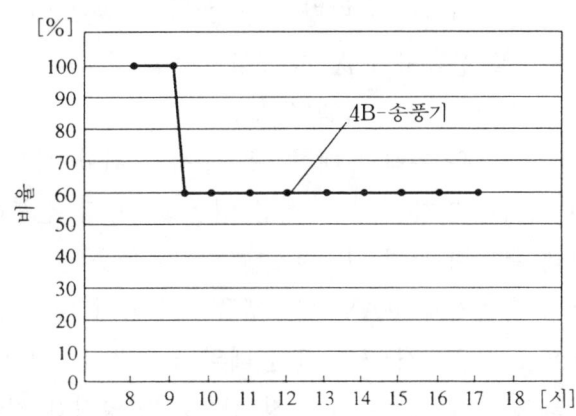

그림 4.22 겨울(2월 1일)의 인테리어 공조기 4B의 송풍량

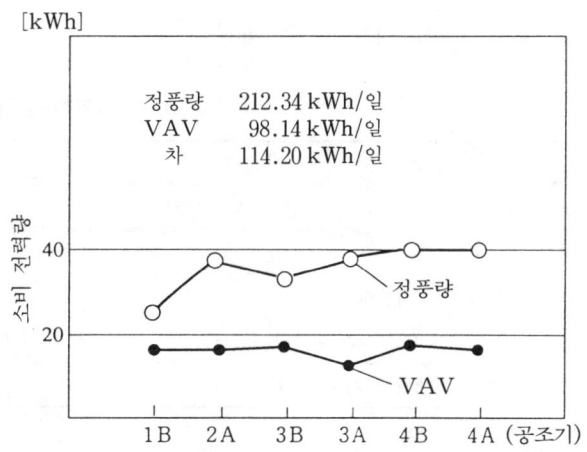

그림 4.23 2월 1일의 한 층당의 VAV에 의한 전력 절감량

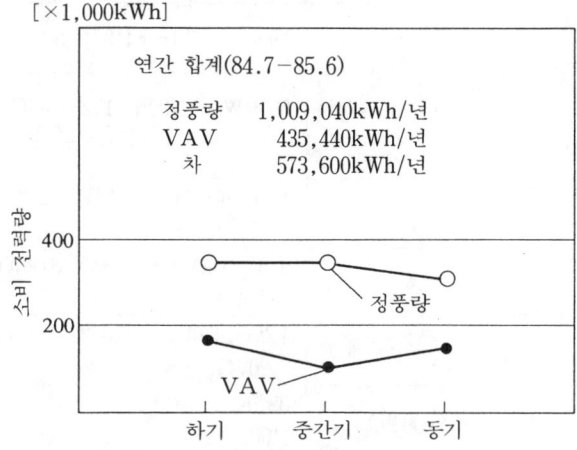

그림 4.24 VAV에 의한 전력 절감량

각의 공조기 1대의 담당 존을 그 존의 온도에 의해서 VAV 제어하는 방식으로 하여,
공사비를 산출하면 A 시스템(정풍량 방식)과의 차액은 9,309만엔으로 되었다.

③ 러닝 코스트 차액의 계산

연간 사용 동력의 개략값을 구하기 위한 계산 방법으로 IBEC 발행「물품 판매 상점
의 에너지 절감 기준과 계산 입문 : 제6장 전부하 상당 운전 시간법에 의한 CEC 계산
사례」를 이용한다. B 시스템의 효과율을 구하면 VAV 시스템 채용도(ϕA)는 38대 전
부의 공조기에 VAV 시스템을 채용하기 때문에 $\phi A=1$.「계산 입문」중의 효과율 그
래프를 사용해서 $\phi A=1$일 때의 효과율 $r=0.72$를 구한다. 그 외에 이「계산 입문」에
따라서 각각 시스템의 수정 전부하 상당시간 기준값을 구하면 **표 4.2**와 같다.

다음에 이 수정 전부하 상당시간 기준값을 하계 및 기타 계절로 할당해서 각 시스템
의 송풍 기동력에 관계되는 전기 요금을 구하면 **표 4.3**과 같다.

④ 단순 투자 회수 연수 계산

표 4.2 수정 전부하 상당시간의 계산

케 이 스		A (정풍량)	B (변풍량)
정격 입력값의 1차 에너지 환산값 [Mcal/h]		1,327.5	
	참조값		
전부하 상당시간 기준값 [h]		2,844	
변풍량 시스템을 도입함으로써의 효과율	$\phi A=1.0$	0	0.72
수정 전부하 상당시간 기준값×$(1-\gamma)$ [h]		2,844	796.3

표 4.3 러닝 코스트의 계산

케 이 스		A (정풍량)	B (변풍량)
전력 사용량	하 계	590kW×711h=419,490kWh	590kW×711×(1−0.72) =117,457kWh
	기타 계절	590kW×2,133h=1,258,470kWh	590kW×2,133h×(1−0.72) =352,372kWh
전 기 요 금 계 산			
기본 요금		1,560엔/kW×590kW×12월 =11,045천엔	1,560엔/kW×590kW×12월 =11,045천엔
전력량 요금	하 계	419,490kWh×17.84천엔/kWh =7,484천엔	117,457kWh×17.84천엔/kWh =2,095천엔
	기타 계절	1,258,470kWh×16.22엔/kWh =20,412천엔	352,372kWh×16.22엔/kWh =5,715천엔
전기 요금 합계(비율)		38,941천엔/년 (100)	18,855천엔/년 (48)

비고) 전기 요금은 도쿄 전력, 업무용 6kV로 한다.

이상의 계산에서 에너지 절감 시스템(B 시스템)을 채용함으로써 연간 2,009만엔의 러닝 코스트가 삭감된다. 이에 대한 투자액은 9,309만엔이므로 단순 투자 회수 연수는 9,309만엔÷2,009만엔≒4.6년이 된다.

(4) CO_2에 의한 외기량 제어 시스템

a) 거실에 대한 외기량 제어 시스템의 도입

그림 4.26은 단열성이 높고 내부 발열도 비교적 많은 건물의 사례이지만, 공조 총 운전 시간수의 약 25%의 시간대에서 외기의 도입에 의한 열부하가 발생하고 있다(그 이외의 약 70% 정도의 시간대는 외기의 도입이 냉방용으로 유효하게 이용되고 있다).

이 25%의 시간대에 CO_2에 의한 외기량 제어를 함으로써 **그림 4.27**과 같은 에너지 절감 효과가 나오고 있다. 이 값은 건물의 바닥 면적당으로 하면 2.5 [kcal/(m^2·년)]로 된다. 이 만큼 냉방용 펌프 에너지도 삭감되는데(가변 유량 방식을 채용하고 있기 때문에 외기 부하가 감소하므로 펌프 동력도 삭감된다), 이 값을 환산하면 0.8 [Mcal/(m^2·년)]이 된다.

b) 주차장에 대한 외기량 제어 시스템의 도입

최근의 건물은 설치 의무 등에 의해서 지하에 큰 주차장을 갖는 경우가 많으나 주차장은 대량의 환기를 하도록 법규에 의해 정해져 있기 때문에 상당히 큰 환기 설비가 설치되고 있다. 이 환기 설비에 사용되는 에너지는 풍량이 큰 것과 운전 시간이 긴 것으로 인해서 건물 전체 중에서도 비교적 큰 것으로 된다.

이 주차장의 환기용 에너지를 삭감하기 위해서는 배기 가스 속의 일산화탄소 농도를 지표로 해서 환기 풍량을 증감하는 방법이 있지만, 일산화탄소 농도 제어는 이니셜 코

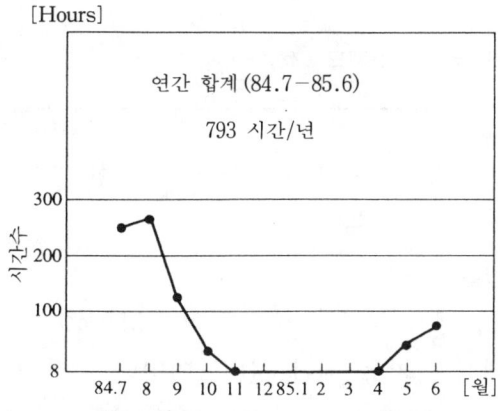

그림 4.26 CO_2 제어에 의한 외기 부하 경감 가능 시간수

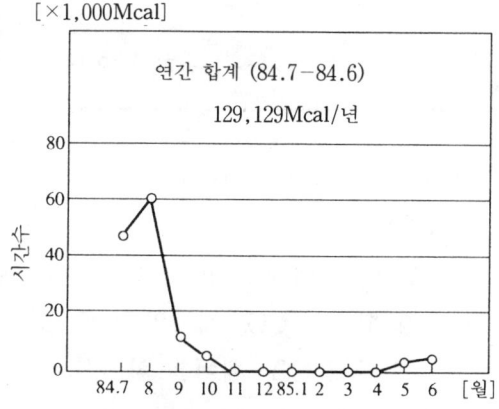

그림 4.27 CO_2 제어에 의한 외기 부하 경감 열량

노 트

외기량 제어 시스템이란?

공조 설비의 기능 중 하나로 외기 도입이 있다. 이것은 인간이 배출하는 CO_2의 농도를 내리거나 인간의 체취 제거, 먼지나 담배 연기, 건물의 건재에서 나오는 유해 가스 등을 제거하는 것을 목적으로 하고 있다.

그러나 외기의 도입에 따라서 그 외기 온도를 실온까지 올리거나 내리기 때문에 상당한 에너지를 소비한다. 그래서 실내 공기의 오염이 적을 때는 외기의 도입량을 줄여서 절약하는 방법을 채용하는 경우가 있다. 이 실내 공기의 오염을 보는 지표로서, 일반적으로 CO_2 농도를 사용한다.

즉, CO_2 농도를 다른 유해 가스도 포함한 공기 오염을 대표하는 것으로 생각

해서, 실내의 CO_2 농도를 지표로서 외기의 도입량을 변화시키는 방법이 채택되고 있다.

외기의 CO_2 농도는 최근에는 350 ppm 정도이기 때문에 외기를 대량으로 도입하면 이 값에 한없이 가깝게 되지만, 외기를 도입하면 그 외기를 실온까지 차게 하거나 따뜻하게 하지 않으면 안 되므로 그만큼 에너지를 소비하는 것으로 되기 때문에 외기의 도입은 필요한 최소량으로 하는 것이 바람직하다고 할 수 있다(보통, 냉난방 에너지의 1/3 정도가 외기를 차게 하거나 따뜻하게 하는 데 소비되고 있다). **그림 4.25**에 CO_2 농도에 의해 외기량을 제어하는 시스템을 나타낸다.

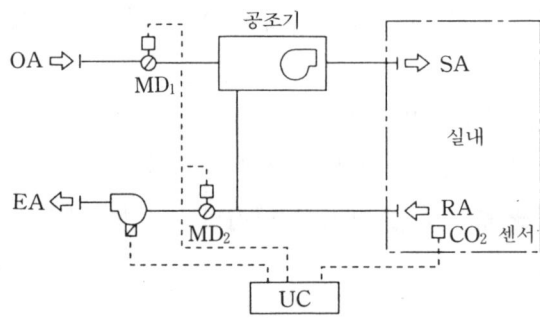

그림 4.25 CO_2에 의한 외기량 제어 시스템도

스트가 높고 보수도 번거롭기 때문에 보통은 이산화탄소(CO_2) 농도를 지표로 한 제어를 하고 있다.

c) 외기량 제어에 의한 경제성 산정 예(주차장)

주차장 환기의 CO_2 제어의 예로 급기 팬, 배기 팬이 각각 6대(합계 약 240 kW) 설치된 주차장에 CO_2 제어를 한 경우의 시산 예에서는 자동 제어 설비＋인버터 설비를 포함해서 5,200만엔 정도의 이니셜 코스트의 증가에 대해서, 러닝 코스트는 연간 코스트에서 약 1,000만엔 정도 싸게 되어 있다. 따라서 이 경우는 CO_2 제어의 도입에 소요

된 코스트는 약 5년 정도에서 회수되는 것이다.

또한, 주차장의 환기 설비에는 몇 개의 관계 법규가 있으며 환기 회수, CO 농도, 환기 방식 등에 대한 규정이 있기 때문에 에너지 절감 방법의 도입은 이들의 규정을 이해한 다음에 해야 한다.

ex. 주차장법 시행령
　　자동차 터미널 구조 설비령
　　노동 기준국 통달 기발
　　도쿄도 건축 안전 조례

① 대상으로 하는 사례

약 70,000 m^{2}의 사무소 빌딩 주차장의 기계 환기 설비에서 CO_2 농도에 의한 풍량 제어를 하는 경우와 하지 않는 경우를 시산한다.

환기 설비의 개요 : 급기 팬 6대, 배기 팬 6대, 합계 12대(동력 합계 235.5 kW)

② 이니셜 코스트의 차액 계산

CO_2 제어를 하는 경우와 하지 않는 경우의 이니셜 코스트의 차액은

　　자동 제어 설비 관계　　1,360만엔
　　인버터 설비 관계　　　3,840만엔
　　합계　　　　　　　　5,200만엔

③ 연간 러닝 코스트 차액의 계산

　a. 계산 조건 및 계산 방법

　　「건축물의 에너지 절감 기준과 계산의 입문」에 의한다.

　b. 요금 계산의 전제

　　도쿄 전력, 20 kV 수전 방식으로 한다.

　c. 연간 러닝 코스트 차액의 계산

　　• CO_2 제어를 하지 않는 경우의 연간 환기 소비 에너지량=235.5 kW×3,300시간=777,150 kWh

　　• CO_2 제어를 한 경우의 연간 환기 소비 에너지량=235.5 kW×0.2×3,300시간=155,430 kWh

　여기서 0.2는 인버터에 의한 CO_2 제어를 하는 경우의 삭감률(상기 입문에 의한다)

　　• 연간 환기 소비 에너지량의 차 계산=777,150−155,430=621,720 kWh

　　• 연간 러닝 코스트 차는, 621,720 kWh를 하계와 기타 계절에 균등하게 할당
　　하계의 전력량 요금 17.41엔×621,720 kWh×3/12≒2,706,036엔
　　기타 계절 전력량 요금 15.83엔×621,720 kWh×9/12≒7,381,370엔

연간 전력량 요금 10,087,406엔(소비세는 제외)

④ 단순 투자 회수년 계산

이니셜 코스트 차액을 연간 러닝 코스트 차액으로 나누면 다음과 같이 된다.

5,200만엔÷1,009만엔≒5.15년

③ 창문 주위 시스템의 경제성 평가

건물 전체의 냉난방 부하 중 외벽에서의 부하는 1/4~1/3로 된다. 이 외벽 부하 중에서 큰 비율을 차지하는 것이 창에서의 부하이다.

외벽 자체에서의 부하는 단열만 되어 있으면 열의 침입, 손실량은 그다지 많지 만 창, 특히 큰 창이 있는 경우에는 일사 부하와 열관류(열의 침입, 손실)에 의한 에너지의 소비량이 커진다. 이 때문에 최근에는 창 주변에 여러 가지 연구를 도입해서 창 주변의 에너지 손실을 줄이는 노력을 한 건물이 늘고 있다.

또한, 최근의 이와 같은 경향은 단지 에너지라는 관점에서만이 아니고 건물 거주자의 쾌적성 향상 요구에 맞춘 움직임과도 관련이 있다.

(1) 차 양

차양 중에서 정통적인 것은 발코니 타입의 것이다. 이 타입은 실내에서의 시선에 방해도 되지 않고 창의 청소시에는 청소의 발판이 되어 창 청소용 곤돌라가 필요없기 때문에 창 청소 코스트도 싸게 되며, 지진시 등에 유리창 낙하에 대해서도 안심감이 드는 등의 장점도 있다.

노 트
차양의 종류

차양은 일사열을 차단하는 데 대단히 유효한 건축적인 장치로서, 옛날부터 세계 각지에서 여러 가지 디자인의 차양이 사용되고 있다(그림 4.28). 차양은 일사를 차단하는 것 뿐만 아니라 실내에서의 시선도 차단한다. 한편, 잘 디자인하지 않으면 창 유리 청소를 하기 어렵게 되거나 차양 자체의 청소나 보수에 시간이 걸리는 등의 결점도 있기 때문에 디자인이나 재질에는 배려가 필요하다. 재질이나 디자인만 배려하면 설비적인 에너지 절감 방법과 달라서 사용 연수가 길고 관리·유지 코스트도 거의 들지 않기 때문에 그 설치에는 다소 비용이 들어도 라이프 사이클 코스트라는 점에서 유효한 에너지 절감 방법이라고 할 수 있다.

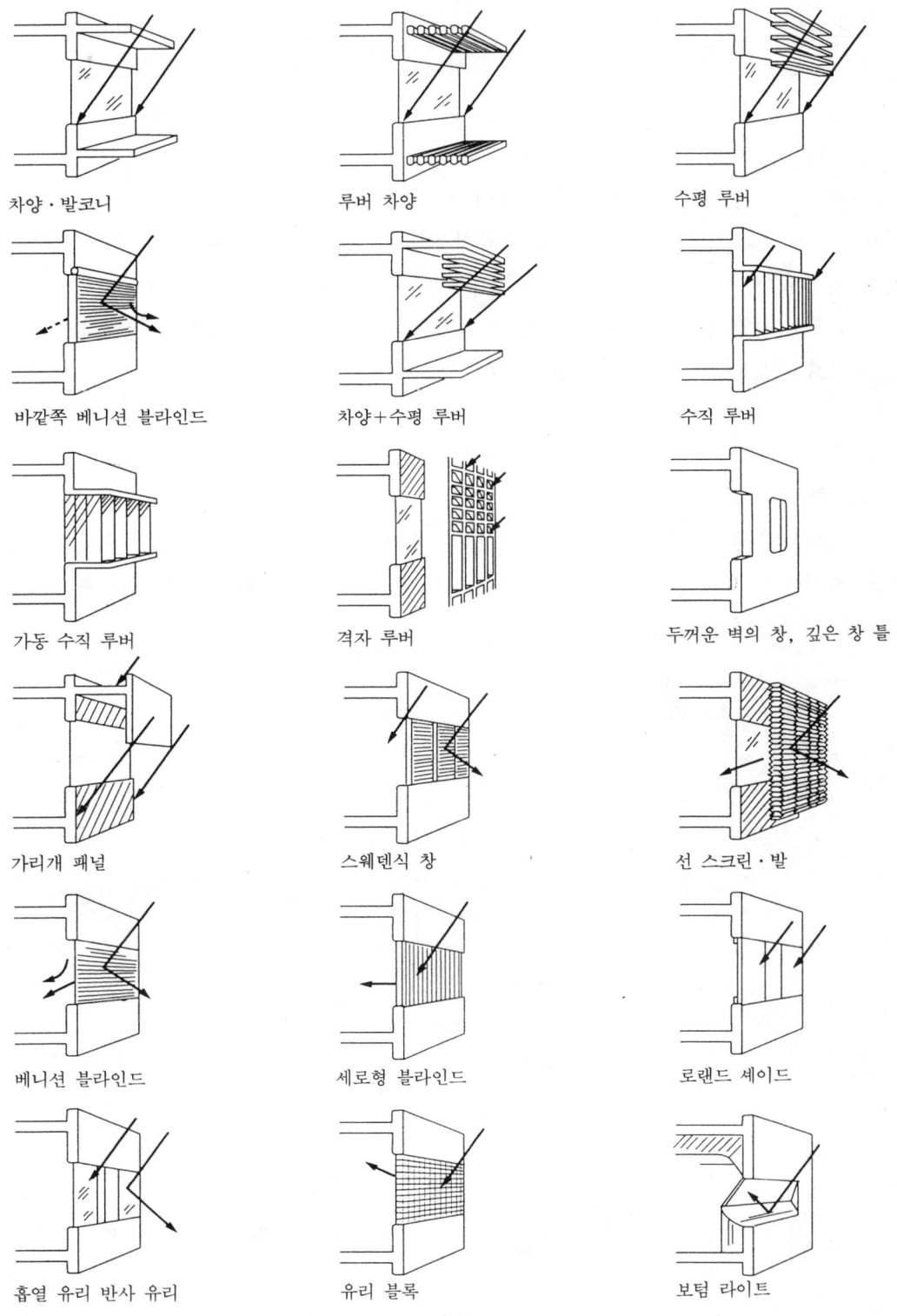

차양·발코니

루버 차양

수평 루버

바깥쪽 베니션 블라인드

차양+수평 루버

수직 루버

가동 수직 루버

격자 루버

두꺼운 벽의 창, 깊은 창 틀

가리개 패널

스웨덴식 창

선 스크린·발

베니션 블라인드

세로형 블라인드

로랜드 셰이드

흡열 유리 반사 유리

유리 블록

보텀 라이트

그림 4.28 차양의 분류

그림 4.29는 이 발코니 타입의 차양을 설치할 때 각 방위별로 어느 정도 길이의 차양을 설치하면 좋은가를 에너지 소비 관점에서 검토한 사례이다. 차양이 없는 경우의 연간 소비 에너지를 100으로 했을 때, 동서면에서는 차양이 깊을수록 소비 에너지는 작게 된다.

그러나 남면에서는 1.1 m일 때가 에너지 소비량이 가장 작게 되었다. 이것은 남면에 관해서는 동기의 일사에 의한 난방 효과가 있으므로 차양을 너무 길게 하면 오히려 난방용 에너지가 증가하기 때문이다. 이 사례에서는 이와 같은 검토 결과, 동·서면의 길이는 1.5 m(차양이 깊을수록 에너지 절감이 되지만 이니셜 코스트도 높아지기 때문에 이 값으로 하였다), 남면은 1.1 m를 채용했으나 이 때문에 걸린 비용은 시산에 의하면 25년 정도로 회수 가능했다.

(2) 창 유리

최근에는 일반적으로 사용되는 단판 투명 유리 이외에도 대단히 많은 종류가 나오고 있으나 에너지 절감이라고 하는 점에서는 열관류율(주 1)과 일사열 취득률(주 2) 2개의 값으로 그 성능을 평가할 수 있다.

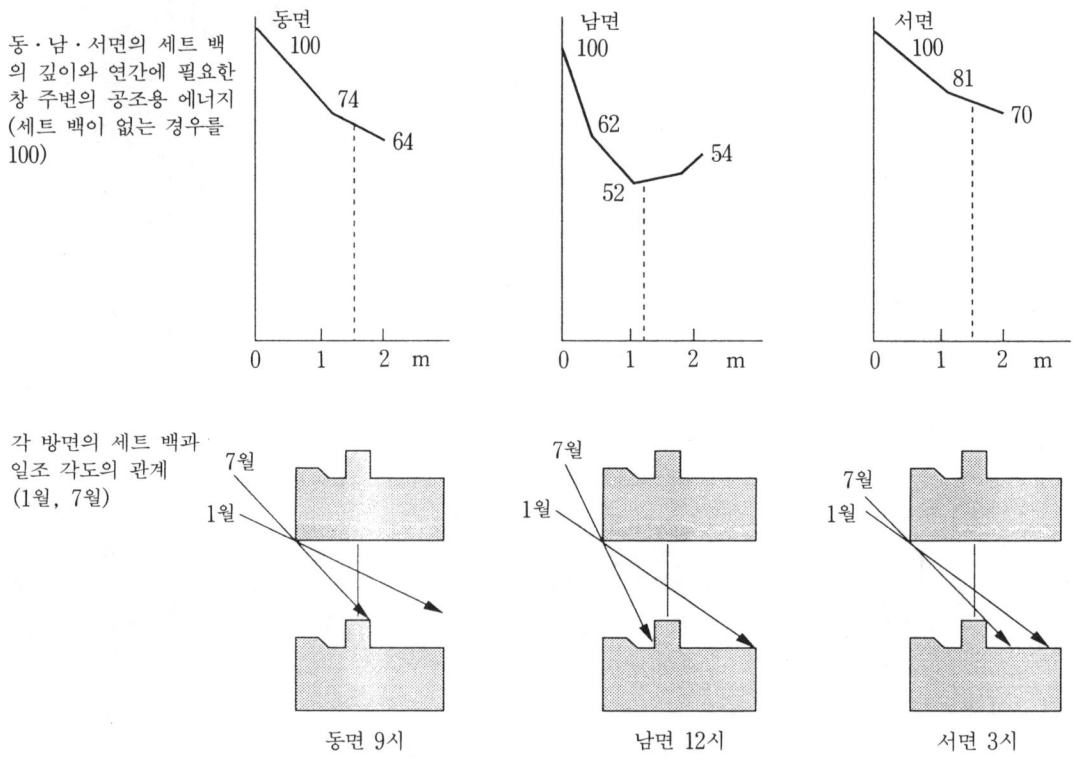

그림 4.29 발코니의 돌출 검토

┌─────────────────────────────────┐
노 트

창 유리의 역사

유리의 역사는 대단히 오래되어 기원전 3000년 무렵까지 거슬러 올라가게 되나 건축 재료로 사용되기 시작한 것은 비교적 최근이다.

즉, 18세기의 산업 혁명에 의해서 유리 제조법이 진전됨에 따라 유리가 건축 재료로서 많이 사용되게 되었고, 19세기 중반에 영국에서 온실이 유행했을 때 유리를 붙인 건축이 많이 만들어졌다.

1851년 런던의 제1회 세계 만국 박람회장에서 면적 560 m×120 m 높이 30 m의 유리와 철로 만든 건물(수정궁)이 건설된 것은 유명한 이야기다.

공업으로서의 생산이 시작된 것은 20세기 초에 개발된 연속 제판법이 그 원점이라고 되어 있다.
└─────────────────────────────────┘

(주 1) 열관류율 : 유리의 내외 온도차가 1℃일 때 면적 1 m²당 1시간에 어느 정도의 열이 흐르는가를 표시하는 것으로 이 값이 작을수록 단열성이 우수하다.

(주 2) 일사열 취득률 : 유리 면에 입사하는 태양 에너지를 1로 했을 때 실내에 유입하는 에너지의 비율. 일사 차폐 계수라는 말도 자주 사용되는데, 이것은 두께 3 mm의 투명 판 유리의 일사열 취득률(0.88)을 1로 했을 때의 일사열의 유입 비율을 표시하는 것이다.

에너지 절감성을 갖는 유리로서 대표적인 것으로

① 열선 흡수 유리
② 열선 반사 유리
③ 투명 복층 유리
④ 고성능 열선 반사 유리
⑤ 고성능 단열 복층 유리(Low−E 복층 유리)

가 있다.

이들의 분류는 어디까지나 대분류이고 같은 종류에 들어 가는 유리라도 메이커나 종류에 따라 성능은 다르다. 한 예로서 **표 4.4**와 같은 값이 사용된다.

그런데 **표 4.5**는 삿포로 지구에 있어서 외벽과 창의 종별 및 창의 크기를 바꿔서 이니셜 코스트와 러닝 코스트를 시산한 사례이다. 케이스 1의 벽 단열 없음＋보통 유리를 기준으로 하면 케이스 2의 벽 단열 25 mm＋반사 유리의 경우는 창 면적이 작은(30%)쪽이, 그리고 남쪽보다 북쪽편이 이니셜 코스트의 증가를 러닝 코스트의 감소로 보충하는 경우에 그 회수 연수가 짧은 경향이 나타나고 있다.

케이스 3의 단열 두께 50 mm＋복층 유리의 경우도 창 면적이 작고 북쪽의 경우가 회수 연수가 짧게 되어 있다.

이것은 창보다도 벽의 단열 쪽이 코스트로 볼 때 효과적(이니셜 코스트의 증가에 비해서 러닝 코스트의 삭감이 크다)이고, 또 남쪽보다 북쪽의 단열을 강화하는 편이 경제적으로 효과가 큰 것을 나타내고 있다.

표 4.4 각종 유리의 열관류율과 일사열 취득률

유 리 품 종		두께 구성 [mm]	열관류율 K	일사열 취득률 η
투명 플로트 판유리		6	5.00	0.84
열선 흡수 판유리		6	5.00	0.69~0.73
열선 반사 판유리		6	5.00	0.53~0.67
고성능 열선 반사 판유리		6	3.84~5.00	0.22~0.52
복층 유리	투명+투명	6+A6+6	2.84	0.73
	열선 흡수+투명	6+A6+6	2.84	0.57~0.61
	열선 반사+투명	6+A6+6	2.84	0.44~0.59
	고성능 열선 반사+투명	6+A6+6	2.44~2.81	0.18~0.46
	투명+저 방사성 (고성능 단열 복층 유리)	6+A6+6	2.16	0.68

주) 1. 열관류율, 일사면 취득률은 JIS R 3106에 따라 구함.
　2. 열관류율의 단위는 [kcal/(m² · h · ℃)].
　3. 유리 두께는 6 mm로 통일함.

표 4.5 외벽과 창의 종별 · 크기에 따른 코스트의 계산

케 이 스		방위 및 창 면적률	러닝 코스트 (엔/년)	러닝 코스트 차액	이니셜 코스트 차액	단순 회수 연수
1	벽 단열 없음+보통 유리	S 50%	283,500	115,200	(±0)	
		S 30%	279,600	136,800		
		N 50%	387,000	168,300		
		N 30%	365,100	189,000		
2	벽 단열 25 mm+반사 유리	S 50%	240,300	72,000	418,180	9.68
		S 30%	203,100	60,300	294,168	3.85
		N 50%	320,100	101,400	418,180	6.25
		N 30%	258,300	82,200	294,168	2.75
3	벽 단열 50 mm+복층 유리	S 50%	168,300	(±0)	1,667,330	14.47
		S 30%	142,800		1,065,302	7.79
		N 50%	218,700		1,667,330	9.91
		N 30%	176,100		1,065,302	5.64

주) S 50%는 남쪽에 창면적률 50%의 창을 갖는 경우,
　 N 30%는 북쪽에 창면적률 30%의 창을 갖는 경우를 나타냄.

(3) 에어 플로 윈도

에어 플로 윈도의 원리는 1930년대에 스웨덴에서 발표되었다. 그 원리는 간단하며, 유리의 내면에 또 한 장의 유리를 설치하고 유리와 유리 사이에 실내로부터의 배기를 통하여 외부에 버림으로써 창 유리에서의 열의 침입을 배기와 함께 버리도록 하는 것이다.

겨울에 창가가 춥다고 하는 클레임을 많이 볼 수 있는데, 이것은 단지 창가의 실온이 낮은 것만이 아니라 차가운 창 유리에서 냉방사의 영향이 크기 때문이다. 에어 플로 윈도로 하면, 실내쪽 창 유리의 온도가 오르기 때문에 냉방사의 영향도 완화되고 실내 온도뿐만 아니라 창가의 환경도 개선된다.

또한, 에어 플로 윈도는 여름철 창가의 환경 개선에도 효과적이다. 2장의 유리 사이의 블라인드에 흡수된 일사열을 실내에 들어가기 전에 배기에 실어 제거하는 효과가 있기 때문이다. 이 방식은 최근에 채용 사례가 늘고 있는데 이 방식을 채용한 사례의 경제성 검토 예를 다음에 제시한다.

비교 대상은 다음의 다섯 예이다.

① 열선 반사 유리+4관식 팬 코일 유닛(**그림 4.30**)

② 열선 반사 유리+페리미터 전용 천장 은폐 공조기(**그림 4.31**)

③-a 열선 반사 유리+월 스루 히트 펌프 유닛(**그림 4.32**)

③-b 열선 반사 유리+얇은형 월 스루 유닛 방식(**그림 4.32**)

④ 에어 플로 윈도 방식

이 다섯 가지 예에 대해서 건설비, 보전비, 수리비, 갱신비, 운용비를 산출한 결과 중에서 건설비와 보전비·운용비를 지수화(指數化)한 것을 **그림 4.33**과 **그림 4.34**에 나타낸다.

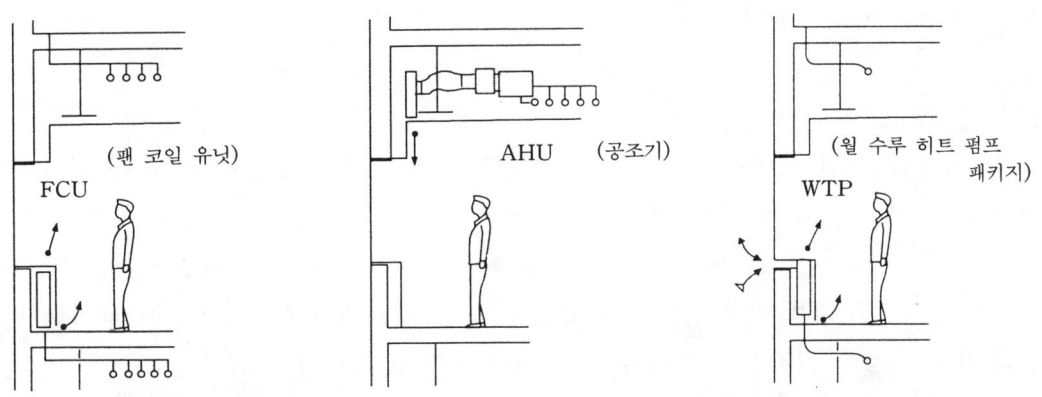

그림 4.30 열선 반사 유리+4관식 팬 코일 유닛 방식 / 그림 4.31 열선 반사 유리+페리미터 전용 천장 은폐 공조기 방식 / 그림 4.32 열선 반사 유리+월 수루 유닛 방식

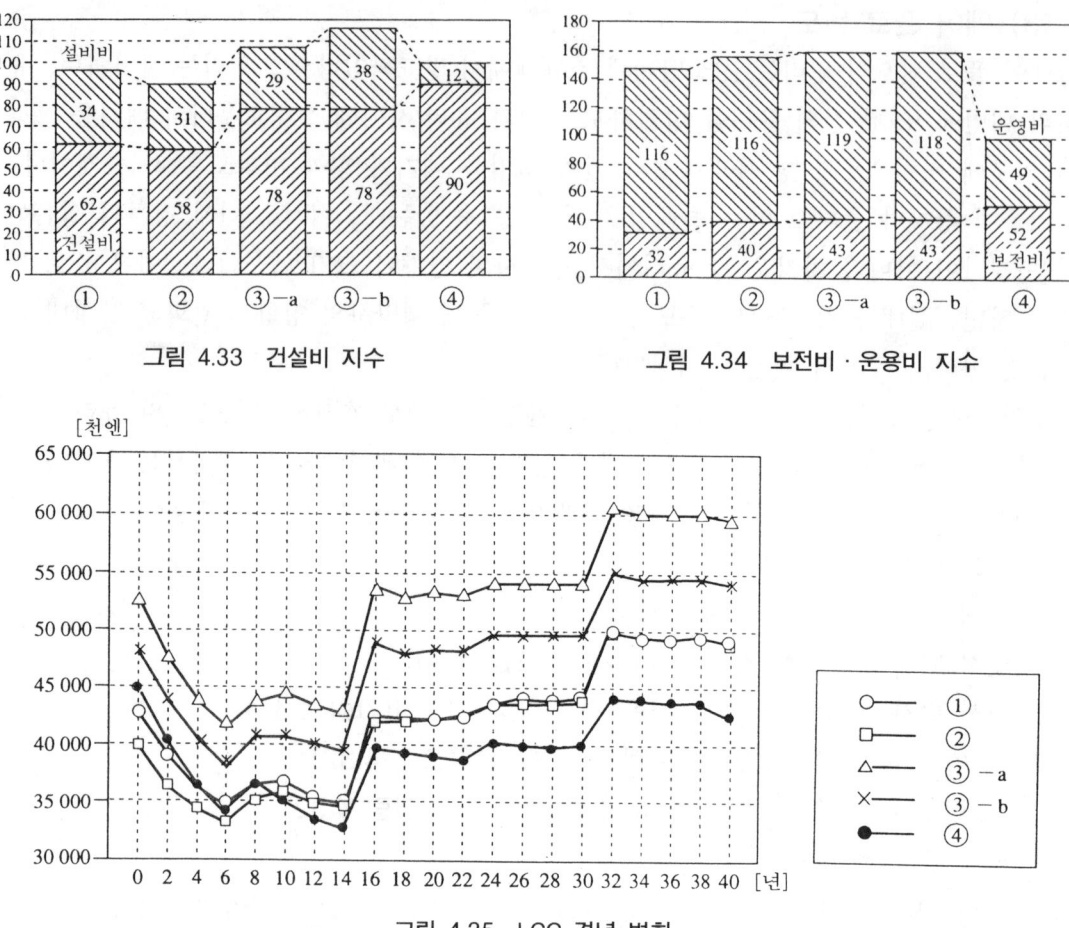

그림 4.33 건설비 지수

그림 4.34 보전비·운용비 지수

그림 4.35 LCC 경년 변화

그림 4.35는 계산 이율을 7%로 하고 운영비의 상승은 없는 것으로 해서 LCC를 계산한 것인데, 에어 플로 윈도 방식은 10년째 이후에는 다른 어떤 방식보다 LCC가 작아지는 결과를 보이고 있다.

(4) 블라인드

블라인드는 차양의 하나로서 상당히 일반적인 것으로 널리 보급되고 있다. 일사 차폐의 성능은 일사 차폐 계수라고 하는 말로 표시되는 일이 많은데, 3 mm의 투명 유리의 경우에 밝은 색 블라인드를 실내 쪽에 설치했을 경우는 일사열의 양 54%로, 중간색 블라인드의 경우는 66%로 감소한다(**표 4.6** 참조). 이와 관련해서 블라인드 대신에 커튼이나 장지를 설치하는 경우의 일사 차폐 계수는 **표 4.7**과 같이 되어 있다.

그런데 이 블라인드를 실내 쪽이 아니고 실외 쪽에 설치하면 일사 차폐 효과는 안쪽에 설치하는 경우의 2배 이상이 된다.

표 4.6 유리의 차폐 계수 *SC*, 열통과율 *K*

유 리 종 별	차폐 계수 *SC*			열통과율 *K* [kcal/(m² · h · ℃)]	
	블라인드 없 음	밝은색 블라인드	중간색 블라인드	유 리	유리 + 블라인드
투명 유리 3 mm	1.00	0.54	0.66	5.56	4.35

표 4.7 투명 유리 3mm와 각종 차양을 조합한 경우의 차폐 계수 *SC*와 열통과율 *K*

보통 커튼 (청색)		차광용 커튼		레이스 (백색)		장 지		실내쪽 반사 루버	
SC	*K*	*SC*	*K*	*SC*	*K*	*SC*	*K*	*SC*	*K*
0.66	5.00	0.39	5.10	0.71	4.20	0.52	4.80	0.89	4.70

주) 1. 나카무라 · 야도다니 · 노자키의 "창면 차양의 일사 차폐 계수의 간이 측정법에 대해서(그 3)" [일본 건축 학회 대회 학술 강연 요약집(1980~84)]에 의해서 계산함.
2. 이 표의 값은 실험에 의해서 구한 것이다.
3. a_0는 20 kcal/(m² · h · ℃)로 하였다.
4. 이 표의 열통과율에는 일사가 들어올 때의 내부 차폐물의 표면 온도 상승에 의한 실내 쪽 표면 열전달률의 증가분이 포함되어 있다. 따라서, 이 값은 일사가 닿았을 때의 관류 열부하의 산출에 대해서만 사용할 수 있다.
5. 차광용 커튼이 투과 일사를 차단하는 데 대해서 그 차폐 계수가 크게 되는 것은 다음 이유에 의한다. 즉, 커튼에 흡수된 일사열이 실내 쪽으로 방열되기 때문이다.

옥외 쪽에 설치하는 블라인드를 외부 블라인드라고 부르는데, 이 경우의 일사 차폐 계수는 0.15~0.2 정도로 된다. 유럽 등에서는 이 외부 블라인드는 간혹 눈에 띄는 일이 있으나 일본에서는 업무용으로 사용된 예가 현 단계에서는 거의 없다.

이 이유로서 일본에서는 태풍 등 바람이 강하여 외부 블라인드의 구조가 투박하게 되므로 건축 의장상 꺼리기 쉽다. 실적이 없기 때문에 관리 · 유지의 점에서 불안을 갖기 쉽다. 사용 실적이 적기 때문에 종류도 적고 선택의 범위가 적은 점 등을 들 수 있다. 그러나 창이 큰 건물 등의 경우는 일사 차폐에 의한 에너지 삭감 효과가 대단히 큰 것을 생각하면 외부 블라인드의 이용을 적극적으로 검토해 나갈 가치가 있다.

4 조명 시스템의 경제성 평가

(1) 조명에 관련된 에너지 절감 기능과 전력 절감률
a) 제어 메뉴와 도입 효과
표 4.8에 각각의 제어 메뉴와 그에 의한 도입 효과(전력 절감률)를 제시한다.

(2) 태스크 · 앰비언트 조명 방식
전반 조명과 태스크 · 앰비언트 조명(TAL)의 비교 또는 효과를 제시한다.
a) TAL 방식의 도입 효과 1(오픈 오피스의 경우)

표 4.8 에너지 절감 기능과 전력 절감률

에너지 절감 기능 (제어 메뉴)	적용 범위	에너지 절감법에 의한 CEC/L		조명학회 보고에 의한 전력 절감률
		제어 계수	전력 절감률	
인체 감지 센서	화장실, 현관, 회의실	0.82	20%	–
포토 센서	외등	–	–	–
타임 스케줄 제어	오피스, 공용부	0.90	10%	15~20%
주광 센서 이용 창가 제어	오피스	0.90	10%	20~25%
조명의 조작성 향상 (적절 배치)	오피스	–	–	10% 이상
초기 조도 조정	오피스	–	–	30%×1년
적정 조도 유지 제어	오피스	0.85	15%	8%

주) 1. 에너지 절감법에 의한 CEL/L(1993년 11월부터 시행)의 제어 계수란, 계산서에 있어서 정의되고 있는 조명
설비의 제어 방법에 따른 계수(용도는 오피스, 제어 시스템을 병용한 경우)를 가리키고 에너지 소비의 비율을
표시하는 값이다.
  ● 전력 절감률은 단순히 1.00에서 제어 계수를 뺀 값이다.
  ● 조합한 경우에는 계수는 곱이 된다. 예컨대, 타임 스케줄 제어와 주광 이용 창가 제어를 병용한 경우의 제어
  계수는 0.90×0.90=0.81이 되고 전력 절감률은 19%로 된다.
2. 인체 감지 센서에 의한 전력 절감률은 카드, 광 센서 등에 의한 재실 검지 제어를 한 경우의 값이다.

표 4.9 도입 효과 계산 예 (TAL 방식과 전반 조명 방식의 비교)

		전반 조명 방식	TAL 방식
10 m² 환산	소 비 전 력	480W(=40W×3×4)	304W(=40W×3×2+태스크 32W×2)
	연 간 전 력 량	1,152kWh(=480W×2,400hr)	730kWh(=304W×2,400hr)
	소비 전력 (비율)	100%	63%

천장 전체에 균일하게 배치된 기구에 의해서 실내 전체에 거의 균일한 조도를 주는
전반 조명 방식에 비해서 TAL 방식은 에너지가 절감된다. **표 4.9**에 도입 효과를 제
시한다. 검토 조건은 다음과 같다.

① 필요 조도 1,500 [lx], 10 m²의 모듈, 인구 밀도는 5 m²의 한 사람, 재석률은
100%

② 전반 조명 방식은 형광 램프 40W 3등 기구 4대로 1,500 [lx]

③ TAL 방식은 앰비언트 조명은 형광 램프 40W 3등용 기구 2대(750 [lx])+태스크
조명은 콤팩트형 형광 램프 FDL 27W 1대/좌석(750 [lx])

④ 연간 점등 시간은 2,400시간

b) TAL 방식의 도입 효과 2(줄 칸막이를 채용한 경우)

줄 칸막이를 채용한 오피스에서는 전반 조명 방식에 의한 책상 위 조도가 칸막이벽에
의해서 채광되어 50~90% 정도로 저하된다(**그림 4.36**).

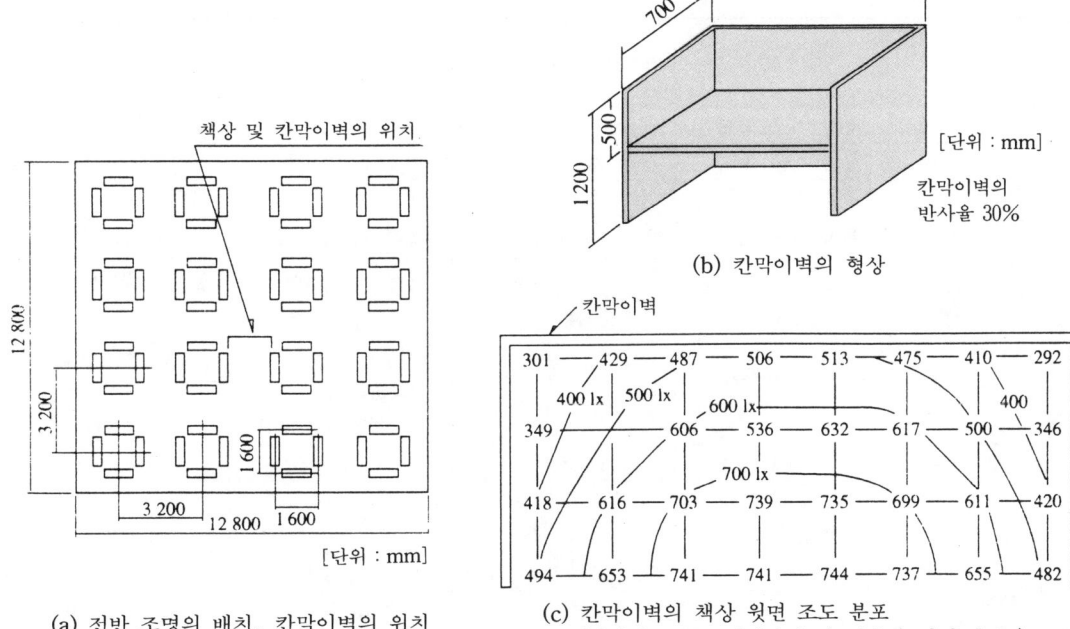

(a) 전반 조명의 배치, 칸막이벽의 위치

(b) 칸막이벽의 형상

(c) 칸막이벽의 책상 윗면 조도 분포
(설치전 759lx 일정하게 한 경우의 설치 후 lx)

그림 4.36 칸막이벽에 의한 조도 저하의 예

이와 같은 경우에 전반 조명만으로 대응하면 보통의 1.3~2배의 조명이 필요하게 되지만, 태스크 라이트로 유효하게 대응하는 것이 가능하다.

(3) 주광 이용 조명 제어
주광을 이용한 조명 방식에 대해서 그 종류와 효과를 **표 4.10**에 나타낸다.

(4) 고효율 조명 시스템
고효율 광원 또는 램프를 사용한 조명 방식에 대해서 에너지 절감 효과를 제시한다.
a) Hf 형광 램프의 도입 효과
Hf 형광 램프의 도입 효과를 **표 4.11**에 나타낸다.
b) 콤팩트형 형광 램프의 도입 효과
콤팩트형 형광 램프는 백열 전구에 비해서 고효율이고 에너지 절감이 된다. **표 4.12**에 도입 효과를 나타낸다.
검토 조건은 다음과 같다.
① 광원 부분의 조명 에너지만에 대해서 비교한다.
② 연간 점등은 2,400시간으로 한다.

표 4.10 도입 효과 계산 예(주광 이용 조명 제어, 방식별)

			제어 없음	주광 이용 조명 제어		
				① 소등	② 단조광	③ 연속 조광
좌…기구 종류 (우…전력 절감률)		1 예	통상 기구, 0%	통상 기구, 약 76%	단조광, 약 80%	연속 조광, 약 88%
		2 예	통상 기구, 0%	통상 기구, 0%	단조광, 약 6%	연속 조광, 약 17%
		3 예	통상 기구, 0%	통상 기구, 0%	통상 기구, 0%	연속 조광, 약 11%
		4 예	통상 기구, 0%	통상 기구, 0%	통상 기구, 0%	통상 기구, 0%
		5 예	통상 기구, 0%	통상 기구, 0%	통상 기구, 0%	통상 기구, 0%
		평 균	0%	15%	17%	23%
이니셜 코스트		기 구 소 계	¥3,880,000 (=@38,800×100)	¥3,880,000 (=@38,800×100)	¥4,148,000 (=@45,500×40 +@38,800×60)	¥4,570,000 (=@50,300×60 +@38,800×40)
		제 어 장 치	¥0	¥298,000	¥565,000	¥882,000
		소 계	¥3,880,000	¥4,178,000	¥4,713,000	¥5,452,000
		차 액	¥0 (기준)	¥298,000	¥833,000	¥1,572,000
러닝 코스트	전력량	기 준	23,520 kWh(=98 W×100대×2,400시간)			
		에너지 절감	0 kWh	2,822 kWh (=98 W×100대× 1,920 hr×0.15)	3,198 kWh (=98 W×100대× 1,920 hr×0.17)	4,327 kWh (=98 W×100대× 1,920 hr×0.23)
		사 용	23,520 kWh	20,698 kWh	20,322 kWh	19,193 kWh
		코 스 트	¥588,000	¥517,450	¥508,050	¥479,825
		차 액	¥0	−¥70,550/년	−¥79,950/년	−¥108,175/년
단순 상각 연수			−	4.2년	10.4년	14.5년

표 4.11 도입 효과 계산 예 1(일반 형광 램프와 Hf 형광 램프의 비교)

		일반 형광 램프 40 [W] 3등	Hf 형광 램프 45 [W] 2등
기구 단체 광원 부분	광 속 수	3,100 [lm]×3	4,500 [lm]×2
	소 비 전 력	128 [W] (안정기 손실을 포함)	98 [W] (안정기 손실을 포함)
	연 간 전 력 량	307 [kWh] (=128 [W]×2,400 [hr])	235 [kWh] (=98[W]×2,400 [hr])
	소비 전력 (비율)	100 [%]	77 [%]

표 4.12 도입 효과 계산 예 2(백열 전구와 콤팩트 형광 램프의 비교)

		백열 전구 100 [W]	콤팩트 형광 램프 27 [W]
기구 단체 광원 부분	광 속 수	1,520 [lm]	1,550 [lm]
	소 비 전 력	100 [W]	32 [W] (안정기 손실 포함)
	연 간 전 력 량	240 [kWh] (=100 [W]×2,400 [hr])	77 [kWh] (=32 [W]×2,400 [hr])
	소비 전력 (비율)	100 [%]	32 [%]

제 5 장
설비 시스템의
에너지 절감 관리

5-1 관리자에게 요구되는 자동 제어의 새로운 지식

① 자동 제어의 발달과 신기술

거주자에게 쾌적한 환경을 지속적으로 유지하도록 지원하는 방법으로 수변전, 공조, 방재, 안전 등 복잡한 설비 기구를 통합적으로 감시, 제어하는 시스템으로서 BA(빌딩 오토메이션) 시스템이 개발되었다. 공조 자동 제어 장치와 분산형 DDC 제어 시스템과의 결합이나 표준화와 실용화가 급속히 진행되고 중소 규모의 건물에까지 생력화(省力化)도 겸한 중규모의 BA 시스템이 도입, 채용되고 있어 고도의 건물 관리가 잇달아 가능하게 되었다.

따라서, BA 시스템을 조작해서 고도의 기술 서비스를 제공하는 건물 관리자의 기술

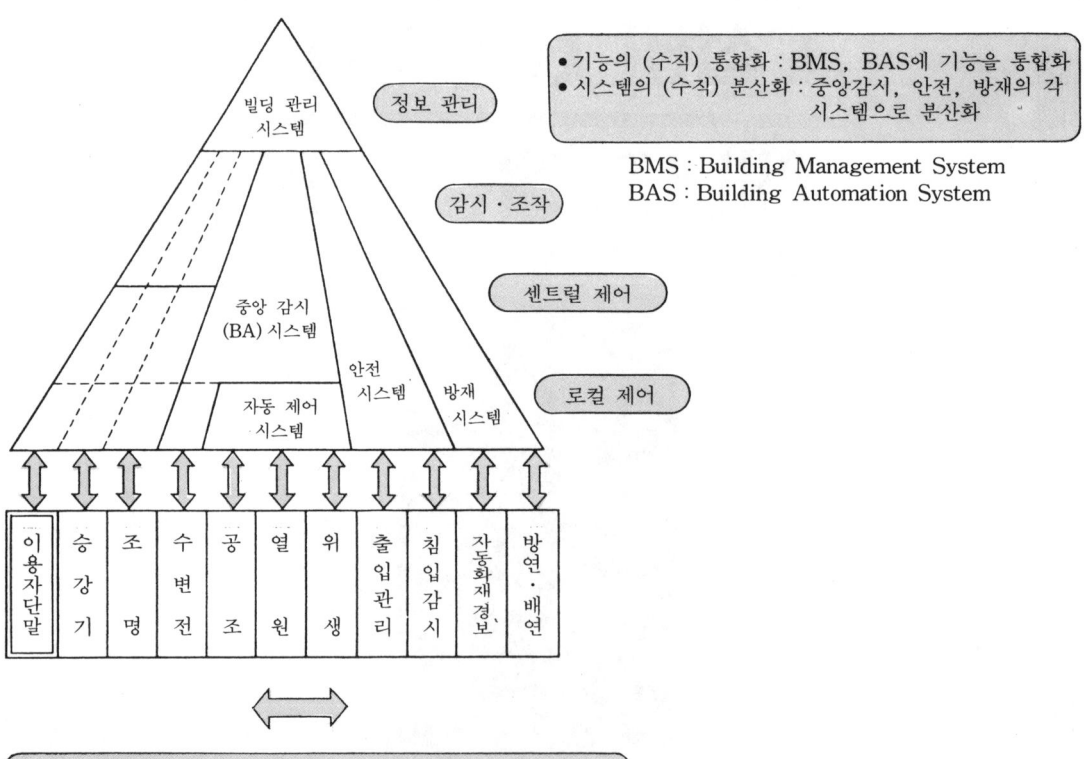

그림 5.1 종합화 빌딩 오토메이션 (BA) 시스템의 개념도

능력에 대해서도 점점 높은 레벨이 요구되고 있다. 신축시의 설계 사상, 의도를 이해하여 가장 좋은 컨디션에서 운전하도록 하고 에너지의 낭비를 막는 예리한 감시 자세가 필요하며, 실적에서 당초 관리 계획의 타당성을 추구하고 새로운 건물 관리 계획에 대한 개선 충고를 할 수 있는 등 절대적인 협력 관계가 필요한 것은 말할 것도 없다.

또 BA 시스템의 도입은 생력화 속에서의 에너지 관리나 야간 무인시의 운전 데이터의 수집, 축적, 평가 등 생력화, 무인화 지원 시스템으로서도 연동하게 되었으며 이들에게도 주목해 주기 바란다.

노 트
에너지 절감 관리의 효과

건물의 설비 시스템 운전은, 우수한 자동 제어 시스템의 작용에 따라 쾌적한 환경과 안전성을 확보해 가면서 BA(빌딩 오토메이션)을 이용하여 기기의 성능이나 시스템의 에너지 효율 향상, 건물 열손실의 경감이나 차단을 하면서 에너지 절감 관리로 연결해 가는 것이 이상적이다.

특히 BA 채용으로 인해 자연 에너지의 유효한 이용 등 에너지 절감 기구를 세부에까지 파급시켜서 러닝 코스트의 억제를 도모하는 등의 경제 효과가 크다.

사실 지금 증가해 가는 공익비의 압축 등은 건물 경영에 있어서도 중요하고 진지한 과제인 것이다.

표 5.1은 신주쿠 NS 빌딩의 연간 광열 사용량의 실적 추이와 다른 빌딩과의 비교를 나타낸 것이다.

표 5.1 1984~1991년도 신주쿠 NS 빌딩과 다른 빌딩과의 연간 에너지 소비량의 추이와 비교 (초고층 빌딩)

	1984년도			1985년도	1986년도	1987년도	1988년도	1989년도	1990년도	1991년도
	M 빌딩	S 빌딩	C 빌딩	신주쿠 NS 빌딩 (30층 건물) (130m) 50,447 S57.9						
층 수 (높이) 연바닥 면적 (평) 준 공 년 월	55층 건물 (210m) 54,357 S49.10	52층 건물 (200m) 53,684 S49.3	54층 건물 (216m) 53,377 S54.11							
전 력 [kWh/(m²·년)]	151.0 (114)		157.0 (119)	132.0 (100)주	135.0 (102)	134.5 (102)	136.3 (103)	140.8 (106)	140.2 (106)	140.9 (107)
										138.9 (105)
냉 수 [Mcal/(m²·년)]	87.3 (137)	146.0 (229)	89.1 (140)	63.6 (100)주	67.0 (105)	59.0 (92)	67.8 (106)	68.0 (107)	1.8 (113)	79.5 (125)
										73.5 (115)
증 기 [kg/(m²·년)]	131.1 (262)	131.0 (262)	145.9 (292)	50.0 (100)주	42.0 (84)	42.6 (85)	36.2 (72)	36.1 (72)	28.1 (56)	32.0 (64)
										28.9 (58)
상 수 (중수 포함) [m³/(m²·년)]	2.2 (146)		1.9 (126)	1.5 (100)주	1.6 (107)	1.6 (107)	1.7 (113)	1.7 (113)	1.7 (113)	1.6 (107)
										1.6 (107)
(참고) 연간 평균 외기 온도 단, 공조 시간대 : [℃] (800~2,000)				15.1 (100)주	15.6 (103)	15.0 (99)	16.2 (107)	15.8 (105)	16.8 (111)	17.6 (117)
										16.9 (112)
(참고) 월별 외기 평균 온도의 최대값 [℃]				(28.7)	(27.8)	(26.4)	(27.0)	(27.0)	(27.2)	(29.0)
										(27.3)

주) ( ) 속은 1984년도 신주쿠 NS 빌딩을 100으로 했을 때 다른 빌딩 및 타 연도 계수를 표시한다.

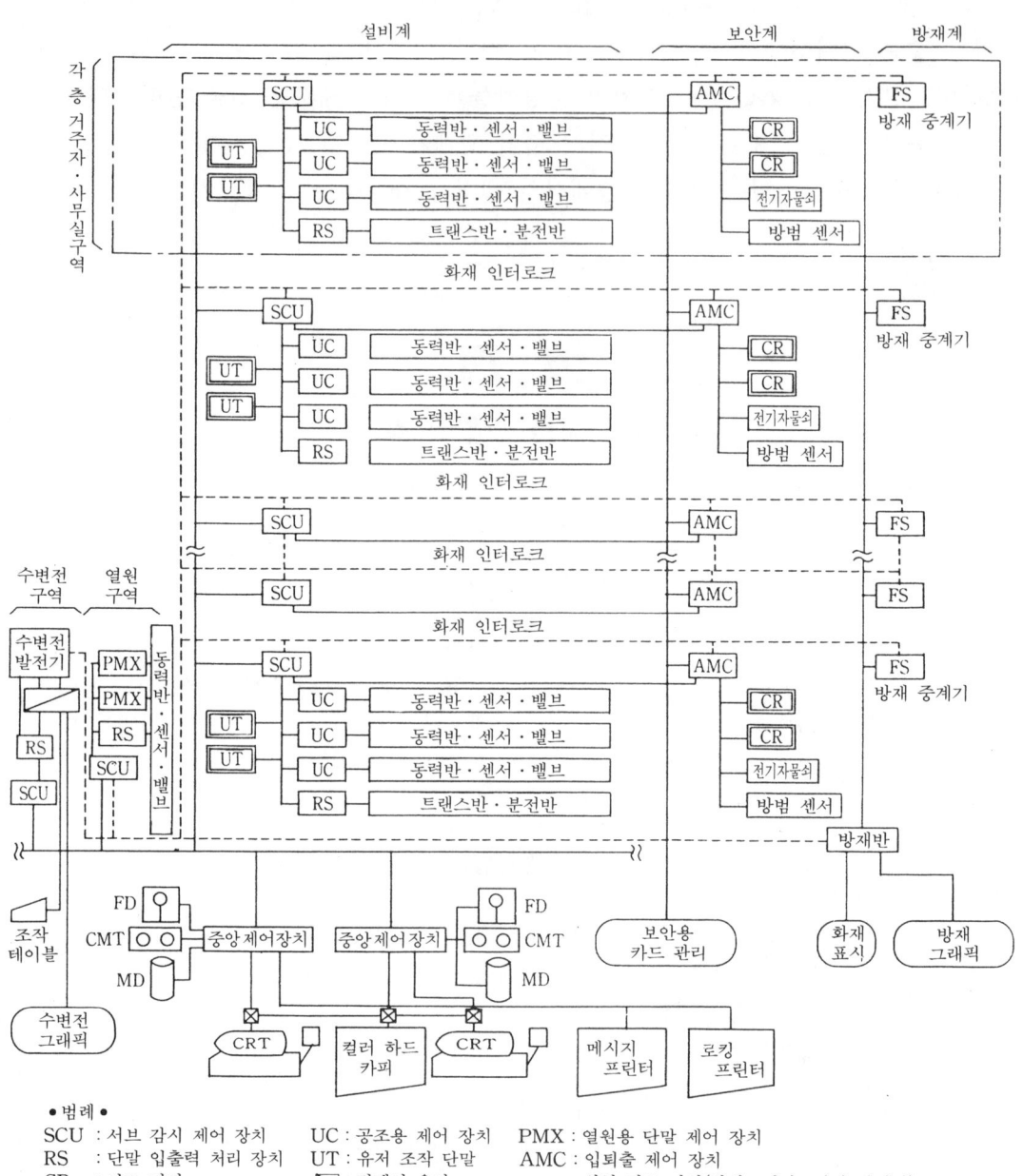

• 범례 •
SCU : 서브 감시 제어 장치   UC : 공조용 제어 장치   PMX : 열원용 단말 제어 장치
RS : 단말 입출력 처리 장치   UT : 유저 조작 단말   AMC : 입퇴출 제어 장치
CR : 카드 리더   ⬭ : 릴레이 유닛   ----- : 위험 경보 라인(화재, 정전, 자가 발전기)

그림 5.2 세이로카 가든의 건물 관리 BA 시스템

종합화 BA 시스템(**그림 5.1**)은 건물을 종합적으로 감시, 제어, 관리하는 설비 시스템이다. 수변전, 공조 등 동력 설비의 운전 상태나 이상의 감시, 조작, 표시, 기록 등을 하는 종래의 중앙 감시 시스템과 공조, 열원 기능의 자동 제어 시스템을 컴퓨터 기술의 진보, 디지털 통신 기술의 고도화, 실용화에 따라 통합 일체화시킨 것이다.

건물의 전 관리 정보를 집중시킨 결과, 기능 분산형의 제어 시스템이 되고 방재나 안전 설비까지 컨트롤 범위를 넓히면서 입주자가 더욱 자유롭게 건물 관리에 개입하여 개별 조작으로 참가할 수 있는 「유저 터미널 : UT(유저 조작 단말)」과의 접촉까지 요금 정산 기능도 포함해서 실용화되어 있으며, 기능의(수직) 통합화가 진전되어 그 표준화도 가능하게 되었다. **그림** 5.2에 세이로카 가든의 종합화 BA 시스템의 개요와 UT의 도입 상태를 나타낸다.

② 자동 제어 구조

자동 제어 시스템은 검출부(센서), 조절부(컨트롤러), 조작부(액추에이터)로 구성되어 있다. 자동 제어 시스템의 예로서, 대표적인 실내 온도 제어의 구조를 **그림** 5.3에 나타낸다. 실내 온도 제어계, 공조기, 실내 공간, 자동 제어 기기에는 외기 온도, 일사 등 외기 부하의 변화나 재실 인원의 증감에 의한 실내 열부하에 대한 변동이 외란으로 가해진다.

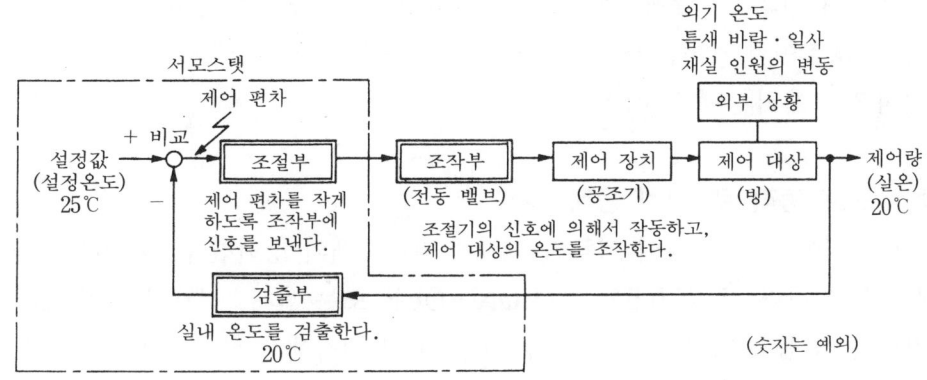

그림 5.3 자동 제어 시스템

이들 외란에 의해 실내 온도(제어량)와 설정값과의 편차가 생긴다. 이 편차를 인간의 5감에 해당하는 검출부가 검지하고 편차를 해소하기 위한 비교, 판단을 두뇌에 해당하는 조절부가 하고, 수족에 해당하는 조작부가 조작된다. 이 일련의 수정 동작을 계속적으로 또 자동적으로 하면서 편차를 없애는 것이 자동 제어의 기본적인 동작이며, 이와 같은 방법을 피드백 제어라고 한다.

이 편차를 해소할 때까지 시간의 「짧음」인 추종성의 좋음과 실내 온도의 변화가 「적음」의 정도인 안정성을 양립시키는 것이 자동 제어를 하는 데 중요하다.

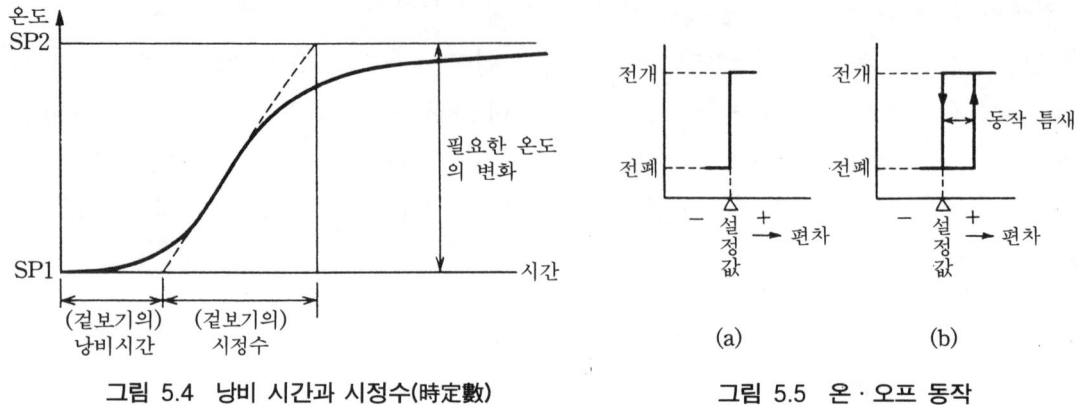

그림 5.4 낭비 시간과 시정수(時定數)　　　그림 5.5 온·오프 동작

또한, 추종성과 안정성을 양립시켜 목표에 도달한 제어계를 일정한 범위 내에 연속해서 유지해 나가기 위해서는 제어계의 특징인 낭비 시간, 시정수(時定數)(**그림 5.4**), 장치 용량을 고려해서 자동 제어 동작은 선정되고 조정된다.

③ 자동 제어 동작

조절기 부분의 비교, 판단에는 **그림 5.7**과 같이 여러 종류의 방법이 있다. 이 방법을 자동 제어 동작이라 하며, 공조 제어에는 온·오프 동작, 비례 동작, 비례+적분 동작이 일반적으로 흔히 사용되고 있다.

(1) 온·오프 동작(두 위치 동작)

온·오프 동작이란, 조작량이 입력의 크기에 따라 2개의 정해진 값 중 어느 쪽인가를 택하는 동작을 말한다. **그림 5.5**와 같이 ON−OFF 또는 전개, 전폐가 원칙이고 그 사이에 약간의 동작 틈새(디퍼렌셜)를 **그림 5.6**과 같이 설정해서 히스테리시스(이력 현상) 제어에 의한 헌팅 반복을 방지하여 제어의 안정성을 도모하는 구조로 되어 있다.

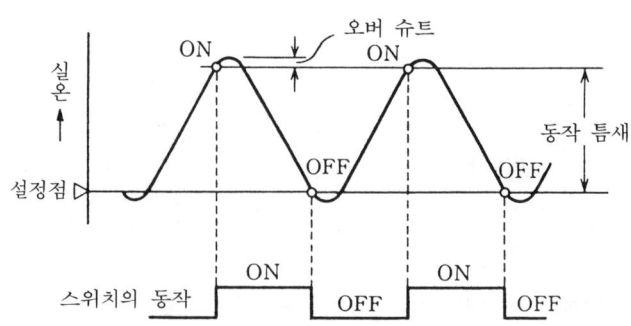

그림 5.6 온·오프 동작에 의한 냉방 제어의 결과

항목 \ 제어 동작	두 위치(ON/OFF) 동작	비례(P) 동작	비례+적분(PI) 동작
동작도 (난방)	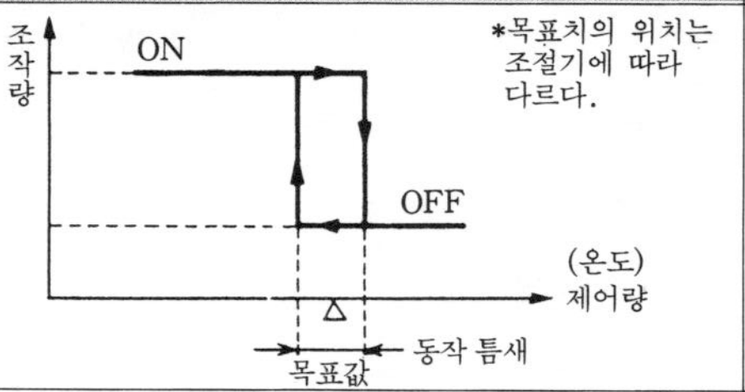 *목표값의 위치는 조절기에 따라 다르다. (ON / OFF / 조작량 / 목표값 / △ / 동작 틈새 / (온도)제어량)	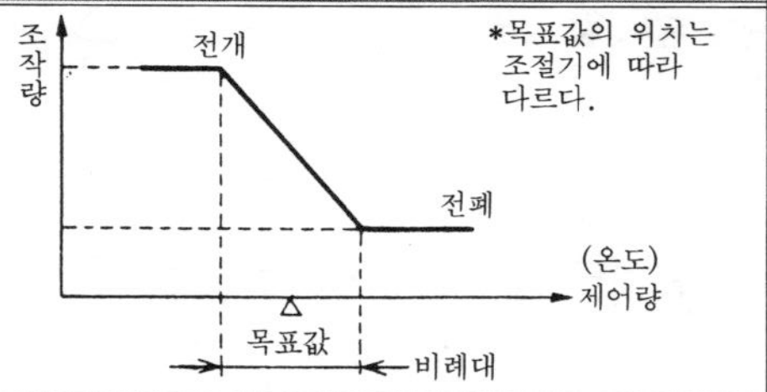 *목표값의 위치는 조절기에 따라 다르다. (조작량 / 전개 / 전폐 / 목표값 / △ / 비례대 / (온도)제어량)	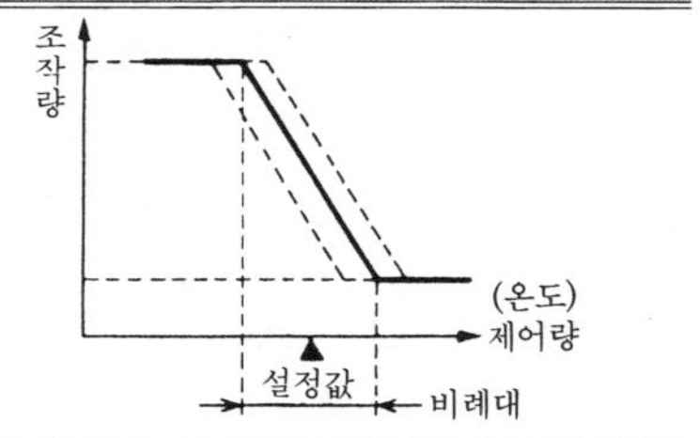 (조작량 / 비례대 / 설정값 / 설정값의 비례대 / (온도)제어량)
응답 (단계적으로 외란이 들어온 경우의 응답)	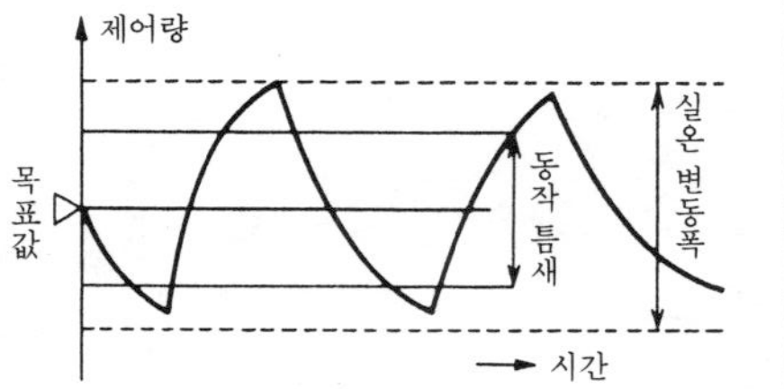 (제어량 / 목표값 / 실온 편차폭 / 동작 틈새 / 시간)	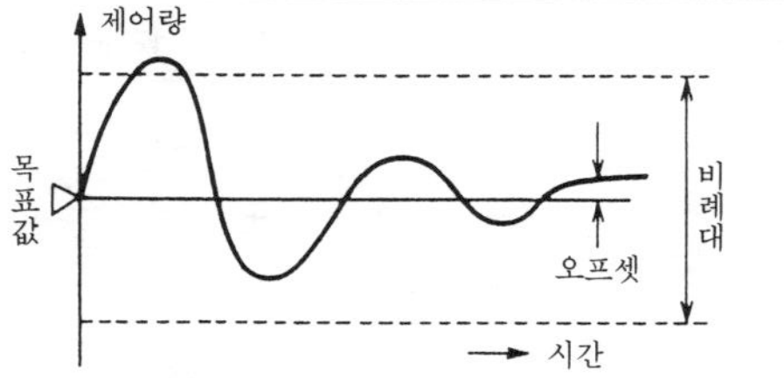 (제어량 / 목표값 / 오프셋 / 비례대 / 시간)	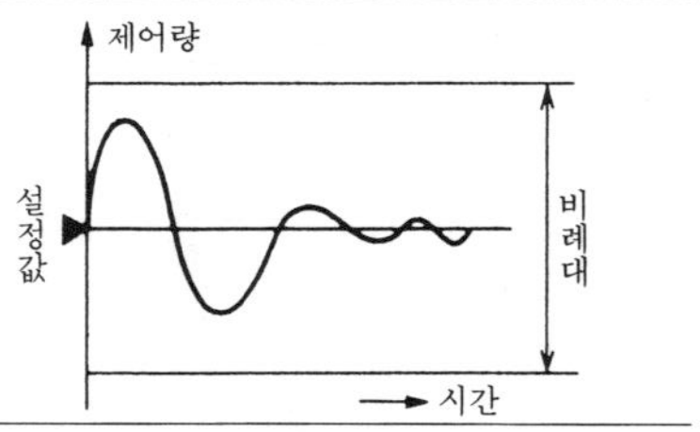 (제어량 / 설정값 / 비례대 / 시간)
쓸데없는 시간	소	소~중	소~중
시정수	중~대	중~대	소~대
크기	소	소~중	소~대
빠르기	소	소~중	소~중
특 (특징)	• 조작량이 2개의 정해진 값의 어느 한쪽을 취한다. • 설정은 어디까지나 목표값으로 설정되어지 되지 않는다. • 동작 틈새의 변동 폭이 크고, 과소하면 빈번하게 ON/OFF를 되풀이 한다(헌팅).	• 조작량은 동작 신호의 현재값에 비례한다. • 설정은 어디까지나 목표값이고, 설정에 접근시키는 동작이 없기 때문에 오프셋(잔류 편차)이 남는다. • 비례대가 넓으면 오프셋이 크고, 과소하면 헌팅을 일으킨다.	• 비례 동작에 오프셋을 부정하는 적분 동작을 가해서 설정값에 접근시키는 제어.
용 (용도)	• 소규모로 비교적 안정되고 있는 계열. • 대체로 목표값(동작 틈새)에 가깝게 있으면 되는 실내 온도 제어 등.	• 외란이나 낭비 시간이 작은 제어 대상. • 외란이 크거나 정밀도를 요구하지 않는 실내 온도 제어 등.	• 외란이 큰 계열. • 급기 온도 제어, 정밀도가 요구되는 실온 제어 등, 양탕 제어 등.

(주) P : Proportional, I : Integral, D : Differential

그림 5.7 두 위치, 비례, 비례+적분 동작의 비교

또한, 동작 틈새는 고정의 것과 가변의 것이 있으며 설정값의 위쪽에 있는 경우와 아래쪽에 있는 경우가 있다. 온·오프 동작은 프로세스의 시정수(반응의 지연)가 커서 낭비 시간이나 전달의 지연이 작은 제어의 경우에 적합하며 동작 틈새가 과대하면 변동 폭이 크고, 과소하면 빈번히 ON·OFF를 반복해서 헌팅을 일으키게 된다. 제어량(예컨대 실내 온도)을 항상 일정한 값으로 유지하기가 곤란하기 때문에 소규모로 대략 목표값(±1.0℃의 오차)에 가깝게 제어할 수 있다면 단순한 제어 대상에 적합하다.

(2) 비례 동작(P 동작)

비례 동작은 온·오프 동작과 달리 연속적인 조작량을 출력하는 제어 동작이다. 편차의 크기와 조작량의 크기가 비례하기 때문에 비례 동작(P 동작)이라고 한다. 비례 동작은 편차에 비례하는 조작 신호를 연속해서 내보내는 것으로 **그림 5.8**에 표시한 것과 같이 밸브 개도(Y_P)는 제어 변수(실내 온도 : X)의 변화에 따라 비례대(比例帶) 내에서 직접적으로 변화한다.

밸브의 개도는 열부하에 의해 정해지는 실내 온도와의 편차($X-X_1$)에 비례하고 있으며, 실내 온도가 설정값에 일치했을 때($X=X_1$) 편차는 0으로 된다. 일사 등에 의해서 부하가 변동하면 실내 온도와의 편차가 생긴 채 밸브 개도는 외란인 열부하에 대응한 위치에서 균형되고 만다. 설정값(X_1)과 실내 온도(X)와의 편차(Z)를 잔류 편차「오프셋」이라고 부른다.

또한, 비례 동작에 있어서 출력이 유효 변화 폭의 $0 \sim 100\%$ 변화하는 데 필요한 입력의 변화 폭을「비례대」라 하며, 비례대는 고정의 경우와 가변의 경우가 있다.

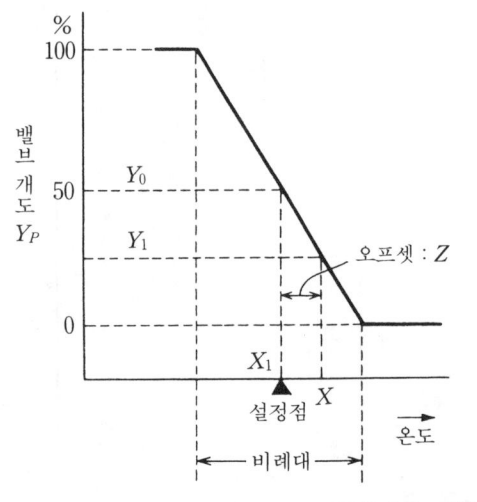

Y_P : 밸브 개도
X : 제어 변수(예컨대 실내온도)
X_1 : 설정점
Y_0 : 편차 제로시의 밸브 개도(그림에서는 50%)
K_P : 비례 감도로
하면
$$Y_P = -K_P(X-X_1)+Y_0$$

그림 5.8 위치 비례 동작 (난방시)

비례대는 풀 스팬의 몇 %인가로 표시되지만, 공기 제어의 경우는 「스로틀 레인지」라고 하는 다른 표현이 쓰이며, 스로틀 레인지의 크기는 온도라면 「2℃」라고 실제의 사용 단위를 쓰고 있다. 예컨대 T 서모스탯의 시방이 비례대 「약 2℃」로 고정되어 있는 경우는 스로틀 레인지의 표시 방법이며, 비례대는 13%라고 하는 것이다(T 서모스탯의 스팬은 15℃로 한다).

비례대의 폭이 가변인 경우, 비례대의 폭을 넓히면 제어는 안정되지만 「오프셋」은 커진다. 반대로 폭을 좁게 하면 감도는 좋아지지만, 제어에 변동이 생겨서 불안정하게 된다. 시스템의 적절한 비례대의 폭을 제어 용량과 일치시킬 수 있도록 제어 프로세스의 특성을 충분히 파악해서 설정 폭을 정하지 않으면 안 된다.

외기 온도가 0℃일 때 실내 온도를 24℃로 하기 위해서 필요한 밸브 개도가 50%였다고 한다. 그런데 **그림 5.9**와 같이 외기 온도가 10℃일 때 밸브 개도를 50%로 하면 실내 온도는 24℃를 넘어 버린다. 그래서 비례 동작은 밸브를 좁혀서 예컨대, 25%로 한다. 그러나 밸브 개도 25%에 해당하는 실온은 24℃보다 높은 값 24.5℃로 되어버린다. 이 때 생기는 편차가 오프셋이다.

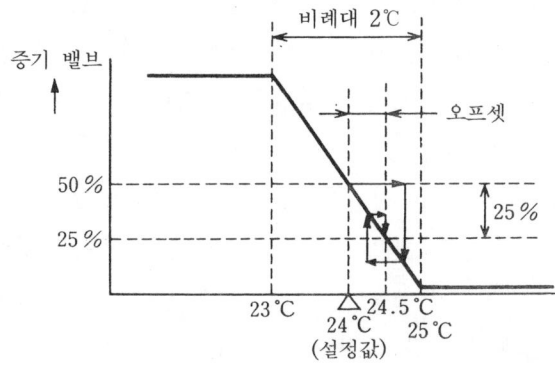

그림 5.9 위치 비례 동작

(3) 비례+적분 동작

비례+적분 동작은 비례 동작에 적분 동작을 부가한 동작이다. 외란 등에서의 비례 동작에서 생기는 「오프셋」을 없게 하도록 작용하는 동작으로 「리셋 동작」이라고도 말하며, 입력의 시간 적분값에 비례하는 크기의 출력을 내는 동작이다. 적분 동작은 비례 동작과 조합해서 사용되는 것이 일반적이고, 적분 동작의 작용의 세기를 표시하는 데는 적분 시간을 사용한다. 적분 시간(리셋 시간)이란 PI 동작에 있어서 스텝 형상의 입력이 가해진 경우, 비례 동작만에 의한 출력과 적분 동작만에 의한 출력이 같게 될 때까지의 시간을 말하며, 적분 시간의 역수를 「리셋률」이라고 한다.

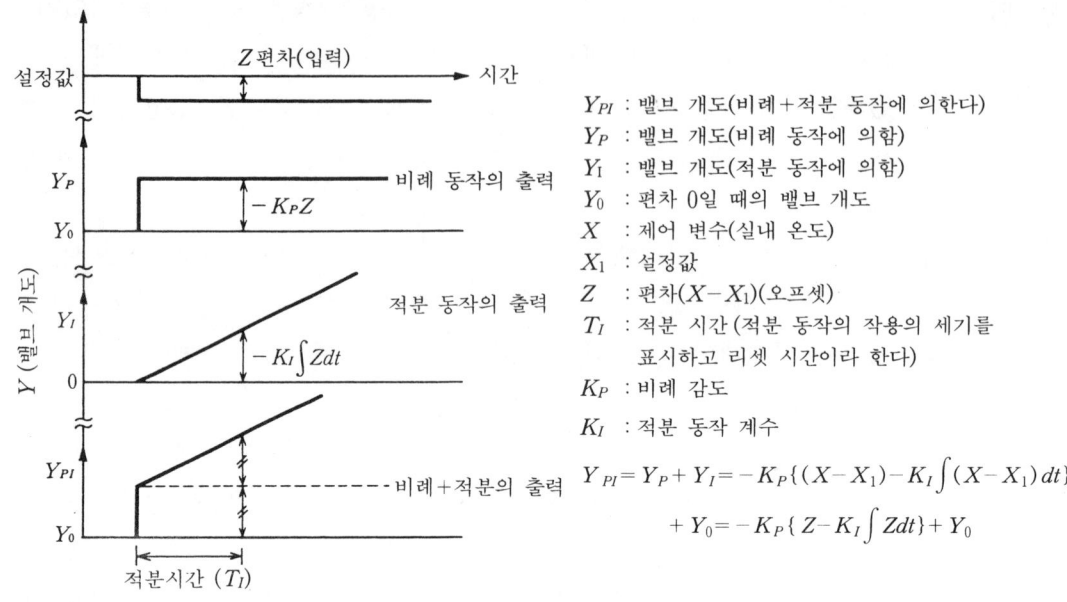

설정값 · · · · · · Z편차(입력) · · · · · · 시간

Y_{PI} : 밸브 개도(비례＋적분 동작에 의한다)
Y_P : 밸브 개도(비례 동작에 의함)
Y_I : 밸브 개도(적분 동작에 의함)
Y_0 : 편차 0일 때의 밸브 개도
X : 제어 변수(실내 온도)
X_1 : 설정값
Z : 편차$(X-X_1)$(오프셋)
T_I : 적분 시간(적분 동작의 작용의 세기를 표시하고 리셋 시간이라 한다)
K_P : 비례 감도
K_I : 적분 동작 계수

Y_P · · · $-K_P Z$ · · · 비례 동작의 출력
Y_0

Y_I · · · 적분 동작의 출력
0 · · · $-K_I \int Z dt$

Y_{PI} · · · 비례＋적분의 출력
Y_0

적분시간 (T_I)

$$Y_{PI} = Y_P + Y_I = -K_P\{(X-X_1) - K_I\int(X-X_1)\,dt\}$$
$$+ Y_0 = -K_P\{Z - K_I\int Z dt\} + Y_0$$

그림 5.10 비례＋적분 동작

그림 5.10에 있어서 T_I이 적분 시간으로 단위는 분, 그리고 리셋률은 I 동작에 의한 변화분이 단위 시간(1분간)에 P 동작이 몇 배 변화하는가를 표시하고 있다. 다시 말하면 적분 동작은 편차를 부정하기 때문에 필요한 조작량을 적분 시간으로 정의한다. 제어 정수 시간을 곱하여 더해 넣는 것 같이 동작한다.

그림 5.9와 같은 상태에서 적분 시간을 10분으로 설정하고 있는 경우에는 편차 0.5 ℃를 없애는 데 필요한 조작량은 25%로 되기 때문에, 1분당 2.5%씩 밸브 개도를 증가시키도록 동작한다.

적분 동작은 시간을 길게 잡으면 조작량의 변화가 늦어지기 때문에 안정성이 향상하고, 짧게 하면 큰 수정량이 작용하게 되지만, 추종성은 좋게 되나 너무 짧으면 사이클링 현상이 심하게 되어 마침내 헌팅을 일으키게 된다.

(4) 제어 정수(제어 파라미터) 설정

비례 동작, 비례＋적분 동작을 사용하는 경우에는 적절한 비례대와 적분 시간을 설정해서 제어의 추종성, 안정성을 향상시키지 않으면 결과적으로 에너지의 손실이 생기거나 환경의 악화를 초래하게 된다.

설정 방법으로, 여기서는 한계 감도법에 의한 순서를 설명한다.

① 적분 시간을 무한대로 하고 비례대를 최대로 해 놓는다.
② 비례대를 서서히 작게 한다.

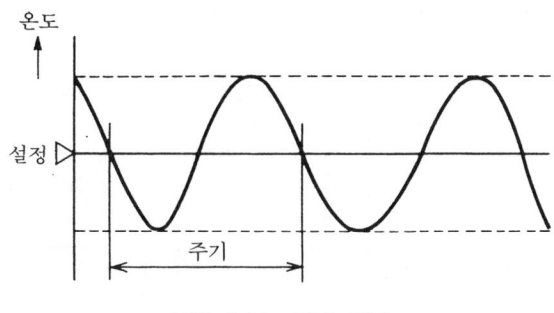

그림 5.11 지속 진동

③ 비례대를 작게 함에 따라 진동이 시작되고 그 진동의 폭이 일정(**그림 5.11** : 지속 진동)하게 된 시점에서 정지한다. 그 이상 작게 하면 진폭이 확대되는 상태(발산 진동)로 된다.

④ 지속 진동을 하고 있을 때의 비례대 값과 진동 주기를 기록한다.

⑤ 비례 동작만으로 동작하는 경우는 지속 진동시의 비례대를 2배로 한 것을 비례대로 한다. 비례+적분 동작의 경우는 지속 진동시의 비례대를 2.2배한 것을 비례대로 하고, 진동 주기를 0.83배 한 것을 적분 시간으로 설정한다.

이상이 한계 감도법의 순서이다. 그러나 공조 제어의 경우, 외란의 변화 폭이 대단히 큰 것과 다소의 진동은 남았어도 추종성을 중시하는 경우 등도 있으므로 한계 감도법에 의한 설정 방법이 항상 가장 적합하다고는 한정할 수 없는 것에 주의하기 바란다.

④ DDC(Direct Digital Control) 제어

공조 자동 제어에는 종래 전기식, 전자식 및 공기식 등 아날로그 방식에 의한 제어 기기가 주로 사용되어 왔으나, 제어 점수의 증대, 처리 스피드, 제어 정밀도, 복잡한 제어 조합 등으로 인해 제어계의 전 디지털화가 필요하게 되어 전 디지털 제어 기기(**그림 5.12**)의 개발과 실용화가 도모되고 추진되었다. 이 분산형 DDC 시스템과 BA 호스트 컴퓨터 시스템, 리모트 스테이션(RS)과의 전 디지털 전송에 의한 일체화가 가능하게 되었고, 고성능의 건물 통합 제어 시스템(BAS)이 완성됨으로써 많이 채용하게 되었다. 그 특징으로는

① 설정, 표시, 연산, 모든 것이 디지털 방식이기 때문에 전송이나 연산의 오차가 적고 소음에 강하기 때문에 정도가 높은 설정 변경, 계측이 가능하게 된다.

② 입출력 신호는 변환기를 거치지 않고 직접 중앙 감시 장치로 전송할 수 있기 때문에 신속하고 정확한 제어 관리가 가능하게 된다.

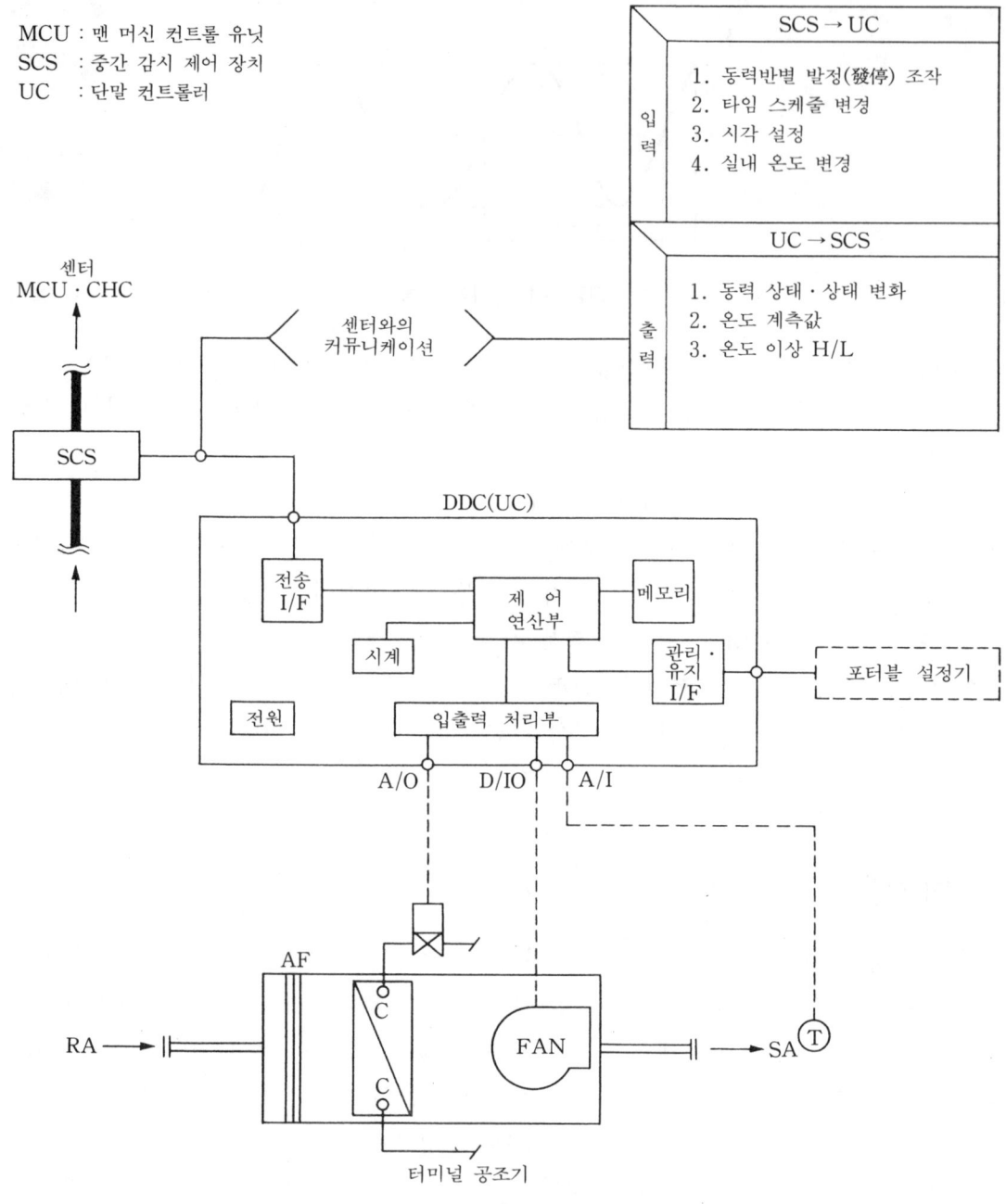

MCU : 맨 머신 컨트롤 유닛
SCS : 중간 감시 제어 장치
UC   : 단말 컨트롤러

SCS → UC
1. 동력반별 발정(發停) 조작
2. 타임 스케줄 변경
3. 시각 설정
4. 실내 온도 변경

UC → SCS
1. 동력 상태 · 상태 변화
2. 온도 계측값
3. 온도 이상 H/L

그림 5.12 분산형 DDC 제어기

③ 디지털형 센서가 개발되고 정밀도가 ±1.0에서 ±0.1℃로 향상되어 오차가 적고, 아날로그 계기에 비해서 높은 에너지 절감 효율을 발휘할 수 있다.

④ 분산화 공조 방식과 VAV 유닛 및 FC 유닛 등 세분화 부속 유닛과의 조합 분산 관리 제어가 가능하게 되었고, 열원과의 연동도 포함한 그룹 연휴 제어가 동일 유닛 내

변풍량 공조기—DDC 방식

[냉수 온수 더블 코일 및 전열 교환기 부착]

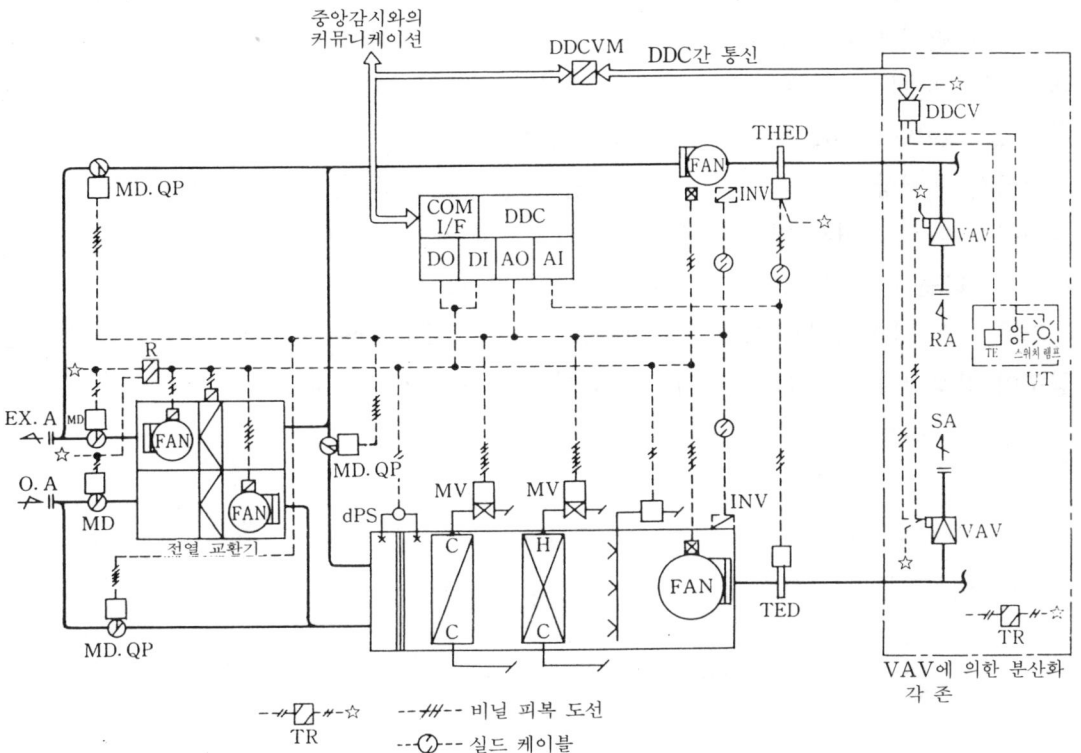

그림 5.13 VAV에 의한 분산형 DDC 제어 시스템의 계장 예

제어 기능

1. 실내 온도 VAV 제어
2. 급기 온도 제어
3. 환기 습도 제어(물 가온) [두 위치]
4. 워밍업 제어
5. 공조기 정지시의 인터로크 제어
6. 외기 냉방 제어
7. VAV 풍량에 의한 급기량 제어
8. 급기 온도 로드 리셋 제어
9. 중앙 감시 시스템과의 통신

기 호	명 칭	형 번
THED	삽입형 온습도 검출기	HY 7017
TED	삽입형 온도 검출기	TY 7700
TE	실내형 온도 검출기	TY 7201
UT	사용자 조작 단말	QY 109A
DDC	디지털 조절기	WY 7211
DDCV	VAV용 디지털 조절기	WY 7106
DDCVM	DDCV용 관리 모듈	WY 7212
MV	모터 밸브	VY 5110
MD	댐버 액추에이터	MY 6040
QP	보조 퍼텐쇼미터	QY 9000
TR	트랜스	AT 72 J 1
dPS	미차압 스위치	PYY—CL 13
R	릴레이	—

에서 이루어지게 되었다(그림 5.13).

　⑤ 유저 터미널(사용자 조작 단말)과의 퍼스널 공조기 운전에 의한 시간외 요금의 적

산 시스템이 표준적으로 도입되어서 입주자(사용자) 지향의 시스템 선택이 가능하게 되었다.

그러나 반면에 디지털 제어는 정밀도는 높지만 직접적이고 단순한 판단으로 단시간에 처리해 나가는 습성이 있다. 또한, 제어가 직선적이고 심한 작동 결과로 인해 미세한 공조 제어에는 따르지 않는 것이 문제점이다.

따라서 제어상 많은 파라미터의 설정을 가능하도록 해 놓고 각각 실제 장면에서 그 설정값을 다시 짜면서 디지털 제어의 아날로그화 제어에 대한 변환을 끈기있게 추진해서 「부드러운 디지털 제어」로 만들어 나가야 할 것이다.

겨우 일부 메이커에서 아날로그 제어도 가미된 DDC 제어 유닛의 개발 실용화에 성공하여 안정성이 있는 제어 기기의 채용이 가능하게 된 것이다.

5-2 에너지 절감화 설비 시스템과 그 제어 방법

1 분산화 공기 조화 방식의 종류

분산화 공기 조화 방식은 운전시의 에너지 절감 성능을 높이기 위해서 가급적 전 공기식의 공조 방식으로 하고 자연 에너지인 외기의 이용을 쉽게 해 놓을 것, 다시 말해 패시블(자연의 응용)화에 대한 준비를 우선 갖추어 두는 것이 중요하다.

더욱이 배열 회수 기능으로 가능하면 개별식 전열 교환기에 의한 공조 유닛마다의 열 회수가 가능하고, 혹서나 혹한시의 외기 부하의 부담을 줄이기 쉽게 해 두는 것이 필요하다.

분산화 공기 조화 방식은 대별해서 열원 집중 방식과 열원 분산 방식으로 나눌 수 있다(표 5.2).

표 5.2 분산화 공기 조화 방식의 종류

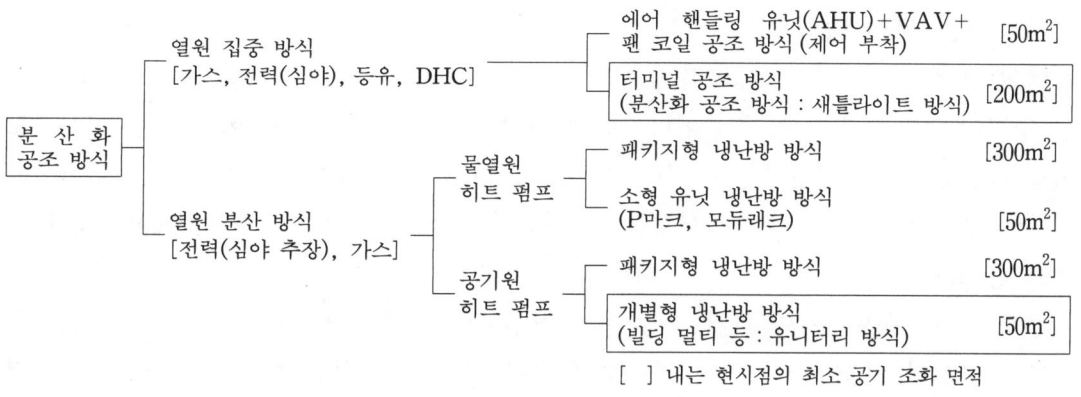

[ ] 내는 현시점의 최소 공기 조화 면적

(1) 열원 집중 방식

열원 집중 방식은 열원을 도시 가스, 일반 및 심야 전력, 등유 중에서 단독 또는 복합 에너지 이용을 선택하고 주요 열원기를 지하층이나 옥상에 집약 설치해서 각 층의 분산식 공조기와의 사이에서 계절에 따른 에너지 절감화 기기의 선택, 조합을 베스트 믹스시키는 방식이다.

보수의 관리 유지도 빈틈없이 하는 사무소 빌딩 등 대형 빌딩에서는 대표적인 공조 방식으로서, 분산형 DDC 유닛과의 결합에 의해서 건물의 1차 공조(앰비언트 공조)로서 많이 채용되고 있다.

노 트

분산화 공기 조화 방식은 왜 필요한가?

최신의 건물 공조 설비는 실내의 OA 기구의 이용 증가에 따른 부하 변동, 습도 저하에 의한 정전기의 발생, 개별 시간 외 공조의 저 코스트에서의 제공 등 입주자에 대한 환경 서비스의 향상과 이에 대한 유지 관리비의 삭감, 채산면에서도 에너지 절감화가 필요하다.

공조의 최소 구획화, 분산화가 우선 건물 계획시부터 계획되어 있어야 하며, 분산화 공조 방식이 중요하게 되었다. 더우기 이들의 에너지 절감 성능을 높일 목적으로 분산형 DDC 제어 시스템을 결합시켜, 상세한 부분에서의 부분 열부하 변동에 대응하여 제어를 해가면서 최소의 열원 부하로 공급할 수 있게 되었다.

어떻든 분산화($300\,\mathrm{m}^2 \sim 150\,\mathrm{m}^2$)하는 것은 양질의 공조 시스템에 대한 그레이드 업이 되고 공익비 등의 러닝 코스트의 절감에도 이어지지만, 신축시의 이니셜 코스트의 증가에도 연결되는 것이 되어, 분산 비율과 제어 방법이 건물 준공 후의 중요한 과제로 된다.

---

(2) 열원 분산 방식

열원 분산 방식에서는 일반 전력, 도시 가스 이용에 의한 개별 공랭 히트 펌프 냉난방 방식(유니터리 방식)이 주류이다. 한랭 지역 이외에서 기후 조건이 맞으면 언제라도 자유롭게 단독으로 냉난방을 할 수 있는 것, 그리고 소형 기기를 천장 속에 내장함으로써 렌터블 비의 개선을 포함해서 세부 서비스에 대처할 수 있는 2차 공조(퍼스널화 태스크 공조)로 이용된다.

온도 변화, 습도 불량, 외기 불량 등 환경면이나 관리 유지성에서는 아직 문제는 많으나 소규모의 건물에서는 간이 공조로서 많이 이용되고 있다. 그러나 최근에 주간 전력의 소비 증가가 계속되는 가운데, 그 대책으로 야간 축열 방식에 대한 전환을 지도하기 시작하였다.

② BA 시스템과 분산화 공기 조화 시스템의 결합

분산화된 공조 설비 시스템이 실제로 에너지 절감 효과를 발휘하는 데는 다수의 공조 기기를 최적한 운전 상태로 유지하는 미묘한 조정 기술이 필요한데, 이것을 지원하는 툴(tool)로서 에너지 관리까지 대상으로 한 자동 제어 시스템과 BA(빌딩 오토메이션) 시스템의 결합(그림 5.14)이 중요하다.

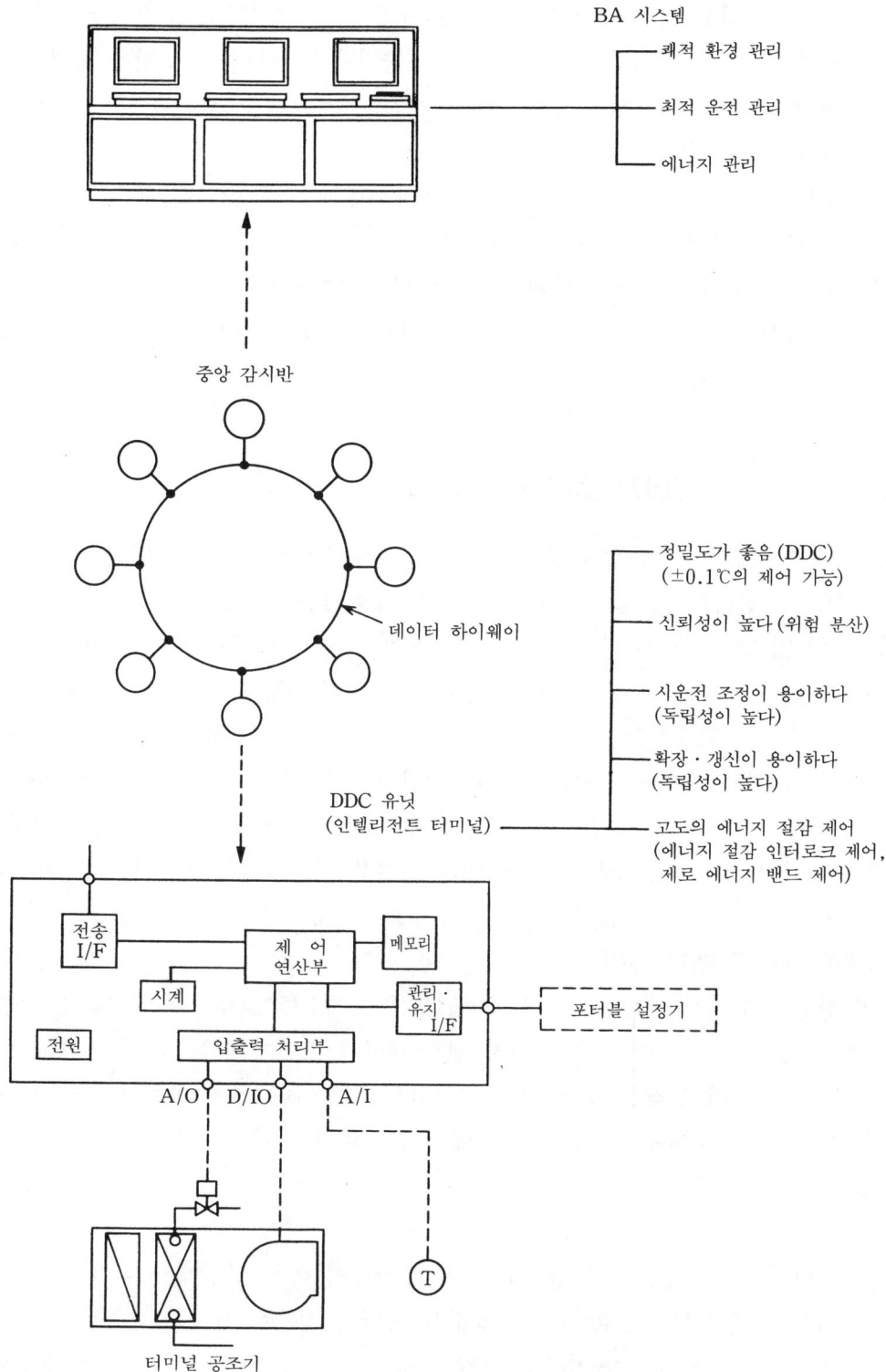

BA 시스템
— 쾌적 환경 관리
— 최적 운전 관리
— 에너지 관리

중앙 감시반

데이터 하이웨이

— 정밀도가 좋음 (DDC)
 (±0.1℃의 제어 가능)
— 신뢰성이 높다 (위험 분산)
— 시운전 조정이 용이하다
 (독립성이 높다)
— 확장 · 갱신이 용이하다
 (독립성이 높다)
— 고도의 에너지 절감 제어
 (에너지 절감 인터로크 제어,
 제로 에너지 밴드 제어)

DDC 유닛
(인텔리전트 터미널)

전송
I/F

제 어
연산부

메모리

시계

관리 ·
유지
I/F

포터블 설정기

전원

입출력 처리부

A/O   D/IO   A/I

T

터미널 공조기

그림 5.14 분산형 DDC에 의한 BA 시스템 개념도

BA 시스템의 중심이 되는 컴퓨터는 로컬에 산재하는 분산형 DDC 유닛군을 일괄해서 감시하면서 건물 전체의 제어 정보를 관리 기술자에게 전달하는 역할을 하며, 에너지 절감 제어에 대해서도 DDC 유닛이 담당하는 그 프로그램 기능을 감시 유지해서 그 성적을 평가하고 지시한다.

BA를 이용한 에너지 절감 제어에는 공조기 시스템의 제로 에너지 밴드 제어, 최적 시동 제어, 외기 냉방 제어 및 열원 디맨드 제어 등이 있는데, 어느 것이나 그 실적값에서 에너지 절감 효과가 크게 기대되는 제어이다(제로 에너지 밴드란 열원 에너지 소비가 적은 온습도 제어 범위를 말하며, 냉방과 난방 온도의 설정을 따로 해서 범위의 확대를 도모할 수 있다).

③ DDC화에 의한 에너지 절감 제어 방법

DDC 제어 시스템은, 전송계의 장해로 인해 정밀도적으로 한계가 있었던 아날로그계 제어 시스템을 대신해서, 전(全) 디지털 제어 시스템이 15년 전에 일본의 신주쿠 NS 빌딩에서 개발되었으며, 이 후 난제였던 제어성을 개선하는 등 급속하게 실용화, 표준화가 진행되고 있다. 또 방재, 방범, 보안 설비에 대한 확장은 물론, VAV나 팬 코일에 대한 분산화 제어 범위에서의 세분화 시스템을 포함, 그리고 유저 터미널의 표준화 등 기능의 충실, 확장이 계속되고 있다. 또한, 에너지 절감 운전의 관리 평가에 대해서도 연구 개발이 추진되고 이미 일부 최적 시동의 평가 등이 실용화되어 이후의 에너지 절감 효과는 대단히 크다. 다음에 그 주요 에너지 절감 시스템의 제어 방법을 소개한다.

(1) 제로 에너지 밴드 제어

쾌적한 환경 범위에서 냉방, 난방 및 가습(加濕), 제습(除濕)의 각 설정값에 충분한 폭을 설정한다. 다시 말하면 제로 에너지 밴드(에너지 소비가 없는 범위)를 유효 범위 내에 설정해서 에너지 절감을 도모하는 제어이다. 계절이나 기후 변화에 따라서 유효 설정 범위를 변경, 확대하는 동시에 자연 에너지에 의한 외기 냉방의 병용 등, 에너지 절감 효과가 큰 제어이다.

a) 개 요

실제의 경험값보다 냉방, 난방 설정값 사이에 충분히 폭을 설정해서 실내 온도가 그 사이, 즉 난방 설정값보다 높고 냉방 설정값보다 낮은 경우에 냉수나 온수(증기)를 사용하지 않는 영역, 즉 에너지를 사용하지 않는 영역이 있는 제어이다. 습도에 대해서도 똑같이 가습, 제습 설정값 사이에 폭을 설정해서 제로 에너지 밴드 제어를 할 수 있다.

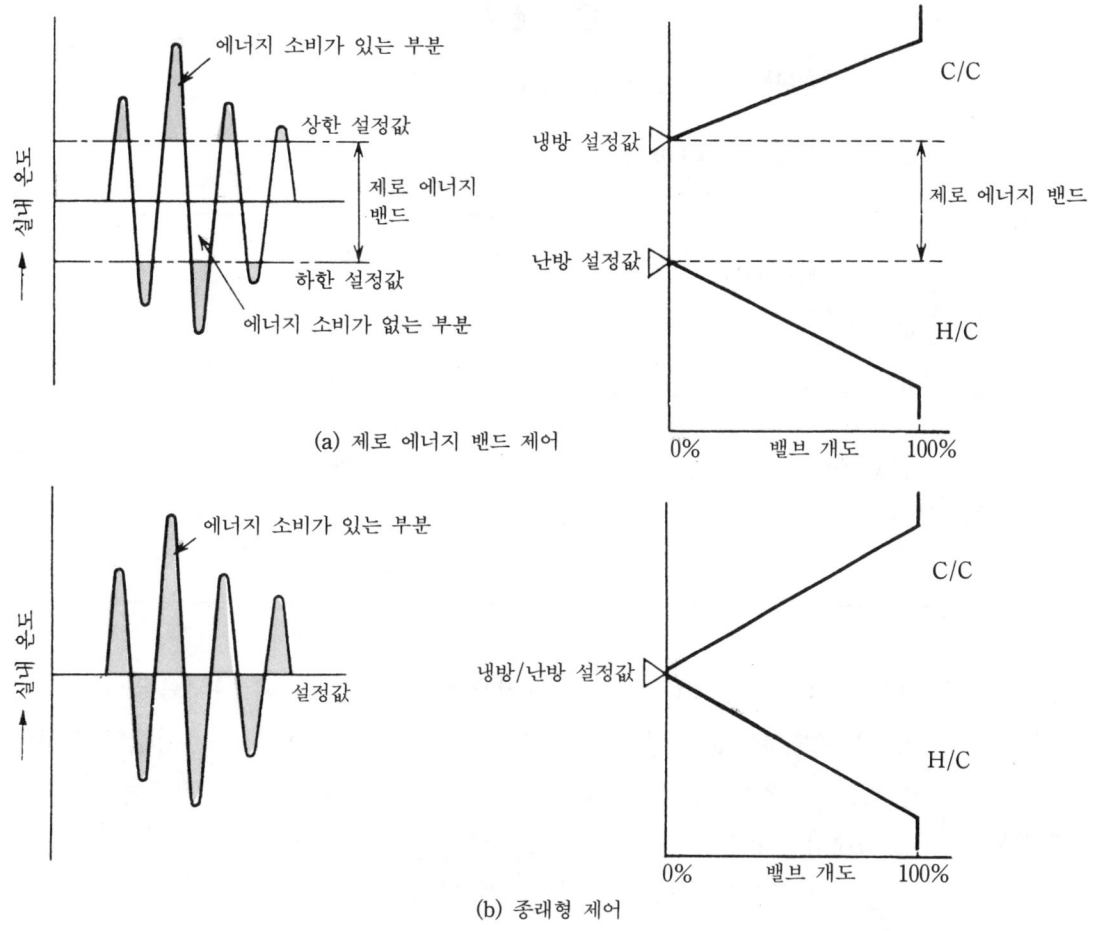

(a) 제로 에너지 밴드 제어

(b) 종래형 제어

그림 5.15 제로 에너지 밴드 제어 개념

b) 기 능

냉방 설정값이란 그 값보다 낮은 실온에서는 냉방하지 말아야 하는 것이며, 난방 설정값이란 그 값보다 높은 실온에서는 난방하지 말아야 하는 것이다. 따라서 2방 밸브의 개도 스케줄은 **그림 5.15**에 나타낸 것과 같이 실온이 높을 때만 냉수 밸브가 열리고 실온이 낮을 때만 온수 또는 증기 밸브가 열린다. 만약 냉방 설정값과 난방 설정값이 같으면 실온이 그 설정값보다 좀 낮거나 높아도 에너지를 소비하게 된다.

한편, 분산화 공조에 제로 에너지 밴드 제어를 도입해서 냉방 설정값과 난방 설정값을 개별로 갖고 양자의 범위를 조금이라도 넓혀서 설정하면 에너지를 소비하지 않는 영역을 설정할 수 있다. 또한, 중간기, 동기의 외기 냉방이나 동기의 남, 서면의 유리창에서의 일사를 병용하면 실온이 제로 에너지 밴드의 범위 내에 들어가는 기간이 더 확대 가능하기 때문에 큰 에너지 절감 효과를 얻을 수 있다.

노 트

PMV(Predicted Mean Vote)란?

덴마크 공과대학의 P. O. Fanger 교수에 의해 제창된 한서감(寒暑感)에 관한 쾌적 지표.

온도, 습도, 복사, 기류, 착의 상태, 신진대사량을 쾌적성을 좌우하는 6개의 요소로 하고 있다. 이들 6개 요소의 조합을 변화시킨 방에서의 여러 피험자(被驗者)로부터의 한서감에 대한 앙케트 조사를 기본으로 작성되었다.

PMV의 한서 감각의 대응은 **표 5.3**과 같이 되어 있다.

표 5.3 DMV에 의한 쾌적 지표

$PMV = -3$: cold (춥다)

-2 : cool (시원하다)

-1 : slightly cool (조금 시원하다)

0 : comfort (쾌적하다)

$+1$: slightly warm (조금 따뜻하다)

$+2$: warm (따뜻하다)

$+3$: hot (덥다)

이와 같은 실온 또는 습도 에너지 밴드 제어는 인간의 온열감에 관계되는 쾌적성에 폭이 있는 것을 이용한 것이고 냉방과 난방 설정값, 또는 제습과 가습 설정값의 설정에 있어서는 온열 환경 지표를 참고하여 실제로 한계를 넓혀가는 노력이 필요하다. 예컨대 PMV(**표 5.3**)에서 ± 0.5(온열 환경에 불만인 사람의 비율이 10% 이하의 영역)의 범위 내에 들어가도록 실온을 설정하는 방법도 있다.

c) 효 과

실온이 제로 에너지 밴드 범위 내에 있어서 에너지를 소비하지 않는 동시에 냉난방은 개별로 설정을 마련하는 것은 냉방값을 올리고, 난방값을 내리는 것이 된다. 그리고 냉, 온수 밸브의 헌팅 방지, 인테리어와 페리미터 공조 사이에서의 냉열, 온열의 상쇄가 되는 믹싱 로스 현상이 방지되는 것 등 큰 에너지 절감 효과가 있다.

(2) 최적 기동 정지 제어

계절, 기후의 변화 또는 기동과 정지 스케줄의 변경에 미세하게 대응해서 목표 실내온도를 목표 시각까지 최단 시간에 도달시킬 수 있도록 기동 시각 전에 부하 연산을 일정 주기(1~5분)로 하고, 공조기와 열원 기기를 타이밍 좋게 시동시켜서 낭비되는 운영 시간을 없게 하는 최적 기동 정지 제어 시스템이다.

그 위에 제어 결과를 학습해서 너무 늦거나 빠른 것을 추적하여 다음 날의 예측값을 수정해서 정확한 제어에 접근시키는, 에너지 절감 효과가 큰 제어이다.

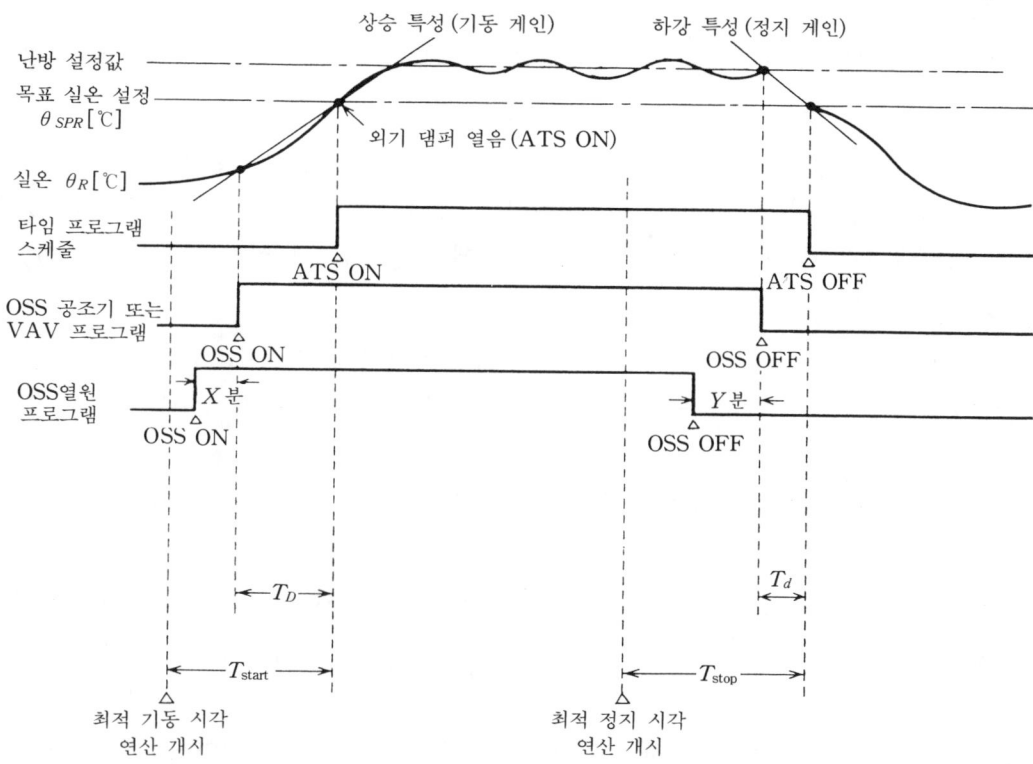

T_D : 최적 기동 시간 $0 \leqq T_D \leqq T_{start}$
T_{start} : 기동 제어 시간(최대 예열 시간=120분)

T_d : 최적 정지 시각 $0 \leqq T_d \leqq T_{stop}$
T_{stop} : 정지 제어 시간(최대 정지 시간=120분)

그림 5.16 최적 기동, 정지 제어의 동작 (동기)

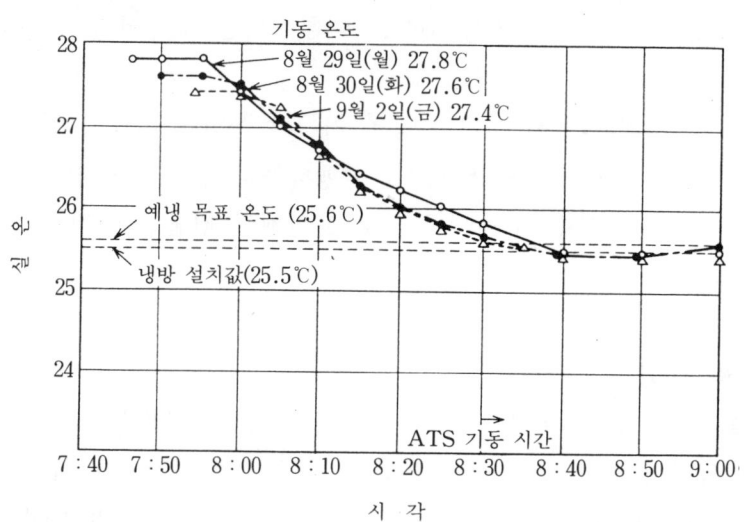

그림 5.17 최적 기동 제어(하기)의 실례

a) 개   요

분산화, 최소화된 공조 대상실의 사용 시각에 대해서 실내 설정 온도로 상승, 하강의 특성을 예측해서 가급적 늦게 기동, 또는 빠르게 정지하려고 하는 것으로서, 복수의 공조기 계통의 최적 기동 시각에 응해서 열원 기기를 앞당겨 기동, 정지한다. 실제로는 코어 시간(건물 전체의 공조 시간)대에 있어서의 공조기의 정지는 환기를 멈추는 것이 되므로 환경면에서 하지 않는 케이스가 많아 최적 시동 제어만 실시하는 것이 된다.

b) 기   능

타임 프로그램(**그림 5.16**)에 설정된 공조 완료 시각에 맞추어서, 실온이 목표 온도에 달하는 데는 공조기를 몇 분 전에 시동하면 좋은가를 정해진 알고리즘에 따라 연산한다.

알고리즘에는 학습 계수가 포함되어 있으나 기동 후의 실온 변화를 추적해서 목표 온도에 달하는 시각이 빠르면 기동이 너무 빨랐다고 판단하고, 기동 시각이 되어도 목표 온도에 도달하지 않을 때는 좀 늦었다고 판단해서 다음 날의 계수를 보정한다. 건물의 축열 효과가 나쁜 월요일 등의 휴일 다음날은 기동 시각을 보상 계수분 만큼 빨리 한다.

최적 기동 제어에서 제일 주의하지 않으면 안되는 것은 열원과의 연휴의 어려움이다. 최적 기동이 점점 빠르게 되어 최대 2시간 전기동(한도가 없는 메이커도 있다)으로 되어 버리는 것은 열원 기동과 그 체크 프로그램이 없는 경우가 대부분이다. 가능하면 최적 열원 가동 제어를 대상으로 하는 공조기의 모든 최적 시동 시각 중에서 가장 빠른 시각에서 X분(열원 기종의 상승 특성에 의해서 결정) 빨리 기동시켜서 냉온수 배관 및 냉온수 코일의 예냉 또는 예열이 자동 제어로 이루어지는 것이 바람직하다.

c) 효   과

1시간 전 기동 등 종래의 열원 기기나 공조 기기의 운전에 비해서 열원 최적화를 도입한 공조기의 최적 기동 제어(**그림 5.17**)를 실행하는 것은 예냉·예열 시간을 단축 적정하는 것이고, 집중하는 열원 부하의 분산도 포함해서 건물 전체적으로는 큰 에너지 절감 효과가 있다.

(3) 외기 냉방 제어

자연 에너지를 적극적으로 이용한 외기 도입이 에너지 절감에 유효하다고 판단했을 때 냉수 사용에 앞서서 외기 냉방 제어를 한다. 특히 OA 기기 부하의 증가가 흔히 있는 사무실에서는 연간 냉방 모드의 경향이 있어 중간기나 동기의 외기 이용은 효율적인 에너지 절감이 된다.

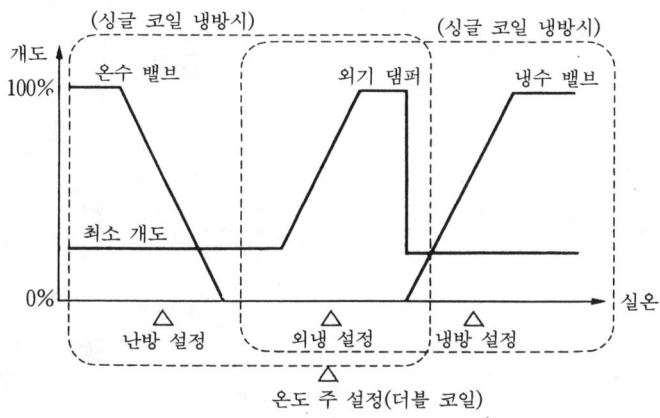

냉수 밸브·온수 밸브＋외기 냉방 제어

그림 5.18 외기 냉방 제어 시스템

a) 개 요

냉수의 사용을 줄이고 실내 환경과 비교해서 저온 또는 저 엔탈피(에너지)의 외기를 활용해서 공조를 하는 것이다.

공조기에 외기를 직접 도입해서 실내를 냉방하는 외기 냉방 방식(**그림 5.18**)과, 외기와 냉수를 밀폐식의 냉각탑에서 열교환해서 냉각한 냉수를 매체로 공조기에 송수해서 실내를 냉방하는 프리 쿨링 방식(**그림 5.20**)이 있다.

후자는 외기 냉방에 의한 실내의 습도 저하(최근의 컴퓨터 메이커는 그다지 문제로 하지 않는다)가 과제로 될 때에 채용하지만 반송 동력의 증가에 주의하여야 한다.

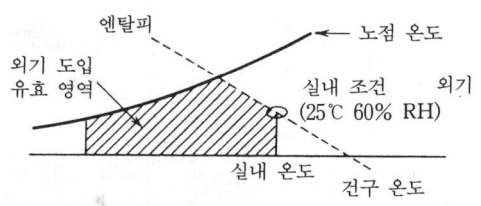

(a) 엔탈피 판단에 의한 외기 도입

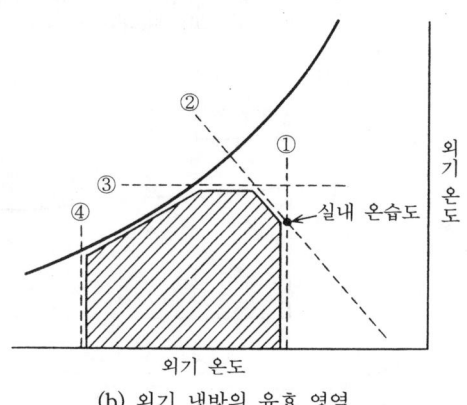

(b) 외기 냉방의 유효 영역

그림 5.19 외기 도입 유효 영역

b) 기 능

외기 냉방은 주로 중간기, 동기에 있어서 외기 도입이 유효하다고 판단했을 때 외기 댐퍼(50%까지 가능한 설계)를 열어 최소 외기량(25% 정도) 이상으로 적극적으로 외기를 도입하는 제어이다. 외기 도입의 유효성 판단(**그림 5.19**)은 다음의 조건에서 행하는 경우가 많다.

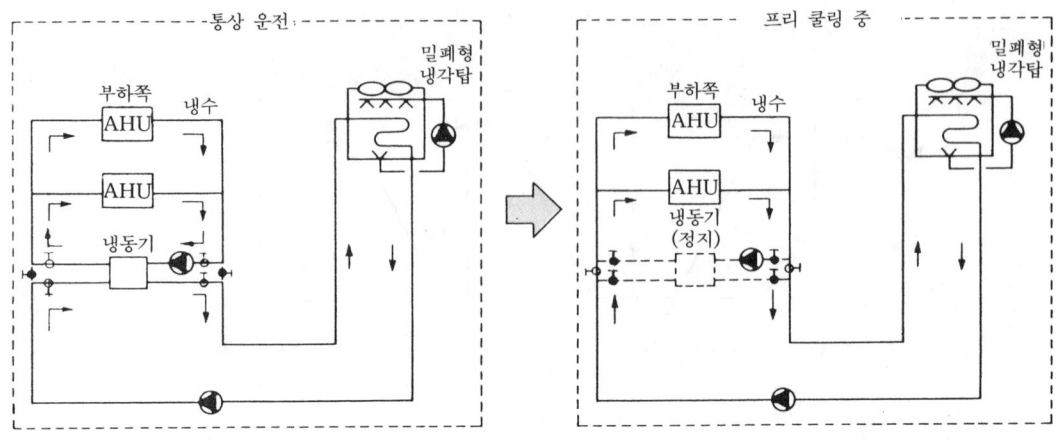

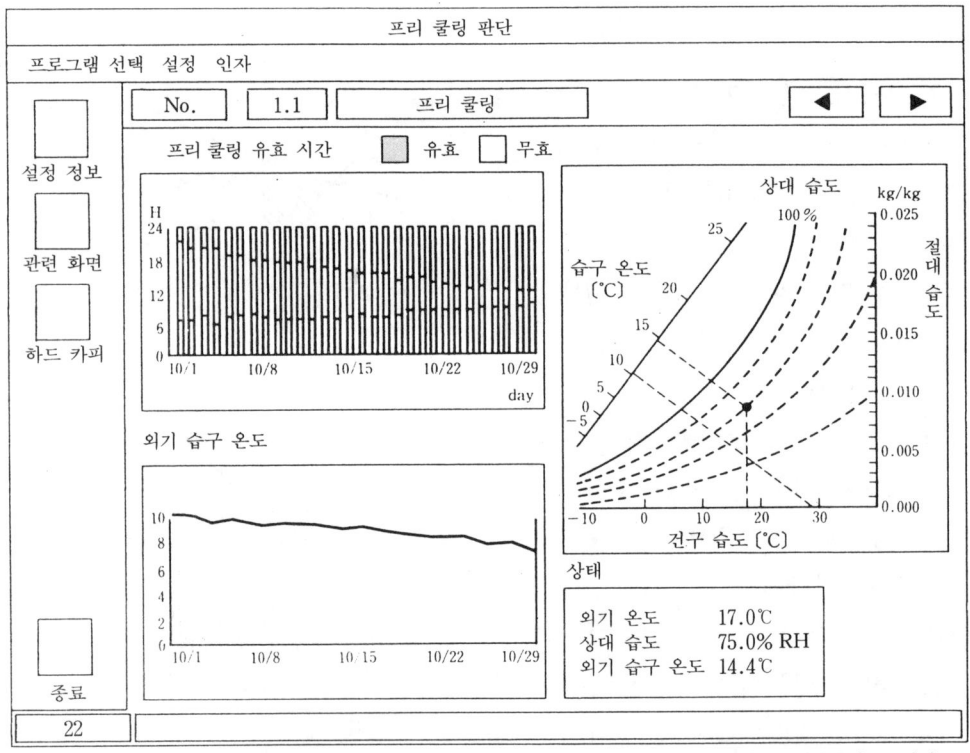

(하루 중 유효한 날이 여러 날 계속하면(10/29···) 프리 쿨링 모드로 전환한다. 공기 선도도 「유효시」는 현재의 외기 상태가 경계선보다 좌측일 때에 녹색으로 표시된다.)

그림 5.20 프리 쿨링 (외기 냉방) 제어 시스템

① 외기 온도(17~18℃ 이하) < 실내 온도(25℃ 이상)

② 외기 엔탈피 < 실내 엔탈피

③ 외기 절대 습도 < 절대 습도 상한값

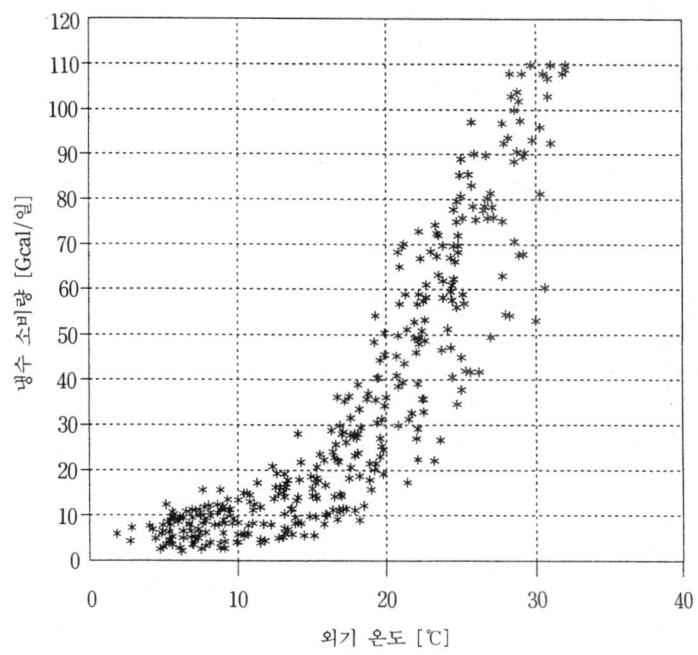

그림 5.21 신주쿠 NS 빌딩 1991년의 외기 온도와 냉수 소비량의 특성도
(외기 15℃ 이하에서의 냉수 소비량은 적다. 같은 온도에서의 아래쪽은 토
·일요일의 데이터이다.)

④ 실내 온도 > 외기 온도(또는 혹한시의 전열 교환기에서 가온 후의 급기 온도)의
하한값

프리 쿨링 제어는 외기의 습대(濕對) 온도가 10℃까지 내려가면 17~18℃의 냉수를
얻게 되고 현열 대상의 냉방이면 냉방 가능으로 판단한다. 배관계의 전환을 수동으로
하는 등 빈번하게 전환을 하게 되어 제어에 여유있는 판단이 요망된다.

c) 효 과

외기 냉방의 경우, 외기 온도가 낮을 때는 냉열원의 절약(그림 5.21)이 크게 되는 동
시에 도입 외기량의 증가로 실내 환경의 개선이 이루어진다. 일반 빌딩은 물론 연간 냉
방 건물의 패시블화 제어의 병용에 의한 에너지 절감 효과는 절대적이다.

(4) 전력 디맨드 제어

전력 디맨드 제어는 인터벌(30분) 내에서의 사용 전력량을 예측하고, 목표 전력량
(계약 전력량보다 약간 낮게) 이내로 억제하도록 부하의 차단 복귀를 한다. 그 결과 계
약 전력을 낮게 억제하고 초과 할증 요금을 방지할 수 있다. 사용 전력량의 예측 연산
만을 실시하고 부하의 차단, 복귀를 자동으로 하지 않는 케이스는 전력 디맨드 감시라
고 한다.

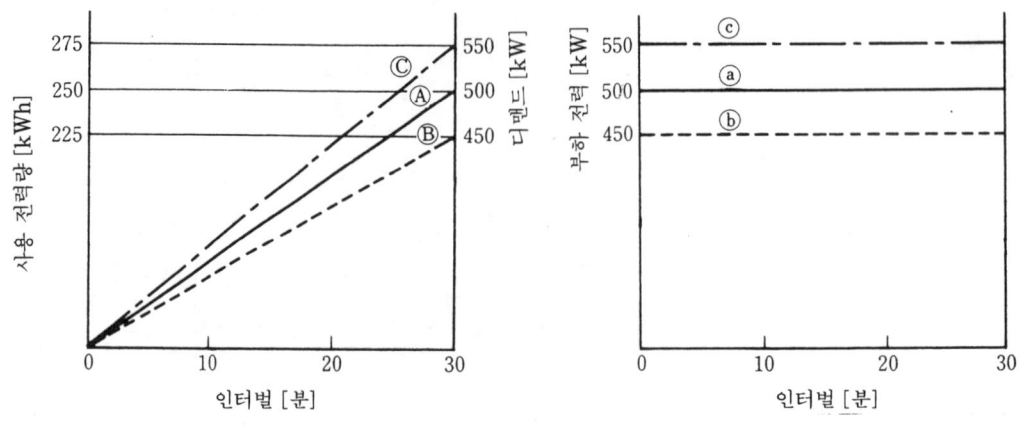

그림 5.22 디맨드, 사용 전력량, 부하 전력의 관계

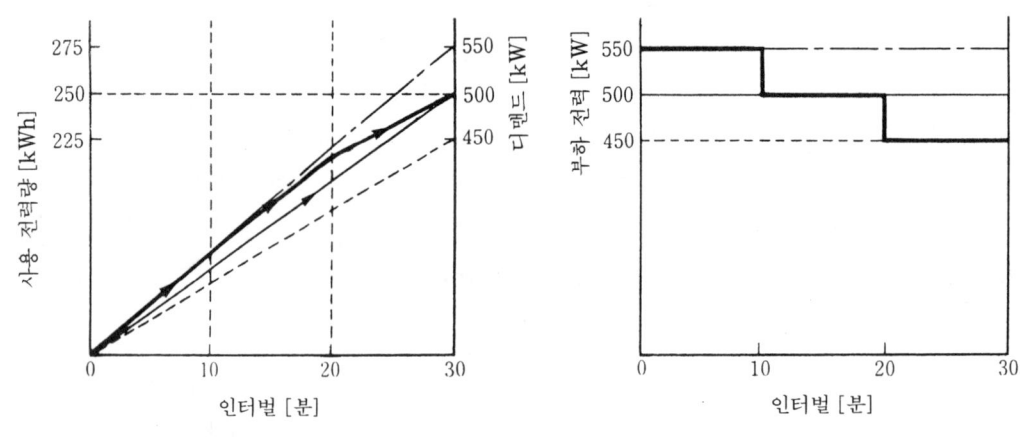

그림 5.23 디맨드 제어 예

a) 기 능

디맨드(수요 전력)란 30분 인터벌에 있어서 전력의 평균값이며 전력 계약은 이 값에 따라 실시된다. 이 때 일반적으로 인터벌은 0.5시간이기 때문에 디맨드 [kW]는 사용량 [kWh]의 2배 값이 된다.

그림 5.22의 ⓐ와 같이 500 kW의 부하 전력을 인터벌중에 일정하게 사용하면 그 인터벌중의 사용 전력량은 Ⓐ와 같이 증가하고 인터벌 종료시(30분 경과시)에는 250 kWh로 된다. 이 때 디맨드값은 500 kW로 되어 부하 전력과 일치한다. 따라서 사용 전력량 그래프의 직선의 기울기는 부하 전력과 일치하게 된다.

이와 같이 부하 전력이 일정한 경우는 디맨드=부하 전력=계약 전력이 되어 디맨드 제어가 필요없게 된다.

실제로는 부하 전력이 변동(**그림 5.23**)하기 때문에 이 부하 전력을 컨트롤해서 디맨드를 계약 전력 이내로 넣는 것이 전력 디맨드 제어이다.

사용 전력량의 예측 연산 결과 전력 계약을 넘는다고 판단될 경우는 미리 정해진 순서에 따라서 전력 부하를 중요도가 낮은 것부터 순차적으로 차단한다.

그리고 부하를 차단한 후 계약 전력을 크게 밑돈다고 판단된 경우는 전력 부하를 순차적으로 복귀시킨다. 전력 부하의 차단, 복귀 방법에는 시퀀셜 방식과 로테이트 방식을 들 수 있다.

시퀀셜 방식이란 등록한 순서대로 차단하고 반대 순서로 복귀시키는 것이고, 로테이트 방식은 차단도 복귀도 등록된 순서대로 하는 방식이다.

b) 효 과

전력 디맨드 제어를 도입함으로써 전력 부하의 분산, 정지에 의한 사용 전력량의 절감이 도모되고 계약 전력량을 낮게 억제할 수 있다.

(5) 열원 디맨드 제어

사무소 빌딩이나 본사 빌딩의 경우 아침 업무 시작 시간에 공조기가 일제히 시동하기 때문에 열원의 사용이 최대로 집중하게 된다. 건물 전체의 열원 용량의 분산, 평활화, 소형화를 목표로 최대 열원 부하의 피크 컷을 한다.

동력을 중요도와 레벨에 따라 분류해서, 열원 부하가 최대로 되었을 때 레벨에 따라 순차적으로 부하 동력에 연결되는 소비 열원을 차단하여 규정 열원 용량 이내로 되게 하는 것이 열원 디맨드 제어이다.

(6) 자연광 이용에 의한 인공 조명의 레벨별 점등 제어

자연광을 이용할 수 있는 오피스의 남·서면 창가나 복도 부분의 조명 설비의 점등이나 방위의 구분을 세분화하고 조도군(照度群)을 나눠서 주광 센서에서의 조도 레벨의 변화에 따라서 부분 소등하고 자연광을 적극 이용하는 에너지 절감 제어이다.

그리고 현재는 높은 가격이지만 태양의 일사를 이용한 태양광 발전 장치에 의한 인공 조명 전력의 경감에 대해서도 코스트 퍼포먼스를 포함한 성능 연구가 활발하게 진행중이며, 소규모($7 \sim 10 \, \text{kW}$)의 것부터 실용화가 진행되고 있다.

(7) 주차장 환기 설비의 세분화·분산화 제어

시간대별, 주차 대수의 증감에 따른 주차장 내의 SO_2, CO_2 농도의 환경 데이터 베이스에 맞추어서 가변량 환기 스케줄을 설정하고 환기 설비를 분할해서 운전, 정지하여 필요 이상의 과잉 급기를 방지하는 제어이다.

또한, CO_2 센서에 의한 최소 환기량 제어를, 송풍기에 인버터나 변속기를 병설하여 변풍량 제어에 따라 실시하는 에너지 절감 환기 방식이 있으며, 기타 KSP(가나가와 사이언스 파크)의 건물 내 오픈 스페이스와 높이에 따른 드래프트를 이용한 자연 통풍 배기 방식에 의한 새로운 환기 시스템이 에너지 절감 제어로서 새롭게 제안되고 있다.

5-3 BA 시스템의 성능 비교 요점

1 관리 점수의 풍부함과 처리 스피드

우선 점수의 다소와 처리 스피드의 크기가 중요하다. 그리고 많은 메모리의 유효 활용과 활성화가 도모되어 있고 다수집(多收集) 점수형의 리얼 타임인 「생 화면」으로 전체가 구성되어 있지 않으면 안 된다.

특히 긴급시의 표시와 처리 스피드는 종합해도 4초 이내가 요구된다. 그리고 제어 내용을 보면서 정보의 수집, 처리 결과의 추적, 대응 판단을 정확하게 할 수 있도록 얼마만큼 연구되고 있는가가 중요하다.

2 전체 및 상세 감시 성능과 줌(zoom) 기능

오버 뷰를 정점으로 한 피라미드형의 화면 구성으로, 같은 레벨에서의 타 부분에 대해 모로 뜀, 세로 이동, 호출 기능 등에 의해서 목표 화면으로의 도달을 직접적으로 자유 자재로 할 수 있고 검색, 역 탐지를 재빨리 할 수 있는 등 「시야가 넓은」 표시와 「줌(zoom) 조작」의 양쪽이 화면 구성에 병용되고 있을 것, 그리고 다채로운 제어 상황을 넓고 깊게 관찰할 수 있는 스크롤 기능을 갖추고, 퀵 리스폰스가 가능한 것이 요망된다.

특히 BA 시스템은 노멀 블라인드(이상 감시)가 원칙이고, 긴급시 빨리 정보를 얻어서 정확하게 판단 대응할 수 있도록 만들어지고 있는 것이 최저 조건이다.

3 프리 포맷 방식의 구성

맨 머신의 우수성 중 하나로 오퍼레이터 레벨의 프리 포맷성을 주체로 한 시스템 구성이 있다.

관리 기술자의 의지로 등록, 소거의 선택, 파라미터의 제한이나 변경을 자유롭게 할 수 있고 그룹 트렌드에 의한 경과, 경향 파악을 추적할 수 있다.

시각, 동기, 디멘션마다 호출해서 관찰하고 줌 기구를 갖춘 트렌드 그래프로 세밀하게 비교 검토해서 작동의 우열 판단, 수정을 할 수 있고 불필요한 데이터를 제거해서 필요한 정보만을 빨리 알게 되는 합리적인 감시가 가능해진다.

노 트

맨 머신 커뮤니케이션의 중요성

최적의 감시, 제어를 지원하는 툴로서 「맨 머신 커뮤니케이션이 뛰어난 빌딩 컴퓨터」의 도입과 그 관리가 중요 과제이지만, 실제로 에너지 절감 제어를 도입해서 최소의 에너지로 최량의 상태를 유지하는 등 고도의 관리 기술을 발휘하면서도 단순한 감시나 표시로 활용할 수 있는 뛰어난 컴퓨터 시스템이 도입된 예는 아주 적다.

특히 대형, 초고층 빌딩에서 에너지 소비가 많은 건물일수록 그 효과는 크며, 인간의 두뇌 역할을 하는 건물 지능 계수가 높은 분산형 DDC일지라도 인간이 반드시 개재하지 않으면 안 된다. 신경계도 포함해서 준공시의 성능 검사를 충분히 한 뒤에 관리자에게 인도되고 관리자에 의해서 운전 조정, 수정을 가해져서 겨우 뛰어난 관리 시스템에 접근하는 것이다.

뛰어난 건물 관리자의 개재와 노력의 보람없이 합리화만이 목적인 시스템에서는 그저 화물의 모니터에 불과하다고 말할 수 있다.

특히 관리 기술자와 여러 가지 제어 기능을 연결하는 뛰어난 「맨 머신 커뮤니케이션」을 개재시킨 빌딩 컴퓨터 시스템이 인공 지능 레벨에 조금이라도 접근시키는 것이며, 실제 조작면에서의 커뮤니케이션이 어떻게 끈기있게 정리되어 있는가가 중요하다.

4 표준 소프트웨어의 패키지화

주요 제어 프로그램이 메이커 표준의 소프트웨어로서 완비되고 있다. 실적으로 성능이 확인되고 있는 데다가 백업 등의 신뢰성도 높고 기성품으로서 하드웨어 구성도 완성되고 있다. 패키지 코스트도 실질적이며, 부득이 옵션으로 되는 경우도 소프트웨어 비용은 싸다. 특히 에너지 절감(제로 에너지 밴드, 최적 기동, 외기 냉방, 열원 디맨드) 제어나 디맨드 감시 제어가 표준품으로 준비되어 있는가, 합리화가 도모되는가가 중요 포인트이다.

5 중앙 감시 시스템과 분산형 제어(DDC) 시스템

전기, 공조 및 기타 전문 설비의 각 역할이 DDC 시스템의 기능을 충분히 이해해서 안분되어 있을 것, BA 시스템과 최적하게 인터페이스 접합되어 있고 전문 메이커마다의 특징을 살릴 수 있는 분산, 통합 제어 시스템으로 완성되어 있을 것(표 5.4), 또한, 검색 기능도 확고하여 설계, 관리면의 피드백 수정을 쉽게 할 수 있을 것, 보수 관리·유지비가 싸고, 생력화 비용을 상회하지 않을 것 등이 중요하다.

표 5.4 중앙 감시 시스템과 분산형 제어 시스템 메이커 비교

	중앙 감시 시스템	분산형 제어 시스템(DDC)	공조 제어 기기
전 업 메이커	야마다케 하니웰 요꼬가와 존슨 컨트롤 도키맥 랜디스 기어	야마다케 하니웰 △도키맥 랜디스 기어	야마다케 하니웰 요꼬가와 존슨 도키맥 랜디스 기어
종 합 메이커	후지쓰 히타치 제작소 미쓰비시 전기 오키 전기 세이코사 도시바 NEC	히타치 제작소(자사용만) △도시바 (스테퍼 : 스위스) △바바 콜맨(미)	 △도시바 (스테퍼 : 스위스) △바바 콜맨(미)

△표는 새로운 발표의 제품

5-4 에너지 절감 평가와 열량 계측

1 1차 에너지 소비 원단위(原單位) 평가

완성된 건물의 러닝 코스트를 관리하기 위해서 에너지 소비량의 장악과 에너지 절감 평가(**표 5.5**)를 할 필요가 있다. 건물의 연간 1차 에너지 소비량을 총 면적당으로 표시한 값을 1차 에너지 소비량(원단위)이라 하며, 열원 종별의 열량 환산값(**표 5.6**)을 정하여 건물 용도별 통계(**그림 5.24**)로서 정리되고 있다.

1993년도의 사무소 건물의 단순 평균값은 391.3(Mcal/m² · 년), 1991년도는 387 (Mcal/m² · 년)이고, 건물의 규모(높이, 총 면적), 지역(도시, 온난, 한랭지), 열원 종류(전력, 도시 가스, 등유), 공조 방식(중앙 집중, 분산 방식), 입주자(소유자, 임대인), 전산기실 면적, 에너지 절감화(전열 교환, VAV, 인버터의 채용) 등 각 건물의 요인에 대해서 경향 분석이 이루어지고 있다.

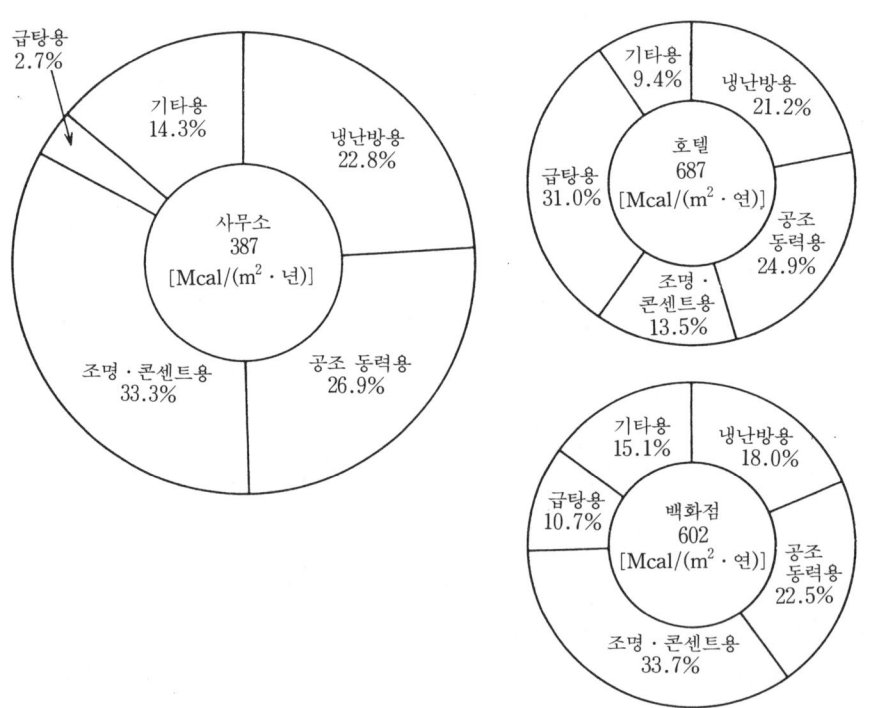

비　율 : 「각종 건물의 에너지 소비량 등의 조사 결과」 (사) 공기조화 : 위생공학회, 제58권 11호에서
소비량 : 「1991년도 건축물 에너지 소비 보고서(조사A 제ⅩⅣ보)」 (사) 일본 빌딩 에너지 종합관리 기술협회

그림 5.24 각종 건축물에 있어서 1차 에너지 소비 원단위 및 그 비율

표 5.5 에너지 절감 평가의 예

●빌딩의 에너지 절감 체크 플로(도쿄 전력의 자료를 참고로 작성)

---

1. 건물 개요의 체크 : 건설시의 제원이나 전력의 계약을 확인하고 동업종 빌딩과 비교한다.
   - 총 바닥 면적   m²   • 업종   • 점포율   %
   - 계약 전력   kW   • 연간 열부하 계수값   • 공간 에너지 소비 계수값

2. 설비 개요의 체크 : 설비 기기 시방표의 내용을 확인하고 동업종 빌딩과 비교한다.
   - 공조 열원(전기 · 전기 이외 · 병용, 일괄 · 개별)   • 열원 용량(냉열 · 온열)
   - 설비 용량   • 수전 변압기(전등 · 동력)

3. 에너지 소비량 체크 : 운전 일지의 기록에 의해 전력, 가스, 기름 등의 시방 상황을 조사해서 동업종 빌딩과
                     비교한다(에너지 소비 원단위, 과거의 실적 등).
   - 공조 설정 온도(냉방, 난방)
   - 에너지 소비량(전력, 가스, 기름, 물)을 조사해서 1차 에너지 소비량으로 환산한다.

4. 설비별 에너지 사용량 체크 : 설비별 에너지 사용량을 실측하거나 계산으로 추정하여 어느 부분에 눈을 돌릴
                           지의 기준으로 한다.
   - 열원   % • 반송   % • 동력   % • 조명, 전등   % • 기타   %(합계 100%)

5. 에너지 낭비 요인 체크 : 설비, 건물 등의 낭비 원인을 밝혀 낸다.
   - 열원(냉동기, 보일러)   • 반송(송풍기, 펌프)   • 공조 방식 · 운전 보수
   - 자동 제어 · 건축 관계

6. 기존 빌딩의 에너지 절감법 체크 : 다른 빌딩의 개선 사례를 참고로 해서 개선 방법을 검토하는 동시에 에너
                              지 절감 설비의 융자, 할인 요금, 세제 등을 검토한다.
   ① 운전 제어에 의한 방법   ② 보수 관리에 의한 방법   ③ 개조에 의한 방법

7. 에너지 절감 개선의 실시 검토 : 무엇을 개선할지 표적과 목표를 명확하게 한다.
   ① 운전 제어의 개선   ② 보수 관리의 향상   ③ 개조 공사(목적, 비용 효과, 시기)

8. 에너지 개선 실시

건물 용도별(사무소, 호텔, 백화점)로 각 설비 항목마다의 소비 비율이 표시되고 있기 때문에 건물의 에너지 절감 설계가 완료되었을 시점에서 준공 후의 1차 에너지 소비량의 이론 예측값을 추정할 수 있다. 더우기 준공 후의 실적값은 환산 또는 계량 시스템을 채용하면 실 열량값이 적산되어 당초의 이론값과 비교해서 에너지 절감 성능을 판정하는 것이 가능하게 된다.

표 5.6 각종 에너지의 1차 에너지 소비량 원단위 환산값

전 력	2,250 kcal/kWh
도 시 가 스	공급 열량 (예 11,000 kcal/Nm³)
석 유	9,600 kcal/l(A), 8,900 kcal/l(등유), 9,800 kcal/l(B)

표 5.7 1993년도 에너지 소비 원단위 비교

지 역	일 본 생 명 빌 딩					빌딩 에너지사용 합리화 추진위원회		
	샘플수 (유효)	면 적	소비량 합계	원 단 위		원 단 위 (가중 평균)	샘 플 수	전년도 데이터
				단순 평균	가중 평균			
홋카이도	13	120,479	44,269,601	333	367	339	12	⎫ (344)
한랭지구	46	293,799	89,497,735	296	305	325	57	⎭
3대 도시	198	1,549,529	567,141,046	335	366	445	306	(443)
온난지역	73	540,312	169,011,263	291	313	337	29	(370)
전 지 역	건 330	m² 2,504,119	Mcal/년 830,076,945	Mcal/(m²·년) 320	Mcal/(m²·년) 332	Mcal/(m²·년) 416	건 404	Mcal/(m²·년) (427)

전국 평균으로, 빌딩 에너지 협회 416 [Mcal/(m² · 년)]에 대해서 일본생명빌딩 332 [Mcal/(m² · 년)]이 되어 일본생명빌딩에 에너지 절감성의 경향이 인정된다.
주) 단순 평균 : 각 빌딩마다의 원단위 합계를 빌딩수로 나눈 것.
　　가중 평균 : 지역의 소비량 합계를 합계 면적으로 나눈 것.

그러나 건물마다의 제 요인 비용에 대해서도 가급적 실제값에 접근해서 분석, 평가할 수 있도록 요인 계통별로 계량기가 짜넣어지는 것이 바람직하나, 이니셜 코스트면에서 진척되지 않고 있다.

1차 에너지 소비 원단위는 직감적이고 간단 명료한 지표이기도 하여 에너지 절감 성능의 판정 기준(**표 5.7**)으로는 널리 이용되어 있는데, 이론만으로의 에너지 절감 설계에 대한 성능의 실적 비교, 건물 관리의 양부 등 대략적이긴 하지만 에너지 경감에 대한 노력을 파악할 수 있는 지표이기도 하다.

2 효율적 평가

설비 기기, 시스템 성능 또는 건물로서의 여러 가지 에너지 소비의 효율을 평가하는 데는 입력 에너지에 대한 출력 에너지, 부하에 대한 소비 에너지, 또는 입력에 대한 목적으로 하는 효과량으로 해서 상대적으로 평가한다. 이런 종류의 평가를 「효율적 평가」라고 한다.

열원 기기의 에너지 소비량과 냉방 능력의 대소 등이 성능 평가에 사용되며 성적 계수(COP)에 의한 평가이다.

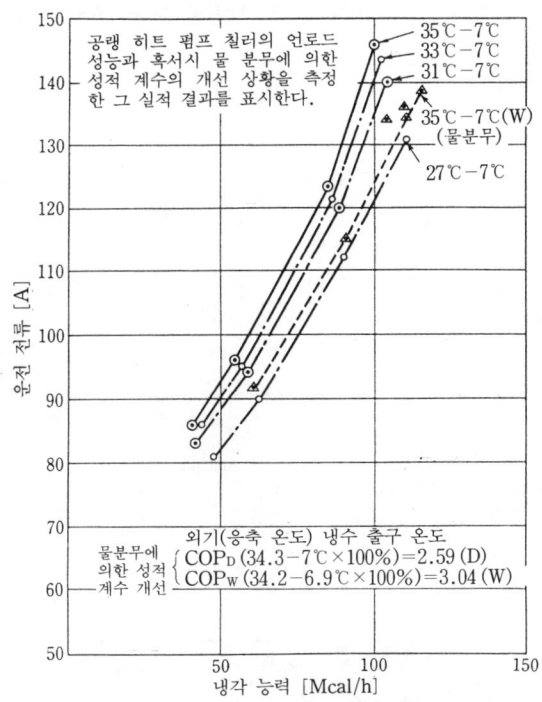

그림 5.25 닛세이 욧가이치 빌딩 공(수)랭 HP 칠러 냉각 능력 언로드 성능(물 분무 다같이) 비교
(UWYD 118 OA6R, 97,900 kcal/h, 45.8 kW−200V−R134a)

또한, 경부하가 계속될 때에는 그 부하 용량의 조정시에 부분 부하의 추종 특성이 좋은 열원 기기(**그림 5.25**)를 평가, 선택하는 기준은 현재 없으며, 앞으로 에너지 절감에 있어서 언로드시의 성능(**표 5.8**)은 중요하다.

③ 공조 에너지 소비 계수(CED/AC)에 의한 평가

성적 계수의 역(逆)을 에너지 소비 계수라 하며 CEC/AC가 이에 해당한다. 값이 작을수록 효율이 좋다. 분자에 1차 에너지 소비량을 각 서브 시스템마다 분할하고, 분모를 공통의 최종 목적 효과(공조 부하)로 하면, 각 서브 시스템마다의 에너지 소비 계수의 합으로서 표시되며, 중점적으로 개선되지 않으면 안될 서브 시스템을 확정할 수 있다.

$$\text{CEC/AC(사무소)} = \frac{\text{연간 1차 에너지 소비 계수[Mcal/년]}}{\text{가상 공조기(코일 부하) 부하 기준[Mcal/년]}}$$

$$\leqq 1.5$$

가상 공조기 부하는 CEC/AC의 평가 때문에 정의된 부하이며 「가장 불리한 조건에서 구해진 공조 부하」로서 산출되고 있다.

표 5.8 D사 공랭 히트 펌프 칠러(40RT)의 외기 온도, 냉온수 출구 온도, 언로드의 각 조건에 따른 냉각, 가열 성능(COP) 특성

(a) 냉각 능력 특성

UWY 40 MD 6 (R－22기)

단위 : 능력 [kcal/h]
　　　소비 전력 [kW]

로드값 100%

외기 온도	출 구 수 온								
	5.0			7.0			9.0		
	능 력	소비전력	COP	능 력	소비전력	COP	능 력	소비전력	COP
27.0	110,000	39.3	3.25	116,000	40.5	3.33	124,000	41.7	3.46
31.0	104,000	41.8	2.89	112,000	43.1	3.02	118,000	44.3	3.10
33.0	102,000	43.1	2.75	109,000	44.3	2.86	115,000	45.6	2.93
34.6	99,920	44.1	2.64	106,600	45.3	2.73	113,400	46.6	2.83
35.0	99,400	44.3	2.61	106,000	45.6	2.70	113,000	46.9	2.80

로드값 70%

외기 온도	출 구 수 온								
	5.0			7.0			9.0		
	능 력	소비전력	COP	능 력	소비전력	COP	능 력	소비전력	COP
27.0	90,200	31.8	3.29	95,120	32.8	3.37	101,680	33.8	3.50
31.0	85,280	33.9	2.93	91,840	34.9	3.06	96,760	35.9	3.14
33.0	83,640	34.9	2.79	89,380	35.9	2.90	94,300	36.9	2.97
34.6	81,934	35.7	2.67	87,412	36.7	2.77	92,988	37.8	2.86
35.0	81,508	35.9	2.64	86,920	36.9	2.74	92,660	38.0	2.84

로드값 40%

외기 온도	출 구 수 온								
	5.0			7.0			9.0		
	능 력	소비전력	COP	능 력	소비전력	COP	능 력	소비전력	COP
27.0	69,300	23.6	3.42	73,080	24.3	3.50	78,120	25.0	3.63
31.0	65,520	25.1	3.04	70,560	25.9	3.17	74,340	26.6	3.25
33.0	64,260	25.9	2.89	68,670	26.6	3.00	72,450	27.4	3.08
34.6	62,950	26.4	2.77	67,158	27.2	2.87	71,442	28.0	2.97
35.0	62,622	26.6	2.74	66,780	27.4	2.84	71,190	28.1	2.94

(b) 가열 능력 특성

로드값 100%

외기 온도	출 구 수 온														
	43.0			44.0			45.0			46.0			47.0		
	능 력	소비전력	COP	능 력	소비전력	COP	능 력	소비전력	COP	능 력	소비전력	COP	능 력	소비전력	COP
0.0	107,000	39.7	3.13	107,000	40.5	3.08	107,000	41.2	3.02	106,500	42.1	2.94	106,000	42.9	2.87
0.2	107,533	39.7	3.15	107,533	40.5	3.09	107,533	41.2	3.03	112,767	42.8	3.07	118,000	44.3	3.10
3.0	115,000	40.3	3.32	115,000	41.1	3.26	115,000	41.8	3.20	114,500	42.7	3.12	114,000	43.5	3.05
7.0	125,000	41.0	3.55	125,000	41.8	3.48	125,000	42.6	3.41	125,000	43.5	3.35	125,000	44.3	3.28

로드값 70%

외기 온도	출 구 수 온														
	43.0			44.0			45.0			46.0			47.0		
	능 력	소비전력	COP	능 력	소비전력	COP	능 력	소비전력	COP	능 력	소비전력	COP	능 력	소비전력	COP
0.0	85,600	31.4	3.17	85,600	32.0	3.11	85,600	32.5	3.06	85,200	33.2	2.98	84,800	33.9	2.91
0.2	86,027	31.4	3.19	36,027	32.0	3.13	86,027	32.6	3.07	90,213	33.8	3.10	94,400	35.0	3.14
3.0	92,000	31.8	3.36	92,000	32.4	3.30	92,000	33.0	3.24	91,600	33.7	3.16	91,200	34.4	3.09
7.0	100,000	32.4	3.59	100,000	33.0	3.52	100,000	33.7	3.46	100,000	34.3	3.39	100,000	35.0	3.32

로드값 40%

외기 온도	출 구 수 온														
	43.0			44.0			45.0			46.0			47.0		
	능 력	소비전력	COP	능 력	소비전력	COP	능 력	소비전력	COP	능 력	소비전력	COP	능 력	소비전력	COP
0.0	66,340	24.6	3.13	66,340	25.1	3.08	66,340	25.5	3.02	66,030	26.1	2.94	65,720	26.6	2.87
0.2	66,671	24.6	3.15	66,671	25.1	3.09	66,671	25.6	3.03	69,915	26.5	3.07	73,160	27.5	3.10
3.0	71,300	25.0	3.32	71,300	25.5	3.26	71,300	25.9	3.20	70,990	26.4	3.12	70,680	27.0	3.05
7.0	77,500	25.4	3.55	77,500	25.9	3.48	77,500	26.4	3.41	77,500	26.9	3.35	77,500	27.5	3.28

4 BEMS에 의한 새로운 에너지 절감 평가 기술

(1) 트렌드 그래프 기능에 의한 평가 방법

BEMS는 최적 건물 관리와 에너지 소비의 효율적 이용을 가능하게 하는 중요한 툴이다. 최근의 빌딩 컴퓨터에는 시간 경과에 따른 아날로그값의 변화를 기억시켜 놓고 트렌드 그래프(**그림 5.26**)에 연속해서 표시하는 기능을 장비하고 있다. 이 수(數) 포인트의 아날로그값을 같은 트렌드 그래프에 선택 표시시킴으로써 에너지 절감화의 성능 비교나 미달성시의 원인 규명, 대책의 재검토가 가능하게 되어 최적화에 대한 검토 수단으로 널리 활용되고 있다. 이용 예를 **표 5.9**에 나타낸다.

(2) 최적 기동 제어 체크 프로그램에 의한 평가

에너지 절감 프로그램의 최적 기동 성능의 양부를 전 대수에 대해서 실제로 확인하고, 미달 기기의 원인 추적, 수정을 그때마다 하면서 이상적인 최적 기동에 접근시켜 가는 것이 중요하다. **표 5.10**은 최적 기동 체크 프로그램 속에서 그 양부를 판정하고 있으며, 시동시 냉수량이 부족하거나 동쪽면의 일사 영향이 커서 예냉 앞당김 시간을 더 길게 하지 않으면 안 될 공조 계통을 발견하는 등 제어 감시가 가능하게 되었다.

또한, **그림 5.27**은 1994년 여름 혹서의 최적 기동을 평가한 것인데 이 초고층 빌딩은 동쪽면 열부하의 침입이 크고, 예냉의 앞당김에 필요한 시동 시각이 날에 따라 크게 차이가 생겨 목표 시각 전에 목표 실온에 도달한 날이 많다는 판단을 할 수 있다. 그러나 학습에 의해 수정되어 최적 기동에 의한 에너지 절감 효과를 충분히 평가할 수 있는 예이기도 하다.

(3) 공기 선도 표시에 의한 평가 방법

최신의 BA 기능에서는 공조기 제어 상태를 CRT 화면의 공기 선도 위에 플롯시켜 표시해서 평가한다.

노 트

BEMS(벰스)

Building Energy & Environment Management System(건물 에너지 환경 관리 지원 시스템)의 약자.

장기에 걸친 건물, 에너지의 효율적 운영과 쾌적성을 확보하는 운영 관리 시스템.

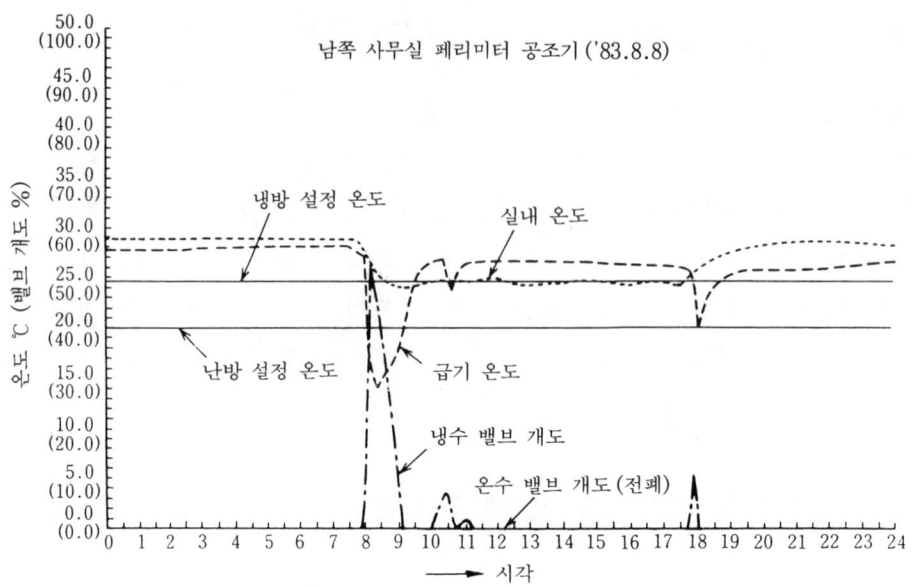

그림 5.26 트렌드 그래프의 예

표 5.9 트렌드 그래프를 이용한 방법의 예

	바람직한 계측점	트렌드 그래프를 이용하는 관점	주 기
실 내 환 경	• 실내 온도(인테리어) • 실내 온도(페리미터) • 실내 상대 습도 • 공조기 운전 상태 • 외기 온도 • 외기 상대 습도 • 일사량	• 외기 상황(외기 환경의 영향)이 있어도 실내의 환경이 항상 쾌적성의 범위 내에 있는 것을 관리한다.	5분 정도
공조기 제어	• 급기 온도 • 실내 온도 • 밸브 개도 • 댐퍼 개도 • 팬 운전 상태 • 웜 업중의 상태 • 외기 냉방중 상태	• 공조기의 급기 온도는 부하의 상황이나 제어의 양호한 응답을 인식하기 위해서 대단히 유효한 수법으로, 다른 조건과 비교함으로써 자동 제어나 설비의 좋지 않는 상태를 발견할 수 있다. 특히 밸브 개도 등은 헌팅(난조) 현상 체크에 유효하다. • 제로 에너지 밴드, 외기 냉방, 최적 기동 등 에너지 절감 제어 확인에 사용한다.	1분 정도
열 원 제 어	• 송수 온도 • 환수 온도 • 배관계 왕복 차압 • 부하 열량 • 부하 유량 • 펌프 운전 상태 • 냉동기 운전 상태 • 냉각수 입구 온도 • 냉각수 출구 온도	• 열원 제어가 양호하게 동작하고 안정되어 있는 것이 중요한 관점이 되고, 부하에 대해서 충분한 응답과 낭비적인 운전이나 온도 차가 없는 상황을 체크할 필요가 있다. • 열원이나 공조기의 소비 열량과 공조 열부하와의 비교에 사용한다.	1분 정도

표 5.10 최적 기동 기록 인자(印字)의 예

09 : 58	최적기동기록인자					1994년 10월 05일 수요일	
프로그램 NO.제어기기 명칭		목적 설정		제어 결과		오늘 입수	이튿날 입수
05.01 AC-E07-1 인테리어 공조팬		시각 08 : 30	냉방 25.0℃ 난방 21.5℃	냉방 기동시각 08 : 09 기동온도 27.2℃	온도도달시각 08 : 32 목표시각실온 25.2℃	사용 −6.2℃/H 학습 −5.7℃/H	냉방 −6.1℃/H 난방 15.0℃/H
05.02 AC-E07-2 공조기 팬		시각 08 : 30	냉방 25.5℃ 난방 22.0℃	냉방 기동시각 07 : 58 기동온도 28.0℃	온도도달시각 08 : 31 목표시각실온 25.6℃	사용 −4.5℃/H 학습 −4.5℃/H	냉방 −4.5℃/H 난방 15.0℃/H
05.03 AC-E07-3 공조기 팬		시각 08 : 30	냉방 25.5℃ 난방 20.0℃	냉방 기동시각 07 : 53 기동온도 : 28.3℃	온도도달시각 08 : 28 목표시각실온 25.2℃	사용 −4.5℃/H 학습 −4.8℃/H	냉방 −4.6℃/H 난방 15.0℃/H
05.04 AC-E07-4 공조기 팬		시각 08 : 30	냉방 25.5℃ 난방 22.0℃	냉방 기동시각 08 : 04 기동온도 28.1℃	온도도달시각 08 : 24 목표시각실온 25.2℃	사용 −6.0℃/H 학습 −7.8℃/H	냉방 −6.5℃/H 난방 15.0℃/H

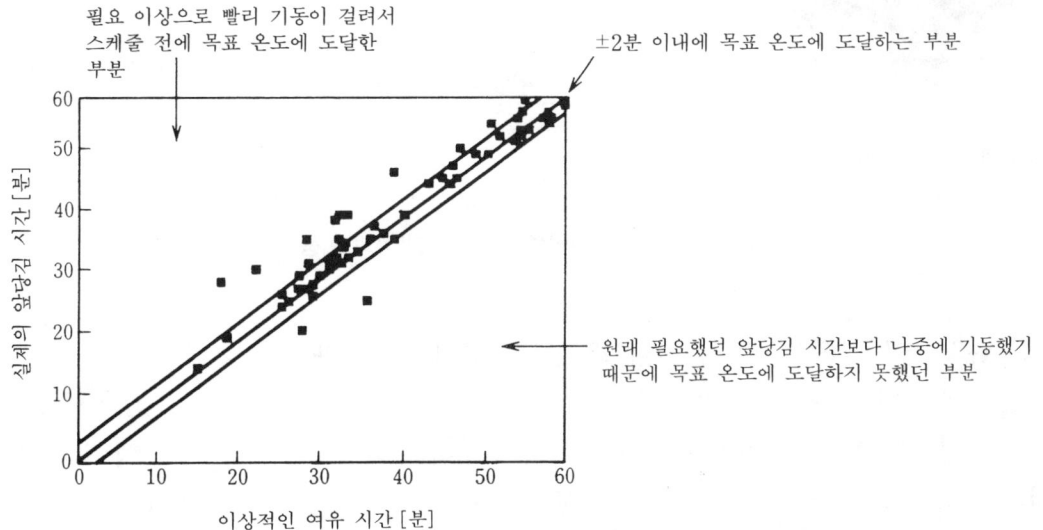

그림 5.27 1984년 9월 세이로가 가든 빌딩의 최적 기동 제어 평가 그래프

트렌드 그래프 등의 시경(時經) 변화 데이터와 합쳐서 운전 관리 상태를 선도 위에서 체크하고 적정화를 도모해서 낭비 에너지 소비를 없애는 것이 가능하게 된 것이다(**그림 5.28**).

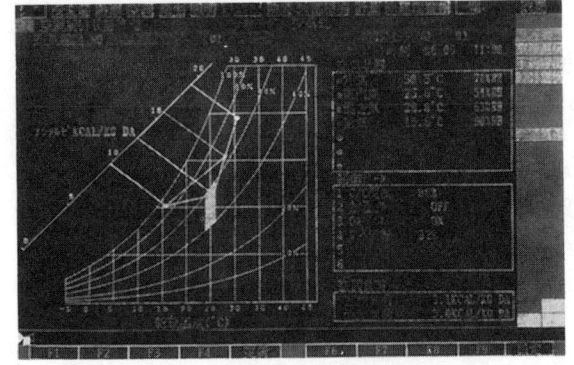

그림 5.28 공기 선도에 의한 표시 (예)

이들에 의해서 전열 교환기를 이용하면 유리한 계절의 판단, 외기 냉방의 유효성 등 냉각, 가열, 가습, 혼합 등 공기 선도 위에서의 주기적인 변화에 대해서도 판단을 하기 쉽게 된다. 또한, 평가를 실시간으로 할 수 있기 때문에 준공 검사시의 건물 기능 검사 및 그 후의 경년 변화에 대한 비교에도 유효하다.

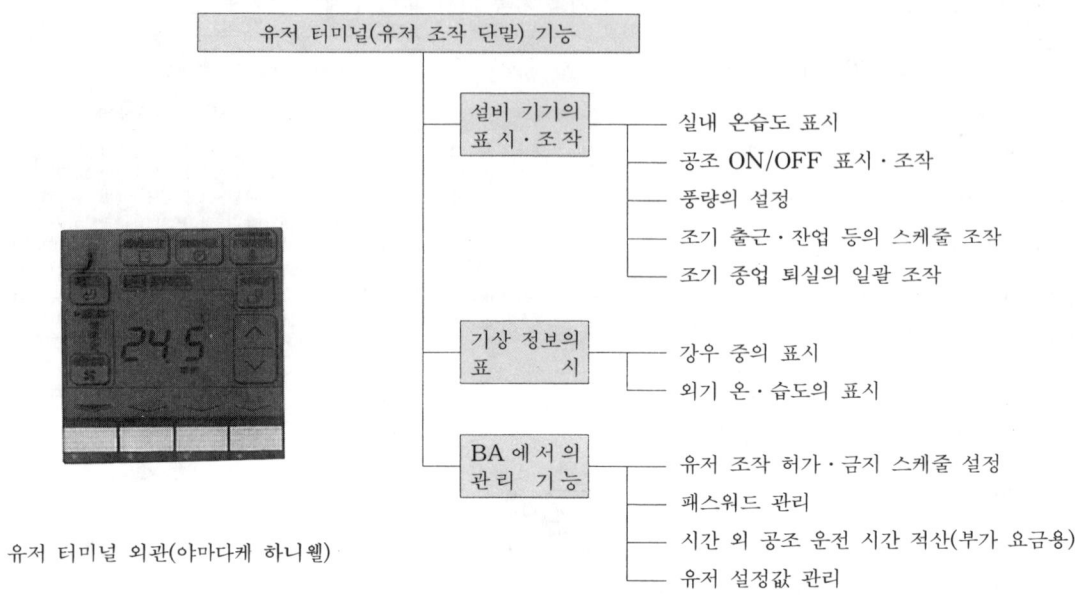

유저 터미널 외관(야마다케 하니웰)

그림 5.29 유저 터미널(유저 조작 단말)의 기능

(4) 유저 터미널(유저 조작 단말)과 생력화에 대한 평가

최신의 BA 기능에는 유저 지향과 에너지 절감, 생력화를 겸해서 「유저 터미널」 시스템이 개발되고 있다. 무인의 단순한 스위치 기구와 달리, **그림** 5.29와 같이 빌딩 컴퓨터와 서로 커뮤니케이션을 하는 형식으로 분산화 공조의 요금 부과 정산도 표준 소프트웨어에 짜넣어져 있고 비밀 번호에 의한 조작 관리도 이루어지고 있다.

유저 터미널을 도입한 초고층 빌딩의 시간외 공조의 이용 실태를 **그림** 5.30에서 추적 조사하였다. 이 초고층 빌딩은 동면 오피스가 반이고 한여름 맑은 날은 조조 운전이 필요한 것을 알 수 있다. 또한, 시간 후의 잔업도 50% 가까이의 임차인에게 이용되고 있다.

전체의 코어 타임(건물의 기준 공조 시간대)의 연장이 아니라 유저 터미널에 의해서 필요한 최소 범위의 조조, 잔업(연장) 운전이 가능하게 되어 에너지 절감 효과에서도 「유저 터미널 시스템」의 도입 효과가 중요하다는 것이 실증되고 있다.

5 에너지 관리를 위한 계량 계획

건물의 에너지 관리는 건물의 열 손실에 대응해서 열원 에너지를 유효하게 운전할 수 있는가를 확인하는 것이 중요하다.

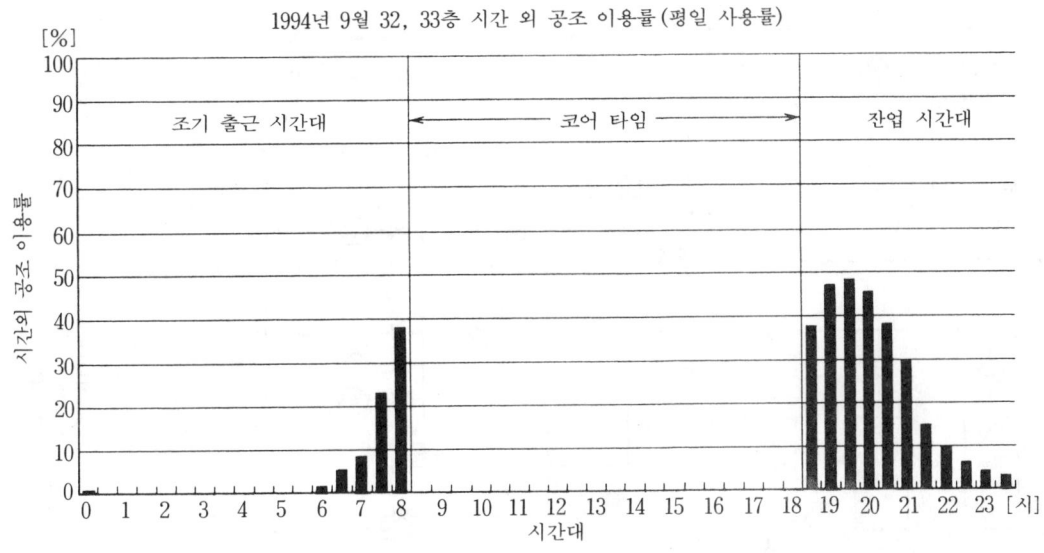

그림 5.30 유저 터미널 시스템 도입에 의한 이용 실태

표 5.11 건물 열부하의 계량과 열원의 계측·계량 예

항 목	단 위	계측 포인트	계량 포인트	주 의 점
공조 열부하 특 성	공조 계통 또는 공조 블록 단위		● 순간 열량 ● 적산 열량	● 센서의 정밀도 ● 각 블록의 열량 계량의 집계로 표시
외 기 환 경	빌딩마다 단위	● 외기 온도 ● 외기 습도 ● 방위 일사량		
열 원 운 전 특 성	열원 또는 열원군 단위	● 냉수, 온수의 온 도, 유량 ● 전류값 ● 언로드(%)	● 순간 열량 ● 적산 열량 ● 전력량 ● 가스 소비량	
축 열 조 효 율	축열조 단위	● 축열조 온도 분포 (고온, 저온조) ● 수위	● 축열 열량(야간) ● 방열 열량(주간)	

그 주요한 계측, 계량 항목을 **표 5.11**에 제시한다.

이들 값에 의해서 건물 관리상 각 항목별 계측값의 기준이 정해지고 최적 운전 관리가 가능하게 된다. 그러나 계량기 코스트의 문제에 의해서 일괄 계량의 영역을 벗어나지 못하는 실정이다.

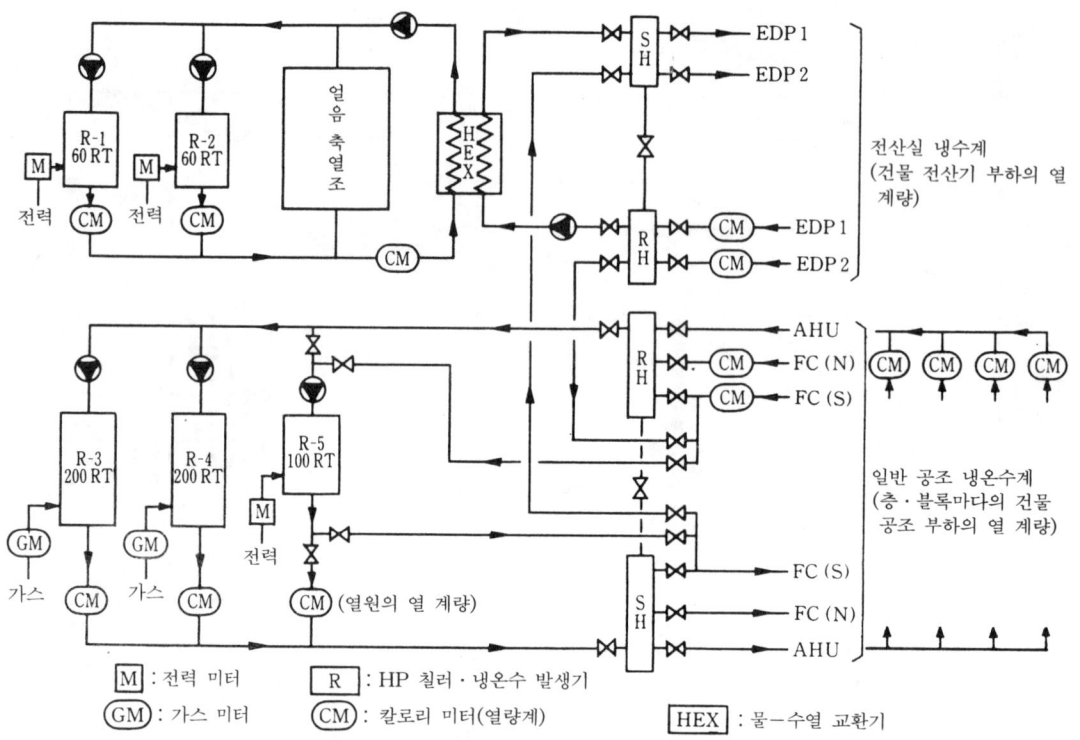

그림 5.31 열원의 열량계 계통도 예

표 5.12 각 기기 효율을 관리하기 위한 계측·계량점의 예

항 목	단 위	계측 포인트	계량 포인트	주 의 점
냉동기(전동) 및 공랭 히트 펌프 칠러	기기마다	• 냉수 출입구 온도 • 냉각수 출입구 온도 • 언로드(밸브 개도) • 운전 시간 및 전류값	• 순간 열량 • 적산 열량 • 본체 전력량 • 보조 기기 전력량 • 냉각탑 보급 수량	• COP 비교 • 보조 기기(냉수·냉각수 펌프, 냉각탑 팬)
냉·온수 발생기 (가스)	기기마다	• 냉수 출입구 온도 • 냉각수 출입구 온도 • 운전 시간 및 전류값	• 순간 열량 • 적산 열량 • 본체 전력량 • 보조 기기 전력량 • 보급수량	• COP 비교
전열 교환기	기기마다	• 외기, 급기, 환기, 배기 각 온도 • 각 동력의 전류값	• 급기, 배기 팬 및 회전자의 동력 • 급기, 배기 풍량 • 배기 회수 열량	• 열교환 효율 비교 (여름·중간기·겨울)
각 층 공조기 (팬 코일 포함)	공조기 또는 VAV마다	• 외기, 급기, 환기 각 온도 • 실내 온습도 • 냉·온수 왕복 온도 • 냉·온수 2, 3방 밸브 개도 • 가습 밸브 개도 • 공조기 운전 전류	• 냉온수 코일 열량 • 가습량 • 급기 풍량 • 도입 외기량 • 송풍기	• 최적 기동 • 외기 냉방
냉·온수 펌프	펌프군 단위	• 냉·온수 온도 • 냉·온수 압력 • 냉·온수 펌프 운전 전류	• 냉·온수 반송 열량 • 냉·온수 펌프 동력 • 대수 제어 유량	

(1) 운전 제어 성능을 관리하기 위한 계측, 계량 사례

공조 열부하 특성과 대응하는 열원 능력과의 제어성의 대비를 계측, 계량값의 변화를 사용해서 세부에 걸쳐서 하고, 정상값 이외의 상태는 항상 수정하는 자세가 중요하다.

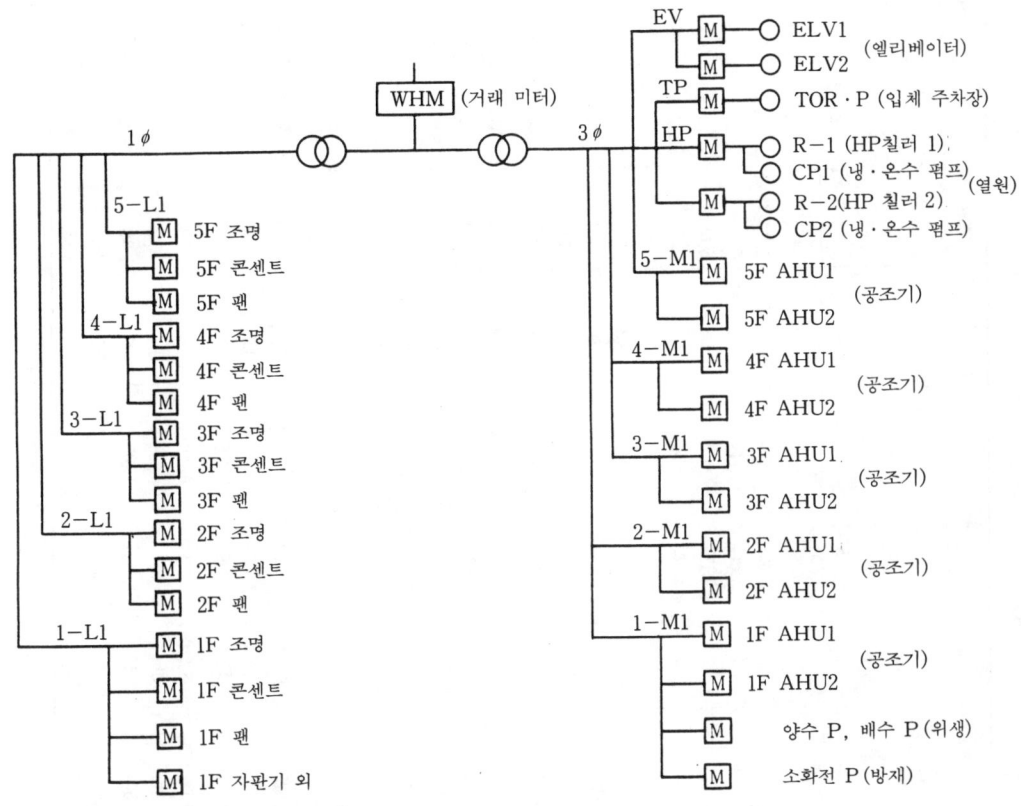

그림 5.32 열원·조명 및 반송 동력의 계량 계통 예

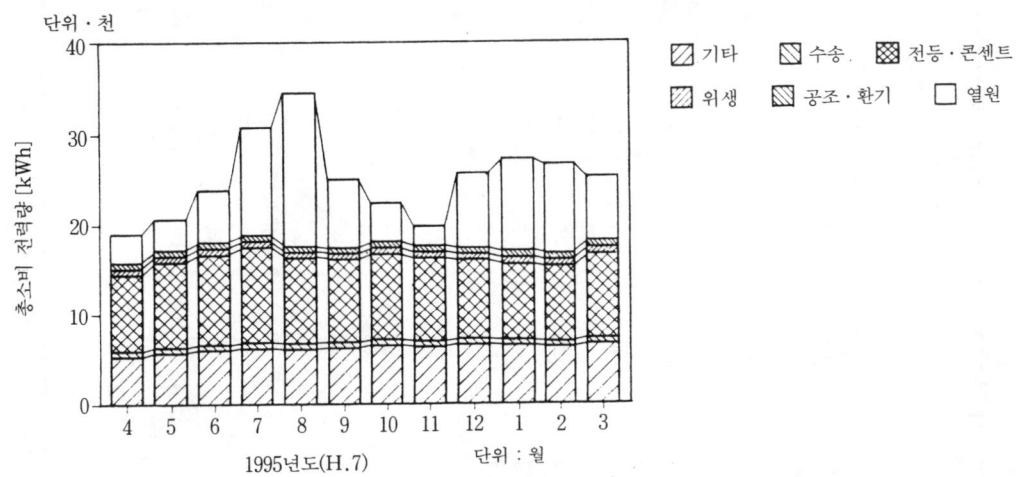

그림 5.33 닛세이 욧가이치 빌딩 소비 에너지 실측값의 분석 결과

표 5.13 1995년도 낫세이 웃가이치 빌딩 소비 에너지의 실측값 (1995년~1996년 3월)

[단위 : kWh]

	1995년 4월	5월	6월	7월	8월	9월	10월	11월	12월	1996년 1월	2월	3월	누적값
1. 총 소비 전력량	19,459(100%)	21,271(100%)	24,203(100%)	31,475(100%)	36,287(100%)	25,467(100%)	22,614(100%)	19,737(100%)	25,880(100%)	27,427(100%)	26,911(100%)	25,324(100%)	306,055(100%)
수전 전력량	18,819	20,547	23,513	30,778	35,291	24,798	22,015	19,235	25,520	27,009	26,437	24,753	298,715
태양광 발전량	641	726	692	697	996	671	604	502	360	418	475	572	7,354
역조류 전력량	1	2	2	0	0	2	5	0	0	1	1	1	14
2. 용도별 분류													
1) 공조용	4,417(23%)	4,780(22%)	6,912(29%)	13,510(43%)	19,441(54%)	8,792(35%)	5,424(24%)	2,958(15%)	9,315(36%)	11,277(41%)	10,982(41%)	8,103(32%)	105,910(35%)
열원	3,445	3,653	6,025	12,214	17,212	7,774	4,515	2,487	8,576	10,407	10,093	7,342	93,742
칠러	1,588	1,881	3,312	8,184	10,646	4,877	2,197	610	4,438	5,610	5,730	3,659	52,732
3WAY	1,012	1,117	1,764	2,268	4,543	1,774	1,442	780	2,104	2,472	2,470	1,885	23,630
전열 교환기	378	380	394	413	420	423	546	261	431	419	444	413	4,922
에어컨	466	274	556	1,350	1,603	701	331	835	1,603	1,906	1,449	1,385	12,459
공조·환기	972	1,127	887	1,296	2,229	1,018	909	472	738	870	889	760	12,167
AHU	229	407	390	659	1,019	429	484	144	309	369	368	282	5,087
3WAY	744	720	497	637	1,210	590	425	328	429	501	521	479	7,080
2) 위생	549(3%)	672(45%)	645(3%)	554(2%)	522(1%)	577(2%)	646(3%)	659(3%)	666(3%)	764(3%)	733(3%)	697(3%)	7,683(3%)
양수 펌프	32	34	39	36	32	37	36	34	34	33	34	34	416
온수	517	638	606	518	490	540	610	625	631	731	699	663	7,267
3) 전등·콘센트	8,705(45%)	9,515(45%)	10,092(42%)	10,699(34%)	9,651(27%)	9,361(37%)	9,500(42%)	9,156(46%)	8,759(34%)	8,303(30%)	8,326(31%)	9,307(37%)	111,375(36%)
사무실 조명	3,879	4,765	5,003	4,954	4,443	4,534	4,656	4,642	4,305	3,934	4,368	4,808	54,288
사무실 콘센트	2,058	2,085	2,183	2,250	1,955	2,105	2,203	2,107	2,083	1,860	2,181	2,121	25,193
공동 전등	2,768	2,665	2,906	3,495	3,253	2,722	2,641	2,407	2,371	2,509	1,778	2,378	31,894
4) 수송	517(3%)	581(3%)	586(2%)	556(2%)	525(1%)	554(2%)	560(2%)	575(3%)	546(2%)	531(2%)	526(2%)	581(2%)	6,638(2%)
EV	391	418	427	412	396	407	411	409	407	396	381	421	4,876
입주	126	163	159	144	129	147	149	166	139	135	145	160	1,762
5) 기타	5,272(27%)	5,723(27%)	5,968(25%)	6,156(20%)	6,149(17%)	6,183(24%)	6,484(29%)	6,389(32%)	6,595(25%)	6,552(24%)	6,344(24%)	6,636(26%)	74,449(24%)
자사 단말	604	785	789	814	815	801	812	798	814	746	758	865	9,401
자동판매기	93	278	549	584	576	756	1,015	1,017	1,047	1,047	981	1,059	9,000
공동 동력	901	892	894	986	1,058	923	919	879	960	955	908	941	11,215
기타	3,674	3,768	3,736	3,772	3,700	3,702	3,739	3,695	3,774	3,804	3,697	3,772	44,833

기준 빌딩 예측값　529,529kWh/y
웃가이치 빌딩 예측값 343,427kWh/y

* 1 : 4층 자동판매기 계량 개시　　* 2 : 정전·역조류 확인 시험에 의한 증가

 그림 5.31과 같이 열량이나 동력을 계측, 계량하는 것이 이상적이며, **표** 5.12에 그 계측, 계량 포인트 예를 제시한다.

(2) 기기 운전 효율을 관리하기 위한 계측, 계량 사례

 공조 열원이나 공조 반송 동력 및 조명, 콘센트 전력 등 종합적 및 개별 운전 효율의 상승을 목표로 해서 **그림** 5.32에, 또 **표** 5.13 및 **그림** 5.33에 그 계측, 계량에 의한 소비 에너지(전력)의 1995년도 실측값과 연간 분석 결과를 나타낸다.

제 6 장
설비 시스템의
운전 · 관리 매뉴얼

6-1 설비 시스템을 에너지 절감화 운전으로 개선

1 공기계(空氣系) 반송 동력의 개선

사무소 건물의 1차 에너지 소비량은 **그림 6.1**에 표시한 것 같이 공조계 반송 동력 (27.2% : 열원계 포함하지 않음), 공조 열원(20.0%), 조명, 콘센트(32.3%)가 전국 평균값이다. 조명, 콘센트용 에너지 소비가 최대이고 다음으로 공조 반송 동력과 열원 에너지가 약 반(47.2%)을 차지하고 있다. 공조계 반송(동)력에는 공기계와 물, 증기, 냉매계의 반송 동력이 있으며, 이 중에서는 공조기를 포함해서 공기계 반송 동력의 1차 에너지 소비량의 비율이 크다. 정격 동력의 선택, 저부하 운전 효율의 상승 등 삭감 방법을 도입하지 않으면 안 된다.

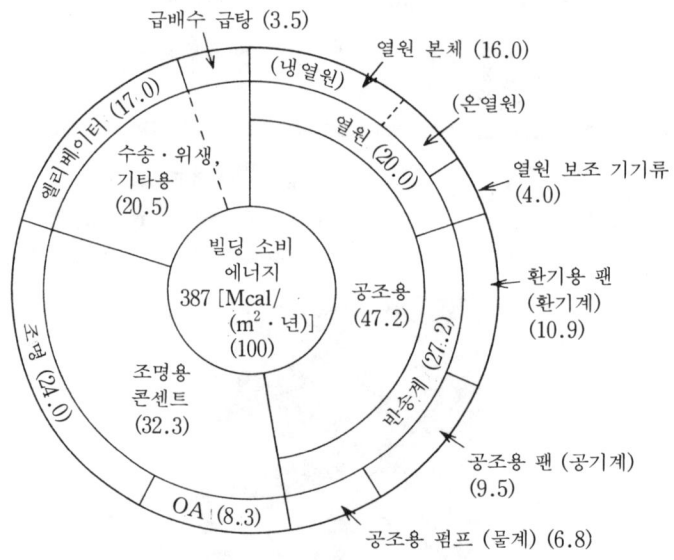

( ) 안은 소비 에너지 전체에 대해서 각 용도가 점유하는 비율

그림 6.1 사무소 빌딩의 1차 에너지 소비량 (원단위)

(1) 공조기 풍량의 최적화와 외기 투입 제어

일반적으로 공조기의 송풍량은 건물 방위에서 최대 일사량을 예상한 열부하 계산에 의해서 최대시의 설계 풍량에 맞추어서 시공되고 있다. 그러나, 공조 존을 분산 세분화하면 오후 일사가 없는 동쪽 개별실 등 국소적으로는 상당히 적은 풍량으로 꾸려나가는 시간대가 길어지기 때문에 저부하시에 대응할 수 있는 반송 동력의 경감 제어 기구가

설치되어 있어야 한다.

분산화 공조(터미널 방식)에 더한 VAV (Variable Air-Volume) 유닛군에 의해서 각 사무실 내의 OA 부하에 세밀하게 대응하는 등 입주자의 실내 환경에 대한 요구에 응하기 위한 열부하 처리, 또 VAV(전폐 가능)에 의해서 일부 잔업 부분에만 필요 최소 풍량의 공급을 가능하도록 해 놓는 등 「필요할 때」에 「필요한 장소」에 「필요 최소한의 풍량」을 「최소의 에너지」로 송풍해서 기능을 다하는 것이 중요하다.

신축, 개축시의 공조 기기나 시스템의 선택에 있어서는 조금이라도 효율이 좋은 기기, 시스템을 선택하는 등 실적을 확인한 기초 조건을 검토, 채용하며, 아래에 대한 세심한 배려가 중요하다.

a) 고효율 송풍기 기종의 선택 순위(**그림 6.2**)

① 날개형(에어 휠형) 송풍기 : COP 80%

② 다익형(시로코형) 송풍기 : COP 60%

③ 축류형(프로펠러형) 송풍기 : COP 50%

b) 변풍량 제어 방식의 선택

송풍기의 풍량 조정 방식의 선택 순위는 다음과 같다.

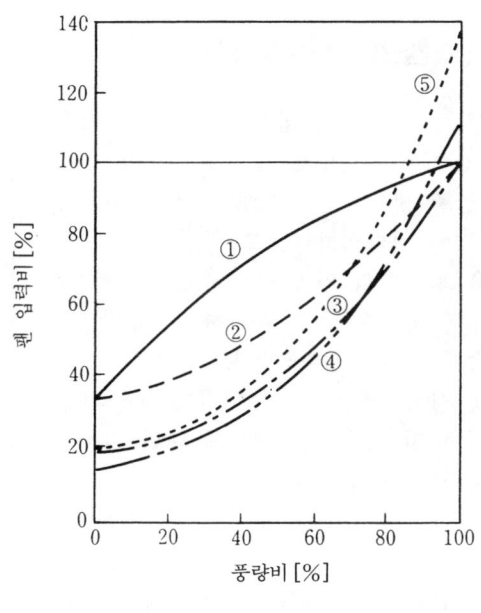

① 날개형·댐퍼
② 날개형·흡입 베인
③ 축류·가변 피치
④ 날개형·가변속
⑤ 다익형·가변속

그림 6.2 풍량 제어 방식과 송풍기 조합의 입력 비교

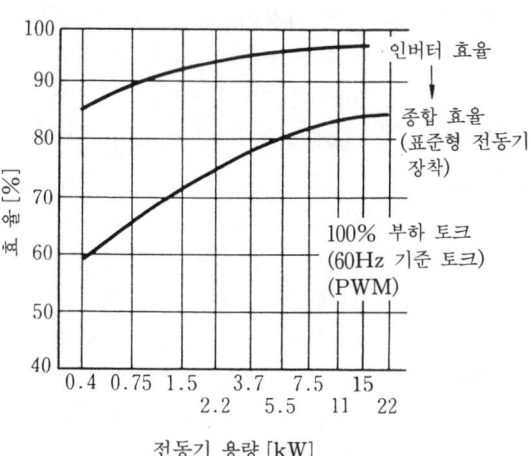

그림 6.3 인버터 부착 전동기의 종합 효율

또한, 인버터 조립형의 전동기의 경우는 송풍기, 전동기 효율 및 인버터 효율이 20 kW 이하의 용량이 작아질수록 다같이 저하하기 때문에 정격 운전이 긴 경우 등 종합 효율의 저하에 주의해야 한다(**그림 6.3**).

① 송풍기의 가변속(회전수) 제어(인버터 제어)

② 송풍기의 가변 피치 제어

③ 송풍기의 흡입(입구) 날개 제어

④ 송풍기의 스크롤 댐퍼 제어(**그림 6.4**)

c) VAV 유닛 방식의 선택

VAV 유닛은 풍속(풍량) 센서에 의한 개별 풍량 검지 방식의 단순 댐퍼 기구, 저압 손, 전폐 기능이 부가되어 있으며 제어계는 「전압(全壓) 피드백 제어」 부착 개별 타입(**그림 6.5**)의 실내 온도 제어 시스템이 경부하시의 반송 동력의 감소 효과가 가장 커서 채용이 바람직하다. 송풍계 전체로서는 최소 송풍량의 경우 개개의 VAV 유닛 1~3에서 피드백되어온 풍량의 토털 지령값(Q_C)으로 송풍기를 변풍량 제어시키기 때문에, 동력의 강하량이 크고 다른 시스템에 비해서 에너지 절감 효과가 크다.

노 트

에너지 절감 효과가 큰 설비 시스템의 선택과 관리

공조 설비나 조명 설비는 대부분 인공 에너지를 이용해서 환경을 유지하고 있는데 건물과 자연 환경과의 공생을 고려하여 자연 에너지의 이용이나 미(未)사용 에너지의 채용에 의해서, 최소의 인공 에너지로 건물을 이전과 같이 쾌적한 환경으로 유지할 수 있게 되었을 때 에너지 소비의 큰 개선이 도모되고 에너지 절감화를 달성할 수 있게 된다.

아울러서 혹서나 혹한기의 인공 에너지 다량 소비 시기에 대한 대응으로 전열 교환기 등의 에너지 절감 기기나 최소 외기 도입 제어 등의 에너지 절감 제어 시스템의 도움도 받아서 인공 에너지 절약을 하는 것은 말할 것도 없다.

최근의 건물은 OA 기기 부하 등에 의해서 연간을 통해 냉방하는 경향이 있으며 연간 외기 냉방을 기본 모드로 한 공기계 공조 계획을 기본으로 해서 정리해 놓는 것이 바람직하다. 그 위에 건물 내를 필요 최소량의 인공 에너지로 대응할 수 있도록 공조 존을 세분화하고, 불필요한 반송계 동력은 고구마 덩굴식으로 작게 연동 정지시키는 등, 에너지 손실을 세밀하게 방지하는 연동 제어에 대한 철저한 건물 관리가 중요하다.

동시에 필요 최소한의 열원 사용이나 공조 기기 등의 반송 동력은 여러 조건에 맞추어서 각각의 에너지 절감 특성을 충분히 발휘할 수 있는 컨디션을 갖춤으로써 보다 고효율의 운전 성능을 발휘할 수 있는 것이다.

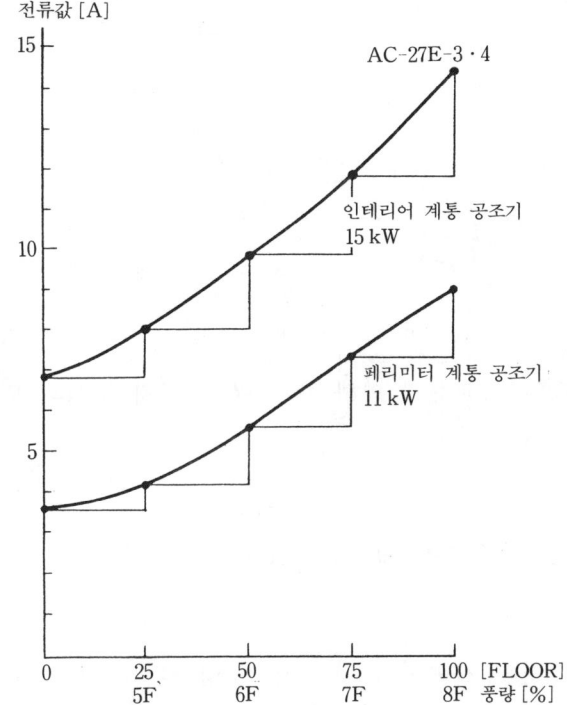

4플로어(5F~8F)에 1대의 공조기의 경우, 각 층의 VAV를 개폐하고
풍량(4/4~1/4)을 증감시킬 경우의 동력(전류값) 강하량을 표시한다.

그림 6.4 스크롤 댐퍼(SD)에 의한 동력 강하 예

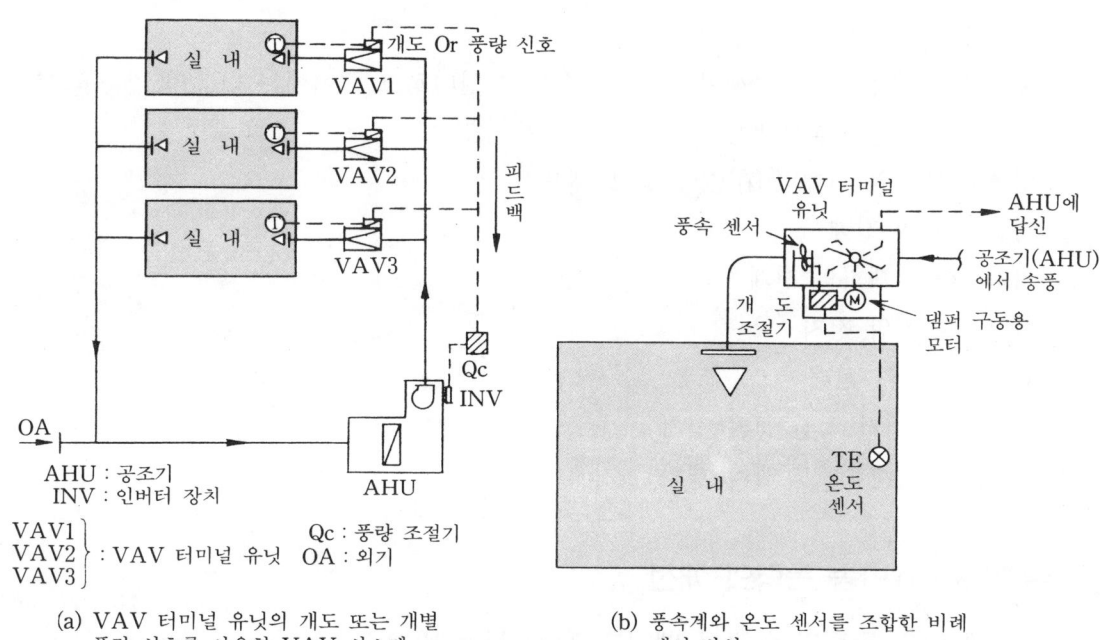

(a) VAV 터미널 유닛의 개도 또는 개별   (b) 풍속계와 온도 센서를 조합한 비례
 풍량 신호를 사용한 VAV 시스템   제어 방식

그림 6.5 개별 센서형 VAV 시스템

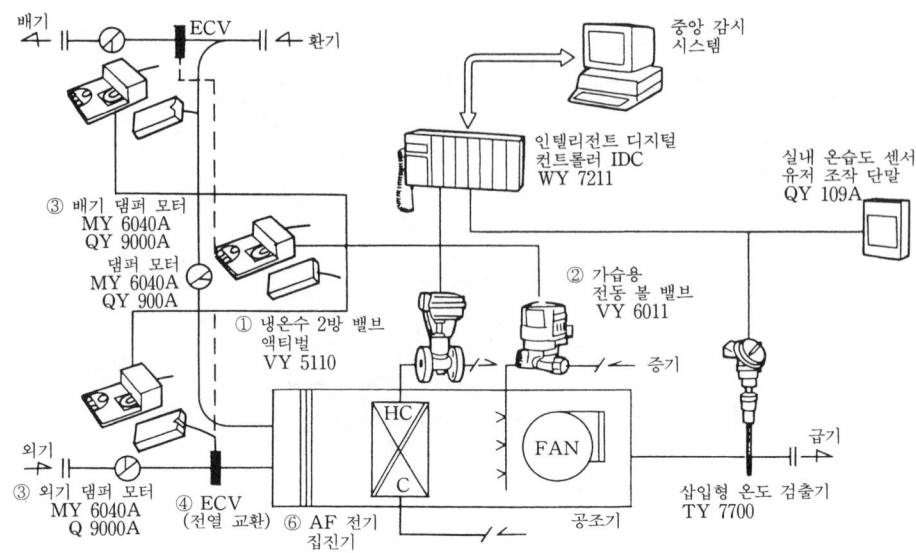

그림 6.6 공조기와 인터로크(연동)하여야 할 제어 기기

d) 에어 필터 특성의 선택

에어 필터는 실내 환경 유지면에서 담배 연기 입자의 제거를 대상으로 하면 집진 효율 80% 이상의 고성능 에어 필터가 된다. 그러나 30~50 mmAq와 같은 고압력 손실의 제품이 많아 동력 증대가 현저하게 되기 때문에 최종 압력 손실이 20~25 mmAq 이내인 뛰어난 제진 성능의 메이커 제품을 선택해야 할 것이다.

e) 공조기와의 인터로크 기능 확인

주 공조기가 정지시에 연동해야 할 반송 동력의 인터로크 제어에는 다음의 기능을 포함시켜 놓으면 좋다(그림 6.6).

① 냉온수 밸브의 전폐(全閉)(2방 밸브 채용)

② 가습 밸브의 전폐

③ 외기, 배기 댐퍼의 전폐

④ 전열 교환기의 정지

⑤ VAV 계통의 전폐

⑥ 에어 필터(전기 집진기)의 정지

⑦ 외기, 환기(還氣) 및 배기 팬의 정지

② 수계(水系) 반송 동력의 개선

(1) 수계 반송 동력의 종류와 에너지 절감 성능 비교

수계 반송 동력에 대해서도 최대 열부하시에 맞춘 열매체로서 냉온수 순환량의 설계가 실시되고 전량으로 펌프가 운전되고 있으나 변류량(變流量)(감소 경향) 제어를 도입함으로써 반송계 동력은 물론 열원에까지 큰 에너지 절감 효과를 미친다.

순환량의 조정에는 정류량(定流量) 방식과 변류량 제어 방식이 있으며, 정류량 펌프의 「대수 제어 방식」, 연속성이 좋은 범용 펌프에 인버터 제어를 더한 회전수 변환의 「인버터 변류량 펌프 방식」, 회전수는 바꾸지 않고 펌프 임펠러의 개방 날개의 흡입측과 케이싱의 틈새 조정을 해나가면서 유량 제어하는 「리니어 펌프 방식」의 세 가지가 있다.

공조기의 냉온수량의 조정은 부하 변동에 맞추어서 2방 밸브 제어에 의해 항상 변동시켜서 하며, 시간 외 공조에서는 국소 부하에만 2방 밸브로 냉온수를 공급하는 등 세밀한 유량 제어 기구가 장치되어 있는 것이 중요하다.

a) 정류량 펌프와 리니어 변류량 펌프 선택 순위

① 리니어 펌프에 의한 변류량 제어(**그림 6.7**) 선택

② 인버터 회전수 변환을 매개로 한 변류량 펌프 선택

③ 여러 대의 정류량 펌프의 대수 제어 선택

b) 배관 시스템의 선택

배관 시스템으로서는 배관 저항을 적게(30 mmAq/m 이내)하고 유속을 느리게(1.5~3.0 m/s)해서 감수 제어시의 유량의 균일화를 도모하기 위해서 리버스 리턴 방식을 선택한다. 냉온수 순환계 전체의 배관 저항을 최소로 해서 펌프 양정 및 동력의 경감을 도모하지 않으면 안 된다.

c) 위치의 에너지 손실 개선

위치의 에너지 손실면에서는 클로즈드 서킷(폐순환 회로) 방식을 채용하고, 펌프의 실 양정을 조금이라도 줄여 놓는 것이 원칙이다. 부득이 오픈 서킷(개 회로) 방식을 사용하는 경우는 물-수열 교환기를 회로 속에 삽입하여 클로즈드 서킷으로 변환해서 반송 펌프 동력의 경감을 도모하지 않으면 안 된다. 특히 심야 전력 이용의 지하층 바닥 밑 설치의 수(水) 축열조의 경우, 고층에 대한 송수가 필요할 때, 냉온수 펌프의 양정이 커지기 때문에 반송 동력의 개선 효과는 커진다.

d) 부스터 펌프 방식의 개선

부스터(2차) 펌프 방식은 복수의 1,2차 펌프계의 온도 및 유량 변화와 배관 국부 저항의 부담분의 조정이 항상 세밀하게 변동하고 있기 때문에 제어가 어렵고, 펌프 양정에 중복해서 갖게 되어서 수계 반송 동력이 크게 된다. 될 수 있는 대로 단순한 1차 열원 펌프 방식에 의한 변류량 바이패스 제어 방식으로 계획하고 적은 수량(水量) 대응에서도 부스터 펌프 방식은 피해야 할 것이다.

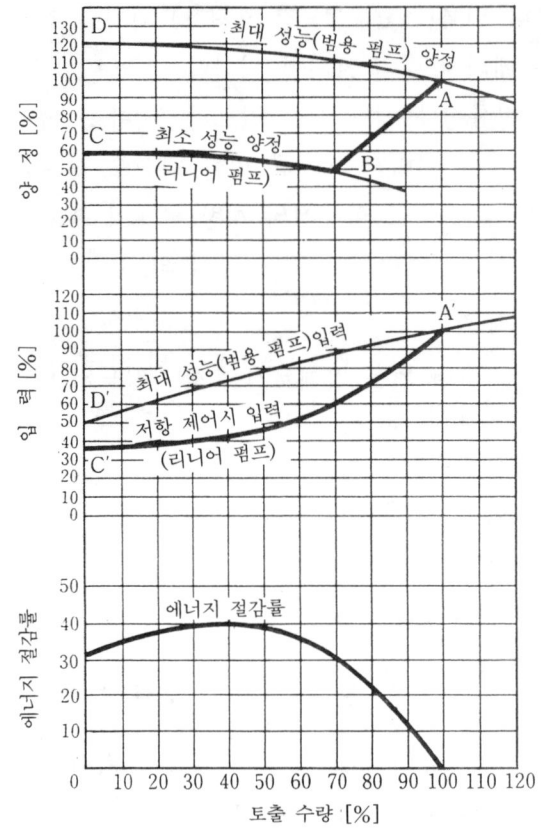

양정 곡선은 A−B−C로 되고, 입력 곡선은 A′−C′로 되고, 범용 펌프에 비해 입력비에서 적은 수량시 최대 40%의 에너지 절감 효과를 얻을 수 있다.

그림 6.7　리니어 펌프의 에너지 절감 효과

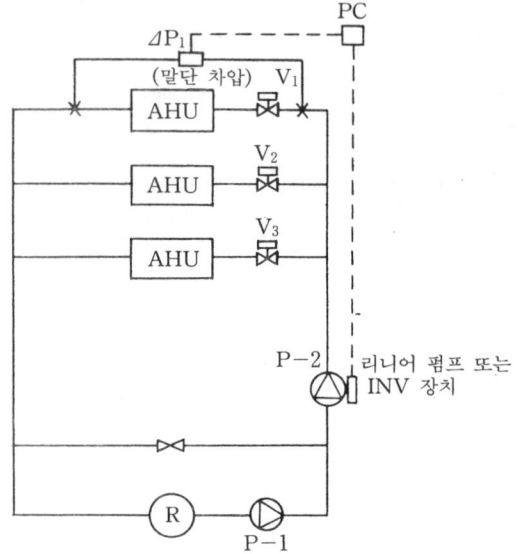

R : 발원기
P-1 : 1차 펌프
P-2 : 2차 펌프
실제로는 1, 2차 펌프는 여러 대로 된다.

AHU : 공조기
V₁, V₂, V₃ : 2방 밸브
ΔP₁ : 차압 센서
PC : 차압 조절기

그림 6.8　클로즈드 서킷계의 뛰어난 변류량 시스템 예 (말단 차압 제어)

그러나 DHC를 포함해서 고층부에 대한 양정 부족을 보충하기 위해서(최근의 DHC의 공급 압력 및 허용 압력차는 낮아져 가고 있다) 부득이 부스터 펌프 방식을 채용할 경우에는 리니어 방식이나 인버터 펌프 방식에 의한 2차측 최소 수량 대책(**그림 6.8**)을 세우고, 수계 반송 동력의 삭감을 도모해 놓지 않으면 안 된다.

e) 열원의 대수 제어와 반송 동력의 연동화

냉동기 냉수, 냉각수 펌프 등 열원, 반송 기기는 설계값에서의 운전은 적고 항상 경부하로 운전되고 있다. 공조기의 요구에 따라 대수, 유량, 온도를 조정하면서 최소의 에너지로 운전하는 것이 중요하다. 열원군에서의 연동 제어 지령으로 열원이 정지하고 있는 시간대는 응축압 저하나 희석 운전 등 필요한 최소의 애프터 플레이 후, 연동 정지시켜 놓는 것이 필수적이다.

중간기의 냉각탑 팬도 냉동기의 응축 온도가 기준 이하로 유지되고 있는 한 냉각수의 서모스탯으로 정지시켜 놓는 것이 현명하다.

③ 열원 기종의 선택과 에너지 절감 운전의 과제

(1) 열원의 에너지 절감화와 환경 문제에 대한 과제

지구 온난화나 오존층 파괴 문제 때문에 열원의 선택에 있어서는 화석 연료의 사용으로 인한 CO_2 발생량의 억제, 특정 프레온의 대기 방출 규제가 있으며, 지역의 기후에 적합한 열원 중에서 성적 계수(COP : Coefficient of Performance)가 높은 기종을 선택하지 않으면 안 된다.

건물 전체의 연간 1차 에너지 소비량 중에서 열원 에너지 비율은 20%이기 때문에(그림 6.1), 만약 열원의 에너지 20%를 절감했다고 하면 건물 전체로서는 4% 정도의 삭감 영향이 있으며 관리자의 노력에 의한 「상승(相乘) 효과」도 기대되고 있다.

(2) 터보 냉동기, 공랭 히트 펌프 칠러 및 가스 연소 냉온수 발생기의 특성과 운전 비교

일반적인 건물 열원으로 선택되고 있는 주요 열원 기계의 특성에 대한 비교를 **표 6.1**에 나타낸다. 동일 기종을 여러 대 선택할 경우는 개별 열원의 고효율 성능과 대수 제어의 조합에 의해서 에너지 절감화를 도모한다. 복합 열원의 조합을 선택한 경우는 지역의 외기 조건 등에 맞게 「어떤 열원을 베이스」로 운전해서 「무엇을 피크 컷」으로 선택하느냐에 따라서 운전 효율이 달라지기 때문에 최적의 선택이 요망된다.

노 트

무인화에 의한 열원 선택과 관리 서비스

열원의 선택에 있어서 유인이냐 무인이냐 하는 관리 조건도 고려할 필요가 있다. 무인 시간대는 안전면에서 전자동화가 가능한 열원을 빌딩 컴퓨터의 스케줄에 의해서 무인 자동 운전된다. 동시에 운전 상황이나 여러 데이터를 트렌드에 기록해서 무인시의 감시도 하면 에너지 절감화를 포함한 합리적인 운전을 할 수 있다. 또한, 무인시의 데이터의 재검토, 조작의 수정에 의해서 주야 연속되는 건물 관리가 가능하게 되고 양질의 입주자 서비스를 할 수 있다.

특히 심야 전력 이용 빌딩에 대해서 야간 운전 중의 열원 상황을 트렌드 등으로 추적하면 축열량이 부족한 채 운전을 끝내고 있거나, 반송 동력이 한밤중에 낭비 운전을 계속함으로써 쓸데없는 에너지가 사용되고 있는가 아닌가 하는 것이 판명된다. 동력비나 인건비의 절약에 의한 코스트 다운은 관리 서비스의 레벨을 내리는 것이고 유인시와 같은 레벨의 서비스를 기대하는 것이라면 무인시를 보충하는 관리 시스템의 도입이 필요하며 「상응하는 지출이 따른다」고 할 수도 있다.

표 6.1　주요 열원의 특성 비교 (1)

주요 열원 기종	열원 용량 USRT		공해	냉온수와 외기 (냉수→외기 / 온수←외기)	성적계수 COP	용량 제어 특성						심야 전력 축열 조용		설치 장소
						언로드성	대수제어	즉효과	한랭지	고온수	난방시	물	얼음	
수냉식 터보 냉동기 (TR)	전동	75~1,500	프레온에 의한 오존층	5℃→38℃ 45℃←7℃	4.5 ◎ 3.0 △	20% ◎	◎	5분 ◎	△ 보조히터	45℃	40℃	4℃ ◎	○	옥내
공기 열원 히트 펌프 유닛 (HPC)	전동	20~120 120~500		7℃→35℃ 45℃←2℃	2.7 △ 2.8 △	40% △	◎	10분 ○	○	45℃	40℃	4℃ ○	◎	옥상
가스 연소 냉온수 발생기 (GRH)	도시가스	20~1,500	CO₂ NOₓ	7℃→37℃ 60℃←-2℃	1.0 ○ 0.81 ◎	50% △	△	30분 △	◎	60℃	60℃ ◎	7℃ ○	×	옥상 옥내

◎:최적, ○:적당, △:할 수 없음, ×:부적합

표 6.1　주요 열원의 특성 비교 (2)

주요 열원 기종	이니셜 코스트	지구 환경 문제		제품 개발	러닝 코스트						운전 관리			비고
		CO₂	오존층		에너지 절감 기구			축열조이용	비축열	관리자격자	원격무인운전	내구성	관리유지	
					반송동력	냉온수열회수	프리쿨링과조시합							
수냉식 터보 냉동기 (TR)	△ 고가	○	×	R11→134a △	△	○	○	○	△	◎	○	◎	◎	히트 펌프 터보 개발
공기 열원 히트 펌프 유닛 (HPC)	○	○	○	R12→R134a ○	△	×	△	△	×	△	◎	○	△	보조 히터 없음
가스 연소 냉온수 발생기 (GRH)	◎ 조가	△	◎	고효율형 ◎	△	○	△	-	◎	◎	△	○	△	고위 발열량 수전력 부족시

◎:최적, ○:적당, △:할 수 없음, ×:부적합

(3) 복수대 열원의 군 관리 시스템의 문제점

개개의 열원 기기는 전성기를 제외하고 대부분 경부하로 운전되고 있다. 개개 열원의 언로드 제어와 복수대 열원의 군 발정(發停) 제어와의 종합 부하 용량 제어 기능을 정합시키는 것은 에너지 절감 효과에 큰 영향을 미치지만 현실적으로는 잘 되지 않는 것이 대부분이다.

즉, 열원기 단체인 언로드 제어 시스템과 이들의 대수 관리를 하는 군 발정 제어 시스템(파라마트)의 알고리즘에 양자의 중복된 제어 기능의 교환 조정이 되어 있지 않기 때문에 서로의 제어 기능이 간섭해서 잘 작동하지 않는 것이다.

공랭 히트 펌프 칠러 등 열원 기기의 용량 제어는 어느 메이커에서도 언로드의 비례 제어 범위가 적고 특히 경부하시는 40% 이하에서의 조름(throttling) 특성이 나쁘기 때문에 경부하시에 급격한 냉수의 온도 저하를 일으켜서 냉동기는 급정지하고 만다.

여기서 동결 보호를 목적으로 해서 10~20분 간의 재기동 방지 장치가 작동하고 있으나 냉수 서모스탯이 복원해서 기동 요구를 발해도 바로 기동할 수 없고 잠시 대기하게 된다.

한편, 군 발정 제어 시스템의 대수 운전 간격에도 10~20분의 재기동 제한 장치가 부착되어 있고 개별과 더불어 건물 열원 요구가 최대값을 초과해도 열원은 정지한 채 실내 환경은 최악으로 된다.

본래 대수 제어란, 기동시에 최적 부하를 모색하면서 1대씩 순차적으로 기동시켜서 포화 부하로 된 후, 교란에 맞추어 순차로 발정을 반복하는(그림 6.9) 것이 이상적이지만 실제로는 열원의 전 대수가 대부분 일제히 간헐 기동을 반복한다. 이것은 냉온수의 설정값이 일정하기 때문이다. 개개 열원기의 냉온수 온도 설정에 최적의 편차를 줄 수 있으면 「순위 선택과 설정 변경에 의한 비례 제어 기능의 이동이 매치」하여 순차 기동해서 포화 후에 순차 정지해 나가는 것이 가능해진다. 실제로는 이러한 이전 변화 기구가 없으며 전 대수로 간헐 온·오프 운동을 반복하는 것이 실정이고 다음의 개선이 요망된다.

a) 열원 기기의 언로드 특성 개선

개별 열원 기기의 비례 제어 범위를 능력의 10% 정도까지 조를 수 있고 그 위에 언로드 운전 가능 존을 내리면서 비례 제어 범위 확대를 도모하는 것이 필요하다. 다시 말하면 각 열원의 성적 계수(COP)를 유지하면서 저부하시에 정지 시간이 적은 끈기 있는 언로드 운전이 요망된다.

b) 열원 기기의 냉온수 설정 기능 개선

열원기의 온도 설정 변경을 먼 곳에서 할 수 있고 열원군 발정 제어에서의 COP 최적 온도 지령값을 받아들여서 차차 복수대 열원 제어에 의한 에너지 절감화 운전이 가능하게 된다.

다시 말하면 냉방 운전시 메이커의 보증을 받을 수 있는 범위에서 경부하시의 냉수 설정을 상승시켜서 열효율을 개선하는 동시에, 2대째의 기동 후에는 선발기(1대째)를 100% 고효율 운전 영역으로 전환해서 2대째 추종기에 언로드 기능을 갈아타게 하고 이어서 3대째의 기계에 보낸다.

이렇게 해서 비로소 계(系) 전체의 에너지 절감화를 도모한 열원군 발정 제어가 가능하게 된다. 우선 1~3대째의 선발 순위와 같은 냉(온)수 설정 온도 편차를 1~2℃씩 높(낮)게 해서 대응해 나가는 것이 바람직하다.

c) 열원군 운전의 종합 시운전 실무

열원군 발정 시스템의 현장 조정 운전 및 검사는 실부하 조정을 종합적으로 한 후 열원 설비를 관리자에게 인도하지 않으면 안 된다.

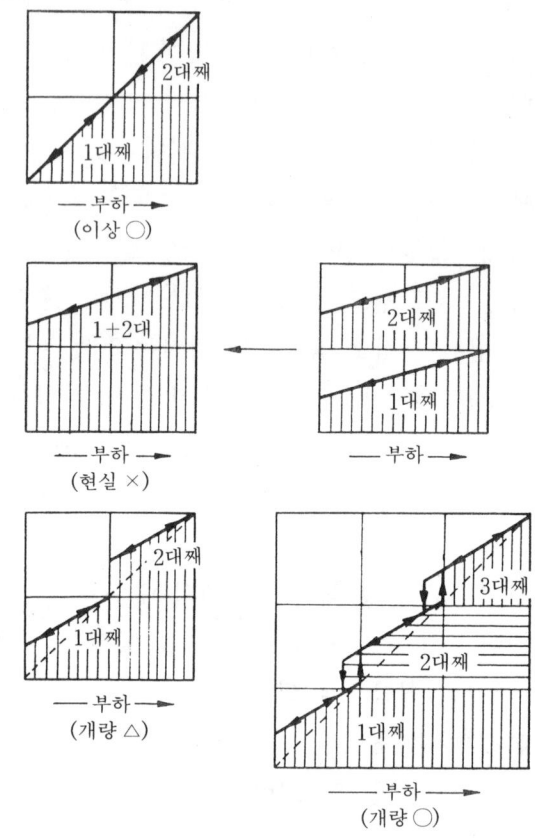

그림 6.9 복수 공랭 히트 펌프 칠러의 언로드 운전

우선 건물의 피크시의 열부하와 열원 총능력과의 게이지를 합쳐서 열원측의 여유를 확인하는 것이 필요하다. 제어 스팬을 실제에 일치시키는 것부터 시작하여 이어서 공조기의 일부 대수를 발정시키면서 열부하의 증감과 열원의 개성 및 대수에 대한 반응성을 조사한다.

또 공조기를 늘리면서 전 대수를 운전하면 열원이 2대, 3대로 군 발정 제어에 의해서 기동해 나갈 때 열원의 특성과 열원 토털의 여유를 알 수 있게 된다. 그리고 후발기에 비례 제어 기능이 옮겨가는 상태를 관찰해 가면서 전 열원군의 연속 리니어 제어 특성 확인까지 한다. 동시에 저부하시의 잔류 열원의 뛰어난 언로드 운전으로 거의 정지하는 일이 없는 끈기있는 냉동기의 제어 특성도 확인해 놓지 않으면 안 된다.

d) 관리 기술자의 각종 검사에 대한 참가

관리 기술자는 공조 자동 제어와 열원 제어 시스템의 하드웨어와 소프트웨어의 양면의 지식을 몸에 익혀 종합 시운전에 대한 검사에 입회하고, 에너지 절감 관리면에서의 어드바이스나 수정 제안을 하는 등 적극적인 참가가 요망된다.

(4) 가스 연소 냉온수 발생기의 에너지 절감화 개발의 지연

열원의 선택에 있어서 표 6.1의 운전 특성의 비교를 참고로 건물에 맞는 열원을 선택하지만, 특정 프레온의 대기 방출 규제 때문에 현재 도시 가스계 열원이 우선적으로 채용되는 경향에 있다. 그 주역인 「가스 연소 냉온수 발생기」는 대형 빌딩에서의 시장 점유율을 36% 가까이 늘리고 있으며 고효율화에 대한 기술 개발, 관리·보수성의 개선이 요망되고 있다.

그림 6.10과 같이 1975년의 2중 효용화에 대한 개선, 연소 제어 방식의 개량 등에 의해서 20% 고효율화가 성공하여 대폭적인 에너지 절감화가 도모되었다.

더우기 1979년에는 각 열교환기의 전열 효율의 상승, 공기 예열기(이코노마이저) 설치에 따른 연소 효율의 상승에 의해서 30% 고효율형 냉온수 발생기가 옵션이지만 신기종으로 발매되었다. 다시 말하면 고위 발열량 기준으로 COP 1.0 이상까지는 급속하게 개량되어 온 것이다.

일본 생명보험 회사가 보유하는 관동 지방의 47 빌딩의 냉방 기간의 가스 소비량을 각 냉온수 발생기 메이커의 제작 연도별로 나누어서, 1992년 하기의 실적 냉방 총 가스량으로 비교해 본 것이 **그림** 6.11이다. 일부 메이커 제품은 해마다 고효율화에 대한 기술 개발이 진전되고 확실하게 신 제품일수록 가스 연소량은 감소 경향을 보이고 에너지 절감화가 도모되고 있다.

그러나 그 후에 대해서는 냉동 사이클의 개선으로 COP=1.2를 달성한 일부 메이커를 제외하고 에너지 절감화에 대한 기술 개발은 특정 프레온 문제로 「열원의 주역」이 되면서도 진척되고 있지 않다.

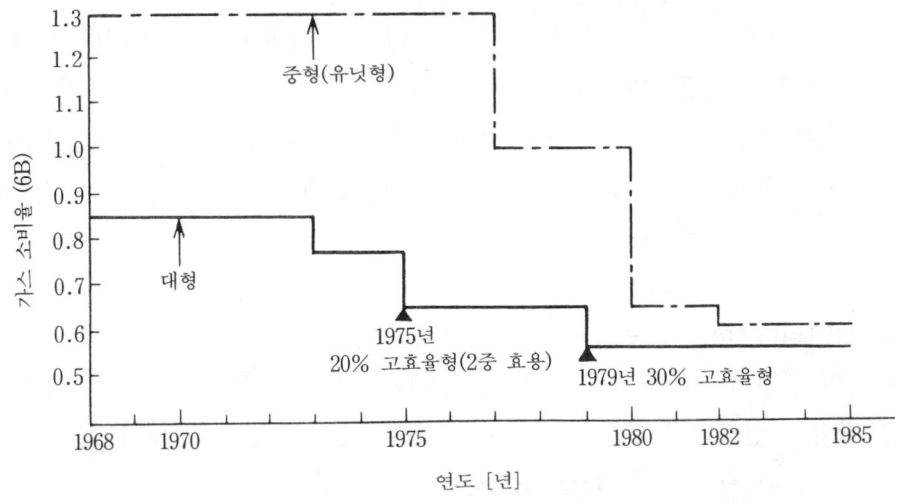

그림 6.10 가스 연소 냉온수 발생기(대형)의 가스 소비율(제품 개발)의 추이

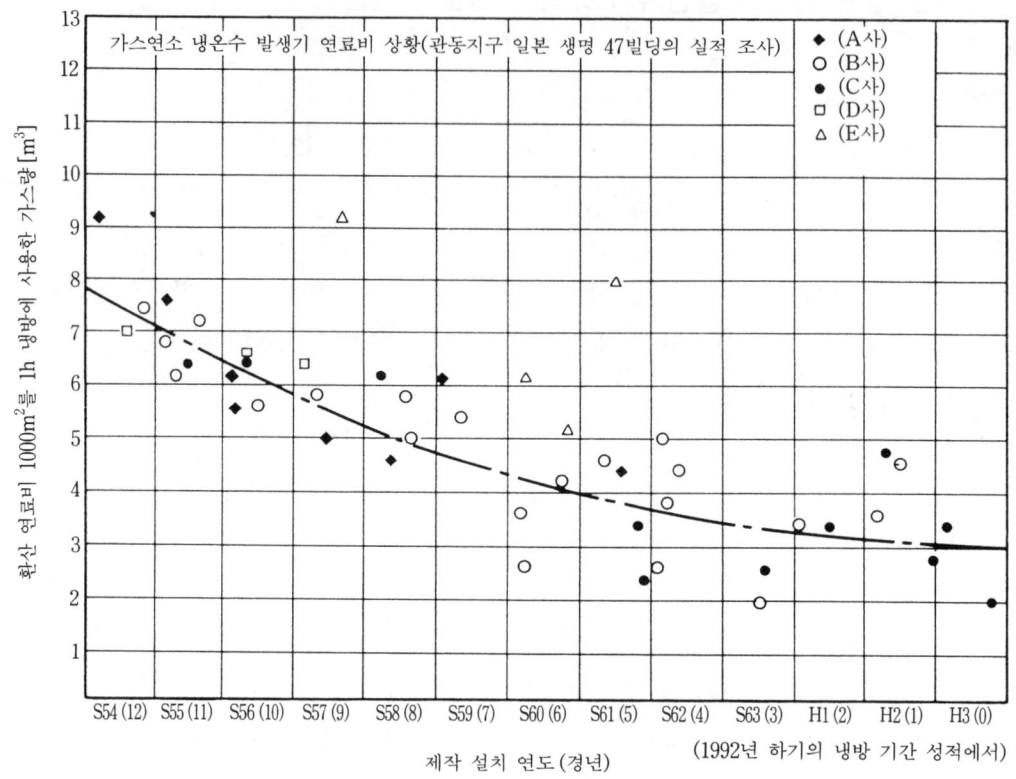

그림 6.11 제작 설치 연도별 냉방용 도시 가스 연소량비 개선 실태

오히려 소형, 경량화나 저코스트화에 대한 시공자 VE(Value Engineering : 기술적 으로는 동등의 가치가 있다고 보고 코스트 다운을 도모하는 것)이 높게 평가되어 있고 아직까지 30% 에너지 절감형은 특별 주문(옵션)이다.

반대로 열교환기의 전열 면적의 컷에 의한 냉난방 능력의 여유 부족이나 틈새 부식의 진행 빈발, 치명적인 진공 유지나 억제제에 의한 산화 피막의 생성 관리의 어려움 등 관리 기술자측의 고민도 많으며, 관리·보수면의 분쟁 다발로 내용(耐用) 연수(15~25 년) 이전의 조기 교환 등 고효율, 에너지 절감화, LC(라이프 사이클)적 대응에는 좀 멀고, 건축 설비 관계자의 자세를 물어보고 싶은 바이다.

(5) 각 열원의 장점을 모은 복합 에너지 열원의 선택 방법

여러 종류의 열원이 설치되고 있어서 그 중에서 선발(先發) 기종, 추종 기종을 선택 하는 경우 각각의 열원의 특징을 충분히 이해하고 표 6.1 (1), (2)를 참고로 해서 기후 조건에 의한 효율의 확보, 생력화도 포함한 선택, 조합을 한다.

열원 집중, 비(非)축열형 공조 방식에 대응하는 주요 열원 기종의 후보로서는 프론

가스를 사용하지 않는 가스연소 냉온수 발생기를 들 수 있다. 이니셜 코스트가 비교적 싸고 러닝 코스트는 주야가 같다.

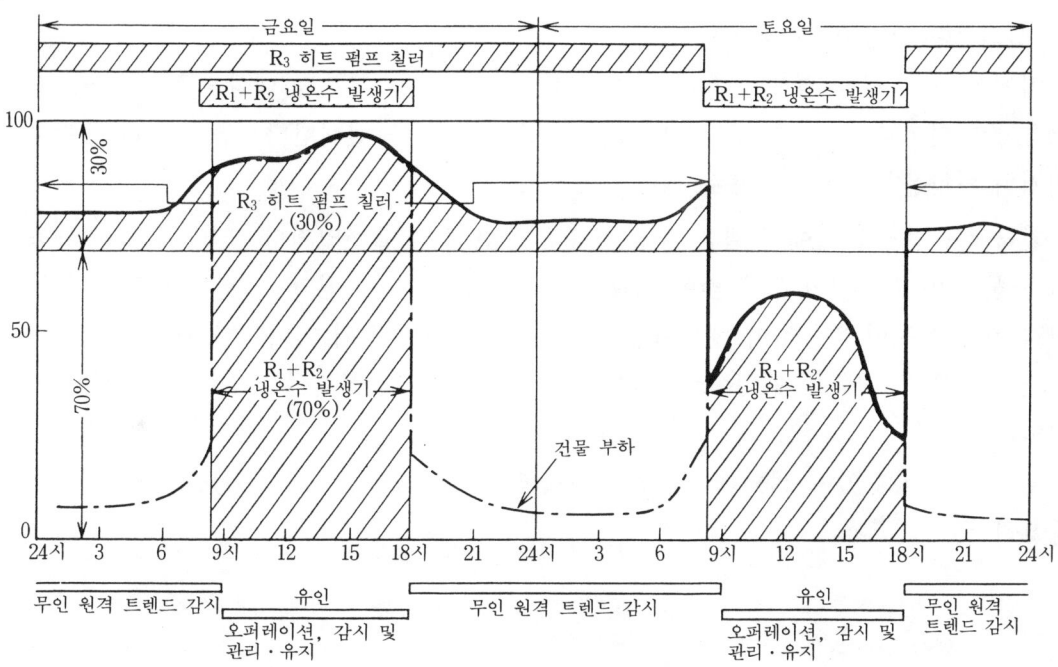

그림 6.12 사무소(일부 상업 테넌드 포함) 빌딩의 주말 열원 운전의 선택 예(한여름의 냉열원의 조합)

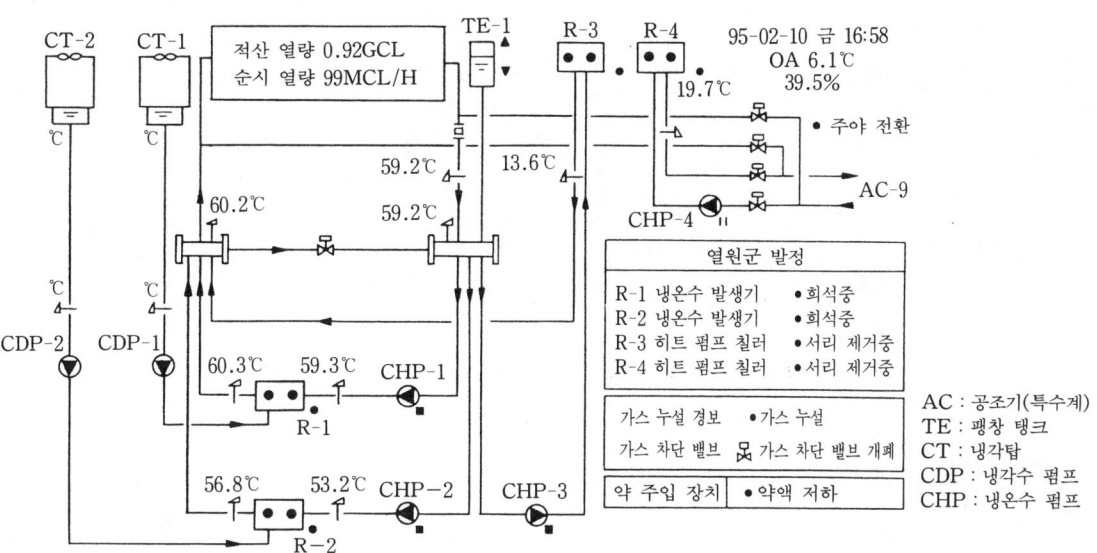

그림 6.13 열원 설비 계통도

특히 OA 기구 등에 의한 냉방 부하가 많은 건물에서는 하기 냉방 대상 기간을 길게 해서 도시 가스 하기 할인제도의 적용을 많이 받을 수 있기 때문에 유리하다. 따라서 기본 열원기는 되도록 운전 효율이 높은 메이커 기종 중에서 가스 연소 냉온수 발생기를 선택한다(**그림** 6.12, 6.13).

이어서 피크 컷을 겸해서 계절 외, 시간 외, 휴일 등 일부를 대상으로 한 국소 서비스용 소열원으로 해서 공기원 히트 펌프(냉난방) 칠러를 선택한다. 공기원 히트 펌프는 외기의 영향을 받기 쉽고 용량 제어성도 나쁘다.

최근에는 전력 회사에서 얼음 축열 병용을 추천 장려하고 있지만, 일반 전력을 사용하기 때문에 반송 동력이 작은 것에 비해 러닝 코스트는 높게 된다. 그러나 안정성이 높고 원격 자동 운전이 가능하며 생력화를 도모할 수 있는 장점이 있다. 열원 용량비는 대략 7 : 3의 조합으로 되나, 백업성도 배려하여 「7 : 7」로 해서 신뢰성을 높혀 놓는 것이 바람직하다.

열원의 선택에 있어서는 관리면에서 생력화나 통상 근무(숙직 안함)를 배려하는 것도 중요하다.

6-2 에너지 절감 기기의 운전 관리

표 6.2 전열 교환기의 종류

공기 열교환기
- 회전형 열교환기
  - 전열 교환기-회전 로터식
    (난연 가공지 엘리먼트 · 알루미늄 부식판 엘리먼트)
  - 현열 교환기-회전 로터식(알루미늄박 엘리먼트)
- 정지형 열교환기-현열 교환기
  - 히트 파이프 방식 열교환기(알루미늄 핀 동 튜브+냉매)
  - 고정 플레이트 방식 열교환기
    (알루미늄, SUS, 불연지, 플라스틱의 각 엘리먼트)

1 전열 교환기의 종류와 특징

(1) 전열 교환기의 역할

외기의 최소화 제어와 함께 혹서나 엄한기의 외기 대책으로 가장 기대되고 있는 것이 「전열 교환기의 최적 운전에 의한 에너지 절감 효과」이다. 전열 교환기에는 회전형과 정지형이 있으며 전열식(全熱式)과 현열식(顯熱式)으로 나누어진다. 실내 환기에서의 배열에 의한 외기로의 예냉, 예열 치환이나 전산실, 전기실의 배열 이용 등 이코노마이저로 널리 이용되고 있다.

a) 회전형 열교환기

경화 처리를 한 난연(難燃) 가공지에 잠열 흡수제인 리튬을 함침시킨 벌집모양의 열교환 엘리먼트를 적층 원형상으로 둘러 감으면서 회전형 로터로 성형(**그림 6.14**)한다.

로터 중앙의 공기 세퍼레이터를 사이에 두고 외기쪽과 환기쪽으로 분리해서 각각 통풍을 하고, 환기열을 우선 로터형 엘리먼트에 흡열한 다음 로터를 천천히 회전시키면서 외기 쪽에 방열시켜, 공기(환기)-공기(외기)의 전열 교환을 하는 것이 회전형 전열 교환기이다.

현열형의 경우는 엘리먼트에 알루미늄박을 벌집모양으로 성형해서 현열만의 배기열 회수를 하는 방식이다. 열회수 효율, 외기 냉방에 대한 제어는 로터 회전수의 변화나 정지, 외기, 배기의 바이패스 댐퍼를 열어 풍량을 증감시켜서 하는데 배기량에서의 열회수 비율이 에너지 절감화에 큰 영향을 준다(**그림 6.15**).

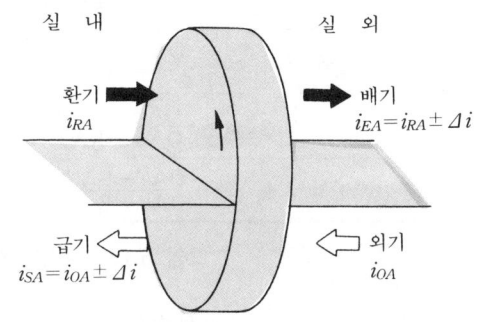

그림 6.14 회전형 전열 교환기

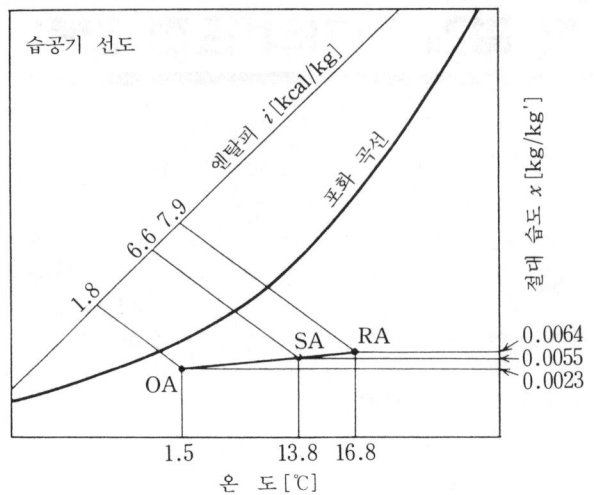

[측정 결과]

	측정 항목	기 호	단 위	측정 결과
처리 풍량 (Q)	급기 풍량	Q_{SA}	m³/h	14,630
	배기 풍량	Q_{EA}	m³/h	10,600
외 기 (OA)	건구 온도	t	℃	1.5
	절대 습도	x	kg/kg'	0.0023
	엔 탈 피	i	kcal/kg	1.8
급 기 (SA)	건구 온도	t	℃	13.8
	절대 습도	x	kg/kg'	0.0055
	엔 탈 피	i	kcal/kg	6.6
환 기 (RA)	건구 온도	t	℃	16.8
	절대 습도	x	kg/kg'	0.0064
	엔 탈 피	i	kcal/kg	7.9

[전열 교환기의 효율]

항 목	측정 결과
풍 량 비 $R_a = \dfrac{\text{급기 풍량 } Q_{SA}}{\text{배기 풍량 } Q_{EA}}$	1.38
온도 효율 $\eta t = \dfrac{OA\,t - SA\,t}{OA\,t - RA\,t} \times 100\%$	80.4
습도 효율 $\eta x = \dfrac{OA\,x - SA\,x}{OA\,x - RA\,x} \times 100\%$	78.1
전열 효율 $\eta i = \dfrac{OA\,i - SA\,i}{OA\,i - RA\,i} \times 100\%$	78.7

그림 6.15 동기의 전열 교환기의 측정과 효과

회전형 전열 교환기는 시스템 에어 핸들링 유닛(전열 교환기나 자동 제어를 조합해서 일체화한 공조기)과 같이 1대씩 짜 넣어 내장해서 분산화되고 있는 것이 바람직하지만,

코스트면에서 여러 대의 공조기와 조합해서 계열의 공조기의 운전 대수에 맞춰 외기량을 외기 팬의 인버터 제어로 증감 제어해서 공급하고 있는 경우가 있다.

그림 6.16에 전열 교환기의 효과에 대해서 실측값으로 표시한다. 공조기의 가열 밸브를 수동으로 50%에 고정하고 급기 온도(SA)가 27℃로 안정된 곳에서 전열 교환기 로터를 회전시키면 급기 온도는 34℃로 상승해서 안정되었다. 일반적으로 열교환 효율은 온도차가 큰 좋은 조건에서 78~82% 정도로 되어 있으나 실측에서는 58%이다. 배기량의 확보나 송풍기의 인버터 제어에 의한 반송 동력의 삭감 등 효율 향상의 과제는 있으나 에너지 절감 효과가 큰 기기이다.

b) 히트 파이프 방식의 공기 열교환기

가로 폭이 넓은 알루미늄 핀(fin), 동 튜브 코일 유닛의 튜브 속에 전열(傳熱)용 냉매를 봉입해서 환기 쪽과 외기 쪽을 코일 중앙에서 세퍼레이트하고, 코일 한쪽 표면을 통과하는 환기열을 냉매에 흡열시켜 냉매의 형태 변화를 이용해서 열을 외기쪽으로 이동시키는 것이며(**그림** 6.17) 냉매의 증발, 응축으로 치환하여 열을 주고받는 열교환기이다.

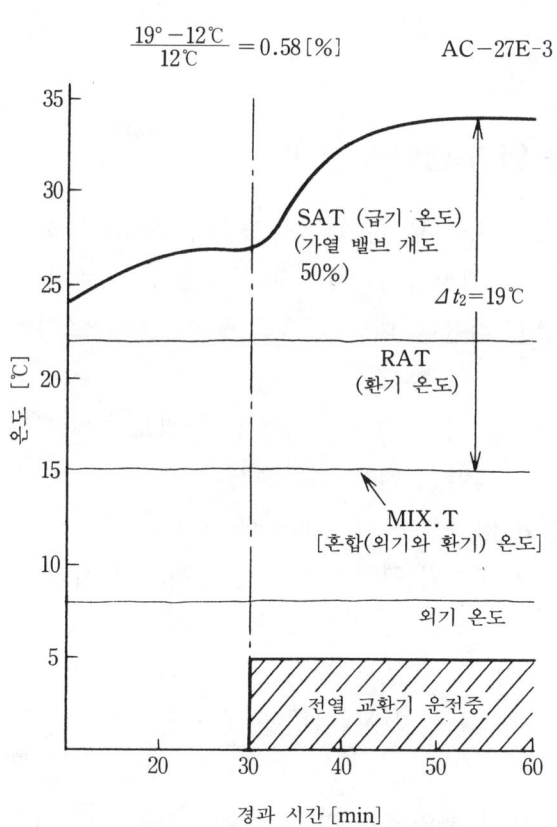

그림 6.16 전열 교환기의 효과

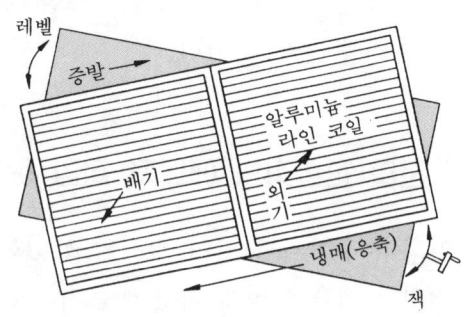

그림 6.17 히트 파이프 방식의 공기 열교환기

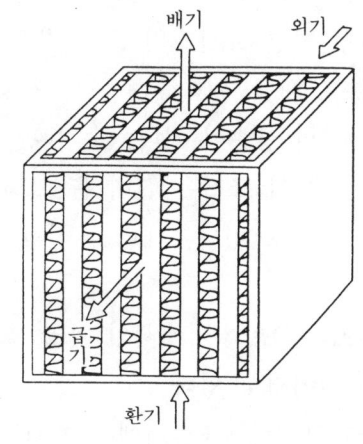

그림 6.18 고정 플레이트 방식의 공기 열교환기

냉매의 반송(返送)은 응축(액화) 쪽의 코일 레벨을 높게 해서 낮은 증발기 쪽으로의 구배를 이용해서 한다. 계절의 냉난방 모드의 전환은 잭(jack)을 조작해서 코일의 구배 레벨을 변경한다. 급배기의 혼입이 없기 때문에 보일러 배열 등 고온 폐열의 회수도 가능하고 열원의 이코노마이저 장치로서 성적 계수(COP)의 개선용으로 채용되고 있다.

c) 고정 플레이트 방식 공기 열교환기

열교환 엘리먼트 재료로는 알루미늄 플레이트, 플라스틱, 불연 가공지 등 벌집모양의 적층(積層) 통로를 교차로 접촉시켜서 **그림 6.18**과 같이 환기 배열을 직교류 또는 역교류시켜서 적층 벌집모양 통로 표면을 따라서 외기 쪽으로 전열시킴으로써 배기열을 회수하는 단순한 열교환기이다.

현열 교환이 주된 것이지만 잠열형의 엘리먼트를 사용한 전열 교환기도 있다. 고정형이기 때문에 구동력을 필요로 하지 않으나, 바람의 흐름이 한 방향만이기 때문에 통로가 막히기 쉬운 것이 결점이고 에어 필터의 강화가 필요하다. 반송 동력의 상승으로 되지만 소형 공조기 유닛에 간이형으로 채용되고 있다. 개량점으로는 한 여름 · 겨울 이외의 계절에는 외기, 배기 덕트를 각각 바이패스시켜 외기 냉방을 이용해서 에너지 절감 효과를 높이고 있다.

② 전열 교환기의 에너지 절감 운전과 외기 냉방의 효과

열회수 장치의 도입이 실시되고 있는 건물은 75%로 증가되어 왔으나 그 배열 회수 조건의 선택을 어떻게 하면 좋은지, 충분히 이해되지 않은 채로 운전되고 있는 예가 많다. 회전형 전열 교환기의 운전 판단의 요점을 다음에 대략 기술해 놓으므로 참조하기 바란다.

회전형 전열 교환기의 로터 운전에 필요한 동력은 적지만, 촘촘한 벌집모양의 엘리먼트 통로 내를 통과하는 공기 저항의 증가는 에어 필터를 포함해서 외기, 환기 팬의 반송 동력의 상승이 된다. 수지 관계에 민감한 영향을 미치기 때문에 주의가 필요하다.

외기의 도입 조건은 실내 온습도와 외기 온습도와의 관련으로 열원 부하가 오히려 증가하는 경우도 있다. 에너지 절감 운전을 할 수 있는 경우에 한해서 이용하는 것으로 한다.

오피스의 OA 기기에서의 발열 또는 사용 시간의 연장 등, 1년을 통해서 냉방 모드의 기간이 길어지고 있다.

혹한기의 전열 교환기에서 예열된 외기를 냉각 게인으로 외기 냉방에 사용하는 것도 실내의 습도 조건만 문제로 삼지 않으면 충분히 할 수 있다.

노   트
전열 교환기의 운전 판단

한여름이나 혹한기에 외기 온도가 높거나 또는 낮을 때는 우선 외기량을 최소로 줄인 후에 전열 교환기를 운전해서 건물의 열원 사용을 적게 하여 에너지 절감화를 도모한다(비교용 열량 단가는 45~35 엔/Mcal 정도로 한다).

한편, 외기를 이용하는 쪽이 열원 부하가 절약된다고 판단했을 때, 다시 말하면 표 6.3의 중간기, 난방 초기의 실내 온도 24~25℃에서 외기 온도가 18℃ 이하의 경우는 전열 교환기 로터를 정지시키고 바이패스 댐퍼를 열어 외기를 제어하면서 패시블화에 의한 에너지 절감을 도모하지 않으면 안 된다.

표 6.3 전열 교환기의 운전 판단의 요점

냉난방 모드	실내 온도와 외기 조건	외기 도입과 전열 교환기의 운전 상황
냉방 최하기	실내 온도 < 외기 온도 (25~26℃) (33~35℃)	외기를 최소한으로 줄이고 전열 교환기를 운전해서 배냉열을 회수한다.
중간기·난방 초기	실내 온도 < 외기 온도 (24~25℃) (18~10℃)	외기를 최대한 도입하기 위해서 바이패스 댐퍼를 연다. 전열 교환기를 정지해서 외기 냉방을 가능하게 한다.
난방 최한기	실내 온도 < 외기 온도 (21~22℃) (12℃ 이하)	외기를 최소한으로 줄이고, 전열 교환기를 운전해서 배온열을 회수한다(외기 냉방이 가능하다).

실내의 습도 저하는 일반적으로 말하고 있는 정도로 실제로는 별 문제가 아니고, 최근의 일본제 컴퓨터 메이커를 중심으로 허용 상대 습도의 하한이 20~25% RH까지 내려가도 문제없다는 스펙이 나와 있고, 미국제도 추종해가고 있다.

③ 설비 기계실의 외기 냉방 부가 방법

전기실, 엘리베이터 기계실, 전산 기계실 등 변압기나 EDP(전산기) 등의 기기 발열량이 많은 설비 기계실의 냉각 장치(그림 6.19)는 보통 패키지형 냉방기가 설치되고, 연간 밤낮으로 냉방 운전이 계속되고 있는 경우가 많다. 물론 서모스탯에 의한 자동 발정이 이루어지고 있지만 계절의 변천과 더불어 중간기, 동기에는 자연 에너지의 활용도 도모하지 않으면 안 된다.

그 일환으로 외기 냉방 기능을 부가시켜 놓고 중간기, 동기 및 야간의 외기 온도가 낮을 때는 외기 냉방을 주역으로 해서 피크 컷에만 냉방 동력을 사용하는 시스템(반송 동력의 인버터화도 포함)으로 개선하고 전기실이나 엘리베이터 기계실의 과냉(실내 온도가 30℃ 이하는 과냉)에도 주의하여야 한다.

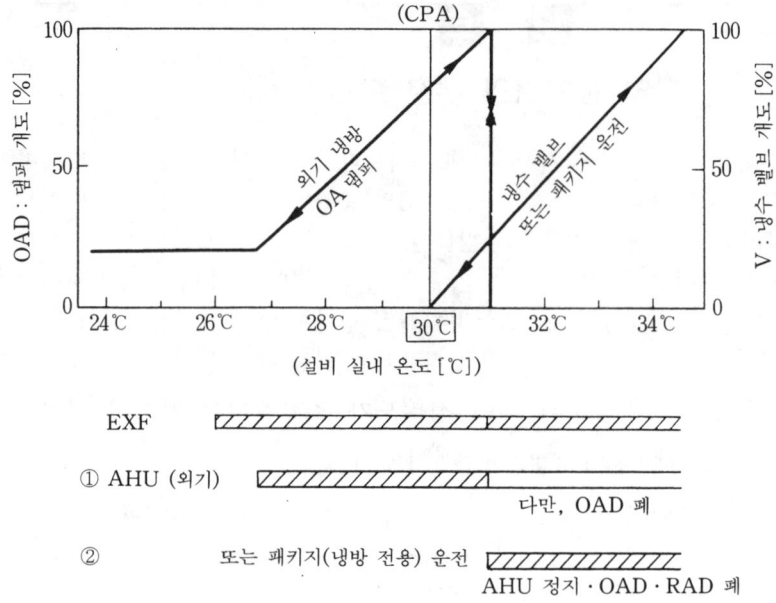

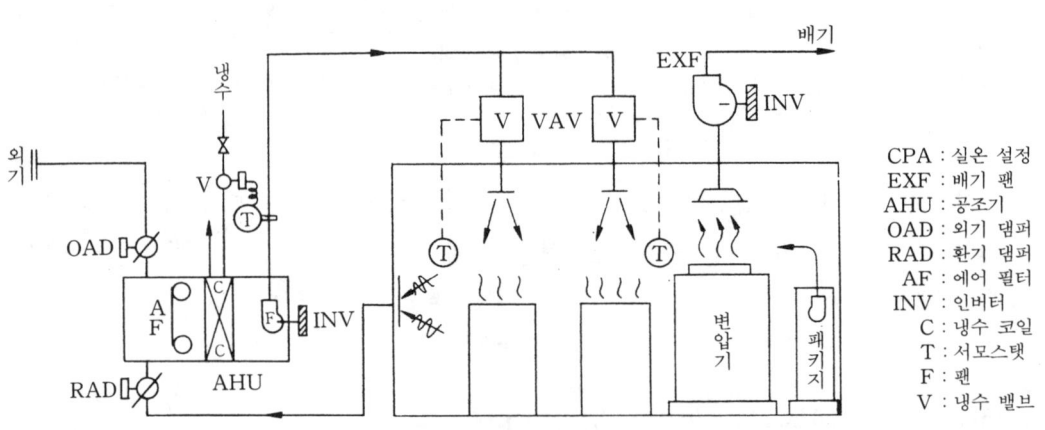

그림 6.19 열부하가 큰 설비 기계실의 외기 냉방 시스템도

한편 냉방 열원은 한여름에 운전하는 것이 되지만, 외기온에 따라서는 외기 투입이 오히려 열원의 부담이 되는 수도 있다. 외기 투입을 전면적으로 정지하고 전공기 순환 방식의 폐회로에서 냉각하는 것이 에너지 소비면에서는 유리할 때가 많다.

$$q \, [\text{kcal/h}] \leqq 0.29 \, Q \cdot \varDelta t$$

q : 기기 발열량 [kcal/h]

Q : 순환 풍량 [m³/h]

$\varDelta t$: 온도차 (5℃)

0.29 : 공기의 비열 [kcal/m³·℃]

4 VAV 공조 시스템의 에너지 절감 성능

(1) VAV 시스템의 역활과 문제점

공조 팬 동력은 송풍량의 3제곱에 비례해서 감소한다. 그리고 풍량의 감소에 따른 열량의 손실이 삭감되는 일도 있어서 분산화 공조 방식의 최말단 방법으로 되는 VAV 방식에 의한 공기 반송 동력의 절약이 크게 기대되고 있다. 그러나 변풍량 제어만에 의한 실내 온습도의 조정에서는 실내 환경면에서 한계가 있다.

그 대책으로서 풍량의 최소량의 보장을 40~20%로 후하게 하고 있기 때문에 지나치게 차갑거나 덥게 하는 등 분출 온도의 제어 정밀도가 조잡해지는 결점이 있다. 공조 계통의 최적의 분출 온도에 대한 캐스케이드 제어에 의한 개선 등 VAV 운전에 대한 문제점에 대해서 충분한 배려와 조정 기술의 취득이 필요하다.

(2) VAV 시스템의 종류와 특징

VAV 유닛은 제어 방식에 의해서 풍속 센서 방식과 정압(靜壓) 센서 방식 및 정온 자력형(定溫 自力型) 방식으로 나눌 수 있다.

풍속 센서 방식(그림 6.20, 그림 6.21)은 실내 서모스탯이 담당하는 분산 공조 존의 분출 풍량의 요구에 대해서 실온 설정에 가까워지도록 VAV의 풍량을 조정해서 공급하는 댐퍼식(전폐 기능 부착)의 저압 손실 타입의 VAV 시스템이다. VAV 내부에 부착된 풍속 센서에서 풍량 과부족 신호를 송풍기의 풍량 제어 유닛(SC)에 각각 개별적으로 전송해서 송풍기의 출력에 피드백 제어를 하기 때문에 VAV 개개에 대한 풍량 공급이 정확하게 이루어지는 시스템이다. VAV 유닛의 풍량 요구가 만족되는 동시에 송풍량의 최소화, 덕트계 여유 동압의 정압 전환도 가능하게 되고, 에너지 절감 효과는 더욱 확대된다. 운전 관리면에서는 VAV 개개의 온도 센서가 실내에 설치되어 있어서 설정 변경을 하기 쉬우며, DDC에서의 원격 설정 방식인 것이 바람직하다. 더우기 VAV의 제어 상황을 천장 속에서도 기기 외부에서 눈으로 봐서 점검할 수 있는 제품을 선택하는 것이 좋다.

정압 센서 방식은 토출 덕트 내의 정압을 일정값으로 유지하고 송풍기를 제어하는 방식이다. 덕트의 최대 필요 정압을 항상 확보하도록 풍량 제어 유닛에서 송풍기에 증감 지령을 계속 내리지 않으면 안 될 경우도 있어서 회전수 제어를 병용해도 그다지 회전수가 내리는 일이 없다. 그리고 송풍기의 스크롤 댐퍼 방식에서도 풍량 감소분을 제외하고 동력의 강하 비율은 비교적 적다. 정압 제어의 정밀도를 조금이라도 올리는 데는 최대 덕트 저항 경로로 되는 원단(遠端)에 정압 센서를 장치하는 말단 덕트압 방식이 좋다.

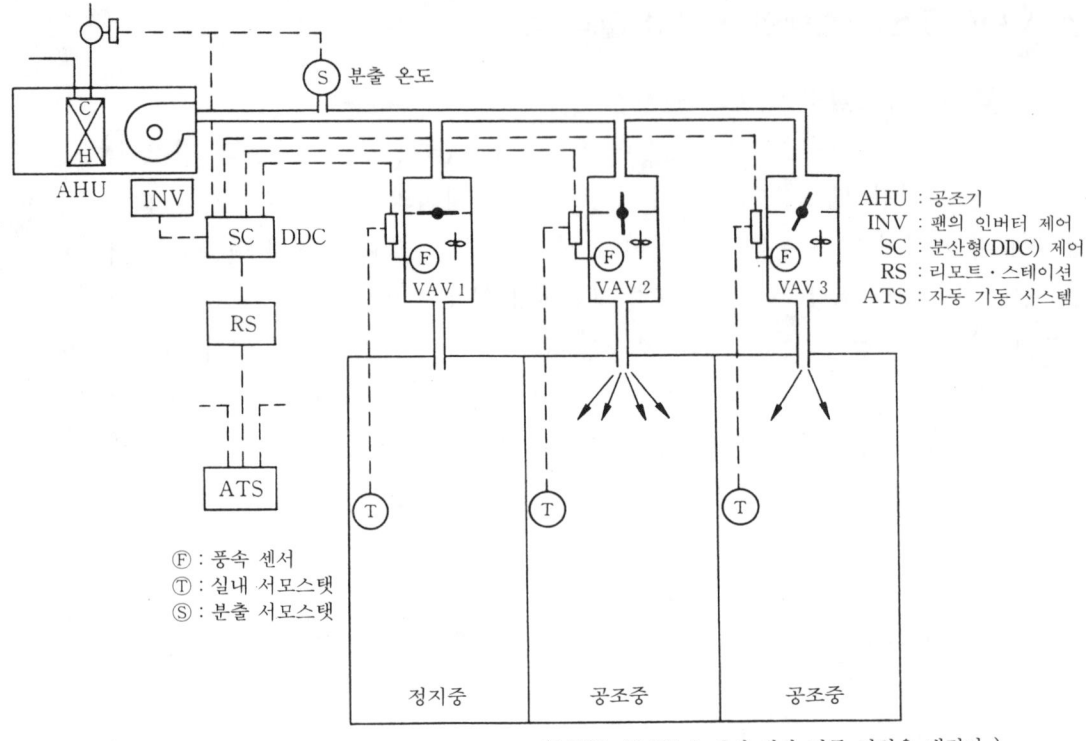

(ATS는 VAV 1~3에 대한 기동 지령을 내린다.)

그림 6.20 풍속 센서 방식의 VAV 시스템 개요

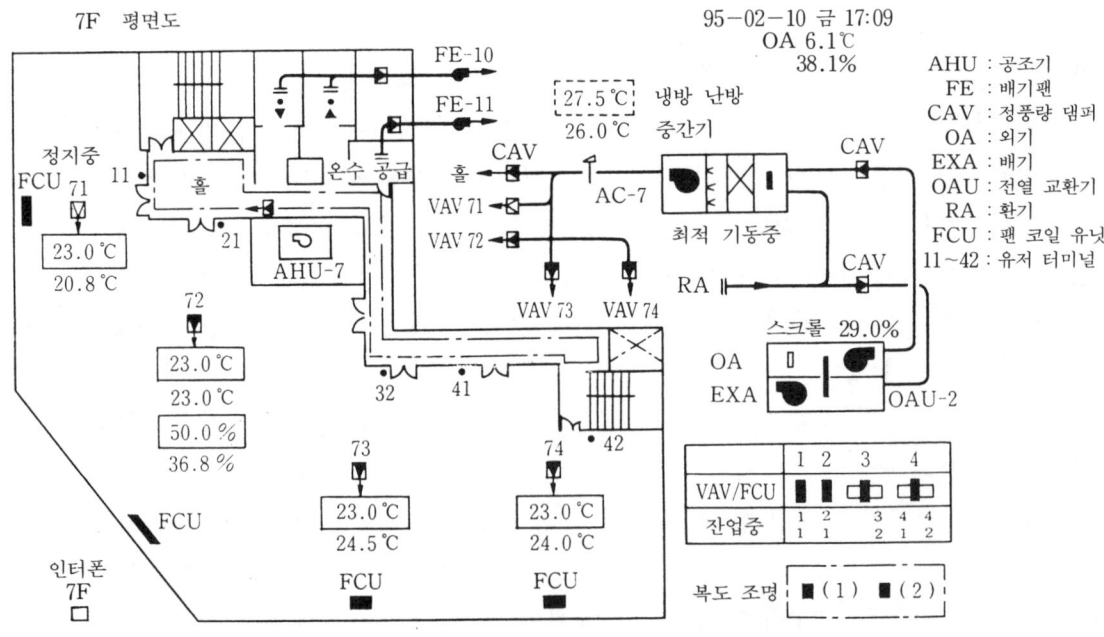

그림 6.21 VAV에 의한 분산화 공조 시스템 (일본생명 사카에 마치 빌딩)

정온 자력식 VAV 유닛은 연간 설정값이 일정 온도에 거의 고정되어 있어 얼마 안
되는 편차값의 폭으로 VAV 속을 통과하는 공기압과, 설정값에 해당하는 VAV의 코
일 스프링 정수와의 반력에 의해서 풍량의 균형을 잡으면서 조정하는 개별 방식의
VAV 기기를 말한다. 연간 일정 온도의 전산기실 내의 기기 부하에 대한 분출구마다
의 조정 등 대략적인 개별 온도 조정에 채용하는 것이 좋다.

분출구 온도가 일정할 때 실온의 균일화를 도모하고 있지만 제로 에너지 밴드 제어
등 제어 범위의 확대와 계절마다의 냉온 전환이나 설정 변경 등 세밀한 제어 대응은 서
투르고 일반 공조에서의 채용은 한정된다.

(3) VAV 방식의 난방시 환기량 확보의 대책

부분 부하 변동에 세밀하게 대응할 수 있는 분산화 공조 방식으로서 VAV 유닛이
많이 채용되고 있다.

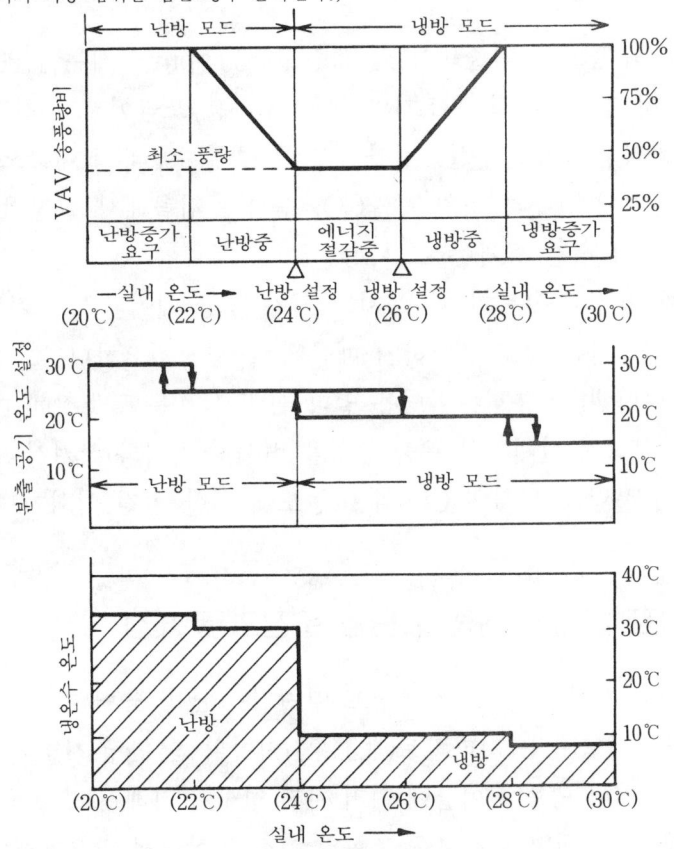

그림 6.22 VAV 온도 제어와 분출구 온도 설정, 캐스케이드 제어의 참고값

냉방 부하의 증가에 대한 제어는 송풍량의 증량으로 대응할 수 있기 때문에 입실자 증가와 환기량의 증가는 비례 관계가 되어 이상적이다. 역으로 난방 모드에서는 재실자 증가에 의한 난방 부하의 증가에 대해서 VAV 제어 시스템에서는 온풍의 감량으로 대응하도록 지령을 내리게 된다.

이것으로는 환기량이 부족하게 되어, 인원 증가가 점점 계속되면 CO_2 농도가 심하게 상승해서 기준인 1,000 ppm을 넘는 일도 자주 일어난다. 특히 회의실이나 연수실의 난방, 흡연자가 많은 곳에서의 VAV 방식의 채용에는 주의가 필요하다.

대책으로서 「캐스케이드 제어」(그림 6.22)가 있다. 이것은 VAV 유닛의 개도가 하나라도 최소(40%가 최소인 제품이 많다)로 되어서 분출 풍량이 감소하기 시작했을 때 VAV 유닛 개개의 리밋 스위치가 동작하는 등으로 급기 온도를 일정한 편차값까지 내려서 VAV 공급 풍량의 재증가를 도모하는 것이다.

⑤ 외기량의 최소 도입과 CO_2 농도 제어

이것은 실내의 CO_2 농도를 검출해서 설정 농도 850 ppm(규제는 1,000 ppm) 이하이면 외기 투입량을 더 감소시켜서 공조기와 열원 부하를 조금이라도 경감하는 제어이다 (그림 6.23). 큰 회의실이나 연수실, 전산기실 등 재실자수의 최대값으로 설계되어 있는 경우, 실제 운전시에 실내의 인원수를 CO_2 센서가 검출해서 실질적인 외기량 투입을 하기 때문에 에너지 절감 효과는 크다.

단지 CO_2 농도계의 정밀도나 가격, 동기의 외기 냉방 제어와의 관련성이나 VAV의 환기 대응과 서로 간섭하는 것도 불안하기 때문에 주의가 필요하다. 그림 6.23에 그 실제의 제어 상태를 나타낸다. 또한, 빌딩용 멀티 실내기의 온도 조정에 대해서 메이커에 따라서는 난방의 경부하시 실내기의 분출 풍량을 변풍량(최저화)시켜서 조정하고 있으며 결국 난방시의 환기 불량에서 실내 CO_2의 고농도에 의한 환경 악화가 지적되고 있다.

⑥ 공랭 히트 펌프 칠러의 한랭지 난방 운전의 문제점

대형 빌딩에 설치되고 있는 공랭 히트 펌프 열원기는 냉방 능력 기준으로 개발되어 온 일도 있으며 일본에서의 난방은 기타칸토(北關東) 지방의 준 한랭 지역의 기후 조건이 한계라고 하여 왔다. 그러나 냉동 사이클에 여러 가지 연구가 가해지고 또 전기 히터를 탑재함으로써 차차 북상하고, 개별 퍼스널 공조화의 이점을 살려서 도오호쿠(東北) 지방에서 삿포로까지 도달하여 빌딩 옥상에서는 옥외기가 눈 속에 파묻혀도 난방을 하고 있다.

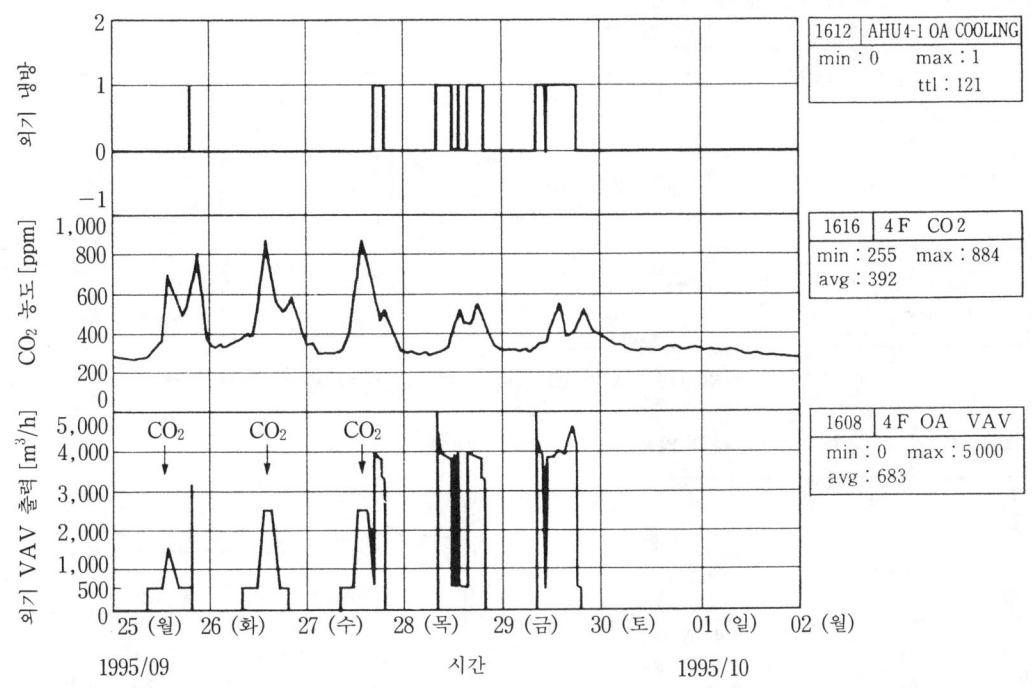

그림 6.23 CO₂ 제어(외기 냉방과 CO₂ 제어에 의한 외기 VAV 출력의 변화) : 4층 오피스

일반적으로 공랭 히트 펌프 방식은 냉동 이론의 역 사이클을 이용하고 있기 때문에 난방 능력에 약하고 한랭 외기 속에서 거듭 냉열(증발열)을 빼앗아 히트 펌프 기구로 온열로 전환하는 어려움이 있으며, 외기 온도가 낮을수록 난방 능력 저하를 일으켜서 대단히 불리하다. 이 난방 능력의 부족을 보충하기 위해서 한랭지에서는 전기 히터를 병설하는 방법이 채용되고 있으나 직접 전력을 사용하기 때문에 소비 전력이 급증해서 안전성 및 에너지 절감성에서도 문제가 많고 불리하게 된다는 것을 충분히 이해하는 것이 중요하다. 최근에는 이에 대신해서 초저온 외기 대응 증발기(−12℃)형의 한랭지용 공랭 히트 펌프 유닛이 개발되고 채용되기 시작하였다.

한편 소형 공랭 HP 패키지로는 한랭지에서의 퍼스널 공조용—간이 냉난방기로 채용되고 있으나 전기 히터가 결국 난방 능력 부족을 보충하기 위해서 탑재되고 있고 대부분의 메이커는 전기 히터의 동시 난방 시스템이기 때문에 에너지 절감면에서는 바람직하지 않다. 운전상의 개선책으로는 우선 운전 효율(COP)이 좋은 히트 펌프를 운전해서 기본 난방을 하고 능력이 부족할 때만 보조 히터가 뒤쫓아서 최소 시간 작동하는 시퀀스가 짜여 있는 것이 중요하다. 메이커의 표준품에는 동시에 투입되는 시퀀스가 많아 당연히 개선할 필요가 있지만, 적어도 히터의 전원은 혹한기에만 투입한다고 하는 관리면에서의 커버가 필요하다(**그림 6.24**).

판정	기본 열원	+	피크 컷 열원
○	고효율 인공 에너지 (히트 펌프 난방)	+	저효율 인공 에너지 (전기 히터)
×	저효율 인공 에너지 (전기 히터)	+	고효율 인공 에너지 (히트 펌프 난방)
×	고효율 인공 에너지 저효율 인공 에너지	(동시 작동)	

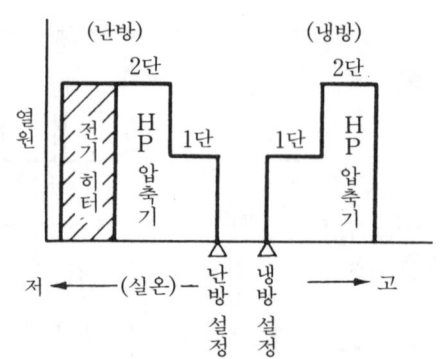

그림 6.24 한랭지에 있어서의 히트 펌프 패키지 난방 운전 조건의 선택

표 6.4 외기 냉방과 냉열원과의 병용

판정	기본 열원	+	피크 컷 열원
○	자연 에너지 (외기 냉방 또는 프리 쿨링)		인공(고효율) 에너지 (냉동기)
×	인공 에너지 (냉동기)		자연 에너지 (외기 냉방 또는 프리 쿨링)

7 외기 냉방(프리 쿨링 포함) 과 냉열원의 병용

냉방의 대상이 되는 내부 발열 부하가 연간을 통해서 크며 운전 시간이 긴 건물은 연간을 통해서 냉방 모드를 기조로 한 공조 계획이 이루어져야 한다.

우선 외기를 유효하게 이용할 수 있는 중간기, 동기의 자연열의 활용을 기본으로 직접 외기 냉방을 하는 것이 바람직하다.

그림 6.25에서 분명한 것 같이 외

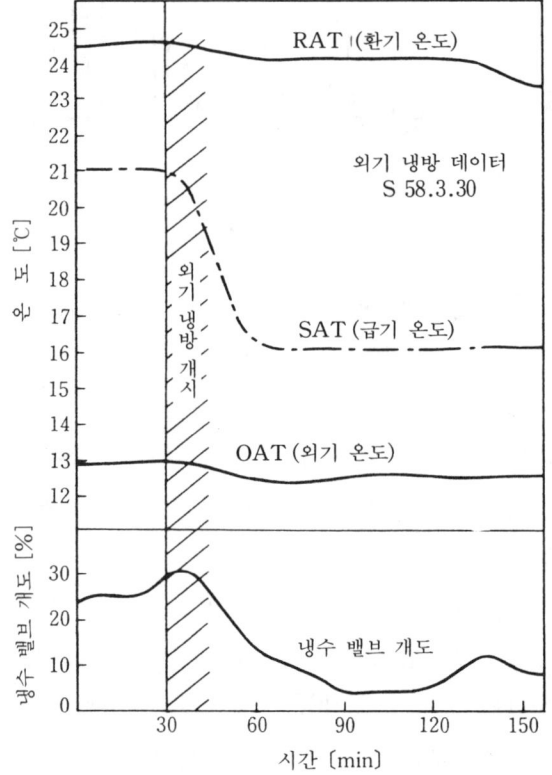

30분 후 외기(OAT 12.5℃)를 투입했을 때 급기 온도(SAT)는 16℃로 저하하고 냉각 밸브는 폐(閉) 방향으로 작동했다.

그림 6.25 외기 냉방의 실제

기 온도가 낮을 때 외기 냉방 개시와 동시에 급기 온도는 저하하며, 냉수 밸브가 달혀지는 것에서도 분명한 것 같이 그래도 냉각 능력이 부족한 경우에만 피크 컷으로 냉동기에 의한 냉수를 이용해서 냉방을 하는 기구가 고려되어 있어야 한다(표 6.4).

25F 남쪽 페리미터 공조 제어

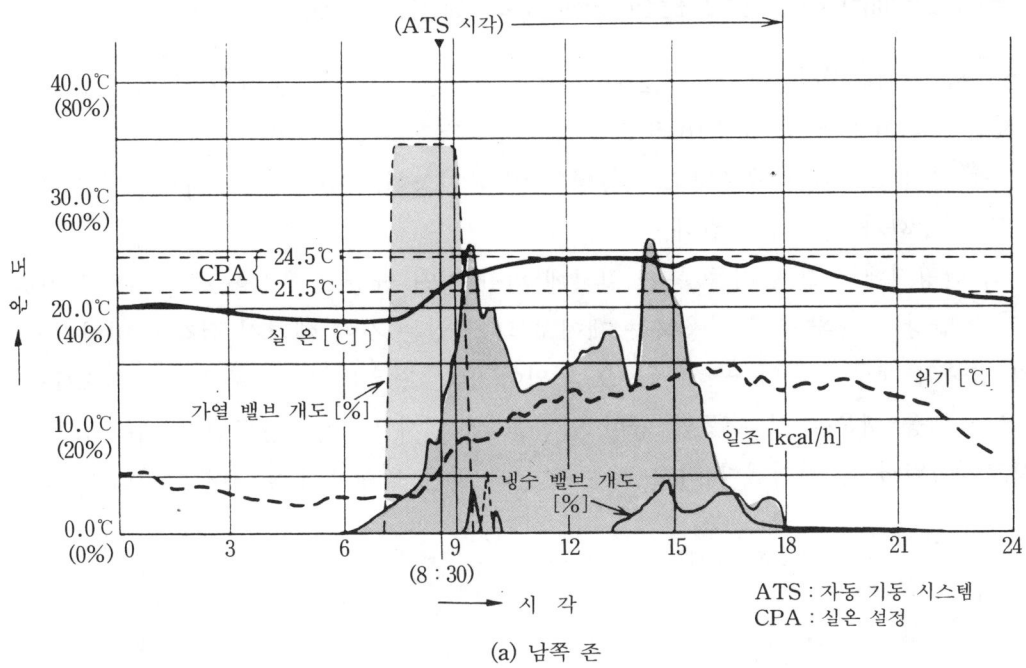

(a) 남쪽 존

ATS : 자동 기동 시스템
CPA : 실온 설정

25F 북쪽 페리미터 공조 제어

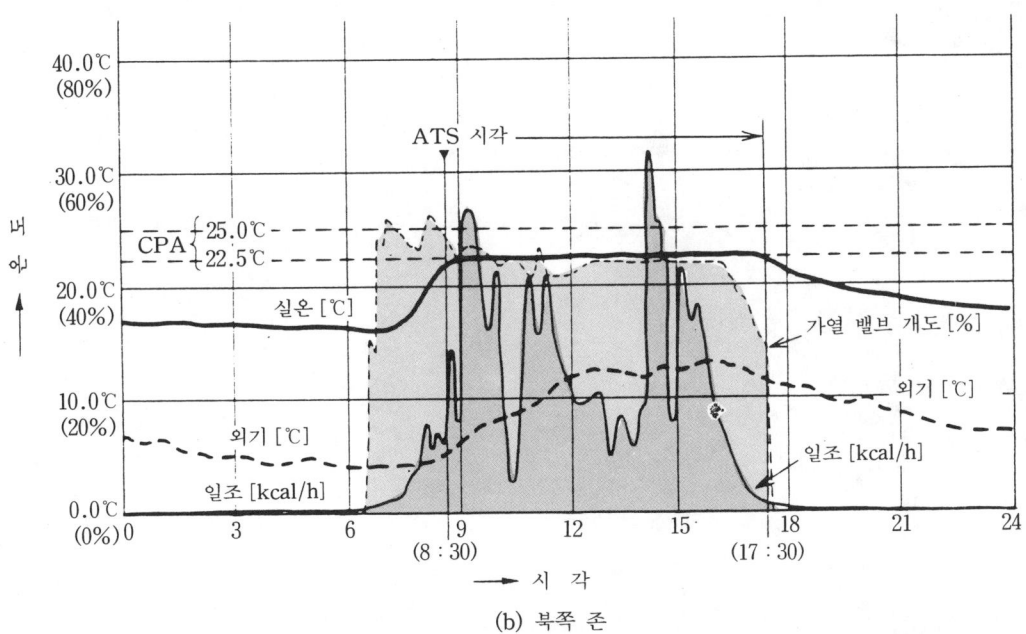

(b) 북쪽 존

그림 6.26 일조(日照)에 의한 남북 페리미터 가열 밸브의 작동 비교

8 건물의 페리미터 존의 분산화와 개별 제어의 중요성

25F 남쪽 페리미터 존(**그림** 6.26)은 맑게 갠 날에는 하루 종일 일사의 영향을 받아서 자연 에너지에 의해 난방이 되고 있다.

각 층 방위별로 각각 세분되고 계통별 제어가 가능한 분산화 공조 시스템이 채용되면 에너지 절감화가 가능하게 된다.

특히 난방시에는 창 유리를 통한 일사에 의한 자연 난방이 우선이고 구름으로 가렸을 때 겨우 난방 열원을 조금 사용하는 제어로 되어 있는 것이 에너지 절감에 바람직하다. 만약 남북의 계통이 동일 공조 계통으로 되어 있는 경우는 북쪽 페리미터 존에서의 가열 요구 대응 때문에 하루 종일 난방 열원을 계속 사용하여, 남쪽면의 페리미터 존은 일사로 「더워서 못 견디겠다」라고 하는 현상이 많은 빌딩에서 일어나고 있다.

찾 아 보 기

〈가나다순〉

- 소방법 -

제1장 총 칙
제2조【정의】
4. "위험물"이라 함은 대통령령이 정하는 인화성 또는 발화성 등의 물품을 말한다.

제3장 위험물의 취급
제1절 통칙
제12조【위험물 및 특수가연물】①법 제2조 제4호에서 "대통령령이 정하는 인화성 또는 발화성 등의 물품"이라 함은 별표 3의 물품을 말한다.
〔별표 3〕〈개정 94.7.20, 95.8.10〉

위험물(제12조 제1항 관련)

유별	성 질	품명 및 품목	지정수량
제1류	산화성고체	아염소산염류	50킬로그램
		염소산염류	50킬로그램
		과염소산염류	50킬로그램
		무기과산화물류	50킬로그램
		브롬산염류	100킬로그램
		질산염류	300킬로그램
		요오드산염류	300킬로그램
		삼산화크롬	300킬로그램
		과망간산염류	1,000킬로그램
		중크롬산염류	3,000킬로그램
제2류	가연성고체	황린	20킬로그램
		황화린	50킬로그램
		적린	50킬로그램
		유황	100킬로그램
		철분	500킬로그램
		마그네슘	500킬로그램
		금속분류	1,000킬로그램
제3류	자연성발화성물질 및 금수성물질	칼륨	10킬로그램
		나트륨	10킬로그램
		알킬알루미늄	10킬로그램
		알킬리튬	10킬로그램
		알칼리금속류 (칼륨및 나트륨 제외) 및 알칼리 토금속류	50킬로그램
		유기금속화합물류 (알킬아루미늄 및 알킬리튬 제외)	50킬로그램
		금속수소화합물류	300킬로그램
		금속인화합물류	300킬로그램
		칼슘 또는 알루 미늄의 탄화물류	300킬로그램
제4류	인화성액체	특수인화물류	50리터
		제1석유류	100리터
		알코올류	200리터
		제2석유류	1,000리터
		제3석유류	2,000리터
		제4석유류	6,000리터
		동식물유류	10,000리터
제5류	자기반응성물질	유기과산화물류	10킬로그램
		질산에스테르류	10킬로그램
		셀룰로이드류	100킬로그램
		니트로화합물류	200킬로그램
		니트로소화합물류	200킬로그램
		아조화합물류	200킬로그램
		디아조화합물류	200킬로그램
		히드라진유도 체류	200킬로그램
제6류	산화성액체	과염소산	300킬로그램
		과산화수소	300킬로그램
		황산	300킬로그램
		질산	300킬로그램

(비고)
1. 품명 및 품목란에서 품목은 "○○○류"로 표기된 위험물을 말한다.
2. "산화성고체"라 함은 액체(1기압 및 섭씨 20도에서 액상인 것 또는 섭씨 20도 이상 40도 이하의 사이에서 액상으로 되는 것을 말한다. 이하 같다) 또는 기체(1기압 및 섭씨 20도에서 기체상태인 것을 말한다. 이하 같다) 이외의 것으로서 산화성 또는 충격에 대한 민감성이 내무부장관이 정하여 고시하는 기준 이상의 것을 말한다.〈개정 95.8.10〉
3. "철분"이라 함은 50마이크로미터의 표준체를 통과하는 것이 50중량퍼센트 이상인 것을 말한다.〈개정 94.7.20〉
4. 마그네슘 또는 마그네슘을 함유한 것 중 2밀리미터의 체를 통과하지 아니하는 덩어리를 제외한다.
5. "금속분류"라 함은 알칼리금속·알칼리토류금속·철 및 마그네슘 이외의 금속분을 말하며 구리·니켈분과 150마이크로미터의 체를 통과하는 것이 50중량퍼센트 미만인 것을 제외한다.

6. 유황은 순도가 60중량퍼센트 미만인 것을 제외한다. 이 경우 순도측정에 있어서 불순물은 활석 등 불연성물질과 수분에 한한다.

7. "자연발화성 물질 및 금수성물질"이라 함은 고체 또는 액체로서 공기중에서 발화의 위험성이 있는 것 또는 물과 접촉하여 발화하거나 가연성가스의 발생 위험이 있는 것을 말한다.

8. "특수인화물류"라 함은 디에틸에테르·이황화탄소 및 콜로디온 그 밖의 1기압에서 액체로 되는 것으로서 발화점이 섭씨 100도 이하인 것 또는 인화점(한국산업규격 KS M 2010에 의하여 측정한 것을 말한다)이 섭씨 영하 20도 이하로서 비점이 40도 이하인 것을 말한다. 〈개정 94.7.20〉

9. "제1석유류", "제2석유류", "제3석유류" 및 "제4석유류"라 함은 각각 다음의 물품 및 성상(1기압에 있어서의 성상을 말한다)을 가지는 것을 말한다.
   가. 제1석유류 : 아세톤 및 휘발유 그 밖의 액체로서 인화점이 섭씨 21도 미만인 것
   나. 제2석유류 : 등유·경유 그 밖의 액체로서 인화점이 섭씨 21도 이상 70도 미만인 것. 다만, 도료류 그 밖의 물품에 있어서는 인화성 액체량이 40용량퍼센트 이하이고 인화점이 섭씨 40도 이상, 연소점이 섭씨 60도 이상인 것은 제외한다.
   다. 제3석유류 : 중류, 클레오소오트유 그 밖의 액체로서 인화점이 섭씨 70도 이상 200도 미만인 것. 다만, 도료류 그 밖의 물품에 있어서는 인화성 액체량이 40용량퍼센트 이하인 것은 제외한다.
   라. 제4석유류 : 기계유·실린더유 그 밖의 액체로서 인화점이 섭씨 200도 이상인 것. 다만, 20리터 이하의 불연성용기에 수납밀전하여 지정수량 미만의 양을 저장·취급하고 있는 것과 도료류 그 밖의 물품으로서 인화성액체량이 40용량퍼센트 이하인 것은 제외한다. 〈개정 94.7.20〉

9의 2. 제4류 위험물중 "액체"라 함은 안지름 30밀리미터 길이 120밀리미터의 원통형유리관에 시료를 55밀리미터까지 채우고 1기압과 섭씨 20도에서 시험관을 10분 이상 수직으로 세워 놓은 다음 수평으로 넘어뜨려 시료 액면의 선단이 시료채취면에서 30밀리미터에 이르는 시간이 90초 이내인 것을 말한다. 〈신설 94.7.20〉

10. "알코올류"라 함은 1분자내의 탄소원자수가 5개 이하인 포화 1가 알코올(퓨젤유 및 변성알코올을 포함한다)로서 알코올 수용액의 농도가 60용량퍼센트 이상인 것을 말한다.

11. "동식물유류"라 함은 1기압과 섭씨 20도에서 액체로 되는 동식물유를 말하며 불연성용기에 수납밀전되고 저장·보관되어 있는 것을 제외한다.

11의 2. "자기반응성물질"이라 함은 고체 또는 액체로서 폭발·가열 또는 분해의 위험성이 내무부장관이 정하여 고시하는 기준 이상의 것을 말한다. 〈개정 95.8.10〉

12. "니트로화합물"이라 함은 니트로기가 2 이상인 것을 말한다.

13. "니트로소화합물"이라 함은 하나의 벤젠핵에 2 이상의 니트로소기가 결합된 것을 말한다.

14. "유기과산화물류"라 함은 다음 표의 품명을 말하고, 이 표에서 정하는 함유율 이상의 것은 "지정유기과산화물"이라 한다.

품 명		함유율 (중량퍼센트)
디이소프로필퍼옥시디카보네이트		60 이상
아세틸퍼옥사이드		25 이상
터셔리부틸퍼피바레이트		75 이상
터셔리부틸퍼옥시이소부틸레이트		75 이상
벤조일퍼옥사이드	수성의 것	80 이상
	그 밖의 것	55 이상
터셔리부틸퍼아세이트		75 이상
호박산퍼옥사이드		90 이상
메틸에틸케톤퍼옥사이드		60 이상
터셔리부틸하이드로퍼옥사이드		70 이상
메틸이소부틸케톤퍼옥사이드		80 이상
시클로헥사논퍼옥사이드		85 이상
디터셔리부틸퍼옥시프타레이트		60 이상
프로피오닐퍼옥사이드		25 이상
파라클로로벤젠퍼옥사이드		50 이상
2-4디클로로벤젠퍼옥사이드		50 이상
2-5디메틸헥산		70 이상
2-5디하이드로퍼옥사이드		
비스하이드록시시클로헥실퍼옥사이드		90 이상

15. "과산화수소"라 함은 그 농도가 36중량퍼센트 이상인 것을 말한다.

16. "황산"이라 함은 비중 1.82 이상인 것을 말한다.

17. "질산"이라 함은 비중 1.49 이상인 것을 말한다.

The advertisement page for 성안당 publisher, machine/mechanical field related books.

구멍 가공용 공구의 모든것

ツールエンジニア編輯部 編/徐炳和 譯/4·6
배판/279쪽정가 10,000원

이 책은 드릴, 리머, 보링 공구, 탭, 볼트 등 구
멍가공에 관련된 공구의 종류와 사용 방법 등을
자세히 설명하였다.

■ 책의 구성은 제1부 드릴의 종류와 절삭 성능
제2부 드릴을 선택하는 법, 사용하는 법 제3부
리머와 그 활용제4부 보링 공구와 그 활용 제5
부 탭과 그 활용 제6부 공구 홀더와 그 활용

지그·고정구의 제작과 사용 방법

ツールエンジニア編輯部 編/徐炳和 譯
/4·6 배판/241쪽/정가 10,000원

이 책에서는 공작물을 올바르게 고정하는 방
법외에 여러 가지 절삭 공구를 사용하는 방법
에 대해 자세히 다루고 있다.

■ 책의 구성은 제1부 지그·고정구의 역할
제2부 선반용 고정구 제3부 밀링 머신·MC
용 고정구 제4부 연삭기용 고정구

절삭 가공 데이터북

ツールエンジニア編輯部/編/김진섭 譯
/4·6 배판/166 쪽/정가 10,000원

■ 절삭 가공 데이터의 읽는 법·사용하는법
■ 선삭 가공에 있어서의 가공데이터의 설정
과 동향
■ 밀링 가공의 동향과 가공 데이터의 활용
■ 공구 가공상의 트러블과 대책

선삭 공구의 모든것

ツールエンジニア編輯部 編.심증수譯/4·
6배판/218p/정가 10,000원

본서의 구성은 선삭 공구의 종류와 공구 재
료 선삭의 메커니즘●공구 재료 종류와 그
절삭 성능
●선삭 공구의 활용의 실제
●선삭의 주변 기술

기계도면의 그리는 법·읽는 법

ツールエンジニア編輯部 編著 金夏龍 譯
/4·6배판/254p/정가 10,000원

1 기계 제도에 대한 접근 /2 형상을 표시한
다. /3 치수를 표시한다.
4 가공 정밀도를 표시한다 /5 기계 도면의 노
하우 /자동화로 되어 가는 기계 제도

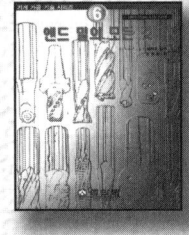

엔드 밀의 모든것

ツールエンジニア編輯部 編著 金夏龍 譯
/4·6배판/236p/정가 10,000원

Ⅰ 엔드 밀은 어떤 공구인가
Ⅱ 엔드 밀은 어떻게 절삭할 수 있는가
Ⅲ 엔드 밀 활용의 노하우
Ⅳ 엔드 밀을 살리는 주변 기술

연삭기 활용 메뉴얼

ツールエンジニア編輯部 編.남기준 譯/4·6배판/222p/정
가 10,000원

본서의 구성
● 제1장 연삭가공의 기본
● 제2장 연삭 숫돌
● 제3장 숫돌의 수정
● 제4장 연삭가공의 실제
● 제5장 트러블과 대책

공구 재종의 선택법·사용법

ツールエンジニア 編輯部 編 /이종선 譯/ 4·
6배판/204p/정가 10,000원

1편 절삭 공구와 공구 재종의 기본에서는 고속
도강의 의미와 고속도 공구강의 변천, 공구 재
종의 발달사 등에 대해 설명하였으며, 2편 공구
재종의 특징과 선택 기준에서는 각 공구 재종의
선택 기준과 사용 조건의 선정 방법을 소개하였
다. 3편 가공 실례와 적응 재종에서는 메이커가
권장하는 절삭 조건과 여러가지 문제점 해결 방
법을 소개하였다.

머시닝센터 활용 매뉴얼

ツールエンジニア 編輯部 編著 /심증수 譯
/4·6배판/228p/정가 10,000원

소방설비기사 (전기분야)

조문국·김장록 著/4·6배판/1032쪽/정가 25,000원

본서에서는 새로운 출제 경향을 분석하여 적중도
높은 문제를 엄선하여 실었고, 각장에도 출제 예
상 문제를 상세한 해설과 함께 수록하였으며, 과
거 출제문제를 통해 완벽한 수험 대비를 할 수
있도록 하였다.특히, 소방 전기 시설 구조 및 원
리를 이해할 수 있도록 많은 도면을 첨부하여 실
기 시험에도 대비를 할 수 있도록 하였다.

빌딩 설비의 운전·관리

서기 1998년 6월 23일 初版 1刷 印刷
서기 1998년 6월 30일 初版 1刷 發行

검印
省略

著　者　建築設備研究會
譯　者　金　夏　龍
發行者　圖書出版 省　安　堂
　　　　代　表 李　鍾　春

우편번호　150-056
서울시 영등포구 신길6동 4579
전화 : (02) 844-0511 (代)
팩스 : (02) 844-8177
등록 : 1973. 2. 1. 제 13-12호

정가 15,000 원

ISBN 89-315-6046-X

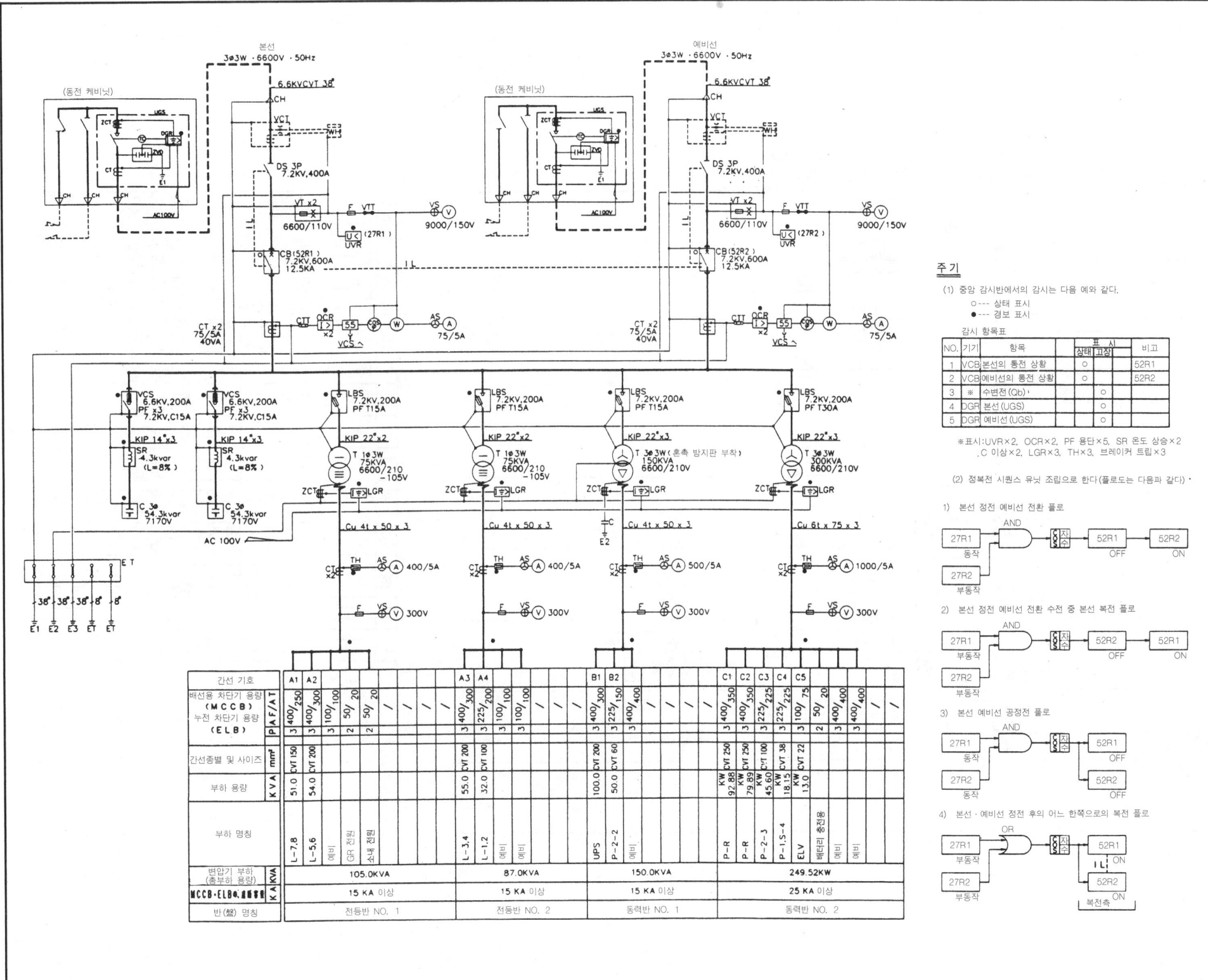

주 기

(1) 중앙 감시반에서의 감시는 다음 예와 같다.
  ○--- 상태 표시
  ●--- 경보 표시

감시 항목표

NO.	기기	항목	표시		비고
			상태	고장	
1	VCB	본선의 통전 상황	○		52R1
2	VCB	예비선의 통전 상황	○		52R2
3	※	수변전 (Qb)		●	
4	DGR	본선 (UGS)		●	
5	DGR	예비선 (UGS)		●	

※표시:UVR×2, OCR×2, PF 용단×5, SR 온도 상승×2
. C 이상×2, LGR×3, TH×3, 브레이커 트립×3

(2) 정복전 시퀀스 유닛 조립으로 한다(플로도는 다음과 같다).

1) 본선 정전 예비선 전환 플로
| 27R1 동작 | AND | | 52R1 OFF | 52R2 ON |
| 27R2 부동작 | | | | |

2) 본선 정전 예비선 전환 수전 중 본선 복전 플로
| 27R1 부동작 | AND | | 52R2 OFF | 52R1 ON |
| 27R2 부동작 | | | | |

3) 본선 예비선 공정전 플로
| 27R1 동작 | AND | | 52R1 OFF |
| 27R2 동작 | | | 52R2 OFF |

4) 본선·예비선 점전 후의 어느 한쪽으로의 복전 플로
| 27R1 부동작 | OR | | 52R1 ON |
| 27R2 부동작 | | | 52R2 ON |
복전측

● 수변전 설비 단선 결선도
수변전 설비 기기의 연결과 전원의 계통이 단선으로 그려져 있다.

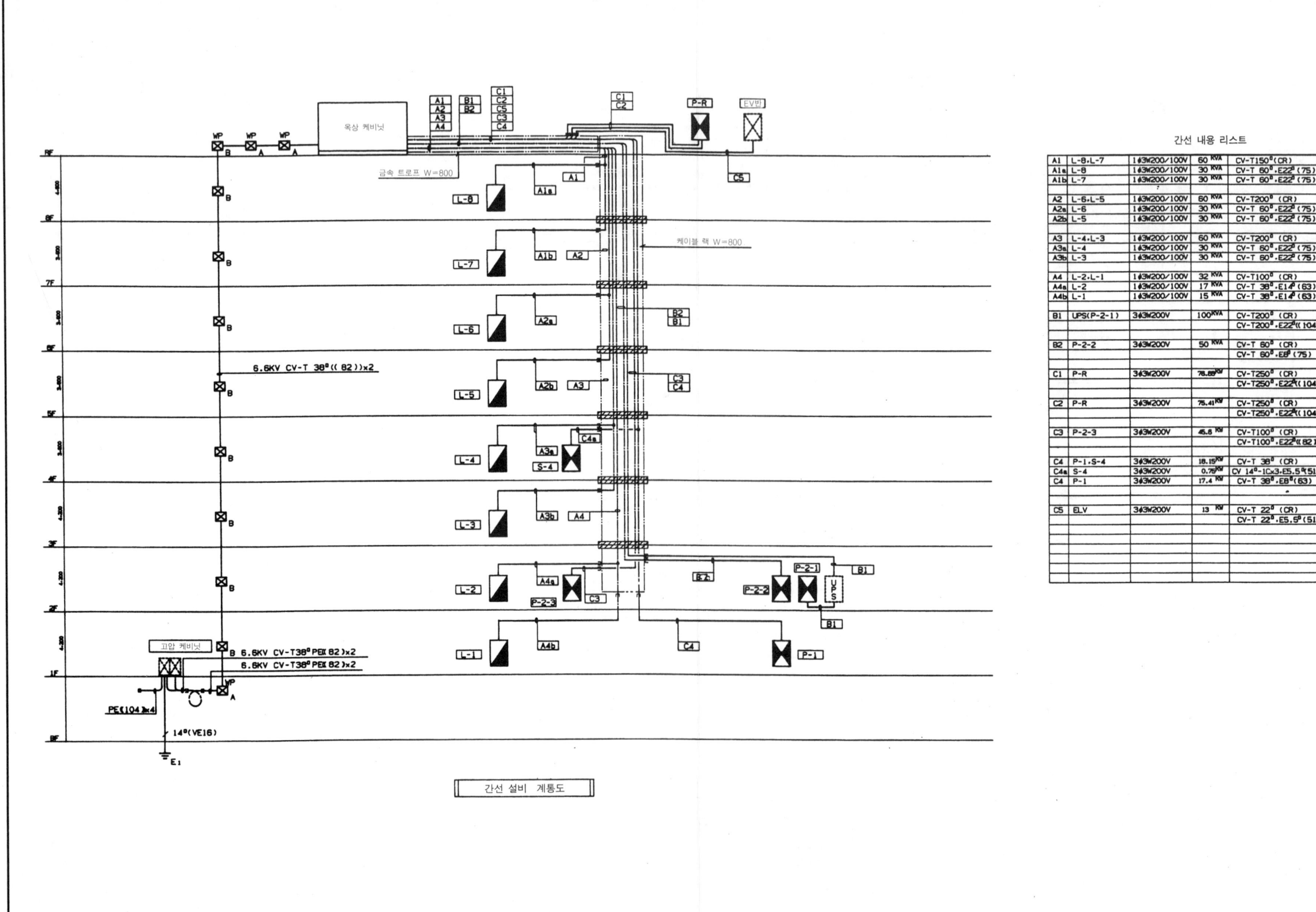

간선 설비 계통도

간선 내용 리스트

기호	부하명	전압	용량	케이블	차단기
A1	L-8.L-7	1∅3W200/100V	60 KVA	CV-T150°(CR)	3P 400/300
A1a	L-8	1∅3W200/100V	30 KVA	CV-T 60°.E22°(75)	
A1b	L-7	1∅3W200/100V	30 KVA	CV-T 60°.E22°(75)	
A2	L-6.L-5	1∅3W200/100V	60 KVA	CV-T200°(CR)	3P 400/300
A2a	L-6	1∅3W200/100V	30 KVA	CV-T 60°.E22°(75)	
A2b	L-5	1∅3W200/100V	30 KVA	CV-T 60°.E22°(75)	
A3	L-4.L-3	1∅3W200/100V	60 KVA	CV-T200°(CR)	3P 400/300
A3a	L-4	1∅3W200/100V	30 KVA	CV-T 60°.E22°(75)	
A3b	L-3	1∅3W200/100V	30 KVA	CV-T 60°.E22°(75)	
A4	L-2.L-1	1∅3W200/100V	32 KVA	CV-T100°(CR)	3P 225/200
A4a	L-2	1∅3W200/100V	17 KVA	CV-T 38°.E14°(63)	
A4b	L-1	1∅3W200/100V	15 KVA	CV-T 38°.E14°(63)	
B1	UPS(P-2-1)	3∅3W200V	100 KVA	CV-T200°(CR)	3P 400/300
				CV-T200°.E22°(104)	
B2	P-2-2	3∅3W200V	50 KVA	CV-T 60°(CR)	3P 225/150
				CV-T 60°.E8°(75)	
C1	P-R	3∅3W200V	76.89 KW	CV-T250°(CR)	3P 400/400
				CV-T250°.E22°(104)	
C2	P-R	3∅3W200V	75.41 KW	CV-T250°(CR)	3P 400/400
				CV-T250°.E22°(104)	
C3	P-2-3	3∅3W200V	45.5 KW	CV-T100°(CR)	3P 225/225
				CV-T100°.E22°(82)	
C4	P-1.S-4	3∅3W200V	18.19 KW	CV-T 38°(CR)	3P 225/125
C4a	S-4	3∅3W200V	0.75 KW	CV 14°-1C×3-E5.5°(51)	
C4	P-1	3∅3W200V	17.4 KW	CV-T 38°.E8°(63)	
C5	ELV	3∅3W200V	13 KW	CV-T 22°(CR)	3P 100/75
				CV-T 22°.E5.5°(51)	

● 간선 계통도

수변전 설비에서 각 전등 분전반·동력 제어반에 이르기까지의 배선 계통의 단면적이 간략하게 그려져 있다.
각 간선에는 간선 기호가 붙어있고 간선 리스트에 사이즈, 간선 재료 등이 쓰여져 있다.

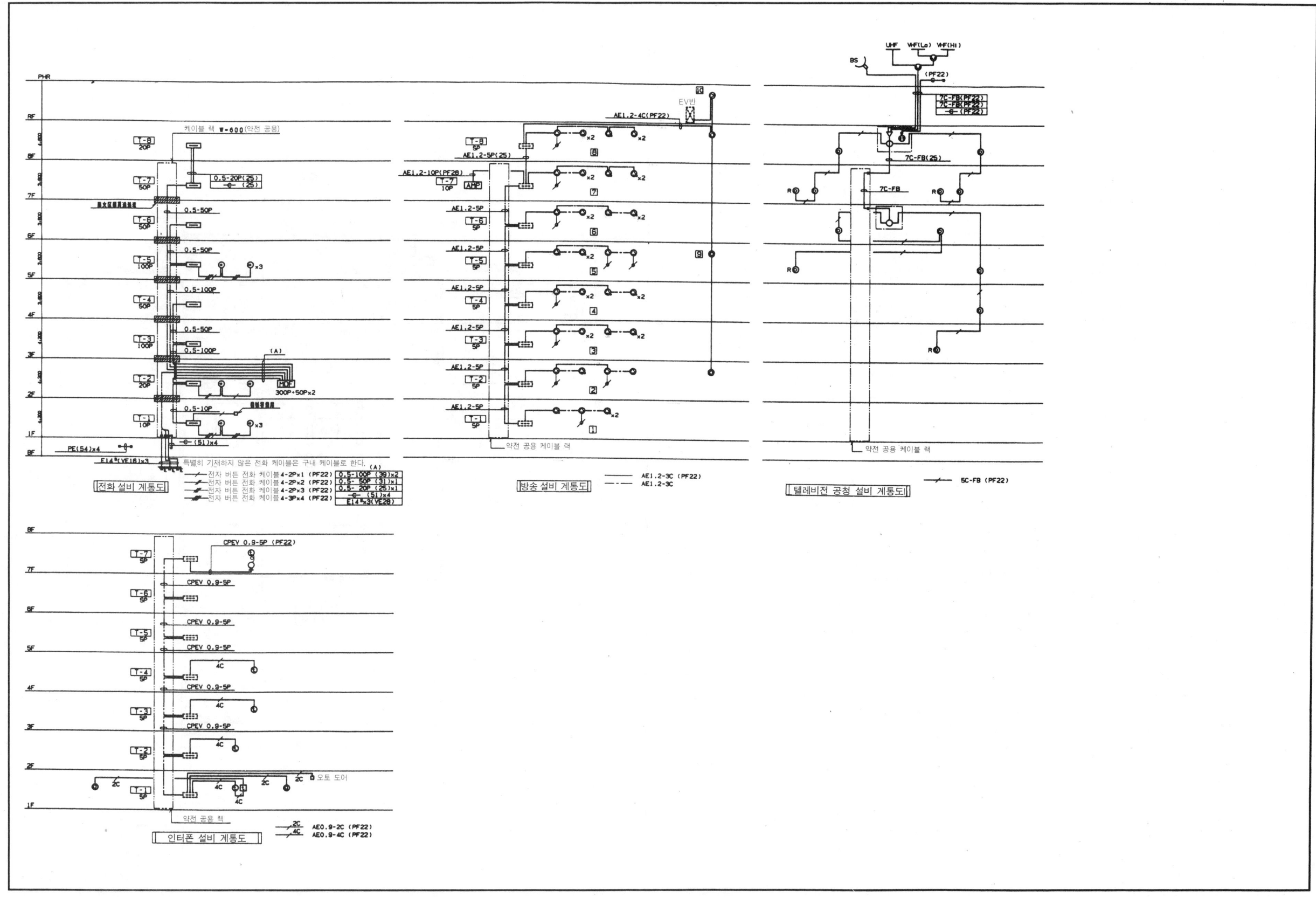

● 약전 설비 계통도

　　전화, 방송, 텔레비전 공청, 인터폰 등의 약전 설비 배선 계통을 단면적으로 표시한다.

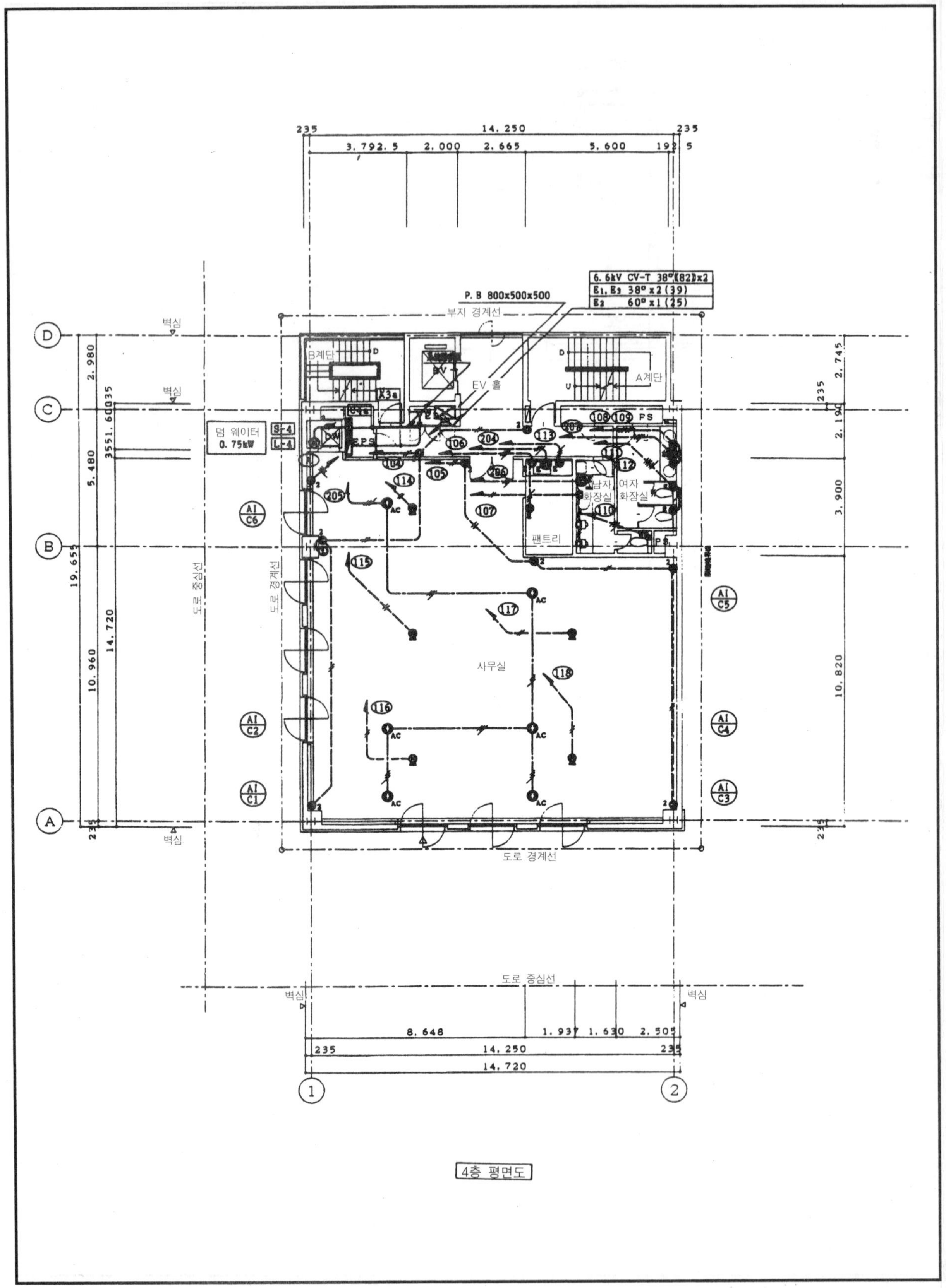

4층 평면도

4층 평면도

● **간선 · 동력 · 콘센트 설비 평면도**
간선의 평면도상의 루트가 그려져 있다.
동력 부하 설비 및 콘센트 부하 설비의 위치 및 배선이 그려져 있다.

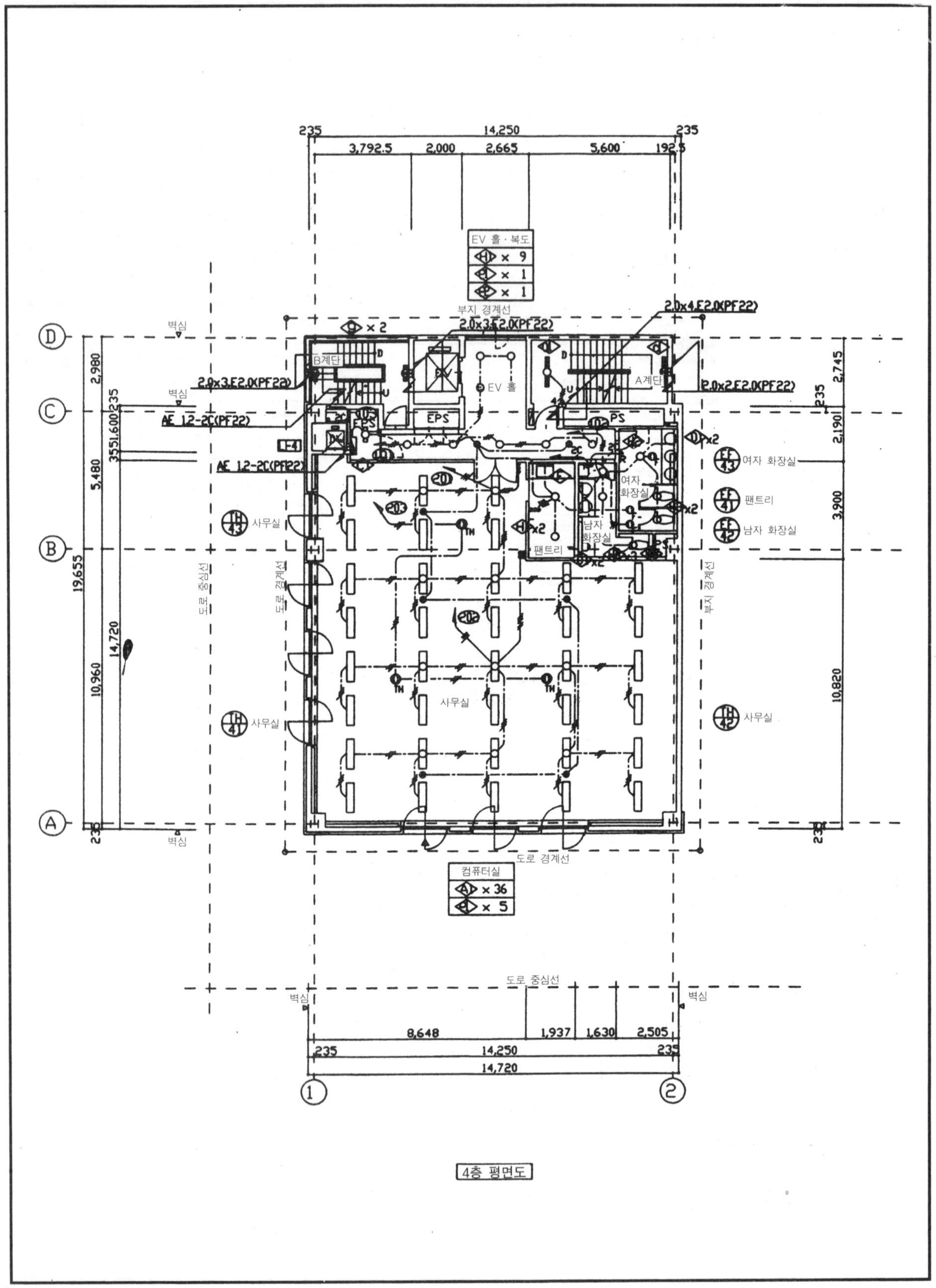

● **전등 설비 평면도**
조명 기구의 배선 및 스위치 등의 배선이 그려져 있다.
각 회로마다 회로 번호를 붙여두어 전등 분전반 결선도를 참고로 하도록 되어 있다.

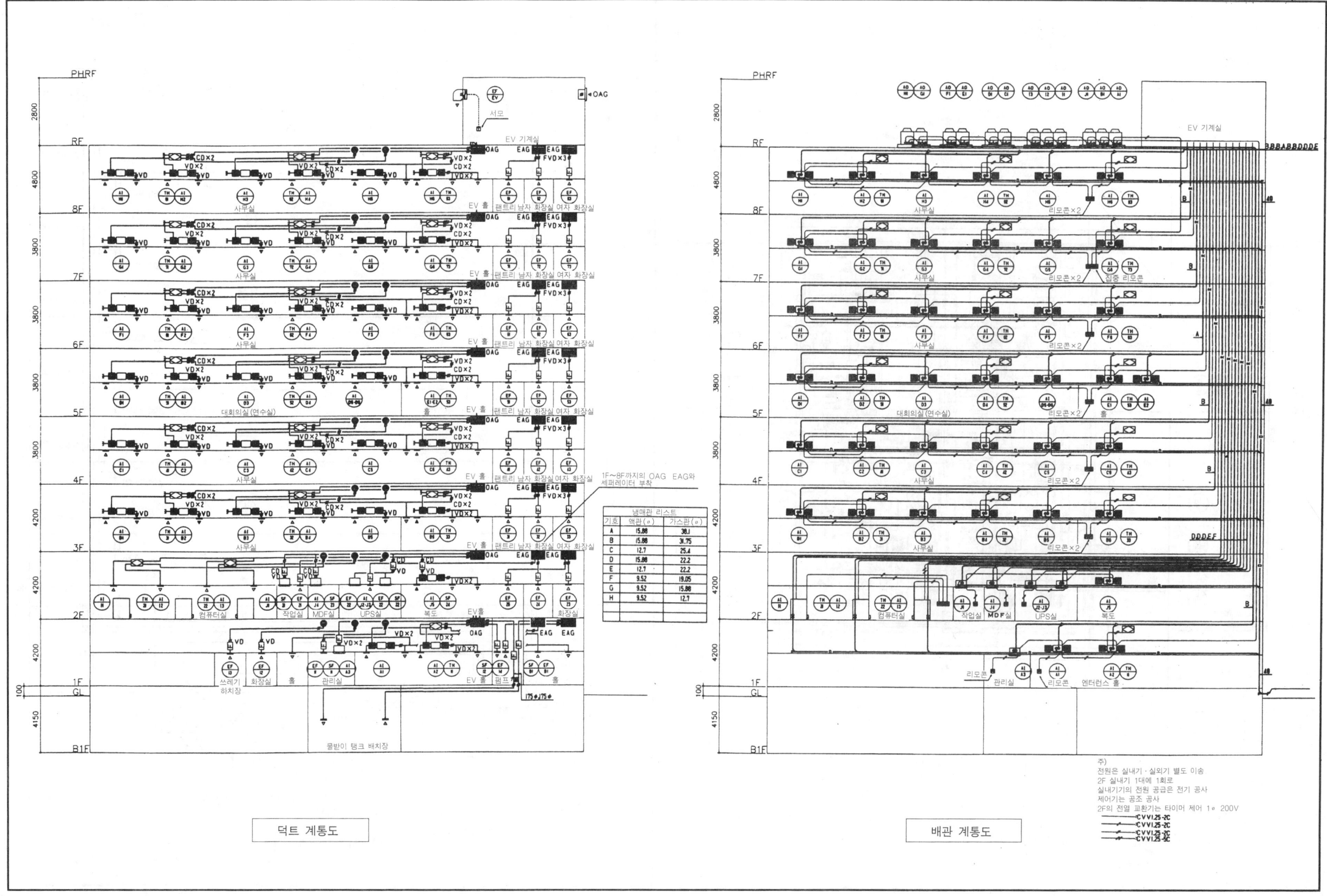

냉매관 리스트

기호	액관(ø)	가스관(ø)
A	15.88	38.1
B	15.88	31.75
C	12.7	25.4
D	15.88	22.2
E	12.7	22.2
F	9.52	19.05
G	9.52	15.88
H	9.52	12.7

덕트 계통도

배관 계통도

주)
전원은 실내기 · 실외기 별도 이송
2F 실내기 1대에 1회로
실내기기의 전원 공급은 전기 공사
제어기는 공조 공사
2F의 전열 교환기는 타이머 제어 1ø 200V

● 공조 설비 계통도

공조 설비 계통도는 덕트계, 배관계로 나뉘어진다.
계통도에서는 수평, 수직 방향의 배관이나 덕트, 공조 존의 계통 구성이나 관계를 알 수 있다.

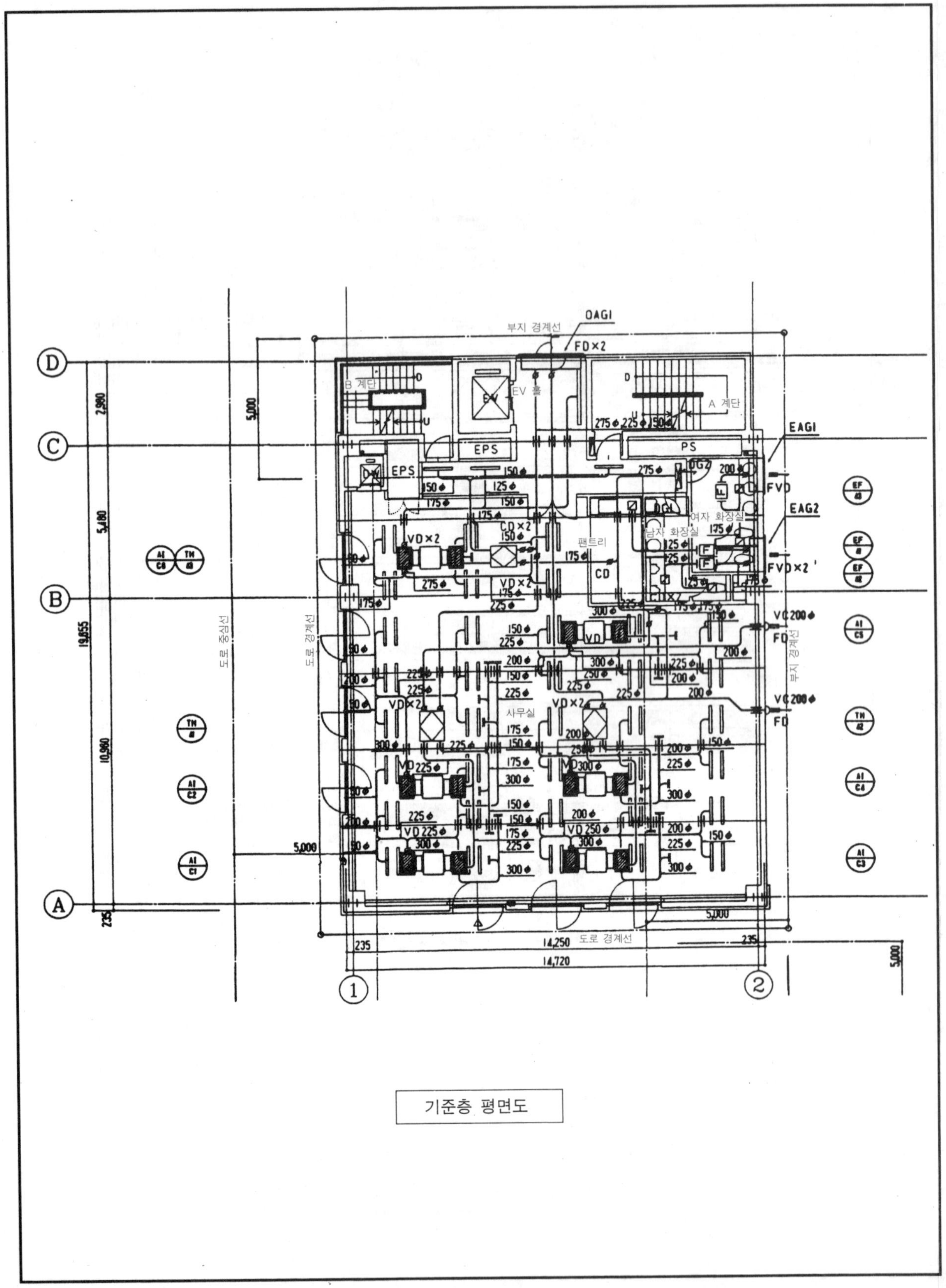

기준층 평면도

● 공조 설비 평면도
　공랭 히트 펌프 패키지 멀티 시스템의 예이다. 천장 내에 패키지를 분산시켜 덕트로 천장에서 불고 있다.
　레턴은 천장 내 챔버 방식이다.
　신선한 바깥 공기는 각 층의 EV홀에서 들어와 전열 교환기를 거쳐 각 패키지에 급기한다.
　각 층의 남자 화장실, 여자 화장실, 팬트리에서 배기를 하고 있다.

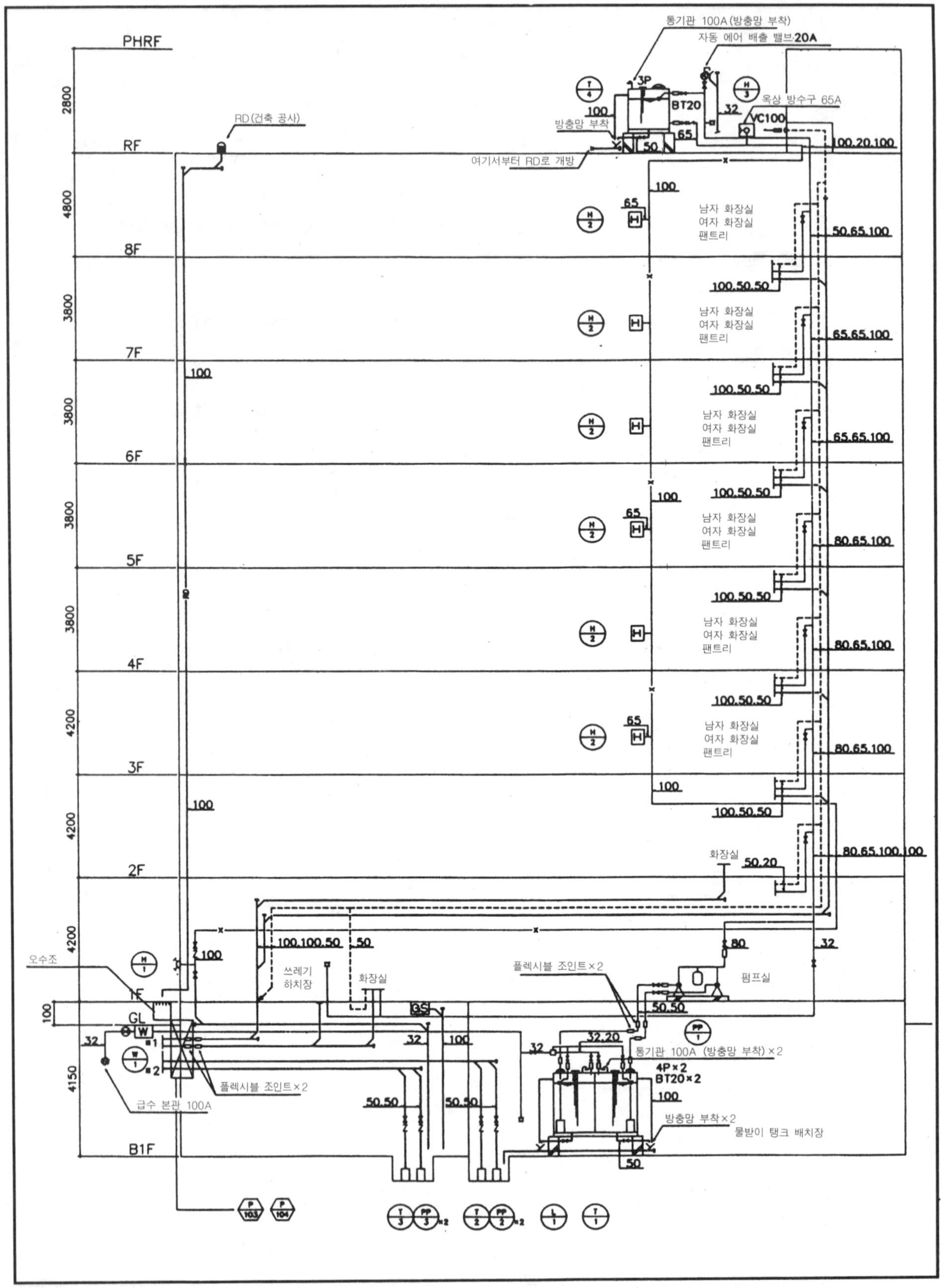

● 위생 설비 계통도
　급수관, 배수관, 통기관의 수관(竪管) 계통 구성, 연계를 간략화하여 그린 것이다.